# 随 机 过 程

主　编　刘　澍
副主编　郎　量
参　编　陈建文　罗　锴
主　审　屈代明

华中科技大学出版社
中国·武汉

# 内 容 简 介

　　本书是电子信息与通信学院随机过程课程组老师们多年教学与科研的基础上编写的教材,共分为七章,主要包括随机过程的基本概念、泊松过程、时间离散的马尔可夫链、时间连续的马尔可夫链、平稳过程及其功率谱分析、高斯过程和窄带过程,此外还加入了一些课程思政建设元素,如国际视野、科学精神和道德伦理等。重点介绍了随机过程的主要模型、基本概念和性质,并对其在电子信息、计算机、通信等领域中的应用做了介绍。

　　本书可以作为电子信息工程、计算机科学、通信工程等专业高年级本科生、研究生或工程技术人员的教材或参考书。

**图书在版编目(CIP)数据**

随机过程/刘澍主编. —武汉:华中科技大学出版社,2023.2
ISBN 978-7-5680-9085-8

Ⅰ.①随⋯　Ⅱ.①刘⋯　Ⅲ.①随机过程　Ⅳ.①O211.6

中国国家版本馆 CIP 数据核字(2023)第 022455 号

**随机过程**
Suiji Guocheng

刘　澍　主编

策划编辑:谢燕群
责任编辑:余　涛
封面设计:原色设计
责任监印:周治超
出版发行:华中科技大学出版社(中国·武汉)　　电话:(027)81321913
　　　　　武汉市东湖新技术开发区华工科技园　　邮编:430223
录　　排:武汉市洪山区佳年华文印部
印　　刷:武汉开心印印刷有限公司
开　　本:787mm×1092mm　1/16
印　　张:17.75
字　　数:453 千字
版　　次:2023 年 2 月第 1 版第 1 次印刷
定　　价:48.00 元

# 前　言

随机过程已广泛应用于许多领域,如物理、化学、生物、管理、经济、计算机、自动化、通信、电子信息等工程技术中,为大数据、人工智能和元宇宙的发展与应用提供了重要的数学基础与工具。

学生在学习本书内容之前需要掌握一些基础知识,如概率论、信号与系统。主要内容包括:随机过程的基本概念、泊松过程、时间离散的马尔可夫链、时间连续的马尔可夫链、平稳过程及其功率谱分析、高斯过程和窄带过程,此外还加入了一些课程思政建设元素,如国际视野、科学精神和道德伦理等。重点介绍了随机过程的主要模型、基本概念和性质,并对其在电子信息、计算机、通信等领域的应用做了介绍。本书可以作为电子信息工程、计算机科学、通信工程等专业高年级本科生、研究生或工程技术人员的教材或参考书,读者可以根据专业需要对内容进行取舍。

结合随机过程的特点,作者主要从以下三个方面来整理教材内容和案例。

(1)回顾科学的发展历程,梳理基本概念的发展路径,让读者感受科学研究的模式,即"现象→规律→理论→应用"。

(2)挖掘不同随机模型与概念之间隐藏的联系,引导读者去发现这些不同随机过程概念之间蕴含的关系,不仅把随机过程的知识点前后串联起来,还能进一步领悟自然科学蕴含的哲学思想。

(3)结合随机过程的应用场景,鼓励读者发现身边应用案例,发掘随机过程的使用价值,如谷歌网页链接排序算法的解析、物联网网点资源分配、雷达测距等。

本书第1章由陈建文老师编写,第2章由罗锴老师编写,第6章由郎量老师编写,第3章、第4章、第5章、第7章由刘澍老师编写。同时要感谢随机过程课程组同仁的鼓励与支持,以及谢谢屈代明老师、董燕老师、卢正新老师、王非老师、黑晓军老师、陈达老师对于教材编写工作的大力支持。

由于编者水平有限,书中的缺点和纰漏在所难免,恳请读者批评指正。

编　者

2023 年 1 月

# 目　　录

# 第 1 章  随机过程的基本概念

概率论所研究的随机现象可以由定义在概率空间上的随机变量或者随机向量来描述,在实际工程中往往需要研究随机现象的变化过程,这就需要同时考虑与变化函数相关联的无穷多个随机变量,或者说一簇随机变量。通过随机试验获得的实验结果已经不是一些孤立的样本点,而是一簇与参数相关联的样本函数。随机过程是在这样一种实际背景下产生和发展起来的一门数学分支,是研究随机现象变化过程的动态统计规律性的理论。目前随机过程在物理、化学、生物、通信技术、自动控制、管理科学、人工智能等许多现代科学领域有着广泛的应用。

## 1.1  随机过程的定义

### 1.1.1  事物变化过程分类

在自然界中,事物的变化过程可以分为两大类:第一类是有确定形式的变化过程,或者说有必然的变化规律,用数学语言来说,就是事物的变化过程可以用一个时间 $t$ 的确定函数来描述,这类过程称为确定性过程,如物体自由落体运动,物体下降的高度随时间的变化就是一个确定性的函数 $h=\dfrac{1}{2}gt^2$;另一类过程没有确定的变化形式,也就是说,每次对它的测量结果没有一个确定的变化规律,用数学语言来说,这类事物的变化过程不能用一个时间 $t$ 的确定性函数来描述。如果对该事物的变化全过程进行一次观察,可得到一个时间 $t$ 的函数,但是若对事物的变化过程重复地、独立地进行多次观察,则每次所得到的结果是不相同的。从另一角度来看,如果固定某一观测时刻 $t$,事物在时刻 $t$ 出现的状态是随机的,这类过程称为随机过程。

自然界有许多属于随机性质的过程,例如:

(1) 在电话问题中,我们用 $X(\omega,t)$ 表示在时刻 $t$ 前电话局接到的呼唤次数。如果固定 $t$,则 $X(\omega,t)$ 显然是一个随机变量。但是 $t$ 是可变参数,是一个连续变量,所以 $X(\omega,t)$ 又是一个过程。因此,这个问题所涉及的不仅是一个随机变量的问题,它既是随机的,又是一个过程。

(2) 液面上的质点运动。观测液面上一个做布朗运动的质点 $A$,若用 $\{X(\omega,t),Y(\omega,t)\}$ 表示在时刻 $t$ 该质点在液面上的坐标位置,显然,当固定 $t$ 时,$\{X(\omega,t),Y(\omega,t)\}$ 是一对二维随机变量。但是 $t$ 是一个连续变量,因此 $\{X(\omega,t),Y(\omega,t)\}$ 又是一个过程。

以上两个例子都说明在事物变化的过程中需要研究它的状态。

我们用"随机过程"一词来表示依赖于一个变动参量的一簇随机变量。

虽然随机过程不能用一个确定性的函数来描述,但是随机过程也是有规律的。我们的任务就是研究如何描述一个随机过程,即研究随机过程的性质和规律。

## 1.1.2  随机过程实例

先从两个例子开始,说明如何描述一个随机过程。

**1. 伯努利过程**

以投硬币为例。每隔单位时间掷一次硬币,观察它出现的结果。如果出现正面,则记其结果为 1;如果出现反面,则记其结果为 0。一直掷下去,便可得到一无穷序列 $\{x_1,x_2,x_3,\cdots\}$,则 $\{X_1,X_2,X_3,\cdots\}=\{X_n;n=1,2,\cdots;X_n=1$ 或 $0\}$。因为每次抛掷的结果 $x_n$ 是一个随机变量(1 或 0),所以无穷次抛掷的结果 $x_n$ 是一个随机变量的无穷序列。称随机变量的序列为随机序列,也可称为随机过程。每次抛掷的结果与先后各次抛掷的结果是相互统计独立的,并且 $x_n$ 出现 0 或 1 的概率与抛掷的时间 $n$ 无关。设

$$P\{X_n=1\}=\text{第 } n \text{ 次抛掷出现正面的概率}=p$$

$$P\{X_n=0\}=\text{第 } n \text{ 次抛掷出现反面的概率}=q=1-p$$

其中,$P\{X_n=1\}=p$ 与 $n$ 无关,且 $X_i$、$X_k(i\neq k$ 时)是相互统计独立的随机变量。称具有这种特性的随机过程为伯努利型随机过程。

许多实际问题是可以用伯努利概率模型来描述的。例如,在数字通信中所传送的信号是脉冲信号,在某一时刻 $t$ 可能出现脉冲,也可能不出现脉冲,出现脉冲为 1,不出现脉冲为 0,则在 $t$ 时刻信号的值 $X_t$ 是一个随机变量,即 $X_t$ 有两个状态:0 或 1。如果在 $t_1,t_2,t_3,\cdots$ 时观察信号,则所得结果是 $\{X_1,X_2,X_3,\cdots\}=\{X_n;n=1,2,\cdots;X_n=1$ 或 $0\}$。如果在 $t_k$ 时刻出现 1 或 0 的概率与观察的时刻 $t_k$ 无关,在 $t_1$ 出现 $X_1$ 与其他任何时刻 $t_k$ 出现 $X_k$ 是相互统计独立的,并设 $P\{X_k=1\}=p,P\{X_k=0\}=q=1-p$,则 $p$ 与 $k$ 无关,且 $X_i$、$X_k(i\neq k$ 时)是相互统计独立的随机变量,这样形成的随机序列属于伯努利型随机过程。

在伯努利型随机过程中,如果固定观测时刻 $t_1$,则它的实验结果是属于两个样本点(0,1)所组成的样本空间 $S_X$;如果在两个不同的时刻 $t_1$、$t_2$ 观测实验结果,则 $x_1$、$x_2$ 可能出现的值为 $(0,0)、(0,1)、(1,0)、(1,1)$,其样本空间为 $S_{X1}\times S_{X2}$,样本点为 $2^2=4$ 个。$\{X_1,X_2\}$ 是一个二维随机变量,或二维随机向量。

同理,如果在 $t_1,t_2,\cdots,t_n$ 观察其所取的值 $(X_1,X_2,\cdots,X_n)$,便可得到一个 $n$ 维随机向量,其样本空间为 $S_{X1}\times S_{X2}\times\cdots\times S_{Xn}$,在该样本空间中包括从 $(0,0,\cdots,0)$ 到 $(1,1,\cdots,1)$ 的 $2^n$ 个样本点。于是,如果在 $t_1,t_2,\cdots$ 观察到其所取的值 $x_1,x_2,\cdots$,则可得到一个无穷维的随机向量,其样本空间为

$$S_{X1}\times S_{X2}\times\cdots\times S_{Xn}\times\cdots$$

**2. 正弦波过程**

在大批生产的振荡器中抽出其中一台振荡器,它的输出波形为

$$x(t)=v\sin(\omega t+\varphi)$$

式中:$v$ 为振幅;$\omega$ 为振荡角频率,$\omega=2\pi f$,$f$ 为振荡频率;$\varphi$ 为振荡的起始相角。由于生产中的不一致性,各振荡器的振幅和频率与额定的指标均有一定的允许偏差,各台的偏差是不一致的。也就是说,$v$、$\omega$ 是随机变量,每一台的 $v$、$\omega$ 是样本空间 $(V,\Omega)$ 中的一个样本点,而且每次

把振荡器接上电源,振荡的起始相角 $\varphi$ 也是随机的,$\varphi$ 也有一个样本空间 $\Phi$。因此,每次对一台振荡器做试验,其输出电压的 $v$、$\omega$、$\varphi$ 是样本空间 $(V,\Omega,\Phi)$ 中的一个点。当然,输出电压还是一个时间函数。不同的振荡器在各次试验中其输出电压的时间函数虽然均是正弦波,但因 $v$、$\omega$、$\varphi$ 为随机变量,不同台次的输出可能均不相同。如果固定一个观测时刻,观察各台振荡器在这一时刻的电压,由于 $v$、$\omega$、$\varphi$ 是随机变量,且

$$X(t) = v\sin(\omega t + \varphi)$$

故 $X(t)$ 也是随机变量。在 $t$ 时 $X(t)$ 的分布取决于 $t$ 以及 $v$、$\omega$、$\varphi$ 的分布。

称 $X(t) = v\sin(\omega t + \varphi)$ 为正弦波随机过程,在这个过程中,$t$ 是一个参量,它可以取 $[0,+\infty)$ 内的任意值。

从上述两个例子中看到有两种描述随机过程的方法:

(1) 固定时刻 $t$,随机过程 $X(\omega,t)$ 在该时刻所取的值是一随机变量。对应每一个随机变量,有一概率空间 $(\Omega,\mathscr{F},P)$,即 $X_t(\omega) = X(\omega,t)$ 是样本空间 $\omega \in \Omega$ 内的一个随机变量,可以用分布函数 $F_X(x) = F_X(\omega,t) = P\{X_t(\omega) \leqslant x\} = P\{X(\omega,t) \leqslant x\}$ 来描述 $X(\omega,t)$。这是一维分布。这种描述只能说明在某一时刻 $X(\omega,t)$ 的分布,而不能描述在不同时刻 $X(\omega,t)$ 的相互关系。为了描述随机过程 $\{X(t),t \in T\}$ 在不同时刻的相互关系,就要求用 $n$ 维联合分布函数来描述 $n$ 个不同时刻 $t_1,t_2,\cdots,t_n$ 相对应的 $n$ 个随机变量 $X(t_1),X(t_2),\cdots,X(t_n)$,即

$$F_{t_1,t_2,\cdots,t_n}(x_1,x_2,\cdots,x_n) = F_X(x_1,x_2,\cdots,x_n;t_1,t_2,\cdots,t_n)$$
$$= P\{X(t_1) \leqslant x_1,X(t_2) \leqslant x_2,\cdots,X(t_n) \leqslant x_n\}$$

式中:$n$ 是任意选定的;$t_1,t_2,\cdots,t_n$ 是 $T$ 中的 $n$ 个元素。

由于上式中 $n$ 及 $t_1,t_2,\cdots,t_n$ 都是任意选定的,因此要求给出的是一簇有限维分布函数。可以看出,这一簇有限维分布函数不仅刻画出了对应于每一个时刻 $t$ 的随机变量 $X(t)$ 的统计规律性,而且也刻画出了不同时刻 $t_1,t_2,\cdots,t_n$ 的 $X(t_1),X(t_2),\cdots,X(t_n)$ 间的关系。因此,随机过程 $X(t)$ 的统计规律性可以由它的有限维分布函数簇完整地描述出来。称这一有限维分布函数簇为随机过程 $\{X(t),t \in T\}$ 的有限维分布函数簇。

这里需要说明如下两点:

① 为了简便起见,往往把 $X(\omega,t)$ 简写为 $X(t)$。

② 有时把随机过程 $X(t)$ 在 $t=t_k$ 所取的值 $X(t_k)$ 称为随机过程 $X(t)$ 在 $t=t_k$ 时的状态。

(2) 对于特定的 $\omega_k \in \Omega$,即对于一个特定的试验结果,$X^k(t)$ 是一个确定的样本函数,也可以理解为随机过程的一次实现。有时为了避免混淆,第 $k$ 个实现可以用 $X_k(t)$ 表示。由于 $X_k(t)$ 是一次实现,它可以通过测量而得到。例如,在正弦波过程的一次试验中,$v$、$\omega$、$\varphi$ 均为一个确定的值,因此一次实验得到的为一正弦函数。

这两种描述方法是互为补充的。由于随机过程可以用一簇有限维分布函数描述,因此可以利用研究随机向量的方法来研究随机过程。

## 1.1.3　随机过程的定义

概括上述两种描述随机过程的方法,可以对随机过程做以下两个定义。

**定义 1.1**　设 $(\Omega,\mathscr{F},P)$ 是概率空间,$T$ 是直线上的参数集(可列或不可列的),若对每一个 $t \in T$,$X(\omega,t) = X_t(\omega)$ 是随机变量,则称 $\{X(\omega,t),t \in T\}$ 为该概率空间上的随机过程。

**定义 1.2**　设随机实验 $E$ 的概率空间为 $(\Omega, \mathscr{F}, P)$，若对每一个 $\omega \in \Omega$，有一个关于 $t$ 的函数与之对应（对全体的 $\omega \in \Omega$，应有一簇关于 $t$ 的函数与之对应），则称这一簇函数为随机过程，记为 $X(\omega, t)$ 或 $X(t), t \in T$。当固定 $\omega \in \Omega$，称 $X(\omega, t)$ 为随机过程的实现或样本函数。

随机过程是一个统称，有时这一名词专指 $T$ 是连续的场合。当 $\{t \in T\}$ 取离散值时，随机过程称为随机序列（或时间序列）。把一次试验结果 $\{X_k(t), t \in T\}$ 称为随机过程的一个实现或一个样本。

参数集 $T$ 在许多实际问题中往往指的是时间参数，如上述的两个例子，但是也可以采用其他物理量如长度作为参数集。例如，考虑长度为 $l$ 的棉条的横截面，若用 $A(x)$ 表示在 $x$ 处棉条的横截面积，则对于固定的 $x$，$A(x)$ 是一随机变量。在 $n$ 个不同距离 $x_1, x_2, \cdots, x_n$ 处对应的横截面积 $A(x_1), A(x_2), \cdots, A(x_n)$ 组成一 $n$ 维随机向量，即 $A(x)$ 是一个随机过程。

## 1.1.4　随机过程的分类

随机过程的种类很多，采用不同的标准便得到不同的分类方法。下面列出三种分类方法。

（1）按照随机过程 $X(t)$ 的时间和状态（称 $X(t_1)$ 为 $X(t)$ 在 $t = t_1$ 时的状态）是连续还是离散可分为四类。

① 连续型随机过程：$X(t)$ 对于任意的 $t_1 \in T$，$X(t_1)$ 都是连续型随机变量，也就是时间和状态皆为连续的情况。例如，前面曾经提过的液面上质点的运动，液面上质点的运动坐标 $X(t)$、$Y(t)$ 就属于连续型的随机过程。

② 离散型随机过程：$X(t)$ 对于任意的 $t_1 \in T$，$X(t_1)$ 都是离散型随机变量。例如，前面曾提过的电话问题，在 $t$ 时刻之前，电话局接到的呼叫次数 $X(t)$ 是取一个自然数，显然应是离散的。所以，它是一个离散型的随机过程。

③ 连续随机序列：$X(t)$ 在任一离散时刻的状态是连续型随机变量。它对应于时间离散、状态连续的情况。实际上，它可以通过对连续型随机过程进行顺序等时间间隔采样得到。例如，只在时间域 $T = \{\Delta t, 2\Delta t, 3\Delta t, \cdots\}$ 上观测电阻热噪声电压过程 $V(t)$，就可得到一个随机变量序列 $\{V_1, V_2, \cdots, V_n, \cdots\}$，其中 $V_n = V(n\Delta t)$，此序列就属于连续随机序列。

④ 离散随机序列——随机数字序列（数字信号）：随机过程的时间和状态都离散。前面曾提到过的伯努利过程，就是典型的时间和状态都离散的离散随机序列。

由上可知，最基本的是连续型随机过程，其他三类只是对它做离散处理而得，故本书主要介绍连续型随机过程。然而，由于目前数字技术的迅速发展以及计算机的大量应用，所以我们在后面将对离散型随机过程作适当的介绍。

（2）按照随机过程的样本函数的形式不同，可分为以下两类。

① 不确定的随机过程：如果随机过程的任意样本函数的未来值，不能由过去的观测值准确地预测，则此过程称为不确定的随机过程。前面提过的液面上质点的运动坐标 $\{X(t)$，$Y(t)\}$ 就是一例。

② 确定的随机过程：如果随机过程的任意样本函数的未来值能由过去的观测值准确地预测，则此过程称为确定的随机过程。前面提到的正弦波过程就是一例。对于此过程的任意一个样本函数，这些随机变量都取某个具体的值。若过去任一时刻的样本函数值已知，则可根据正弦规律预测样本函数的未来值。

（3）按照随机过程的分布函数或概率密度函数的不同特性来分类。这是一种更为本质的分类方法，比较重要的有平稳随机过程、正态（Normal）随机过程、马尔可夫（Markov）过程、泊松（Possion）过程、独立增量过程和瑞利（Rayleigh）随机过程等。

在工程技术中，可按照随机过程有无平稳性、遍历性，分成平稳的和非平稳的，遍历的和非遍历的。此外，还可按照随机过程的功率谱特性，分成宽带的或窄带的，白色的或非白色（有色）的等。

# 1.2　随机过程的分布函数及数字特征

## 1.2.1　分布函数的定义

下面研究在确定的时间段内的某一随机过程 $X(t)$。严格地说，我们不能在图上用一条曲线简单地表示一个随机过程。但是，为了便于说明，暂且假定随机过程 $X(t)$ 可以在图上用一条曲线描绘，如图 1.1 所示。当然，这条曲线不能理解为具体的样本函数，而应把随机过程 $X(t)$ 看成是全部可能样本函数的集合。

当用记录仪器来记录 $X(t)$ 的变化过程时，它不能连续地记下过程，而只能记下 $X(t)$ 在确定时刻 $t_1,t_2,\cdots,t_n$ 下的值。前面已经指出，在确定的 $t$ 值上，随机过程就变成通常的随机变量 $X(t_1)$，$X(t_2),\cdots,X(t_n)$。显然，当记录仪器的记录速度相当高时，也就是记录的时间间隔 $\Delta t=t_i-t_{i-1}$ 相当小（即 $n$ 足够大）时，随机变量序列 $X(t_1)$，$X(t_2),\cdots,X(t_n)$ 便能足够精确地表示出随机过程 $X(t)$ 的变化过程。因此，在一定的近似程度上，可以用对多维随机变量的研究来代替对随机过程的研究。而且，$n$ 的取值越大，这样的代替就越精确。在取极限（即 $n\to\infty$）时，随机过程的概念可以作为多维随机变量的概念在维数无穷多（不可列）的情况下自然推广。

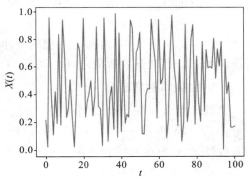

图 1.1　随机过程的样本函数

根据对随机过程的上述理解，以及对随机变量所做的研究，我们可以给出描述随机过程统计特性的分布函数和概率密度函数。

### 1. 一维概率密度函数

随机过程 $X(t)$ 在任一特定的时刻 $t_1\in T$ 的取值 $X(t_1)$ 是一维随机变量。概率 $P\{X(t_1)\leqslant x_1\}$ 是取值 $x_1$、时刻 $t_1$ 的函数，记为

$$F_X(x_1;t_1)=P\{X(t_1)\leqslant x_1\} \tag{1.1}$$

称为随机过程 $X(t)$ 的一维分布函数。

与随机变量一样，如果 $F_X(x_1;t_1)$ 对 $x_1$ 的偏导数存在，则有

$$f_X(x_1;t_1)=\frac{\partial F_X(x_1;t_1)}{\partial x_1} \tag{1.2}$$

$f_X(x_1;t_1)$ 称为随机过程 $X(t)$ 的一维概率密度函数。$f_X(x_1;t_1)$ 也是 $x_1$ 和 $t_1$ 的函数。有时也把它简记为 $f_X(x;t)$。一般来说,对应不同时刻 $t$ 的 $f_X(x;t)$ 也是不相同的。

显然,随机过程的一维分布函数和一维概率密度函数具有一维随机变量的分布函数和概率密度的各种性质,所不同的是前者还是时刻 $t$ 的函数。一维分布函数和一维概率密度函数仅给出了随机过程最简单的概率分布特性,它们只能描述随机过程在任一孤立时刻取值的统计特性,而不能反映随机过程各个时刻的状态之间的联系。

**2. 二维概率密度函数**

随机过程 $X(t)$ 在任意两个时刻 $t_1$、$t_2$ 的取值(状态)$X(t_1)$、$X(t_2)$ 构成二维随机变量 $\{X(t_1),X(t_2)\}$。它们的联合概率 $P\{X(t_1)\leqslant x_1,X(t_2)\leqslant x_2\}$ 是取值 $x_1$、$x_2$ 和时刻 $t_1$、$t_2$ 的函数,记为

$$F_X(x_1,x_2;t_1,t_2)=P\{X(t_1)\leqslant x_1,X(t_2)\leqslant x_2\} \tag{1.3}$$

称为随机过程 $X(t)$ 的二维分布函数。

如果 $F_X(x_1,x_2;t_1,t_2)$ 对 $x_1$、$x_2$ 的二阶混合偏导存在,则有

$$f_X(x_1,x_2;t_1,t_2)=\frac{\partial^2 F_X(x_1,x_2;t_1,t_2)}{\partial x_1 \partial x_2} \tag{1.4}$$

$f_X(x_1,x_2;t_1,t_2)$ 称为随机过程 $X(t)$ 的二维概率密度函数。

由于二维分布函数描述了随机过程在任意两个时刻的状态之间的联系,并可通过积分得到两个一维边沿概率密度 $f_X(x_1;t_1)$ 和 $f_X(x_2;t_2)$,因此,随机过程的二维分布函数比一维分布函数含有更多的信息,对随机过程的阐述要更细致些。但是,二维分布函数还不能反映随机过程在两个以上时刻的取值之间的联系,不能完整地反映出随机过程的全部统计特性。

**3. $n$ 维概率密度函数**

随机过程 $X(t)$ 在任意 $n$ 个时刻 $t_1,t_2,\cdots,t_n$ 的取值 $X(t_1),X(t_2),\cdots,X(t_n)$ 构成 $n$ 维随机变量 $[X(t_1),X(t_2),\cdots,X(t_n)]$,即为 $n$ 维空间的随机向量 $\boldsymbol{X}$。用类似上面的方法,我们可以定义随机过程 $X(t)$ 的 $n$ 维分布函数和 $n$ 维概率密度函数为

$$F_X(x_1,x_2,\cdots,x_n;t_1,t_2,\cdots,t_n)=P\{X(t_1)\leqslant x_1,X(t_2)\leqslant x_2,\cdots,X(t_n)\leqslant x_n\} \tag{1.5}$$

$$f_X(x_1,x_2,\cdots,x_n;t_1,t_2,\cdots,t_n)=\frac{\partial^n F_X(x_1,x_2,\cdots,x_n;t_1,t_2,\cdots,t_n)}{\partial x_1 \partial x_2 \cdots \partial x_n} \tag{1.6}$$

显然,$n$ 维分布函数描述了随机过程在任意 $n$ 个时刻的状态之间的联系,比其一维或者二维分布函数含有更多的信息,对随机过程阐述得更加细致。如果维数 $n$ 越大(即随机过程的观测时刻点数取得越多),则对随机过程的统计特性描述得越细致。从理论上来说,为了完整地描述随机过程 $X(t)$ 的统计特性,需要无限地增加维数 $n$(即无限地减小时间间隔);但是,由于 $n$ 越大,问题越复杂,甚至不可能得到 $n$ 维分布函数,因而在许多实际问题中,只要取二维分布函数就可以了。

与多维随机变量一样,随机过程 $X(t)$ 的 $n$ 维分布函数具有下列主要性质:

(1) $$\lim_{x_i \to \infty} F_X(x_1,x_2,\cdots,x_n;t_1,t_2,\cdots,t_n)=0, \quad i=1,2,\cdots,n \tag{1.7}$$

(2) $$\lim_{x_1,x_2,\cdots,x_n \to \infty} F_X(x_1,x_2,\cdots,x_n;t_1,t_2,\cdots,t_n)=1 \tag{1.8}$$

(3) $$f_X(x_1,x_2,\cdots,x_n;t_1,t_2,\cdots,t_n)\geqslant 0 \tag{1.9}$$

(4) $$\int_{-\infty}^{\infty}\cdots\int_{-\infty}^{\infty} f_X(x_1,x_2,\cdots,x_n;t_1,t_2,\cdots,t_n)\mathrm{d}x_1 \mathrm{d}x_2\cdots\mathrm{d}x_n=1 \tag{1.10}$$

(5) 如果 $X(t_1),X(t_2),\cdots,X(t_n)$ 统计独立,则有

$$f_X(x_1,x_2,\cdots,x_n;t_1,t_2,\cdots,t_n)=f_X(x_1;t_1)f_X(x_2;t_2)\cdots f_X(x_n;t_n) \qquad (1.11)$$

## 1.2.2　数字特征的定义及统计特征描述

虽然随机过程的分布函数簇能完整地描述随机过程的统计特性,但是在实际应用中,要确定随机过程的分布函数簇,并加以分析,常常比较困难,甚至是不可能的。由前可知,随机过程是随时间 $t$ 而变化的一簇随机变量,故我们将随机变量的数字特征概念推广到随机过程中去。随机过程的数字特征既能描述随机过程的重要特征,又便于实际测量和进行运算。

对随机变量常用到的数字特征有数学期望、方差、相关系数等。类似地,对随机过程常用到的数字特征有均值函数、方差函数、相关函数等。它们是由随机变量的数字特征演变而来的。但是,它们通常不再是确定的数值,而是时间的函数,则随机过程的数字特征又可称为矩函数或示性函数。下面介绍随机过程的一些基本数字特征。

**1. 均值函数**

随机过程 $X(t)$ 在任一时刻 $t$ 的取值是一个随机变量 $X(t)$(注意:此处 $t$ 相对固定,故 $X(t)$ 不再是随机过程),将其任一取值 $X(t)$ 简记为 $x$,根据随机变量的数学期望的定义,可得

$$m_X(t) = E[X(t)] = \int_{-\infty}^{\infty} x f_X(x;t)\mathrm{d}x$$

$$\tag{1.12}$$

它是时间 $t$ 的确定函数,并称它为随机过程的均值函数,用 $m_X(t)$ 或 $E[X(t)]$ 表示。

显然,$m_X(t)$ 是某一个平均函数,随机过程的诸样本在它的附近起伏变化,如图 1.2 所示。图中细线表示随机过程的各个样本函数,粗线表示其均值函数。

如果讨论的随机过程是接收机输出端的噪声电压,这时数学期望 $m_X(t)$ 就是此噪声电压的瞬时统计平均值。

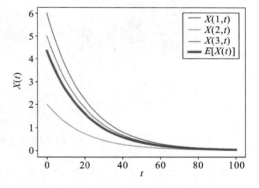

图 1.2　随机过程的均值函数

另需指出,$m_X(t)$ 是随机过程 $X(t)$ 的所有样本函数在任一时刻 $t$ 的函数值的均值,这是统计平均,又称集合(或集)平均。它应与后面提到的时间平均概念有所区别。

**2. 均方值函数与方差函数**

随机过程 $X(t)$ 在任一时刻 $t$ 的取值是一个随机变量 $X(t)$,我们把此随机变量 $X(t)$ 的二阶原点距记作 $\Psi_X^2(t)$,即

$$\Psi_X^2(t) = E[X^2(t)] = \int_{-\infty}^{\infty} x^2 f_X(x;t)\mathrm{d}x \qquad (1.13)$$

称为随机过程 $X(t)$ 的均方值函数。而二阶中心距记作 $\sigma_X^2(t)$ 或 $D[X(t)]$,即

$$\sigma_X^2(t)=D[X(t)]=E\{[X(t)-m_X(t)]^2\} \qquad (1.14)$$

称为随机过程 $X(t)$ 的方差函数。$\mathring{X}(t)=X(t)-m_X(t)$ 为中心化随机变量。$\Psi_X^2(t)$ 和 $\sigma_X^2(t)$ 都

是 $t$ 的确定函数。$\sigma_X^2(t)$ 描述了随机过程 $X(t)$ 的诸样本函数对于其均值函数 $m_X(t)$ 的偏离程度。

如果 $X(t)$ 表示噪声电压，则均方值函数 $\Psi_X^2(t)$ 和方差函数 $\sigma_X^2(t)$ 就分别表示消耗在单位电阻上的瞬时功率统计平均值和瞬时交流功率统计平均值。

方差函数 $\sigma_X^2(t)$ 是非负函数，其平方根称为随机过程的标准差或方差根、均方差函数，即

$$\sigma_X(t) = \sqrt{\sigma_X^2(t)} = \sqrt{D[X(t)]}$$

**3. 自相关函数**

均值函数和方差函数分别为一维随机变量的一阶原点矩和二阶中心距。它们仅描述了随机过程在各个孤立时刻的统计平均特性，并不能反映出随机过程的内在联系。例如，我们可以观测图 1.3 所示的两个随机过程 $X(t)$ 和 $Y(t)$。从直观上看，它们具有近似的均值函数和方差函数，但是两者的内部结构却有差别。显然，$X(t)$ 随时间变化幅度要大一点，此过程在任意两个时刻的取值之间有较弱的相关性；而 $Y(t)$ 随时间变化幅度要小一点，其任意两个时刻的状态有较强的相关性。

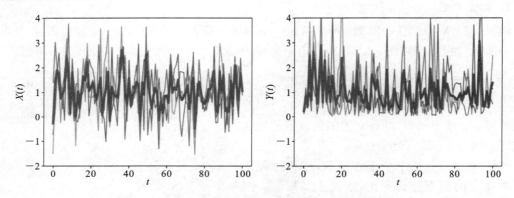

**图 1.3　相似均值函数和方差函数的两个随机过程**

自相关函数（简称相关函数）就是用来描述随机过程任意两个时刻的状态之间的内在联系的重要特征。定义实随机过程的自相关函数 $R_X(t_1, t_2)$ 为

$$R_X(t_1, t_2) = E[X(t_1)X(t_2)] = \int_{-\infty}^{\infty} \int_{-\infty}^{\infty} x_1 x_2 f_X(x_1, x_2; t_1, t_2) \mathrm{d}x_1 \mathrm{d}x_2 \tag{1.15}$$

式 (1.15) 就是随机过程 $X(t)$ 在两个不同时刻 $t_1$、$t_2$ 的取值 $X(t_1)$、$X(t_2)$ 之间的二阶混合原点矩，它反映了 $X(t)$ 在任意两个时刻的状态之间的相关程度。如果 $t_1 = t_2 = t$，则有

$$R_X(t_1, t_2) = R_X(t, t) = E[X(t)X(t)] = E[X^2(t)] \tag{1.16}$$

此时，$X(t)$ 的自相关函数就是其均方值函数，换言之，$X(t)$ 的均方值函数是其自相关函数的特例。

有时，我们也用随机过程 $X(t)$ 在两个不同时刻 $t_1$、$t_2$ 的取值 $X(t_1)$、$X(t_2)$ 之间的二阶混合中心矩来定义相关函数，记为 $C_X(t_1, t_2)$，即

$$C_X(t_1, t_2) = E[\overset{\circ}{X}(t_1)\overset{\circ}{X}(t_2)] = E\{[X(t_1) - m_X(t_1)][X(t_2) - m_X(t_2)]\}$$

$$= \int_{-\infty}^{\infty} \int_{-\infty}^{\infty} [x_1 - m_X(t_1)][x_2 - m_X(t_2)] f_X(x_1, x_2; t_1, t_2) \mathrm{d}x_1 \mathrm{d}x_2 \tag{1.17}$$

为了与 $R_X(t_1, t_2)$ 相区别，我们把 $C_X(t_1, t_2)$ 称为中心化自相关函数或自协方差函数，简称协方

差函数。$C_X(t_1,t_2)$ 反映了 $X(t)$ 在任意两个时刻的起伏值之间的相关程度。$C_X(t_1,t_2)$ 与 $R_X(t_1,t_2)$ 存在如下关系：

$$
\begin{aligned}
C_X(t_1,t_2) &= E\{[X(t_1)-m_X(t_1)][X(t_2)-m_X(t_2)]\}\\
&= E[X(t_1)X(t_2)]-m_X(t_1)E[X(t_2)]-m_X(t_2)E[X(t_1)]+m_X(t_1)m_X(t_2)\\
&= R_X(t_1,t_2)-m_X(t_1)m_X(t_2)
\end{aligned} \tag{1.18}
$$

实际上，二者所描述的特性是一致的。如果 $t_1$，$t_2$ 的间隔为零，即 $t_1=t_2=t$，则有

$$
C_X(t_1,t_2)=C_X(t,t)=E\{[X(t)-m_X(t)]^2\}=D[X(t)]=\sigma_X^2(t) \tag{1.19}
$$

此时，协方差函数就是方差函数，且由式(1.16)、式(1.17)、式(1.18)、式(1.19)可得

$$
\sigma_X^2(t)=E[X^2(t)]-m_X^2(t) \tag{1.20}
$$

由此可见，作为随机过程的最基本的数字特征（或矩函数），只是均值函数和相关函数，其他数字特征，如均方值函数、方差函数、协方差函数等，都能间接地求得。特别地，若 $\forall t$，$E[X^2(t)]<+\infty$，则称 $X(t)$ 为二阶矩过程。

**【例 1.1】**　设正弦波随机过程为 $X(t)=A\cos(\omega_0 t)$。其中 $\omega_0$ 为常数，$A$ 为均匀分布在 $(0,1)$ 内的随机变量，即

$$
f_A(a)=\begin{cases}1, & 0\leqslant a\leqslant 1\\ 0, & \text{其他}\end{cases}
$$

（1）画出过程 $X(t)$ 的几个样本函数的图形；

（2）试求 $t=0,\dfrac{\pi}{\omega_0},\dfrac{3\pi}{4\omega_0},\dfrac{\pi}{4\omega_0}$ 时，$X(t)$ 的一维概率密度，并画出它的曲线。

（3）试写出 $t_2=\dfrac{\pi}{2\omega_0}$ 时 $X(t_2)$ 的表达式，及其分布函数、概率密度函数。

**解**　（1）若 $A=\dfrac{2}{3}$，$X(t)=\dfrac{2}{3}\cos(\omega_0 t)$ 为一个确定性函数；若 $A=0$，则 $X(t)=0$；若 $A=1$，则 $X(t)=\cos(\omega_0 t)$ 是一个确定性函数。

（2）当 $t_1=0$ 时，$X(0)=A\cos(\omega_0\cdot 0)=A$，因此，$X(0)$ 的概率密度就是 $A$ 的概率密度，即

$$
f_{X_0}(x)=\begin{cases}1, & 0\leqslant x\leqslant 1\\ 0, & \text{其他}\end{cases}
$$

当 $t_2=\dfrac{\pi}{4\omega_0}$ 时，$X(t_1)=X_1=A\cos\left(\omega_0\dfrac{\pi}{4\omega_0}\right)=\dfrac{1}{\sqrt{2}}A$。因为随机变量 $A$ 均匀分布在 $(0,1)$ 上，所以随机变量 $X(t_1)$ 均匀分布在 $\left(0,\dfrac{1}{\sqrt{2}}\right)$ 上，即

$$
f_{X_1}(x)=\begin{cases}\sqrt{2}, & 0\leqslant x\leqslant 1/\sqrt{2}\\ 0, & \text{其他}\end{cases}
$$

当 $t_3=\dfrac{3\pi}{4\omega_0}$ 时，$X(t_3)=X_3=A\cos\left(\omega_0\dfrac{3\pi}{4\omega_0}\right)=-\dfrac{1}{\sqrt{2}}A$。因此，同理有

$$
f_{X_3}(x)=\begin{cases}\sqrt{2}, & -1/\sqrt{2}\leqslant x\leqslant 0\\ 0, & \text{其他}\end{cases}
$$

当 $t_4=\dfrac{\pi}{\omega_0}$ 时，$X(t_4)=X_4=A\cos\left(\omega_0\dfrac{\pi}{\omega_0}\right)=-A$。故得

$$f_{X_4}(x) = \begin{cases} 1, & -1 \leqslant x \leqslant 0 \\ 0, & 其他 \end{cases}$$

(3) 当 $t_2 = \dfrac{\pi}{2\omega_0}$ 时，$X(t_2) = X_2 = A\cos\left(\omega_0\,\dfrac{\pi}{2\omega_0}\right) = 0$。因此，不论 $A$ 值的大小，对于 $t_2 =$

$\dfrac{\pi}{2\omega_0}$，均有 $X(t_2) = X_2 = 0$。故 $P\{X(t_2) = 0\} = 1$ 或 $X(t_2)$ 的分布函数 $F_{X_2}(x) = U(x)$，即：

$F_{X_2}(x)$ 是在 $x = 0$ 的单位阶跃函数；而其概率密度为 $f_{X_2}(x) = \delta(x)$，即：它是在 $x = 0$ 处的
冲激。

**【例 1.2】** 如果随机过程 $X(t)$ 为

$$X(t) = V\cos(4t), \qquad -\infty < t < \infty$$

式中：$V$ 是随机变量，其数学期望（简称均值）为 5，方差为 6。求：随机过程 $X(t)$ 的均值函数、
方差函数、相关函数和协方差函数。

**解**　由题意可知：$E(V) = 5$，$D(V) = 6$，从而求得 $V$ 的均方值为

$$E(V^2) = E^2(V) + D(V) = 5^2 + 6 = 31$$

根据随机过程数字特征的定义和性质，可求得

$$m_X(t) = E[X(t)] = E[V\cos(4t)] = \cos(4t) \cdot E(V) = 5\cos(4t)$$

$$\sigma_X^2(t) = D[X(t)] = D[V\cos(4t)] = \cos^2(4t) \cdot D(V) = 6\cos^2(4t)$$

$$R_X(t_1, t_2) = E[X(t_1)X(t_2)] = E[V\cos(4t_1) \cdot V\cos(4t_2)]$$
$$= \cos(4t_1) \cdot \cos(4t_2) \cdot E(V^2) = 31\cos(4t_1)\cos(4t_2)$$

$$C_X(t_1, t_2) = E\{[X(t_1) - m_X(t_1)][X(t_2) - m_X(t_2)]\}$$
$$= R_X(t_1, t_2) - m_X(t_1)m_X(t_2)$$
$$= 31\cos(4t_1)\cos(4t_2) - 5\cos(4t_1)5\cos(4t_2)$$
$$= 6\cos(4t_1)\cos(4t_2)$$

**【例 1.3】**　试证明：(1) 若随机过程 $X(t)$ 加上确定的时间函数 $\varphi(t)$，则协方差函数不变。
(2) 若随机过程 $X(t)$ 乘以非随机因子 $\varphi(t)$，则协方差函数乘以积 $\varphi(t_1)\varphi(t_2)$。

**证**　(1) 设 $Y(t) = X(t) + \varphi(t)$，则只要证明 $C_Y(t_1, t_2) = C_X(t_1, t_2)$ 即可。

因为 $\qquad\qquad m_Y(t) = E[X(t) + \varphi(t)] = m_X(t) + \varphi(t)$

而中心化随机函数为

$$\overset{\circ}{Y}(t) = Y(t) - m_Y(t) = [Y(t) + \varphi(t)] - [m_X(t) + \varphi(t)] = X(t) - m_X(t) = \overset{\circ}{X}(t)$$

所以

$$C_Y(t_1, t_2) = E\{[Y(t_1) - m_Y(t_1)][Y(t_2) - m_Y(t_2)]\}$$
$$= E[\overset{\circ}{Y}(t_1)\overset{\circ}{Y}(t_2)] = E[\overset{\circ}{X}(t_1)\overset{\circ}{X}(t_2)]$$
$$= C_X(t_1, t_2)$$

故得证。

(2) 设 $Z(t) = X(t) \cdot \varphi(t)$，则只要证 $C_Z(t_1, t_2) = C_X(t_1, t_2) \cdot \varphi(t_1)\varphi(t_2)$ 即可。

因为 $\qquad\qquad m_X(t) = E[X(t) \cdot \varphi(t)] = m_X(t)\varphi(t)$

而中心化随机函数为

$$\overset{\circ}{Z}(t) = Z(t) - m_Z(t) = X(t)\varphi(t) - m_X(t)\varphi(t)$$

$$= \varphi(t)[X(t) - m_X(t)] = \varphi(t)\mathring{X}(t)$$

所以

$$C_Z(t_1, t_2) = E[\mathring{Z}(t_1)\mathring{Z}(t_2)] = E[\varphi(t_1)\mathring{X}(t_1) \cdot \varphi(t_2)\mathring{X}(t_2)]$$

$$= \varphi(t_1)\varphi(t_2)C_X(t_1, t_2)$$

故得证。

**【例 1.4】** 如果随机过程 $X(t) = Ut(-\infty < t < \infty)$，式中 $U$ 为在 $[0,1]$ 上均匀分布的随机变量。求：过程 $X(t)$ 的均值函数、相关函数、协方差函数和方差函数。

**解** 由题意可知，随机变量 $U$ 的概率密度为

$$f_U(u) = \begin{cases} 1, & 0 \leqslant u \leqslant 1 \\ 0, & 其他 \end{cases}$$

又因在任意时刻 $t$，随机变量 $X(t)$ 与 $U$ 有确定的函数关系，它取值为 $x(t) = x = ut$，故二者的概率分布应相等，即

$$F_X(x) = F_X(ut) = F_U(u) \quad 或 \quad f_X(x) = f_X(ut) = f_U(u)$$

根据随机过程数字特征的定义和性质，可得

$$m_X(t) = E[X(t)] = \int_{-\infty}^{\infty} x f_X(x) \mathrm{d}x = \int_{-\infty}^{\infty} u f_U(u) \mathrm{d}u = \int_0^1 ut \cdot 1 \mathrm{d}u = \frac{t}{2}$$

$$R_X(t_1, t_2) = E[X(t_1)X(t_2)] = E(Ut_1 \cdot Ut_2) = t_1 t_2 E(U^2)$$

$$= t_1 t_2 \int_0^1 u^2 f_U(u) \mathrm{d}u = t_1 t_2 \int_0^1 u^2 \cdot 1 \mathrm{d}u = \frac{t_1 t_2}{3}$$

$$C_X(t_1, t_2) = R_X(t_1, t_2) - m_X(t_1)m_X(t_2) = \frac{t_1 t_2}{3} - \frac{t_1}{2} \cdot \frac{t_2}{2} = \frac{t_1 t_2}{12}$$

$$\sigma_X^2(t) = C_X(t, t) = \frac{t^2}{12}$$

**【例 1.5】** 随机过程 $X(t)$ 由三个样本函数 $X(\omega_1, t) = 2$，$X(\omega_2, t) = 2\cos t$ 及 $X(\omega_3, t) = 3\sin t$ 组成，每个样本等概率出现。求随机过程 $X(t)$ 的均值函数和相关函数。

**解** 根据随机过程数字特征的定义和性质，可得

$$E[X(t)] = \sum_{i=1}^{3} X(\omega_i, t)P(\omega_i) = \frac{1}{3}[2 + 2\cos(2t) + 3\sin t]$$

$$R_X(t_1, t_2) = E[X(t_1)X(t_2)] = \sum_{i=1}^{3} X(\omega_i, t_1)X(\omega_i, t_2)P(\omega_i)$$

$$= \frac{1}{3}(2 \times 2 + 2\cos t_1 \cdot 2\cos t_2 + 3\sin t_1 \cdot 3\sin t_2)$$

$$= \frac{1}{3}(4 + 4\cos t_1 \cos t_2 + 9\sin t_1 \sin t_2)$$

## 1.2.3 互相关函数和互协方差函数

在通信中，信号在传输过程中往往伴随着噪声的干扰，因而接收到的是信号和噪声的叠加。一般它们都是随机过程。我们有必要定义两个或两个以上的随机过程的联合分布函数、联合概率密度函数以及描述几个随机过程两两之间相关程度的数字特征，即互相关函数和互

协方差函数。

设有两个随机过程 $\{X(t),t\in T\}$ 和 $\{Y(t),t\in T\}$，它们的参数集 $T$ 相同，$t_1,t_2,\cdots,t_n$ 和 $t'_1$，$t'_2,\cdots,t'_m$ 为取自参数集 $T$ 的任意两组实数，称 $n+m$ 维随机变量 $[X(t_1),X(t_2),\cdots,X(t_n)$，$Y(t'_1),Y(t'_2),\cdots,Y(t'_m)]$ 的联合分布函数 $F_{XY}(x_1,x_2,\cdots,x_n;t_1,t_2,\cdots,t_n;y_1,y_2,\cdots,y_m;t'_1$，$t'_2,\cdots,t'_m)$ 为随机过程 $X(t)$ 和 $Y(t)$ 的 $n+m$ 维联合分布函数。相应地，$n+m$ 维联合概率密度函数为

$$f_{XY}(x_1,x_2,\cdots,x_n;t_1,t_2,\cdots,t_n;y_1,y_2,\cdots,y_m;t'_1,t'_2,\cdots,t'_m)$$

**定义 1.3**　对于任意 $t_1,t_2\in T$，称随机变量 $X(t_1)$ 和 $Y(t_2)$ 的二阶混合原点矩（若存在）

$$R_{XY}(t_1,t_2)=E[X(t_1)Y(t_2)]=\int_{-\infty}^{\infty}xyf_{XY}(x;t_1;y;t_2)\mathrm{d}x\mathrm{d}y$$

为随机过程 $X(t)$ 和 $Y(t)$ 的互相关函数。称二阶中心矩函数

$$
\begin{aligned}
C_{XY}(t_1,t_2)&=E\{[X(t_1)-m_X(t_1)][Y(t_2)-m_Y(t_2)]\}\\
&=\int_{-\infty}^{\infty}\int_{-\infty}^{\infty}[x-m_X(t_1)][y-m_Y(t_2)]f_{XY}(x;t_1;y;t_2)\mathrm{d}x\mathrm{d}y\\
&=R_{XY}(t_1,t_2)-m_X(t_1)m_Y(t_2)
\end{aligned}
$$

为随机过程 $X(t)$ 和 $Y(t)$ 的互协方差函数。

下面给出两个随机过程 $X(t)$ 和 $Y(t)$ 相互独立、互不相关、相互正交的概念及相互关系。

若对任意正整数 $n$ 和 $m$ 及任意数组 $t_1,t_2,\cdots,t_n$ 和 $t'_1,t'_2,\cdots,t'_m$ 有

$$F_{XY}(x_1,x_2,\cdots,x_n;t_1,t_2,\cdots,t_n;y_1,y_2,\cdots,y_m;t'_1,t'_2,\cdots,t'_m)$$
$$=F_X(x_1,x_2,\cdots,x_n;t_1,t_2,\cdots,t_n)F_Y(y_1,y_2,\cdots,y_m;t'_1,t'_2,\cdots,t'_m)$$

或

$$f_{XY}(x_1,x_2,\cdots,x_n;t_1,t_2,\cdots,t_n;y_1,y_2,\cdots,y_m;t'_1,t'_2,\cdots,t'_m)$$
$$=f_X(x_1,x_2,\cdots,x_n;t_1,t_2,\cdots,t_n)f_Y(;y_1,y_2,\cdots,y_m;t'_1,t'_2,\cdots,t'_m)$$

则称随机过程 $X(t)$ 和 $Y(t)$ 是相互独立的。

若对任意的 $t_1,t_2$ 有

$$C_{XY}(t_1,t_2)=0$$

即

$$R_{XY}(t_1,t_2)=E[X(t_1)Y(t_2)]=E[X(t_1)]E[Y(t_2)]=m_X(t_1)m_Y(t_2)$$

则称随机过程 $X(t)$ 和 $Y(t)$ 互不相关。

若对任意的 $t_1,t_2$ 有

$$R_{XY}(t_1,t_2)=0$$

或

$$C_{XY}(t_1,t_2)=-m_X(t_1)m_Y(t_2)$$

则称随机过程 $X(t)$ 和 $Y(t)$ 相互正交。

易知，当 $m_X(t_1)=m_Y(t_2)=0$ 时，两个随机过程不相关与相互正交等价。

由上讨论可知，两个随机过程相互独立，则它们必然互不相关，反之则不一定成立。只有在正态过程的情况下，相互独立与互不相关等价。

对于以上两个随机过程，类似地可以引入它们的联合分布函数和两两之间相互关系的数字特征。

**【例 1.6】** 　设有两个随机过程 $X(t)=g_1(t+\varepsilon)$ 和 $Y(t)=g_2(t+\varepsilon)$。其中，$g_1(t)$ 和 $g_2(t)$ 都是周期为 $L$ 的周期波形，$\varepsilon$ 是在 $(0,L)$ 上均匀分布的随机变量。求互相关函数 $R_{XY}(t,t+\tau)$ 的表达式。

**解**　根据定义有

$$R_{XY}(t,t+\tau) = E\{[X(t)Y(t+\tau)] = E[g_1(t+\varepsilon)g_2(t+\tau+\varepsilon)]\}$$
$$= \int_{-\infty}^{\infty} g_1(t+e)g_2(t+\tau+e)f(e)\mathrm{d}e$$
$$= \frac{1}{L}\int_0^L g_1(t+e)g_2(t+\tau+e)\mathrm{d}e$$

令 $v=t+e$，得

$$R_{XY}(t,t+\tau) = \frac{1}{L}\int_t^{t+L} g_1(v)g_2(v+\tau)\mathrm{d}v$$

利用 $g_1(v)$ 和 $g_2(v)$ 的周期性，右边的积分可以写成

$$\frac{1}{L}\int_t^{t+L} g_1(v)g_2(v+\tau)\mathrm{d}v$$
$$= \frac{1}{L}\left[\int_t^L g_1(v)g_2(v+\tau)\mathrm{d}v + \int_L^{t+L} g_1(v-L)g_2(v-L+\tau)\mathrm{d}(v-L)\right]$$
$$= \frac{1}{L}\left[\int_t^L g_1(v)g_2(v+\tau)\mathrm{d}v + \int_0^t g_1(u)g_2(u+\tau)\mathrm{d}u\right]$$

于是

$$R_{XY}(t,t+\tau) = \frac{1}{L}\int_0^L g_1(v)g_2(v+\tau)\mathrm{d}v$$

**【例 1.7】** 　设 $X(t)$ 为信号过程，$Y(t)$ 为噪声过程。令 $W(t)=X(t)+Y(t)$，求 $W(t)$ 的均值和相关函数。

**解**　均值为

$$m_W(t)=m_X(t)+m_Y(t)$$

相关函数为

$$R_W(t_1,t_2)=E\{[X(t_1)+Y(t_1)][X(t_2)+Y(t_2)]\}$$
$$=E[X(t_1)X(t_2)]+E[X(t_1)Y(t_2)]+E[Y(t_1)X(t_1)]+E[Y(t_1)Y(t_2)]$$
$$=R_X(t_1,t_2)+R_{XY}(t_1,t_2)+R_{YX}(t_1,t_2)+R_Y(t_1,t_2)$$

上式表明两个随机过程之和的相关函数可以表示为各个随机过程的相关函数与它们的互相关函数之和。

当两个随机过程相互正交时，或两个随机过程互不相关，且它们的均值为零时，有

$$R_W(t_1,t_2)=R_X(t_1,t_2)+R_Y(t_1,t_2)$$

## 1.2.4　复随机过程

工程中，常把随机过程表示成复数形式来进行研究。下面讨论复随机过程的概念和数字特征。

**定义 1.4**　设 $\{X(t),t\in T\}$ 和 $\{Y(t),t\in T\}$ 是取实数值的两个随机过程，若对任意 $t\in T$，

$$Z(t)=X(t)+\mathrm{j}Y(t)$$

其中,$j=\sqrt{-1}$,则称$\{Z(t),t\in T\}$为复随机过程。

当$\{X(t),t\in T\}$和$\{Y(t),t\in T\}$是二阶矩过程时,其均值函数、方差函数、相关函数和协方差函数的定义如下:

$$m_Z(t)=E[Z(t)]=E[X(t)]+jE[Y(t)]$$
$$D_Z(t)=E[\,|Z(t)-m_Z(t)|^2]=E\{(Z(t)-m_Z(t))\overline{[Z(t)-m_Z(t)]}\}$$
$$R_Z(s,t)=E[Z(s)\overline{Z(t)}]$$
$$C_Z(s,t)=E\{[Z(s)-m_Z(s)]\overline{[Z(t)-m_Z(t)]}\}$$

由定义,易见

$$C_Z(t_1,t_2)=R_Z(t_1,t_2)-m_Z(t_1)\overline{m_Z(t_2)}$$

**定理 1.1**   复随机过程$\{Z(t),t\in T\}$的协方差函数$C_Z(t_1,t_2)$具有以下性质:

(1) 对称性:$C_Z(t_1,t_2)=\overline{C_Z(t_2,t_1)}$;

(2) 非负定性:对任意$t_i\in T$及复数$a_i(i=1,2,\cdots,n,n\geqslant1)$,有

$$\sum_{i=1}^{n}\sum_{j=1}^{n}C_Z(t_i,t_j)a_i\,\overline{a_j}\geqslant0$$

**证**   (1) $C_Z(t_1,t_2)=E\{[Z(t_1)-m_Z(t_1)]\overline{[Z(t_2)-m_Z(t_2)]}\}$
$$=E\{\overline{[Z(t_1)-m_Z(t_1)]}[Z(t_2)-m_Z(t_2)]\}=\overline{C_Z(t_2,t_1)}$$

(2)
$$\sum_{i=1}^{n}\sum_{j=1}^{n}C_Z(t_i,t_j)a_i\,\overline{a_j}=E\Big\{\sum_{i=1}^{n}\sum_{j=1}^{n}[Z(t_i)-m_Z(t_i)]\overline{[Z(t_j)-m_Z(t_j)]}a_i\,\overline{a_j}\Big\}$$
$$=E\Big\{\Big[\sum_{i=1}^{n}[Z(t_i)-m_Z(t_i)]a_i\Big]\sum_{j=1}^{n}\Big[\overline{[Z(t_j)-m_Z(t_j)]a_j}\Big]\Big\}$$
$$=E\Big\{\Big|\sum_{i=1}^{n}[Z(t_i)-m_Z(t_i)]a_i\Big|^2\Big\}\geqslant0$$

**【例 1.8】**   设复随机过程$Z(t)=\sum_{k=1}^{n}X_k\mathrm{e}^{\mathrm{j}\omega_k t}(t\geqslant0)$,其中$X_1,X_2,\cdots,X_n$是相互独立的随机变量,且$X_k$服从正态分布$N(0,\sigma_k^2)(k=1,2,\cdots,n)$,$\omega_1,\omega_2,\cdots,\omega_n$是常数,求$\{Z(t),t\geqslant0\}$的均值函数$m_Z(t)$和相关函数$R_Z(t_1,t_2)$。

**解**   $$m_Z(t)=E[Z(t)]=E\Big(\sum_{k=1}^{n}X_k\mathrm{e}^{\mathrm{j}\omega_k t}\Big)=0$$

$$E(X_kX_l)=\begin{cases}E(X_k)=\sigma_k^2, & k=l\\0, & k\neq l\end{cases}$$

$$R_Z(t_1,t_2)=E[Z(t_1)\overline{Z(t_2)}]=E\Big(\sum_{k=1}^{n}X_k\mathrm{e}^{\mathrm{j}\omega_k t_1}\sum_{l=1}^{n}\overline{X_k\mathrm{e}^{\mathrm{j}\omega_l t_2}}\Big)$$
$$=\sum_{k=1}^{n}\sum_{l=1}^{n}E(X_kX_l)\mathrm{e}^{\mathrm{j}(\omega_k t_1-\omega_l t_2)}$$
$$=\sum_{k=l}^{n}E(X_k^2)\mathrm{e}^{\mathrm{j}\omega_k(t_1-t_2)}+\sum_{\substack{k=1\\(k\neq l)}}^{n}\sum_{l=1}^{n}E(X_kX_l)\mathrm{e}^{\mathrm{j}(\omega_k t_1-\omega_l t_2)}$$
$$=\sum_{k=1}^{n}\sigma_k^2\mathrm{e}^{\mathrm{j}\omega_k(t_1-t_2)}$$

两个复随机过程 $Z_1(t)$ 和 $Z_2(t)$ 的互相关函数定义为

$$R_{Z_1 Z_2}(t_1, t_2) = E[Z_1(t_1)\overline{Z_2(t_2)}]$$

互协方差函数定义为

$$C_{Z_1 Z_2}(t_1, t_2) = E\{[Z_1(t_1) - m_{Z_1}(t_1)]\overline{[Z_2(t_2) - m_{Z_2}(t_2)]}\}$$

# 1.3　典型的几种随机过程及举例

## 1.3.1　正交增量过程

**定义 1.5**　设 $\{X(t), t \in T\}$ 是零均值的二阶矩过程，若对任意的 $t_1 < t_2 \leqslant t_3 < t_4 \in T$，有

$$E\{[X(t_2) - X(t_1)]\overline{[X(t_4) - X(t_3)]}\} = 0 \tag{1.21}$$

则称 $X(t)$ 为正交增量过程。

特别地，若 $T = [a, +\infty)$，且 $X(a) = 0$，则正交增量过程的协方差函数可以由它的方差确定。事实上，不妨设 $T = [a, b]$ 为有限区间，取 $t_1 = a, t_2 = t_3 = s, t_4 = t$，则当 $a < s < t < b$ 时，有

$$E\{X(s)\overline{[X(t) - X(s)]}\} = E\{[X(s) - X(a)]\overline{[X(t) - X(s)]}\} = 0$$

故

$$\begin{aligned} C_X(s, t) &= R_X(s, t) - m_X(s)\overline{m_X(t)} = R_X(s, t) = E[X(s)\overline{X(t)}] \\ &= E\{X(s)\overline{[X(t) - X(s) + X(s)]}\} \\ &= E\{X(s)\overline{[X(t) - X(s)]}\} + E[X(s)\overline{X(s)}] = \sigma_X^2(s) \end{aligned}$$

同理，当 $b > s > t > a$ 时，有

$$C_X(s, t) = R_X(s, t) = \sigma_X^2(t)$$

于是

$$C_X(s, t) = R_X(s, t) = \sigma_X^2(\min(s, t))$$

## 1.3.2　独立增量过程

**定义 1.6**　设 $\{X(t), t \in T\}$ 是随机过程，若对任意的正整数 $n$ 和 $t_1 < t_2 < \cdots < t_n \in T$，随机变量 $X(t_2) - X(t_1), X(t_3) - X(t_2), \cdots, X(t_n) - X(t_{n-1})$ 是相互独立的，则称 $\{X(t), t \in T\}$ 是独立增量过程，又称可加过程。

这种过程的特点是：在任一时间间隔上过程状态的改变，不影响任一个与它不相重叠的时间间隔上状态的改变。例如，服务系统在某段时间间隔内的"顾客"数、电话交换机的"呼叫"数等均可用这种过程来描述。因为在不相重叠的时间间隔内，来到的"顾客"数、"呼叫"数都是相互独立的。

正交增量过程与独立增量过程都是根据不相重叠的时间区间上增量的统计相依性来定义的，前者增量是互不相关的，后者增量是相互独立的。显然，正交增量过程不是独立增量过程；而独立增量过程只在二阶矩存在且均值函数恒为零的条件下是正交增量过程。

**定义 1.7**　设 $\{X(t), t \in T\}$ 是独立增量过程，若对任意的 $s < t$，随机变量 $X(t) - X(s)$ 的分

布仅依赖于 $t-s$,则称 $\{X(t),t\in T\}$ 是平稳独立增量过程。

**【例 1.9】** 考虑一种设备(可以是灯泡、汽车轮胎或某种电子元件)一直使用到损坏为止,然后换上同类型的设备。假设设备的使用寿命是随机变量,记作 $X$,相继换上的设备寿命是与 $X$ 同分布的独立随机变量 $X_1,X_2,\cdots$,其中 $X_k$ 是第 $k$ 个设备的使用寿命。设 $N(t)$ 为在时间段 $[0,t]$ 内更换设备的件数,则 $\{N(t),t\geqslant 0\}$ 是随机过程。对于任意 $0\leqslant t_1<\cdots<t_n,N(t_1)$, $N(t_2)-N(t_1),\cdots,N(t_n)-N(t_{n-1})$ 分别表示在时间段 $[0,t_1]$,$[t_1,t_2]$,$\cdots$,$[t_{n-1},t_n]$ 上更换设备的件数,可以认为它们是相互独立的随机变量,故 $\{N(t),t\geqslant 0\}$ 是独立增量过程。另外,对于任意 $s<t,N(t)-N(s)$ 的分布仅依赖于 $t-s$,故 $\{N(t),t\geqslant 0\}$ 是平稳独立增量过程。

**【例 1.10】** 考虑液体表面物质的运动,设 $X(t)$ 表示悬浮在液面上微粒位置的横坐标,则 $\{X(t),t\geqslant 0\}$ 是随机过程。由于微粒的运动是大量分子的随机碰撞引起的,因此,$\{X(t),t\geqslant 0\}$ 是平稳独立增量过程。

平稳独立增量过程是一类重要的随机过程,后面提到的维纳过程和泊松过程都是平稳独立增量过程。

### 1.3.3　马尔可夫过程

**定义 1.8** 设 $\{X(t),t\in T\}$ 是随机过程,若对任意的正整数 $n$ 和 $t_1<t_2<\cdots<t_n,P\{X(t_1)=x_1,X(t_2)=x_2,\cdots,X(t_{n-1})=x_{n-1}\}>0$,其条件分布满足

$$P\{X(t_n)\leqslant x_n\,|\,X(t_1)=x_1,X(t_2)=x_2,\cdots,X(t_{n-1})=x_{n-1}\}$$
$$=P\{X(t_n)\leqslant x_n\,|\,X(t_{n-1})=x_{n-1}\} \tag{1.22}$$

则称 $\{X(t),t\in T\}$ 为马尔可夫过程。

式(1.22)称为过程的马尔可夫性(或无后效性)。它表示若已知系统的现在状态,则系统未来所处的状态的概率规律性就已确定,而不管系统是如何到达现在状态的。换句话说,若把 $t_{n-1}$ 看作"现在",则 $t_n$ 就是"未来",而 $t_1,t_2,\cdots,t_{n-2}$ 就是"过去","$X(t_i)=x_i$"表示系统在时刻 $t_i$ 处于状态 $x_i$,则式(1.22)说明,系统在已知现在所处状态的条件下,它将来所处的状态与过去所处的状态无关。

马尔可夫过程 $\{X(t),t\in T\}$,其状态空间 $I$ 和参数集 $T$ 可以是连续的,也可以是离散的。

### 1.3.4　正态过程和维纳过程

**定义 1.9** 设 $\{X(t),t\in T\}$ 是随机过程,若对任意的正整数 $n$ 和 $t_1<t_2<\cdots<t_n\in T$, $[X(t_1),X(t_2),\cdots,X(t_n)]$ 是 $n$ 维正态随机变量,则称 $\{X(t),t\in T\}$ 是正态过程或高斯过程。

由于正态过程的一阶矩和二阶矩存在,所以正态过程是二阶矩过程。

显然,正态过程只要知道其均值函数 $m_X(t)$ 和协方差函数 $C_X(s,t)$(或相关函数 $R_X(s,t)$),即可确定其有限维分布。

正态过程在随机过程中的重要性,类似于正态随机变量在概率论中的地位。在实际问题中,尤其是在电信技术中正态过程有着广泛的应用。正态过程的一种特殊情形——维纳过程,在现代随机过程理论和应用中也有着重要意义。

**定义 1.10** 设 $\{W(t),-\infty<t<\infty\}$ 为随机过程,如果

(1) $W(0)=0$；

(2) $\{W(t),-\infty<t<\infty\}$ 是独立、平稳增量过程；

(3) 对 $\forall s,t$，增量 $W(t)-W(s)\sim N(0,\sigma^2|t-s|)$，$\sigma^2>0$；

则称 $\{W(t),-\infty<t<\infty\}$ 为维纳过程，也称布朗运动过程。

这类过程常用来描述随机噪声等。

**定理 1.2**　设 $\{W(t),-\infty<t<\infty\}$ 是参数为 $\sigma^2$ 的维纳过程，则

(1) 对任意 $t\in(-\infty,\infty)$，$W(t)\sim N(0,\sigma^2|t|)$；

(2) 对任意 $-\infty<a<s,t<\infty$，

$$E\{[W(s)-W(a)][W(t)-W(a)]\}=\sigma^2\min(s-a,t-a)$$

特别地，$R_W(s,t)=\sigma^2\min(s,t)$。

**【例 1.11】**　设正态随机过程 $X(t)=Y+Zt,t>0$，其中 $Y$、$Z$ 是相互独立的 $N(0,1)$ 随机变量，求 $\{X(t),t>0\}$ 的一维、二维概率密度函数。

**解**　由于 $Y$、$Z$ 是相互独立的正态随机变量，故其线性组合仍为正态随机变量，要计算 $\{X(t),t>0\}$ 的一维、二维概率密度函数，只要计算数字特征 $m_X(t),D_X(t),\rho_X(s,t)$ 即可。

$$m_X(t)=E(Y+Zt)=E(Y)+tE(Z)=0$$

$$D_X(t)=D(Y+Zt)=D(Y)+t^2D(Z)=1+t^2$$

$$C_X(s,t)=E[X(s)X(t)]-m_X(s)m_X(t)=E[(Y+Zs)(Y+Zt)]=1+st$$

$$\rho_X(s,t)=\frac{C_X(s,t)}{\sqrt{D_X(s)}\sqrt{D_X(t)}}=\frac{1+st}{\sqrt{1+s^2}\sqrt{1+t^2}}$$

故随机过程 $\{X(t),t>0\}$ 的一维、二维概率密度函数分别为

$$f_X(x;t)=\frac{1}{\sqrt{2\pi(1+t^2)}}\exp\left[-\frac{x^2}{2(1+t^2)}\right],\quad t>0$$

$$f_X(x_1,x_2;s,t)=\frac{1}{2\pi\sqrt{(1+s^2)(1+t^2)}\sqrt{1-\rho^2}}$$

$$\cdot\exp\left\{\frac{-1}{2(1-\rho^2)}\left[\frac{x_1^2}{1+s^2}-2\rho\frac{x_1x_2}{\sqrt{(1+s^2)(1+t^2)}}+\frac{x_2^2}{1+s^2}\right]\right\},\quad s,t>0$$

其中，$\rho=\rho_X(s,t)$。

## 1.3.5　平稳过程

**定义 1.11**　设 $\{X(t),t\in T\}$ 是随机过程，若对任意的正常数 $\tau$ 和正整数 $n,t_1<t_2<\cdots<t_n\in T,t_1+\tau<t_2+\tau<\cdots<t_n+\tau\in T$，$n$ 维随机变量 $[X(t_1),X(t_2),\cdots,X(t_n)]$ 与 $[X(t_1+\tau),X(t_2+\tau),\cdots,X(t_n+\tau)]$ 有相同的联合分布，则称 $\{X(t),t\in T\}$ 为严平稳过程，也称狭义平稳过程。

严平稳过程描述的物理系统，其任意的有限维分布不随时间的推移而改变。

由于随机过程的有限维分布有时无法确定，下面给出另一种在应用上和理论上更为重要的平稳过程的概念。

**定义 1.12**　设 $\{X(t),t\in T\}$ 是随机过程，如果

(1) $\{X(t),t\in T\}$ 是二阶矩过程；

(2) 对任意 $t\in T,m_X(t)=E[X(t)]=$ 常数；

（3）对任意 $s,t \in T, R_X(s,t) = E[X(s)X(t)] = R_X(s-t)$；

则称 $\{X(t),t \in T\}$ 为广义平稳过程，简称为平稳过程。

若 $T$ 为离散集，则称平稳过程 $\{X(t),t \in T\}$ 为平稳序列。

显然，广义平稳过程不一定是严平稳过程；反之，严平稳过程只有当其二阶矩存在时为广义平稳过程。值得注意的是，对正态过程来说，二者是一样的。

【例 1.12】 设随机过程

$$X(t) = Y\cos(\theta t) + Z\sin(\theta t), \quad t > 0$$

其中，$Y,Z$ 是相互独立的随机变量，且

$$E(Y) = E(Z) = 0, \quad D(Y) = D(Z) = \sigma^2$$

$$E[X(t)] = E[Y\cos(\theta t) + Z\sin(\theta t)] = \cos(\theta t)E(Y) + \sin(\theta t)E(Z) = 0$$

$$R_X(s,t) = E[X(s)X(t)] = E\{[Y\cos(\theta s) + Z\sin(\theta s)][Y\cos(\theta t) + Z\sin(\theta t)]\}$$

$$= \cos(\theta s)\cos(\theta t)E(Y^2) + \sin(\theta s)\sin(\theta t)E(Z^2)$$

$$= \sigma^2 \cos[(t-s)\theta]$$

故 $\{X(t),t > 0\}$ 为广义平稳过程。

# 1.4　随机过程的特征函数

由概率论所学知识可知，随机变量的概率密度和特征函数实际上是一对傅里叶变换，且随机变量的矩唯一地被特征函数所确定，所以我们可以利用特征函数来简化求随机变量的概率密度和数字特征的运算。例如，用分布函数求连续型随机变量的数字特征，一般需要进行积分，而用特征函数求数字特征只需要微分运算；求独立随机变量和的分布时，用分布函数需要卷积，而用特征函数则化为简单的乘积。

随机过程的多维特征函数与多维分布函数一样，也能较全面地描述随机过程的统计特性。同样，在求解随机过程的概率密度和矩函数时，利用特征函数也可明显简化运算。

## 1.4.1　一维特征函数

随机过程 $X(t)$ 在任一特定时刻 $t_1$ 的取值 $X(t_1)$ 是一维随机变量，$X(t_1)$ 的特征函数为

$$\phi_X(\mu_1; t_1) = E[\mathrm{e}^{\mathrm{j}\mu_1 X(t_1)}] = \int_{-\infty}^{\infty} \mathrm{e}^{\mathrm{j}\mu_1 x_1} f_X(x_1; t_1) \mathrm{d}x_1 \tag{1.23}$$

称为随机过程 $X(t)$ 的一维特征函数，它是 $\mu_1$ 和 $t_1$ 的函数。式中，$x_1$ 为随机变量 $X(t_1)$ 可能的取值；$f_X(x_1; t_1)$ 为过程 $X(t)$ 的一维概率密度函数，它与 $\phi_X(\mu_1; t_1)$ 构成一对傅里叶变换，则有

$$f_X(x_1; t_1) = \frac{1}{2\pi} \int_{-\infty}^{\infty} \phi_X(\mu_1; t_1) \mathrm{e}^{-\mathrm{j}\mu_1 x_1} \mathrm{d}\mu_1 \tag{1.24}$$

我们可以把式（1.24）中的 $\phi_X(\mu_1; t_1)$、$f_X(x_1; t_1)$ 简记为 $\phi_X(\mu; t)$、$f_X(x; t)$。

将式（1.23）两边都对变量 $\mu$ 求 $n$ 阶偏导，得

$$\frac{\partial^n \phi_X(\mu; t)}{\partial \mu^n} = \mathrm{j}^n \int_{-\infty}^{\infty} x^n \mathrm{e}^{\mathrm{j}\mu x} f_X(x; t) \mathrm{d}x \tag{1.25}$$

故随机过程 $X(t)$ 的 $n$ 阶原点矩函数为

$$E[X^n(t)] = \int_{-\infty}^{\infty} x^n f_X(x;t)\mathrm{d}x = (-\mathrm{j})^n \frac{\partial^n \phi_X(\mu;t)}{\partial \mu^n}\bigg|_{\mu=0} \tag{1.26}$$

利用式(1.26)可以方便求得此过程的均值函数和均方值函数。

### 1.4.2　二维特征函数

随机过程 $X(t)$ 在任意两个时刻 $t_1$、$t_2$ 的取值构成二维随机变量 $X(t_1)$、$X(t_2)$，它们的特征函数为

$$\phi_X(\mu_1,\mu_2;t_1,t_2) = E[\exp(\mathrm{j}\mu_1 X(t_1) + \mathrm{j}\mu_2 X(t_2))]$$
$$= \int_{-\infty}^{\infty}\int_{-\infty}^{\infty} \mathrm{e}^{\mathrm{j}(\mu_1 x_1 + \mu_2 x_2)} f_X(x_1,x_2;t_1,t_2)\mathrm{d}x_1\mathrm{d}x_2 \tag{1.27}$$

也称为随机过程 $X(t)$ 的二维特征函数，它是 $\mu_1$、$\mu_2$ 和 $t_1$、$t_2$ 的函数。式中，$X(t_1)=x_1$，$X(t_2)=x_2$ 分别为随机变量 $X(t_1)$、$X(t_2)$ 可能的取值；$f_X(x_1,x_2;t_1,t_2)$ 是过程 $X(t)$ 的二维概率密度函数，它与二维特征函数 $\phi_X(\mu_1,\mu_2;t_1,t_2)$ 构成二重傅里叶变换时，有

$$f_X(x_1,x_2;t_1,t_2) = \frac{1}{(2\pi)^2}\int_{-\infty}^{\infty}\int_{-\infty}^{\infty} \phi_X(\mu_1,\mu_2;t_1,t_2)\mathrm{e}^{-\mathrm{j}(\mu_1 x_1 + \mu_2 x_2)}\mathrm{d}\mu_1\mathrm{d}\mu_2 \tag{1.28}$$

将式(1.28)两边对变量 $\mu_1$、$\mu_2$ 各求一次偏导数，得

$$\frac{\partial^2 \phi_X(\mu_1,\mu_2;t_1,t_2)}{\partial \mu_1 \partial \mu_2} = \mathrm{j}^2 \int_{-\infty}^{\infty}\int_{-\infty}^{\infty} x_1 x_2 \mathrm{e}^{\mathrm{j}(\mu_1 x_1 + \mu_2 x_2)} f_X(x_1,x_2;t_1,t_2)\mathrm{d}x_1\mathrm{d}x_2 \tag{1.29}$$

故随机过程 $X(t)$ 的相关函数为

$$R_X(t_1,t_2) = \int_{-\infty}^{\infty}\int_{-\infty}^{\infty} x_1 x_2 f_X(x_1,x_2;t_1,t_2)\mathrm{d}x_1\mathrm{d}x_2 = -\frac{\partial^2 \varphi_X(\mu_1,\mu_2;t_1,t_2)}{\partial \mu_1 \partial \mu_2}\bigg|_{\mu_1=\mu_2=0}$$
$$\tag{1.30}$$

### 1.4.3　$n$ 维特征函数

$$\phi_X(\mu_1,\mu_2,\cdots,\mu_n;t_1,t_2,\cdots,t_n) = E[\exp(\mathrm{j}\mu_1 X(t_1) + \cdots + \mathrm{j}\mu_n X(t_n))]$$
$$= \int_{-\infty}^{\infty}\cdots\int_{-\infty}^{\infty} \mathrm{e}^{\mathrm{j}(\mu_1 x_1 + \cdots + \mu_n x_n)} f_X(x_1,\cdots,x_n;t_1,\cdots,t_n)\mathrm{d}x_1\cdots\mathrm{d}x_n$$
$$\tag{1.31}$$

根据 $n$ 重傅里叶变换，由过程 $X(t)$ 的 $n$ 维特征函数可求得 $n$ 维概率密度函数

$$f_X(x_1,\cdots,x_n;t_1,\cdots,t_n) = \frac{1}{(2\pi)^n}\int_{-\infty}^{\infty}\cdots\int_{-\infty}^{\infty} \phi_X(\mu_1,\mu_2,\cdots,\mu_n;t_1,t_2,\cdots,t_n)$$
$$\bullet\, \mathrm{e}^{-\mathrm{j}(\mu_1 x_1 + \cdots + \mu_n x_n)}\mathrm{d}\mu_1\cdots\mathrm{d}\mu_n \tag{1.32}$$

### 1.4.4　特征函数的性质

特征函数具有下列性质：

(1) $|\Phi_X(\mu)| \leqslant \int_{-\infty}^{\infty} |\mathrm{e}^{\mathrm{j}\mu x}|\mathrm{d}F(x) = \int_{-\infty}^{\infty} \mathrm{d}F(x) = \Phi_X(0) = 1$；

(2) 设 $Y(t) = aX(t) + b$，$a,b$ 为常数，则 $\Phi_Y(\mu) = \mathrm{e}^{\mathrm{j}\mu b}\Phi_X(a\mu)$；

（3）设 $X_1,X_2,\cdots,X_n$ 为相互独立的随机变量，则 $X=X_1+X_2+\cdots+X_n$ 的特征函数为
$$\Phi_X(\mu)=\Phi_{X_1}(\mu)\Phi_{X_2}(\mu)\cdots\Phi_{X_n}(\mu)$$

（4）若随机过程 $X(t)$ 有 $n$ 阶原点矩函数，则它的特征函数有 $n$ 阶导数，且
$$E[X^k(t)]=(-j)^k\Phi_X^{(k)}(0)(k=1,\cdots,n)$$

**证**　（1）由特征函数定义，有
$$|\Phi_X(\mu)|\leqslant\int_{-\infty}^{\infty}|e^{j\mu x}|\,dF(x)=\int_{-\infty}^{\infty}dF(x)=\Phi_X(0)=1$$

（2）由均值函数性质知
$$\Phi_Y(\mu)=\Phi_{aX+b}(\mu)=E[e^{j\mu(aX+b)}]=e^{j\mu b}\Phi_X(a\mu)$$

（3）根据假设 $X_1,X_2,\cdots,X_n$ 相互独立，由均值函数性质知
$$\Phi_{X_1,X_2,\cdots,X_n}(\mu)=E\Big[\exp\Big(j\mu\sum_{i=1}^{n}X_k\Big)\Big]=E\Big[\prod_{k=1}^{n}\exp(j\mu X_k)\Big]=\prod_{k=1}^{n}\Phi_{X_k}(\mu)$$

（4）由条件知
$$\int_{-\infty}^{\infty}|X|^k\,dF_X(x)=E|X^k|<\infty$$

由于
$$\left|\frac{\partial^k e^{j\mu x}}{\partial\mu^k}\right|=|j^k x^k e^{j\mu x}|\leqslant|X^k|\quad(1\leqslant k\leqslant n)$$

故
$$\int_{-\infty}^{\infty}\left|\frac{\partial^k e^{j\mu x}}{\partial^k\mu}\right|\,dF_X(x)\leqslant\int_{-\infty}^{\infty}|X|^k\,dF_X(x)$$

从而知 $\int_{-\infty}^{\infty}\left|\dfrac{\partial^k e^{j\mu x}}{\partial^k\mu}\right|\,dF_X(x)$ 关于 $\mu\in(-\infty,\infty)$ 一致收敛，所以可在 $\int_{-\infty}^{\infty}e^{j\mu x}\,dF_X(x)$ 的积分号下对 $\mu$ 求导，得
$$\frac{d^k\Phi_X(\mu)}{d\mu^k}=\int_{-\infty}^{\infty}\frac{\partial^k}{\partial u^k}e^{j\mu x}\,dF_X(x)=j^k\int_{-\infty}^{\infty}x^k e^{j\mu x}\,dF_X(x)$$

故
$$\Phi_X^{(k)}(0)=j^k\int_{-\infty}^{\infty}x^k\,dF_X(x)=j^k E[X^k(t)]$$

即
$$E[X^k(t)]=(-j)^k\Phi_X^k(0)\quad(k=1,\cdots,n)$$

# 习　题　1

习题 1 解析

**1.1**　设随机过程 $X(t)=Vt+b,t\in(0,\infty)$，$b$ 为常数，$V$ 是服从正态分布 $N(0,1)$ 的随机变量。求 $X(t)$ 的一维概率密度、均值和相关函数。

**1.2**　设随机变量 $Y$ 具有概率密度 $f(y)$，令
$$X(t)=e^{-Yt},\quad t>0,\ Y>0$$
求随机过程 $X(t)$ 的一维概率密度、均值和相关函数。

**1.3**　若从 $t=0$ 开始每隔 $\dfrac{1}{2}$ 秒抛掷一枚均匀的硬币做试验，定义随机过程

$$X(t) = \begin{cases} \cos(\pi t), & t \text{ 时刻抛得正面} \\ 2t, & t \text{ 时刻抛得反面} \end{cases}$$

试求:(1) $X(t)$ 的一维分布函数 $F\left(\dfrac{1}{2};x\right)$,$F(1;x)$;

(2) $X(t)$ 的二维分布函数 $F\left(\dfrac{1}{2},1;x_1,x_2\right)$;

(3) $X(t)$ 的均值函数 $m_X(t)$,$m_X(1)$,方差函数 $\sigma_X^2(t)$,$\sigma_X^2(1)$。

**1.4**　设有随机过程 $X(t) = A\cos(\omega t) + B\sin(\omega t)$,其中 $\omega$ 为常数,$A$、$B$ 是相互独立且服从正态分布 $N(0,\sigma^2)$ 的随机变量,求随机过程的均值和相关函数。

**1.5**　已知随机过程 $X(t)$ 的均值函数 $m_X(t)$ 和协方差函数 $C_X(t_1,t_2)$,$\varphi(t)$ 为普通函数,令 $Y(t) = X(t) + \varphi(t)$,求随机过程 $Y(t)$ 的均值和协方差函数。

**1.6**　设随机过程 $X(t) = A\cos(\omega t + \Theta)$,其中 $A$、$\omega$ 是常数,$\Theta$ 是在 $(-\pi,\pi)$ 上的均匀分布的随机变量,令 $Y(t) = X^2(t)$,求 $R_Y(t,t+\tau)$ 和 $R_{XY}(t,t+\tau)$。

**1.7**　设随机过程 $X(t) = X + Yt + Zt^2$,其中 $X$、$Y$、$Z$ 是相互独立的随机变量,且具有均值为零,方差为 1,求随机过程 $X(t)$ 的协方差函数。

**1.8**　设 $X(t)$ 为实随机过程,$x$ 为任意实数,令

$$Y(t) = \begin{cases} 1, & X(t) \leqslant x \\ 0, & X(t) > x \end{cases}$$

证明:随机过程 $Y(t)$ 的均值函数和相关函数分别为 $X(t)$ 的一维和二维分布函数。

**1.9**　设 $f(t)$ 是一个周期为 $T$ 的周期函数,随机变量 $Y$ 在 $(0,T)$ 上均匀分布,令 $X(t) = f(t-Y)$,求证随机过程 $X(t)$ 满足

$$E[X(t)X(t+\tau)] = \frac{1}{T}\int_0^T f(t)f(t+\tau)\mathrm{d}t$$

**1.10**　设随机过程 $X(t)$ 的协方差函数为 $C_X(t_1,t_2)$,方差函数为 $\sigma_X^2(t)$,试证:

(1) $|C_X(t_1,t_2)| \leqslant \sigma_X(t_1)\sigma_X(t_2)$;

(2) $|C_X(t_1,t_2)| \leqslant \dfrac{1}{2}[\sigma_X^2(t_1) + \sigma_X^2(t_2)]$

**1.11**　设随机过程 $X(t)$ 和 $Y(t)$ 的互协方差函数为 $C_{XY}(t_1,t_2)$,试证:

$$|C_{XY}(t_1,t_2)| \leqslant \sigma_X(t_1)\sigma_Y(t_2)$$

**1.12**　设随机过程 $X(t) = \sum\limits_{k=1}^{N} A_k \mathrm{e}^{\mathrm{j}(\omega t + \Phi_k)}$,其中 $\omega$ 为常数,$A_k$ 为第 $k$ 个信号的随机振幅,$\Phi_k$ 为在 $(0,2\pi)$ 上均匀分布的随机相位。所有随机变量 $A_k$、$\Phi_k$($k=1,2,\cdots,N$) 以及它们之间都是相互独立的。求 $X(t)$ 的均值函数和协方差函数。

**1.13**　设随机过程 $\{X(t),t \geqslant 0\}$ 是实正交增量过程,$X(0) = 0$,$V$ 是标准正态随机变量。若对任意的 $t \geqslant 0$,$X(t)$ 和 $V$ 相互独立,令 $Y(t) = X(t) + V$,求随机过程 $\{Y(t),t \geqslant 0\}$ 的协方差函数。

**1.14**　设随机过程 $Y_n = \sum\limits_{j=1}^{n} X_j$,其中 $X_j(j=1,2,\cdots,n)$ 是相互独立的随机变量,且

$$P\{X_j = 1\} = p, \quad P\{X_j = 0\} = 1 - p = q$$

求 $\{Y_n, n=1,2,\cdots,n\}$ 的均值函数和协方差函数。

**1.15** 设 $Y$、$Z$ 是独立同分布随机变量。$P(Y=1)=P(Y=-1)=\dfrac{1}{2}$，$X(t)=Y\cos(\theta t)+$ $Z\sin(\theta t)$，$-\infty<t<\infty$，其中 $\theta$ 为常数。证明随机过程 $\{X(t),-\infty<t<\infty\}$ 是广义平稳过程，但不是严平稳过程。

**1.16** 设 $\{W(t),-\infty<t<\infty\}$ 是参数为 $\sigma^2$ 的维纳过程，令 $X(t)=\mathrm{e}^{-at}W(\mathrm{e}^{2at})$，$-\infty<t<\infty$，$a>0$ 为常数。证明：$\{W(t),-\infty<t<\infty\}$ 是平稳正态过程，相关函数 $R_X(\tau)=\sigma^2\mathrm{e}^{-a|\tau|}$。

**1.17** 设 $\{X(t),t\geqslant0\}$ 是维纳过程，$X(0)=0$，试求它的有限维概率密度函数簇。

**1.18** 考察两个谐波随机信号 $X(t)$ 和 $Y(t)$，其中，
$$X(t)=A\cos(\omega_c t+\phi),\quad Y(t)=B\cos(\omega_c t)$$
式中：$A$ 和 $\omega_c$ 为正的常数；$\phi$ 是 $[-\pi,\pi]$ 内均匀分布的随机变量；$B$ 是标准正态分布的随机变量。

（1）求 $X(t)$ 的均值、方差和相关函数；

（2）若 $\phi$ 与 $B$ 独立，求 $X(t)$ 与 $Y(t)$ 的互相关函数。

**1.19** 设随机振幅、随机相位正弦波过程 $X(t)=V\sin(t+\Theta)$，$t\geqslant0$，其中随机变量 $V$ 和 $\Theta$ 相互独立，且有分布：

$$\Theta\sim U[0,2\pi],\qquad
\begin{array}{c|ccc}
V & -1 & 0 & 1 \\
\hline
P(V) & \dfrac{1}{4} & \dfrac{1}{2} & \dfrac{1}{4}
\end{array}$$

令

$$Y(t)=\begin{cases}1, & |X(t)|>\sqrt{2}/2 \\ 0, & \text{其他}\end{cases},\quad t\geqslant0$$

试求过程 $Y(t)$，$t\geqslant0$ 的均值函数。

**1.20** 设 $\{X(t),t\geqslant0\}$ 是一个实的零均值二阶矩过程，其相关函数为 $E[X(s)X(t)]=B(t-s)$，$s\leqslant t$，且是一个周期为 $T$ 的函数，即 $B(\tau+T)=B(\tau)$，$\tau\geqslant0$，求方差函数 $D[X(t)-X(t+T)]$。

**1.21** 某信号源，每 $T$ 秒产生一个幅度为 $A$ 的方波脉冲，脉冲宽度 $X$ 为随机变量，服从 $[0,T]$ 上的均匀分布。令 $x_i$ 表示第 $i$ 个脉冲的宽度，定义随机过程 $Y(t)=\{x_i,i=1,2,3,\cdots\}$，样本函数如图 1.4 所示。

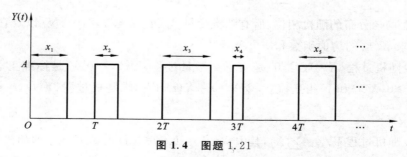

**图 1.4　图题 1.21**

设不同间隔中的脉冲是相互独立的,求 $Y(t)$ 的概率密度函数。

**1.22**　两随机变量 $X$ 和 $Y$ 的联合概率密度函数为 $f_{XY}(x,y)=A \cdot x \cdot y$, $A$ 是常数,其中 $0 \leqslant x, y \leqslant 1$。求:(1) $A$;(2) $X$ 特征函数;(3) 讨论随机变量 $X$ 和 $Y$ 是否统计独立。

**1.23**[*]　设正态过程 $X(t)$ 的相关函数为 $R_X(\tau)=4\mathrm{e}^{-|\tau|}+4$,并在 $|\tau| \to \infty$ 时 $X(t)$ 和 $X(t+\tau)$ 不相关:

(1) 求 $X(t)$ 的均值函数 $m_X(t)$;

(2) 求随机向量 $[X(t)$,　$X(t+1)$,　$X(t+2)]$ 的协方差矩阵。

**1.24**[*]　随机电报信号 $X(t)$(其样本函数如图 1.5 所示)满足下列条件:

(1) 在任何时刻 $t$, $X(t)$ 只能取 1 和 0 两个状态,而且取值为 0 的概率为 1/2,取值为 1 的概率也是 1/2。

(2) $X(t)$ 在每个状态上持续的时间是随机的,即 $X(t)$ 的状态在任意时间可能发生跳转(即从状态"0"跳转到状态"1",或从状态"1"跳转到状态"0"),任取参数 $t,\tau$,在时间段 $[t,t+\tau]$ 上 $X(t)$ 的状态发生跳转的次数 $K(t,\tau)$ 是随机变量,且服从参数为 $\lambda|\tau|$ 的泊松分布,其概率分布为

$$P\{K(t,\tau)=K\}=\mathrm{e}^{-\lambda|\tau|}\frac{(\lambda|\tau|)^K}{K!}, \quad K=0,1,2,\cdots$$

式中:$\lambda > 0$ 表示单位时间内波形的平均变化次数。

(3) $X(t)$ 状态的取值与状态跳转次数 $K(t,\tau)$ 相互统计独立。

试求随机电报信号 $X(t)$ 的均值函数 $m_X(t)$、自相关函数 $R_X(t,t+\tau)$ 和自协方差函数 $B_X(t,t+\tau)$。

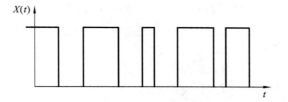

**图 1.5　随机电报信号 $X(t)$ 的其样本函数**

# 第 2 章　泊 松 过 程

泊松过程是描述随机事件累计发生次数的基本数学模型之一,如电话交换机在某段时间内接到呼叫的次数、火车站售票窗口购买车票的旅客数、十字路口某时段内通过的车辆数、某购物中心的顾客数等。从直观上看,只要随机事件在不相交的时间区间内独立发生,且在充分小的时间区间上最多只发生一次,它们的累计次数就是一个泊松过程。

泊松过程最早是由法国数学家泊松(Simeon-Denis Poisson,1781—1840 年)证明的,因此以他的名字命名。1943 年 C.帕尔姆在电话业务问题的研究中运用了泊松过程,1955 年辛钦在服务系统的研究中又进一步发展了它。如今,泊松过程在物理学、地质学、生物学、医学、天文学、服务系统和可靠性理论等领域中都有广泛的应用。

## 2.1　泊松过程的基本概念

泊松过程是描述随机事件累计发生次数,因此在给出泊松过程定义之前,先介绍一个重要的概念——计数过程。

**定义 2.1**　设 $N(t)$ 表示时间间隔 $[0,t]$ 中发生的事件数,若 $N(t)$ 满足下列条件:

(1) $N(t) \geq 0$;

(2) $N(t)$ 取正整数值;

(3) 若 $t>s \geq 0$,则 $N(t) \geq N(s)$;

(4) 若 $t>s \geq 0$,则 $N(t)-N(s)$ 是时间段 $(s,t]$ 中的事件次数;

则称随机过程 $\{N(t),t \geq 0\}$ 为计数过程。

一般情况下,时间段 $(s,t]$ 中的事件次数 $N(t)-N(s)$ 是随机变量,且它的统计特性对于计数过程有决定性的意义。若 $0 \leq t_1 < t_2 < \cdots < t_n$,计数过程 $N(t)$ 在不相交的时间间隔 $(0,t_1]$,$(t_1,t_2],\cdots,(t_{n-1},t_n]$ 发生事件的次数是相互独立的,则该计数过程 $\{N(t)\}$ 具有独立增量性。如果计数过程 $N(t)$ 在 $(t,t+s](s>0)$ 内,事件 $N(t+s)-N(t)$ 发生的次数与时间差 $s$ 有关,而与 $t$ 无关,则该计数过程 $\{N(t)\}$ 具有平稳增量性。

泊松过程是一种最典型也是最重要的计数过程。根据上述计数过程的定义和相关性质,泊松过程的定义如下。

**定义 2.2**　若计数过程 $\{X(t),t \geq 0\}$ 满足下列条件:

(1) $X(0)=0$;

(2) $X(t)$ 具有独立增量性和平稳增量性;

(3) 在长度为 $s$ 的任意区间中事件数服从以 $\lambda s$ 为均值的泊松分布,即对于任意 $s,t \geq 0$ 有

$$P\{X(t+s)-X(t)=n\}=\mathrm{e}^{-\lambda s}\frac{(\lambda s)^n}{n!}, n=0,1,\cdots \tag{2.1}$$

则称计数过程$\{X(t),t\geqslant 0\}$是具有参数$\lambda>0$的泊松过程。其中,参数$\lambda$称为泊松过程的强度。注意,从条件(3)中可以看出事件在$(t,t+s]$($s>0$)中发生的次数只与时间差$s$有关,而与$t$无关,即泊松过程是平稳增量过程且期望为$E[X(t)]=\lambda t$。由于$\lambda=\dfrac{E[X(t)]}{t}$表示单位时间内事件发生的平均数,$\lambda$越大,单位时间内平均发生的事件数越多,故称$\lambda$为泊松过程强度。

根据定义 2.2,为了判断一个计数过程是否为泊松过程,必须满足其三个条件。条件(1)简单说明事件的计数从$t=0$开始,以满足其物理意义;条件(2)通常可以通过我们对过程的了解和相关定义直接验证;然而,如何确定一个计数过程满足条件(3)是十分困难的。因此,为了方便判断泊松过程,我们给出泊松过程的一个等价的定义如下。

**定义 2.3**　若计数过程$\{X(t),t\geqslant 0\}$满足下列条件:

(1) $X(0)=0$;

(2) $X(t)$是一个平稳独立增量过程;

(3)
$$\begin{cases} P\{X(t+h)-X(t)=1\}=\lambda h+o(h) \\ P\{X(t+h)-X(t)\geqslant 2\}=o(h) \end{cases} \tag{2.2}$$

则称计数过程$\{X(t),t\geqslant 0\}$是强度为$\lambda$的泊松过程。其中,我们称函数$f$为$o(h)$当且仅当

$$\lim_{h\to 0}\frac{f(h)}{h}=0 \tag{2.3}$$

定义 2.3 中条件(3)表明,在充分小的时间间隔内最多只有一次事件发生,不可能有两次或者两次以上事件同时发生,许多实际的随机现象都满足这种假设。这样,相比定义 2.2,判断泊松过程就相对简单了。

**【例 2.1】**　考虑来到某高铁站取票机取票的旅客。若记$X(t)$为在时间$[0,t]$内到达取票机的旅客数,则$\{X(t),t\geqslant 0\}$为一个泊松过程。

**【例 2.2】**　考虑机器在$(t,t+h]$内发生故障这一事件。若机器发生故障,立即修理后继续工作,则在$(t,t+h]$内机器发生故障而停止工作的事件数构成一个随机点过程,它可以用泊松过程进行描述。

下面来证明定义 2.3 等价于定义 2.2。

**定理 2.1**　定义 2.2 和定义 2.3 等价。

**证**　(1) 首先证明定义 2.3 蕴含定义 2.2。

令

$$P_n(t)=P\{X(t)=n\}=P\{X(t)-X(0)=n\}$$

根据定义 2.3 中条件(2)和(3),我们导出$P_0(t)$的一个微分方程如下:

$$\begin{aligned} P_0(t+h) &=P\{X(t+h)=0\}=P\{X(t)=0,X(t+h)-X(t)=0\} \\ &=P\{X(t)-X(0)=0\}P\{X(t+h)-X(t)=0\} \\ &=P_0(t)[1-\lambda h+o(h)] \end{aligned}$$

其中,最后两个方程来自定义 2.3 条件(2)以及条件(3),蕴含$P\{X(h)=0\}=1-\lambda h+o(h)$这一事实,因此,

$$\frac{P_0(t+h)-P_0(t)}{h}=-\lambda P_0(t)+\frac{o(h)}{h}$$

令$h\to 0$,等式两边取极限有

$$P'_0(t) = -\lambda P_0(t)$$

或

$$\frac{P'_0(t)}{P_0(t)} = -\lambda$$

经求积分,由它推出

$$\ln P_0(t) = -\lambda t + c$$

或

$$P_0(t) = K e^{-\lambda t}$$

因为 $P_0(0) = P\{X(0)=0\} = 1$,有

$$P_0(t) = e^{-\lambda t} \tag{2.4}$$

类似地,对于 $n \geqslant 1$ 有

$$\begin{aligned}
P_n(t+h) = P\{X(t+h)=n\} &= P\{X(t)=n, X(t+h)-X(t)=0\} \\
&\quad + P\{X(t)=n-1, X(t+h)-X(t)=1\} \\
&\quad + P\{X(t+h)=n, X(t+h)-X(t)\geqslant 2\}
\end{aligned}$$

由定义 2.3 的条件(3)可知上式中最后一项概率是 $o(h)$,因此,利用定义 2.3 的条件(2)可以得到

$$\begin{aligned}
P_n(t+h) &= P_n(t)P_0(h) + P_{n-1}(t)P_1(h) + o(h) \\
&= (1-\lambda h)P_n(t) + \lambda h P_{n-1}(t) + o(h)
\end{aligned}$$

于是

$$\frac{P_n(t+h)-P_n(t)}{h} = -\lambda P_n(t) + \lambda P_{n-1}(t) + \frac{o(h)}{h}$$

令 $h \to 0$,得到

$$P'_n(t) = -\lambda P_n(t) + \lambda P_{n-1}(t)$$

或等价地

$$e^{\lambda t}[P'_n(t) + \lambda P_n(t)] = \lambda e^{\lambda t} P_{n-1}(t)$$

因此,

$$\frac{\mathrm{d}}{\mathrm{d}t}(e^{\lambda t} P_n(t)) = \lambda e^{\lambda t} P_{n-1}(t) \tag{2.5}$$

根据式(2.4)和式(2.5),当 $n=1$ 时,我们有

$$\frac{\mathrm{d}}{\mathrm{d}t}(e^{\lambda t} P_1(t)) = \lambda$$

或

$$P_1(t) = (\lambda t + C)e^{-\lambda t}$$

由于 $P_1(0)=0$,代入上式得

$$P_1(t) = \lambda t e^{-\lambda t}$$

为了证明 $P_n(t) = \dfrac{(\lambda t)^n}{n!} \cdot e^{-\lambda t}$,我们用数学归纳法,故而首先对 $n-1$ 假定它成立,然后由式(2.5)有

$$\frac{\mathrm{d}}{\mathrm{d}t}(e^{\lambda t} P_n(t)) = \frac{\lambda (\lambda t)^{n-1}}{(n-1)!}$$

它蕴含

$$\mathrm{e}^{\lambda t} P_n(t) = \frac{(\lambda t)^n}{n!} + C$$

或者,由于 $P_n(0) = P\{N(0) = n\} = 0$,代入上式得到

$$P_n(t) = \mathrm{e}^{-\lambda t} \frac{(\lambda t)^n}{n!}$$

由定义 2.3 的条件(2),有

$$P\{X(t+s) - X(t) = n\} = \mathrm{e}^{-\lambda s} \frac{(\lambda s)^n}{n!}, \quad n = 0, 1, \cdots$$

故定义 2.3 蕴含定义 2.2。

(2) 其次证明定义 2.2 蕴含定义 2.3。

由于定义 2.2 的条件(3)中蕴含为平稳增量过程,故只需证明条件(3)的等价性。由式 (2.1),对充分小的时间间隔 $h$,有

$$P\{X(t+h) - X(t) = 1\} = P\{X(h) - X(0) = 1\}$$

$$= \mathrm{e}^{-\lambda h} \frac{\lambda h}{1!} = \lambda h \sum_{n=0}^{\infty} (-\lambda h)^n / n!$$

$$= \lambda h [1 - \lambda h + o(h)] = \lambda h + o(h)$$

$$P\{X(t+h) - X(t) \geqslant 2\} = P\{X(h) - X(0) \geqslant 2\} = \sum_{n=2}^{\infty} \mathrm{e}^{-\lambda h} \frac{(\lambda h)^n}{n!} = o(h)$$

故定义 2.2 蕴含定义 2.3。

## 2.2  泊松过程的数字特征

根据泊松过程的定义,可以导出泊松过程的几个常用的数字特征。设 $\{X(t), t \geqslant 0\}$ 是强度为 $\lambda > 0$ 的泊松过程,其主要数字特征如下。

**1. 均值函数**

$$E[X(t)] = E[X(t+0) - X(0)] = E[X(t+s) - X(s)]$$

$$= \sum_{k=0}^{\infty} k P\{X(t+s) - X(s) = k\}$$

$$= \sum_{k=0}^{\infty} k \frac{(\lambda t)^k}{k!} \mathrm{e}^{-\lambda t} = \lambda t$$

**2. 均方值函数**

$$\Psi_X^2(t) = E[X(t)]^2 = E[X(t+s) - X(s)]^2$$

$$= E\{[X(t+s) - X(s)][X(t+s) - X(s) - 1]\} + E[X(t+s) - X(s)]$$

$$= \sum_{k=0}^{\infty} k(k-1) \frac{(\lambda t)^k}{k!} \mathrm{e}^{-\lambda t} + \lambda t$$

$$= (\lambda t)^2 + \lambda t$$

**3. 方差函数**

$$\sigma_X^2(t) = D[X(t)] = E\{X(t) - E[X(t)]\}^2$$

$$=E[X^2(t)]-\{E[X(t)]\}^2$$
$$=(\lambda t)^2+\lambda t-(\lambda t)^2=\lambda t$$

### 4. 自相关函数

设 $t_2>t_1,t_1,t_2\geqslant0$，则

$$R_X(t_1,t_2)=E[X(t_1)X(t_2)]=E\{[X(t_2)-X(t_1)]X(t_1)\}+E[X^2(t_1)]$$
$$=E\{[X(t_2)-X(t_1)][X(t_1)-X(0)]\}+E[X^2(t_1)]$$
$$=E[X(t_2)-X(t_1)]E[X(t_1)-X(0)]+E[X^2(t_1)]$$
$$=\lambda(t_2-t_1)\lambda t_1+D[X(t_1)]+\{E[X(t_1)]\}^2$$
$$=\lambda(t_2-t_1)\lambda t_1+\lambda t_1+(\lambda t_1)^2$$
$$=\lambda t_1(1+\lambda t_2)$$

同理，对 $t_1>t_2$ 时,有

$$R_X(t_1,t_2)=\lambda t_2(1+\lambda t_1)t_1>t_2,\quad t_1,t_2\geqslant0$$

综上所述得

$$R_X(t_1,t_2)=\lambda^2 t_1 t_2+\lambda\min(t_1,t_2),\quad t_1,t_2\geqslant0$$

显然，当 $t_1=t_2=t$ 时,有

$$R_X(t,t)=\lambda t(1+\lambda t)=\Psi_X^2(t),\quad t\geqslant0$$

### 5. 协方差函数

设 $t>s,t,s\geqslant0$，则有

$$\mathrm{Cov}(X(t),X(s))=E\{[X(s)-E[X(s)]][X(t)-E[X(t)]]\}$$
$$=R_X(s,t)-E[X(s)]E[X(t)]$$
$$=\lambda s(1+\lambda t)-\lambda s\lambda t$$
$$=\lambda s$$

同理，对 $s>t$，有

$$\mathrm{Cov}(X(t),X(s))=\lambda t,\quad s,t\geqslant0$$

综上所述得

$$\mathrm{Cov}(X(t),X(s))=\lambda\min(s,t),\quad s,t\geqslant0$$

### 6. 特征函数

$$g_X(u)=E[\mathrm{e}^{\mathrm{j}uX(t)}]=\sum_{k=0}^{\infty}\mathrm{e}^{\mathrm{j}uk}\frac{(\lambda t)^k}{k!}\mathrm{e}^{-\lambda t}=\sum_{k=0}^{\infty}\mathrm{e}^{-\lambda t}\frac{(\mathrm{e}^{\mathrm{j}u}\lambda t)^k}{k!}$$
$$=\mathrm{e}^{-\lambda t}\cdot\mathrm{e}^{\mathrm{e}^{\mathrm{j}u}\lambda t}=\exp[\lambda t(\mathrm{e}^{\mathrm{j}u}-1)],\quad t\geqslant0,u\in\mathbf{R}$$

**【例 2.3】** 设一购物中心的顾客流为 $\lambda=2$ 的泊松过程,求在 5 分钟内到达的顾客数的均值、方差及至少有 1 名顾客到来的概率。

**解** 设 $N(t)$ 为 $[0,T]$ 的顾客数，则 $N(5)\sim\mathrm{Poi}(10)$（参数为 10 的泊松分布），故

$$E[N(5)]=10,\quad D[N(5)]=10$$
$$P\{N(5)\geqslant1\}=1-P\{N(5)=0\}=1-\mathrm{e}^{-10}$$

**【例 2.4】** 设 $X_1(t)$ 和 $X_2(t)$ 是分别具有参数 $\lambda_1$ 和 $\lambda_2$ 的相互独立的泊松过程,证明:

（1）$Y(t)=X_1(t)+X_2(t)$是具有参数 $\lambda_1+\lambda_2$ 的泊松过程；

（2）$Z(t)=X_1(t)-X_2(t)$不是泊松过程。

**证**　（1）显然$\{Y(t)\}$是独立增量过程，且

$$
\begin{aligned}
P\{Y(t+\tau)-Y(t)=n\} &= P\{X_1(t+\tau)+X_2(t+\tau)-X_1(t)-X_2(t)=n\}\\
&= P\{X_1(t+\tau)-X_1(t)+X_2(t+\tau)-X_2(t)=n\}\\
&= \sum_{i=0}^{n} P\{X_2(t+\tau)-X_2(t)=n-i,X_1(t+\tau)-X_1(t)=i\}\\
&= \sum_{i=0}^{n} P\{X_2(t+\tau)-X_2(t)=n-i\}P\{X_1(t+\tau)-X_1(t)=i\}\\
&= \sum_{i=0}^{n} e^{-\lambda_1\tau}\frac{(\lambda_1\tau)^i}{i!}e^{-\lambda_2\tau}\frac{(\lambda_2\tau)^{n-i}}{(n-i)!}\\
&= e^{-(\lambda_1+\lambda_2)\tau}\frac{\tau^n}{n!}\sum_{i=0}^{n}\frac{n!}{i!}\frac{\lambda_1^i\lambda_2^{n-i}}{(n-i)!}\\
&= e^{-\lambda\tau}\frac{\tau^n}{n!}(\lambda_1+\lambda_2)^n\\
&= e^{-\lambda\tau}\frac{(\lambda\tau)^n}{n!},\quad n=0,1,2,\cdots
\end{aligned}
$$

故$\{Y(t)\}$服从参数$(\lambda_1+\lambda_2)$的泊松过程。

（2）分别计算 $Z(t)$ 的期望和方差可得

$$E[Z(t)]=E[X_1(t)-X_2(t)]=E[X_1(t)]-E[X_2(t)]=(\lambda_1-\lambda_2)t$$

$$D[Z(t)]=D[X_1(t)-X_2(t)]=D[X_1(t)]+D[X_2(t)]=(\lambda_1+\lambda_2)t$$

由于 $E[Z(t)]\neq D[Z(t)]$，故 $Z(t)$ 不是泊松过程。

# 2.3　时间间隔与等待时间的分布

泊松过程关心的是给定时间段内事件发生的次数，换一个角度看，也是关心事件之间的时间间隔。以服务系统为例，我们用泊松过程来分析研究的不仅仅是接受服务的顾客数，还有顾客到来接受服务的时间间隔、顾客排队的等待时间等分布问题。下面我们对泊松过程与时间特征有关的分布进行较为详细的讨论。

首先，我们引入事件发生的时间间隔的概念。设$\{X(t),t\geq 0\}$是泊松过程，令 $X(t)$ 表示 $t$ 时刻事件 $A$ 发生（顾客出现）的次数，$W_1,W_2,\cdots,W_n$ 分布表示第一次，第二次，$\cdots$，第 $n$ 次事件 $A$ 发生的时间，$T_n(n\geq 1)$表示从第 $n-1$ 次事件 $A$ 发生到第 $n$ 次事件 $A$ 发生的时间间隔，则

$$
\begin{aligned}
W_n &= \sum_{i=1}^{n} T_i,\quad n\geq 1\\
T_n &= W_n-W_{n-1}
\end{aligned}
$$

因此，$W_n$ 表示第 $n$ 次事件 $A$ 发生的时刻，也可以表示第 $n$ 次事件 $A$ 发生的等待时间，$T_n$ 表示的是第 $n$ 个时间间隔，它们都是随机变量。图 2.1 描述的是泊松过程$\{X(t),t\geq 0\}$的一个样本

函数,图 2.2 是相应的时间间隔和等待时间示意图。

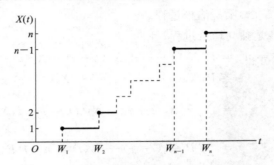

**图 2.1   泊松过程 $\{X(t),t\geqslant 0\}$ 的样本函数**

**图 2.2   事件发生的时间间隔和等待时间示意图**

首先,我们考虑利用泊松过程的性质研究各次事件发生的时间间隔分布。

**定理 2.2**  设 $\{X(t),t\geqslant 0\}$ 是具有参数 $\lambda$ 的泊松过程,$\{T_n,n\geqslant 1\}$ 是对应的时间间隔序列,则随机变量 $T_n(n=1,2,\cdots)$ 是独立同分布的均值为 $1/\lambda$ 的指数分布。

**证**   首先,注意到事件 $\{T_1>t\}$ 发生当且仅当泊松过程在区间 $[0,t]$ 内没有事件发生,因而

$$P\{T_1>t\}=P\{X(t)=0\}=\mathrm{e}^{-\lambda t}$$

即

$$F_{T_1}(t)=P\{T_1\leqslant t\}=1-P\{T_1>t\}=1-\mathrm{e}^{-\lambda t}$$

所以 $T_1$ 是服从均值为 $1/\lambda$ 的指数分布。然后,利用泊松过程的独立增量、平稳增量性质,可以得到

$$
\begin{aligned}
P\{T_2>t\,|\,T_1=s\} &= P\{\text{在}(s,s+t]\text{内没有事件发生}\,|\,T_1=s\}\\
&= P\{\text{在}(s,s+t]\text{内没有事件发生}\}\\
&= P\{X(t+s)-X(s)=0\}\\
&= P\{X(t)-X(0)=0\}=\mathrm{e}^{-\lambda t}
\end{aligned}
$$

即

$$F_{T_2}(t)=P\{T_2\leqslant t\}=1-P\{T_2>t\}=1-\mathrm{e}^{-\lambda t}$$

故 $T_2$ 也是服从均值为 $1/\lambda$ 的指数分布,且与 $T_1$ 相互独立。

对于任意 $n\geqslant 1$ 和 $t,s_1,s_2,\cdots,s_{n-1}\geqslant 0$,有

$$P\{T_n>t\,|\,T_1=s_1,\cdots,T_{n-1}=s_{n-1}\}=P\{X(t+s_1+\cdots+s_{n-1})-X(s_1+s_2+\cdots+s_{n-1})=0\}$$

$$=P\{X(t)-X(0)=0\}=\mathrm{e}^{-\lambda t}$$

即

$$F_{T_n}(t)=P\{T_n\leqslant t\}=1-\mathrm{e}^{-\lambda t}$$

所以对于任一 $T_n(n\geqslant 1)$,其分布是均值为 $1/\lambda$ 的指数分布。

根据定理 2.2,我们可以得到,对于任意 $n=1,2,\cdots$,事件 $A$ 相继到达的时间间隔 $T_n$ 的分布为

$$F_{T_1}(t)=P\{T_1\leqslant t\}=\begin{cases}1-\mathrm{e}^{-\lambda t}, & t\geqslant 0\\ 0, & t<0\end{cases}$$

其概率密度为

$$f_{T_n}(t) = \begin{cases} \lambda e^{-\lambda t}, & t \geq 0 \\ 0, & t < 0 \end{cases}$$

值得注意的是,定理 2.2 的结论是在平稳增量和独立增量过程的假设前提下得到的,该假设的概率意义在于其过程在任何时刻都重新开始,即从任何时刻开始过程独立于此前已发生的一切(独立增量),且与原过程有相同的分布(平稳增量)。换而言之,此过程没有记忆,具有无记忆性的连续分布只有指数分布,因此时间间隔的指数分布是预料之中的。

下面给出定理 2.2 的逆定理及其证明。

**定理 2.3** 设 $\{N(t), t \geq 0\}$ 表示时间间隔 $(0, t]$ 中到达的事件数,$\{T_n, n = 1, 2, \cdots\}$ 为事件达到的时间间隔序列,且为独立服从均值为 $1/\lambda$ 指数分布的随机序列,则 $\{N(t), t \geq 0\}$ 为强度为 $\lambda$ 的泊松过程。

**证** 由指数分布的无记忆性可知,过程 $\{N(t), t \geq 0\}$ 具有平稳独立增量,于是只要证明 $N(t) \sim P(\lambda t)$。

到达时刻 $\tau_n$,$T_k = \tau_k - \tau_{k-1}, k = 1, 2, \cdots$ 相互独立且 $T_k$ 的特征函数是

$$\varphi_k(t) = \int_0^\infty \lambda e^{jtx} e^{-\lambda x} dx = \int_0^\infty \lambda \cos(tx) e^{-\lambda x} dx + i \int_0^\infty \lambda \sin(tx) e^{-\lambda x} dx$$

$$= \lambda \frac{\lambda}{\lambda^2 + t^2} + j\lambda \frac{t}{\lambda^2 + t^2} = \left(1 - j \frac{t}{\lambda}\right)^{-1}$$

于是,$\tau_n = \sum_{k=1}^n T_k, n = 1, 2, \cdots$ 的特征函数是

$$\varphi_{\tau_n}(t) = \prod_{k=1}^n \left(1 - j \frac{t}{\lambda}\right)^{-1} = \left(\frac{\lambda}{\lambda - jt}\right)^n$$

而 $\Gamma(\alpha, \beta)$ 分布的特征函数为 $\varphi(t) = \left(\frac{\beta}{\beta - jt}\right)^\alpha$,所以 $\tau_n \sim \Gamma(n, \lambda)$。

注意到 $\tau_n$ 服从参数为 $n, \lambda$ 的 Gamma 分布,且

$$\{N(t) = n\} = \{\tau_{n+1} > t\} \bigcap \{\tau_n \leq t\} = \{\tau_{n+1} > t\} - \{\tau_n > t\}$$

所以

$$P\{N(t) = n\} = P\{\tau_{n+1} > t\} - P\{\tau_n > t\}$$

$$= P\{\tau_n \leq t\} - P\{\tau_{n+1} \leq t\}$$

$$= \int_0^t \lambda e^{-\lambda x} \frac{(\lambda x)^{n-1}}{(n-1)!} dx - \int_0^t \lambda e^{-\lambda x} \frac{(\lambda x)^n}{n!} dx$$

令 $y = \lambda x$ 并由分部积分法得

$$P\{N(t) = n\} = \frac{(\lambda t)^n}{n!} e^{-\lambda t}, \quad \forall t \geq 0, \ n = 0, 1, 2, \cdots$$

定理 2.2 和定理 2.3 给出了泊松过程与指数分布之间的关系。直观上,由于泊松过程具有独立增量性,因此,各个顾客的到达是独立的,而泊松过程又具有平稳增量性,故此时间间隔与上一段时间间隔的分布应该相同,即有"无记忆性",即为指数分布。

另一个感兴趣的是等待时间 $W_n$ 的分布,即第 $n$ 次事件 $A$ 到达的时间分布。

**定理 2.4** 设 $\{W_n, n \geq 1\}$ 是与泊松过程 $\{X(t), t \geq 0\}$ 对应的一个等待时间序列,则 $W_n$ 服从参数为 $n$ 与 $\lambda$ 的 $\Gamma$ 分布,其概率密度为

$$f_{W_n}(t) = \begin{cases} \lambda e^{-\lambda t} \dfrac{(\lambda t)^{n-1}}{(n-1)!}, & t \geqslant 0 \\ 0, & t < 0 \end{cases} \qquad (2.6)$$

该分布又称爱尔兰分布,它是 $n$ 个相互独立且服从指数分布的随机变量之和的概率密度。

**证** 因为 $W_n = \sum\limits_{i=1}^{n} T_i, n \geqslant 1$,由定理 2.2 知间隔时间序列 $\{T_n, n \geqslant 1\}$ 是独立同分布,服从均值为 $1/\lambda$ 的指数分布的随机序列,因此,等待时间 $W_n$ 的特征函数为

$$g_{W_n}(u) = E[e^{juW_n(t)}] = E[e^{ju\sum\limits_{i=1}^{n} T_i}] = \prod\limits_{i=1}^{n} E(e^{juT_i})$$

$$= \prod\limits_{i=1}^{n} \left(1 - \frac{ju}{\lambda}\right)^{-1} = \left(1 - \frac{ju}{\lambda}\right)^{-n}$$

上式右端是参数 $n$ 和 $\lambda$ 的 $\Gamma$ 分布随机变量的特征函数,由特征函数的唯一性,等待时间 $W_n$ 服从 $\Gamma(n, \lambda)$ 分布。

值得注意的是,定理 2.4 也可以用下述方法证明。注意到第 $n$ 个事件在时刻 $t$ 或之前发生当且仅当到时间 $t$ 已发生的事件数目至少是 $n$,即

$$X(t) \geqslant n \Leftrightarrow W_n \leqslant t \qquad (2.7)$$

因此,

$$P\{W_n \leqslant t\} = P\{X(t) \geqslant n\} = \sum\limits_{i=n}^{\infty} e^{-\lambda t} \frac{(\lambda t)^i}{i!}$$

对上式求导,得 $W_n$ 的概率密度是

$$f_{W_n}(t) = -\sum\limits_{i=n}^{\infty} \lambda e^{-\lambda t} \frac{(\lambda t)^i}{i!} + \sum\limits_{i=n}^{\infty} \lambda e^{-\lambda t} \frac{(\lambda t)^{i-1}}{(i-1)!} = \lambda e^{-\lambda t} \frac{(\lambda t)^{n-1}}{(n-1)!}$$

**【例 2.5】** 某个中子计数器对到达计数器的粒子每隔一个记录一次。假设粒子按每分钟 4 个的泊松过程到达,令 $T$ 是两个相继被记录粒子之间的时间间隔(以分钟为单位)。试求:(1) $T$ 的概率密度;(2) $P\{T \geqslant 1\}$。

**解** (1) 设 $\{X_1, X_2, \cdots, X_n, \cdots\}$ 为被记录粒子之间的时间间隔,则它们是相互独立同指数分布的随机变量,只要求出 $X_1$ 的分布,即为 $T$ 的分布。由于 $\{X_1 > t\}$ 等价于在时间 $[0, t)$ 内至多到达一个粒子,故有

$$P\{X_1 > t\} = P\{N(t) \leqslant 1\} = P\{N(t) = 0\} + P\{N(t) = 1\}$$

$$= e^{-4t} + 4t e^{-4t} = (1 + 4t) e^{-4t}$$

$$F_T(t) = P\{X_1 \leqslant 1\} = \begin{cases} 1 - (1 + 4t) e^{-4t}, & t \geqslant 0 \\ 0, & t < 0 \end{cases}$$

$$f_T(t) = F_T'(t) = \begin{cases} 16t e^{-4t}, & t \geqslant 0 \\ 0, & t < 0 \end{cases}$$

(2) 根据(1)中求出的 $T$ 的分布可以计算

$$P\{T \geqslant 1\} = 1 - F_T(1) = 5 e^{-4}$$

**【例 2.6】** 设有 $n$ 位学生在 0 时刻在食堂某一窗口排队取餐。假定每位同学的取餐时间独立,均服从参数为 $\lambda$ 的指数分布。以 $N(t)$ 表示到 $t$ 时刻为止已取过餐的学生人数。求:

(1) $E[N(t)]$;

(2) 第 $n$ 位学生等候时间的数学期望;

（3）第 $n$ 位学生能在 $t$ 时刻之前完成取餐的概率。

提示：$\Gamma(n,\lambda)$ 的分布函数是

$$F(x) = \left[1 - \mathrm{e}^{-\lambda x} \sum_{k=0}^{n-1} \frac{(\lambda x)^k}{k!}\right] I_{\{x \geqslant 0\}}$$

**解** （1）根据定义，$\{N(t), t \geqslant 0\}$ 是强度为 $\lambda$ 的泊松过程，故 $E[N(t)] = \lambda t$；

（2）记第 $n$ 位学生完成取餐的时刻为 $\tau_n$，根据定理 2.3，第 $n$ 位学生等候的时间为

$$\tau_{n-1} \sim \Gamma(n-1, \lambda), \quad E(\tau_{n-1}) = \frac{n-1}{\lambda}$$

或

$$\tau_{n-1} = \sum_{i=1}^{n-1} X_i, \quad E(\tau_{n-1}) = \sum_{i=1}^{n-1} E(X_i) = \frac{n-1}{\lambda}$$

（3）根据定理 2.3，我们可以得到

$$\tau_n \sim \Gamma(n, \lambda)$$

$$P(\tau_n \leqslant t) = F_{\tau_n}(t) = 1 - \mathrm{e}^{-\lambda t} \sum_{k=0}^{n-1} \frac{(\lambda t)^k}{k!}, \quad t \geqslant 0$$

## 2.4　剩余寿命和年龄

下面我们从另一角度来刻画泊松过程的若干重要特性。

设 $\{N(t), t \geqslant 0\}$ 表示 $[0, t]$ 中到达的"顾客数"，$W_n$ 表示第 $n$ 个顾客出现的时刻，$W_{N(t)}$ 表示在 $t$ 时刻前最后一个"顾客"到达的时刻，$W_{N(t)+1}$ 表示 $t$ 时刻后首个"顾客"到达的时刻。注意到这里 $W_{N(t)}$ 和 $W_{N(t)+1}$ 的下标 $N(t)$、$N(t)+1$ 都是随机变量。令

$$U(t) = W_{N(t)+1} - t \tag{2.8}$$

$$V(t) = t - W_{N(t)} \tag{2.9}$$

则 $U(t)$ 与 $V(t)$ 如图 2.3 所示。

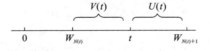

**图 2.3　剩余寿命和年龄的定义**

为了直观地解释 $U(t)$ 与 $V(t)$ 的具体意义，我们给出几个实际模型：设一零件在 $t=0$ 时开始工作，若它失效，立即更换（假定更换所需时间为零），一个新零件重新开始工作，如此重复。记 $W_n$ 为第 $n$ 次更换时刻，则 $T_n = W_n - W_{n-1}$ 表示第 $n$ 个零件的工作寿命，于是 $U(t)$ 表示观察者在时刻 $t$ 所观察的正在工作零件的剩余寿命；$V(t)$ 表示正在工作零件的工作时间，称为年龄。再如，若 $W_n$ 表示第 $n$ 辆汽车到站的时刻，某一乘客到达车站的时刻为 $t$，则 $U(t)$ 表示该乘客等待上车的等待时间；若 $W_n$ 表示第 $n$ 次地震发生的时刻，则 $W_{N(t)+1}$ 表示时刻 $t$ 以后首次地震的时刻，则 $U(t)$ 表示时刻 $t$ 以后直到首次地震之间的剩余时间，称 $U(t)$ 为剩余寿命或剩余时间，$V(t)$ 为年龄。

由定义知，$\forall t \geqslant 0, U(t) \geqslant 0, 0 \leqslant V(t) \leqslant t$。

**定理 2.5** 设 $\{N(t),t\geqslant 0\}$ 是强度为 $\lambda$ 的泊松过程,则

(1) $U(t)$ 与 $\{T_n,n=1,2,\cdots\}$ 同分布,即

$$P\{U(t)\leqslant x\}=1-\mathrm{e}^{-\lambda x},\quad x\geqslant 0 \tag{2.10}$$

(2) $V(t)$ 是"截尾"的指数分布,即

$$P\{V(t)\leqslant x\}=\begin{cases}1-\mathrm{e}^{-\lambda x}, & 0\leqslant x<t\\1, & x\geqslant t\end{cases} \tag{2.11}$$

**证** 由 $\{U(t)>x\}=\{N(t+x)-N(t)=0\}$ 及

$$\{V(t)>x\}=\begin{cases}\{N(t)-N(t-x)=0\}, & 0\leqslant x<t\\\varnothing, & x\geqslant t\end{cases}$$

即得要证明的结论.

现在用 $U(t)$ 与 $T_n$ 的关系来刻画泊松过程,有下面的定理。

**定理 2.6** 非负随机变量 $\{T_n,n=1,2,\cdots\}$ 独立同分布,其分布函数为 $F(x)$,则 $\forall x\geqslant 0$, $t\geqslant 0$,有

$$P\{U(t)>x\}=1-F(x+t)+\int_0^t P\{U(t-u)>x\}\mathrm{d}F(u) \tag{2.12}$$

**证** 如图 2.4 所示,当 $s<t$ 时,由独立同分布得

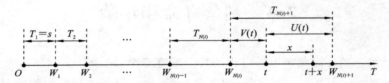

**图 2.4　剩余寿命与年龄示意图**

$$P\{U(t)>x\,|\,T_1=s\}=P\{W_{N(t)+1}-t>x\,|\,T_1=s\}=P\Big\{\sum_{j=2}^{N(t)+1}T_j-(t-s)>x\,|\,T_1=s\Big\}$$

$$=\sum_{m=1}^{+\infty}P\Big\{\sum_{j=2}^{m+1}T_j-(t-s)>x,N(t)=m\,|\,T_1=s\Big\}$$

$$=\sum_{m=1}^{+\infty}P\Big\{\sum_{j=2}^{m+1}T_j-(t-s)>x,W_m\leqslant t<W_{m+1}\,|\,T_1=s\Big\}$$

$$=\sum_{m=1}^{+\infty}P\Big\{\sum_{j=2}^{m+1}T_j-(t-s)>x,\sum_{j=2}^{m}T_j\leqslant t-s<\sum_{j=2}^{m+1}T_j\,|\,T_1=s\Big\}$$

$$=\sum_{m=1}^{+\infty}P\Big\{\sum_{j=2}^{m+1}T_j-(t-s)>x,\sum_{j=2}^{m}T_j\leqslant t-s<\sum_{j=2}^{m+1}T_j\Big\},$$

$$\Big(\sum_{j=2}^{m+1}T_j\ \text{与}\ W_m\ \text{同分布},\sum_{j=2}^{m}T_j\ \text{与}\ W_{m-1}\ \text{同分布}\Big)$$

$$=\sum_{m=1}^{+\infty}P\{W_m-(t-s)>x,W_{m-1}\leqslant t-s<W_m\}$$

$$=\sum_{m=1}^{+\infty}P\{W_m-(t-s)>x,N(t-s)=m-1\}$$

$$=P\{W_{N(t-s)+1}-(t-s)>x\}=P\{U(t-s)>x\}$$

由条件期望得到

$$P\{U(t) > x\} = \int_0^{+\infty} P\{U(t) > x \mid T_1 = s\} \mathrm{d}F(s)$$

$P\{U(t) > x \mid T_1 = s\}$ 存在以下三种情况：

① 当 $s > t + x$ 时，$P\{U(t) > x \mid T_1 = s\} = 1$；

② $t < s < t + x$ 时，$P\{U(t) > x \mid T_1 = s\} = 0$；

③ 当 $s < t$ 时，$P\{U(t) > x \mid T_1 = s\} = P\{U(t-s) > x\}$。

综合①②③，可得

$$
\begin{aligned}
P\{U(t) > x\} &= \int_0^{+\infty} P\{U(t) > x \mid T_1 = s\} \mathrm{d}F(s) \\
&= \int_0^t P\{U(t) > x \mid T_1 = s\} \mathrm{d}F(s) + \int_t^{t+x} P\{U(t) > x \mid T_1 = s\} \mathrm{d}F(s) \\
&\quad + \int_{t+x}^{+\infty} P\{U(t) > x \mid T_1 = s\} \mathrm{d}F(s) \\
&= 1 - F(x+t) + \int_0^t P\{U(t-s) > x\} \mathrm{d}F(s)
\end{aligned}
$$

令 $u = s$ 代入上式，得

$$P\{U(t) > x\} = 1 - F(x+t) + \int_0^t P\{U(t-u) > x\} \mathrm{d}F(u)$$

**定理 2.7**　若 $\{T_n, n = 1, 2, \cdots\}$ 独立同分布，$\forall t \geqslant 0$，$U(t)$ 与 $T_n$ 同分布，分布函数为 $F(x)$，且 $F(0) = 0$，则 $\{N(t), t \geqslant 0\}$ 为泊松过程。

**证**　令 $G(x) = 1 - F(x) = P\{U(t) > x\}$，由式(2.12)及 $F(0) = 0$，则 $\forall x \geqslant 0$，$t \geqslant 0$，有

$$G(x+t) = G(x)G(t) \tag{2.13}$$

由于 $F(x)$ 为单调不减且右连续的函数，所以 $G(x)$ 也是单调不减右连续的函数，式(2.13)两边对 $x$ 求导，得到

$$G_x'(x+t) = G_x'(x)G(t)$$

又 $G_x'(x+t) = G_t'(x+t)$，因此，

$$G_t'(x+t) = G_x'(x)G(t)$$

令 $x = 0$，则 $G_t'(t) = G_x'(0)G(t)$。

令 $\lambda = -G_x'(0)$，由于 $G(x)$ 单调不减，有 $\lambda \geqslant 0$；又 $F(x)$ 为分布函数，不可能为常数，$\lambda \neq 0$；再由 $G(0) = 1 - F(0) = 1$，得到 $G(t) = \mathrm{e}^{-\lambda t}$。即

$$F(x) = P\{T_n \leqslant x\} = 1 - \mathrm{e}^{-\lambda x}, \quad x \geqslant 0$$

再由定理 2.3，得到 $\{N(t), t \geqslant 0\}$ 为泊松过程。

该定理早在 1972 年由华裔数学家、概率学家钟开莱提出，它表明 $U(t)$ 与 $T_n$ 同为指数分布是泊松过程特有的性质，本定理还可用于检验计数过程是否为泊松过程。

类似地，可以用 $E[U(t)]$ 与 $t$ 无关或 $(U(t), V(t))$ 的联合分布来刻画泊松过程。

(K. L. Chung，1917—2009 年，生于上海，1936 年考入清华大学物理系，1940 年毕业于清华大学数学系，之后任昆明西南联合大学数学系助教，1944 年考取第六届庚子赔款公费留美奖学金。1945 年年底赴美国留学，1947 年获普林斯顿大学博士学位。20 世纪 50 年代任教于美国纽约州雪城大学(Syracuse University)，60 年代以后任斯坦福大学数学系教授、系主任、荣休教授。钟开莱为世界知名概率学家，著有十余部专著)

# 2.5　到达时间的条件分布

在时间间隔和等待时间分布的基础上进一步考虑,如果我们被告知泊松过程恰有一个事件在时刻 $t$ 前发生,并要求我们确定此事件发生的时间的分布。由于泊松过程具有平稳和独立增量性,因此有理由认为在 $[0,t]$ 中长度相等的每个区间包含此事件的概率相同,即意味着此事件发生的时刻应在 $[0,t]$ 上均匀分布。很容易验证:对于 $s<t$,

$$P\{X_1<s\mid N(t)=1\}=\frac{P\{X_1<s,N(t)=1\}}{P\{N(t)=1\}}$$

$$=\frac{P\{在[0,s]中有\ 1\ 个事件,在[s,t]中有\ 0\ 个事件\}}{P\{N(t)=1\}}$$

$$=\frac{P\{在[0,s]中有\ 1\ 个事件\}P\{在[s,t]中有\ 0\ 个事件\}}{P\{N(t)=1\}}$$

$$=\frac{\lambda s\mathrm{e}^{-\lambda s}\mathrm{e}^{-\lambda(t-s)}}{\lambda t\mathrm{e}^{-\lambda t}}=\frac{s}{t}$$

即分布函数为

$$F_{W_1\mid X(t)=1}(s)=\begin{cases}1,&s\geqslant t\\s/t,&0\leqslant s<t\\0,&s<0\end{cases}$$

其分布密度为

$$f_{W_1\mid X(t)=1}(s)=\begin{cases}\dfrac{1}{t},&0\leqslant s<t\\[2mm]0,&其他\end{cases}$$

推广到一般情况,如果事件发生次数 $n$ 超过一次,那么 $n$ 个事件发生时刻的联合分布是否和均匀分布仍然有紧密的联系呢? 事实确实如此,如下述定理。

**定理 2.8**　设 $\{X(t),t\geqslant0\}$ 是泊松过程,已知在 $[0,t]$ 内事件 $A$ 发生 $n$ 次,则这 $n$ 次到达时间 $W_1<W_2<\cdots<W_n$ 与相应于 $n$ 个 $[0,t]$ 上均匀分布的独立随机变量的顺序统计量有相同的分布。

**证**　令 $0\leqslant t_1<\cdots<t_{n+1}=t$,且取 $h_i$ 充分小使得 $t_i+h_i<t_{i+1}(i=1,2,\cdots,n)$,则在给定 $X(t)=n$ 的条件下,有

$$P\{t_1\leqslant W_1\leqslant t_1+h_1,\cdots,t_n\leqslant W_n\leqslant t_n+h_n\mid X(t)=n\}$$

$$=\frac{P\{[t_i,t_i+h_i]中有一事件,i=1,\cdots,n,[0,t]的别处无事件\}}{P\{X(t)=n\}}$$

$$=\frac{\lambda h_1\mathrm{e}^{-\lambda h_1}\cdots\lambda h_n\mathrm{e}^{-\lambda h_n}\mathrm{e}^{-\lambda(t-h_1-\cdots-h_n)}}{\mathrm{e}^{-\lambda t}(\lambda t)^n/n!}$$

$$=\frac{n!}{t^n}h_1h_2\cdots h_n$$

因此,

$$\frac{P\{t_i\leqslant W_i\leqslant t_i+h_i,i=1,\cdots,n\mid X(t)=n\}}{h_1\cdots h_n}=\frac{n!}{t^n}$$

令 $h_i \to 0$, 得到 $W_1, \cdots, W_n$ 在已知 $X(t) = n$ 的条件下的条件概率密度为

$$f(t_1, \cdots, t_n) = \begin{cases} \dfrac{n!}{t^n}, & 0 < t_1 < \cdots < t_n < t \\ 0, & \text{其他} \end{cases}$$

**【例 2.7】** 设在 $[0, t]$ 内事件 A 已经发生 $n$ 次, 且 $0 < s < t$, 对于 $0 < k < n$, 求 $P\{X(s) = k \mid X(t) = n\}$。

**解** 利用条件概率及泊松分布, 得

$$P\{X(s) = k \mid X(t) = n\} = \frac{P\{X(s) = k, X(t) = n\}}{P\{X(t) = n\}} = \frac{P\{X(s) = k, X(t) - X(s) = n - k\}}{P\{X(t) = n\}}$$

$$= \frac{e^{-\lambda s} \dfrac{(\lambda s)^k}{k!} e^{-\lambda(t-s)} \dfrac{[\lambda(t-s)]^{n-k}}{(n-k)!}}{e^{-\lambda t} \dfrac{(\lambda t)^n}{n!}}$$

$$= C_n^k \left(\frac{s}{t}\right)^k \left(1 - \frac{s}{t}\right)^{n-k}$$

可以看出, 这是一个参数为 $n$ 和 $\dfrac{s}{t}$ 的二项分布。

**定理 2.9** 设 $\{N(t), t \geq 0\}$ 是一计数过程, $W_n$ 表示第 $n$ 个事件的发生时刻, 令 $T_n = W_n - W_{n-1}$, $\{T_n, n = 1, 2, \cdots\}$ 独立同分布, 分布函数为 $F(x)$, 且 $F(0) = 0$, $\forall s, t, 0 < s \leq t$, 对于任意整数 $i(1 \leq i \leq n)$ 有 $P(0 < W_i \leq s \mid N(t) = n) = \dfrac{s}{t}$, 那么 $\{N(t), t \geq 0\}$ 为齐次泊松过程。

**证** $\forall x > 0$, 有

$$P\{T_1 \leq s \mid N(s+x) = 1\} = \frac{s}{s+x}$$

$$P\{T_1 \leq x \mid N(s+x) = 1\} = \frac{x}{s+x} \Rightarrow P\{T_1 \leq s \mid N(s+x) = 1\} + P\{T_1 \leq x \mid N(s+x) = 1\} = 1$$

$$P\{T_1 \leq s \mid N(s+x) = 1\} = \frac{P\{T_1 \leq s, N(s+x) = 1\}}{P\{N(s+x) = 1\}} = \frac{P\{W_1 \leq s, W_1 \leq s+x < W_2\}}{P\{W_1 \leq s+x < W_2\}}$$

$$N(s+x) = 1 \Leftrightarrow W_1 \leq s+x < W_2$$

同理有

$$P\{T_1 \leq x \mid N(s+x) = 1\} = \frac{P\{T_1 \leq x, N(s+x) = 1\}}{P\{N(s+x) = 1\}} = \frac{P\{W_1 \leq x, W_1 \leq s+x < W_2\}}{P\{W_1 \leq s+x < W_2\}}$$

所以

$$\frac{P\{W_1 \leq s, W_1 \leq s+x < W_2\}}{P\{W_1 \leq s+x < W_2\}} + \frac{P\{W_1 \leq x, W_1 \leq s+x < W_2\}}{P\{W_1 \leq s+x < W_2\}} = 1$$

即

$$P\{W_1 \leq s, W_1 \leq s+x < W_2\} + P\{W_1 \leq x, W_1 \leq s+x < W_2\} = P\{W_1 \leq s+x < W_2\}$$

又

$$P\{W_1 \leq s+x < W_2\} = P\{T_1 \leq s+x < T_1 + T_2\}$$

$$= P\{0 < T_1 = \tau \leq s+x, T_2 > s+x-\tau\}$$

$$= \sum_{i=1}^{N} P\{\tau_i < T_1 = \tau \leq \tau_{i+1}, T_2 > s+x-\tau\} \left(\Delta\tau = \frac{s+x}{N}, \tau_i = i\Delta\tau\right)$$

$$= \sum_{i=1}^{N} P\{\tau_i < T_1 = \tau \leqslant \tau_{i+1}\} P\{T_2 > s + x - \tau\} \; (T_1 \text{ 和 } T_2 \text{ 独立})$$

$$= \sum_{i=1}^{N} [F(\tau_{i+1}) - F(\tau_i)] P\{T_2 > s + x - \tau\}$$

$$= \sum_{i=1}^{N} \mathrm{d}F(\tau)[1 - F(s + x - \tau)]$$

$$\overset{N \to \infty}{=} \int_0^{s+x} [1 - F(s + x - \tau)] \mathrm{d}F(\tau) \; (N \to \infty)$$

相应地有

$$P\{W_1 \leqslant x, W_1 \leqslant s + x < W_2\} = P\{T_1 \leqslant x, T_1 \leqslant s + x < T_1 + T_2\}$$

$$= \int_0^x [1 - F(s + x - \tau)] \mathrm{d}F(\tau)$$

$$P\{W_1 \leqslant s, W_1 \leqslant s + x < W_2\} = P\{T_1 \leqslant s, T_1 \leqslant s + x < T_1 + T_2\}$$

$$= \int_0^s [1 - F(s + x - \tau)] \mathrm{d}F(\tau)$$

所以有结论

$$\int_0^x [1 - F(s + x - \tau)] \mathrm{d}F(\tau) + \int_0^s [1 - F(s + x - \tau)] \mathrm{d}F(\tau) = \int_0^{s+x} [1 - F(s + x - \tau)] \mathrm{d}F(\tau)$$

从而有结论

$$\int_0^s [1 - F(s + x - \tau)] \mathrm{d}F(\tau) = \int_0^{s+x} [1 - F(s + x - \tau)] \mathrm{d}F(\tau)$$

$$- \int_0^x [1 - F(s + x - \tau)] \mathrm{d}F(\tau)$$

$$= \int_x^{s+x} [1 - F(s + x - \tau)] \mathrm{d}F(\tau)$$

上式等价于

$$F(s) - F(0) - \int_0^s F(s + x - \tau) \mathrm{d}F(\tau) = F(s + x) - F(x) - \int_x^{s+x} F(s + x - \tau) \mathrm{d}F(\tau)$$

而

$$F(s) - F(0) - \int_0^s F(s + x - \tau) \mathrm{d}F(\tau)$$

$$= F(s) - F(0) - \left[ F(s + x - \tau) F(\tau) \Big|_{\tau=0}^{s} - \int_0^s F(\tau) \mathrm{d}F(s + x - \tau) \right] (\text{令 } u = s + x - \tau)$$

$$= F(s) - F(0) - F(x)F(s) + F(s + x)F(0) - \int_x^{s+x} F(s + x - u) \mathrm{d}F(u) \; (F(0) = 0)$$

$$= F(s) - F(x)F(s) - \int_x^{s+x} F(s + x - u) \mathrm{d}F(u)$$

上面式子相比较,得

$$F(s) + F(x) - F(x)F(s) = F(s + x)$$

式子两边做变形,得

$$[1 - F(s)][1 - F(x)] = 1 - F(s + x)$$

令 $H(x) = 1 - F(x)$,那么

$$H(x)H(s) = H(s + x)$$

所以有结论

$$\frac{\mathrm{d}H(s+x)}{\mathrm{d}s}=\frac{\mathrm{d}H(s+x)}{\mathrm{d}x}=H(s)\frac{\mathrm{d}H(x)}{\mathrm{d}x}$$

令 $x=0$,那么

$$\frac{\mathrm{d}H(s)}{\mathrm{d}s}=H(s)\frac{\mathrm{d}H(x)}{\mathrm{d}x}\Big|_{x=0}$$

令 $\frac{\mathrm{d}H(x)}{\mathrm{d}x}\Big|_{x=0}=-\lambda$,由于 $H(x)$ 单调不增,所以 $\lambda>0$,且 $H(0)=1$。

解上述微分方程,得

$$\ln[H(s)]=-\lambda s+C,\quad C=0\Rightarrow H(s)=\mathrm{e}^{-\lambda s}$$

$$F(x)=F_T(x)=P(T_i\leqslant x)=1-H(x)=1-\mathrm{e}^{-\lambda x}$$

所以 $T_i$ 服从参数为 $\lambda$ 的指数分布,故有结论 $\{N(t),t\geqslant0\}$ 是泊松过程。

**定理 2.10** 设 $\{N(t),t\geqslant0\}$ 为一计数过程,$\{T_n,n=1,2,\cdots\}$ 为到达时间间隔序列,若 $\{T_n,n=1,2,\cdots\}$ 独立同分布,分布函数为 $F(x)$,若 $E(T_n)<\infty$,$F(0)=0$,且任取 $s,t$,有 $0\leqslant s\leqslant t$,$\forall n\geqslant1$,有

$$P\{0<W_1<s,W_2<s,\cdots,W_n\leqslant s\,|\,N(t)=n\}=(s/t)^n,\quad t>0 \tag{2.14}$$

则 $\{N(t),t\geqslant0\}$ 为泊松过程。

证明同上。

利用以上结果,在检验泊松过程时不需要知道参数 $\lambda$。

**【例 2.8】** 设到达火车站的顾客数服从参数为 $\lambda$ 的泊松过程,火车 $t$ 时刻离开火车站,求在 $[0,t]$ 顾客到达火车站等待时间总和的期望值。

**解** 设第 $i$ 个顾客到达火车站的时刻为 $W_i$,则在 $[0,t]$ 顾客到达车站等待时间总和为

$$W(t)=\sum_{i=1}^{N(t)}(t-W_i)$$

因此,

$$E[W(t)\,|\,N(t)=n]=E\Big[\sum_{i=1}^{N(t)}(t-W_i)\,|\,N(t)=n\Big]$$
$$=E\Big[\sum_{i=1}^{n}(t-W_i)\,|\,N(t)=n\Big]$$
$$=nt-E\Big[\sum_{i=1}^{n}W_i\,|\,N(t)=n\Big]$$

记 $\{Y_i,1\leqslant i\leqslant n\}$ 为 $[0,t]$ 上独立同均匀分布的随机变量,$Y_{(1)}\leqslant Y_{(2)}\leqslant\cdots\leqslant Y_{(n)}$ 为相应的顺序统计量。由定理 2.8,有

$$E\Big[\sum_{i=1}^{n}W_i\,|\,N(t)=n\Big]=E\Big(\sum_{i=1}^{n}Y_{(i)}\Big)=E\Big(\sum_{i=1}^{n}Y_i\Big)=\frac{nt}{2}$$

因此,

$$E\Big[\sum_{i=1}^{n}(t-W_i)\,|\,N(t)=n\Big]=\frac{nt}{2}$$
$$E[W(t)]=\sum_{n=0}^{\infty}\Big\{P\{N(t)=n\}E\Big[\sum_{i=1}^{N(t)}(t-W_i)\,|\,N(t)=n\Big]\Big\}$$

$$= \sum_{n=0}^{\infty} P\{N(t) = n\} \frac{nt}{2} = \frac{t}{2} E[N(t)] = \frac{\lambda t^2}{2}$$

# 2.6　泊松过程的检验及参数估计

泊松过程在排队论、动态可靠性等领域都有广泛的应用。但是,对于应用工作者来说,首先需要考虑的问题是:所研究的问题是否可视为泊松过程;经过检验是泊松过程,如何利用已知数据估计参数 $\lambda$ 的值。本节将对样本序列运用数理统计的思想给出判定方法。

## 2.6.1　泊松过程的检验

按照泊松的性质,要检验计数过程 $\{N(t), t \geqslant 0\}$ 是否为泊松过程,可以转化为下面的检验问题之一:

(1) 检验 $\{T_n, n \geqslant 1\}$ 是否独立同指数分布;

(2) $\forall t > 0$,检验 $U(t)$ 与 $T_n (n \geqslant 1)$ 是否同分布;

(3) $\forall t > 0$,检验在 $N(t) = 1$ 的条件下,$W_1 = T_1$ 是否服从 $[0, t]$ 上的均匀分布;

(4) 给定 $T > 0$,检验在 $N(T) = n$ 的条件下,$W_1, W_2, \cdots, W_n$ 的条件分布是否与 $[0, T]$ 上 $n$ 个独立均匀分布的顺序统计量的分布相同。

这里仅讨论最后一种具体检验方法。

首先提出假设 $H_0: \{N(t), t \geqslant 0\}$ 是泊松过程,令 $\sigma_n = \sum_{k=1}^{n} W_k$,当 $H_0$ 成立时,由定理2.8,得到

$$E[\sigma_n \mid N(T) = n] = E\left(\sum_{i=1}^{n} Y_{(i)}\right) = E\left(\sum_{i=1}^{n} Y_i\right) = \frac{nT}{2}$$

$$D[\sigma_n \mid N(T) = n] = D\left(\sum_{i=1}^{n} Y_{(i)}\right) = D\left(\sum_{i=1}^{n} Y_i\right) = \frac{nT^2}{12}$$

其中,$\{Y_i, 1 \leqslant i \leqslant n\}$ 为 $[0, t]$ 上独立同均匀分布的随机变量列,$Y_{(1)} \leqslant Y_{(2)} \leqslant \cdots \leqslant Y_{(n)}$ 为相应的顺序统计量。利用独立同分布的中心极限定理,有

$$\lim_{n \to \infty} P\left\{\frac{\sigma_n - nT/2}{T\sqrt{n/12}} \leqslant x \mid N(T) = n\right\} = \lim_{n \to \infty} P\left\{\frac{\sum_{i=1}^{n} Y_i - nT/2}{nT^2/12} \leqslant x\right\}$$

$$= \Phi(x) = \frac{1}{\sqrt{2\pi}} \int_{-\infty}^{x} e^{-u^2/2} \mathrm{d}u$$

即当 $n$ 充分大时,$P\left\{\frac{\sigma_n}{T} \leqslant \frac{1}{2}[n + x(n/3)^{1/2}] \mid N(T) = n\right\} \approx \Phi(x)$。

给定置信水平 $\alpha = 0.05$,则当

$$\frac{\sigma_n}{T} \in \frac{1}{2}[n \pm 1.96(n/3)^{1/2}]$$

时,接受 $H_0$;否则,拒接 $H_0$。这种方法的优点在于不要求已知 $\lambda$。

## 2.6.2 参数 λ 的估计

经过上述检验后,如果接受 $H_0$,则认为 $\{N(t),t\geq 0\}$ 是泊松过程。下面的问题是如何估计参数 λ 的值。

**1. 极大似然估计**

设 $\{N(t),t\geq 0\}$ 是泊松过程,给定 $T>0$,若在 $[0,T]$ 上观察到 $W_1,W_2,\cdots,W_n$ 的取值 $t_1$, $t_2,\cdots,t_n\leq T$,则似然函数为

$$L(t_1,t_2,\cdots,t_n;\lambda)=\lambda^n e^{-\lambda T}$$

令 $\dfrac{\mathrm{d}L}{\mathrm{d}\lambda}=0$,得到 λ 的极大似然估计值为

$$\hat{\lambda}_L=\frac{n}{T} \tag{2.15}$$

需要说明的是:给定 $T$ 后,则落在 $[0,T]$ 的个数 $n$ 是随观察结果而定的。

**2. 区间估计**

仅讨论固定 $n$ 的情形。若 $\{N(t),t\geq 0\}$ 是泊松过程,由定理 2.4,$W_n=\sum\limits_{k=1}^{n}T_k$ 的概率密度函数为

$$f_n(t)=\lambda e^{-\lambda t}\frac{(\lambda t)^{n-1}}{(n-1)!}=\frac{\lambda^n}{\Gamma(n)}t^{n-1}e^{-\lambda t},\quad t\geq 0$$

其中,$\Gamma(\alpha)=\displaystyle\int_0^\infty x^{\alpha-1}e^{-x}\mathrm{d}x$ 为 $\Gamma$ 函数,$\Gamma(n)=(n-1)!$。因此,$2\lambda W_n$ 的概率密度函数为

$$g_n(t)=\frac{1}{2^{2n/2}\Gamma(2n/2)}t^{\frac{2n}{2}-1}e^{-t/2},\quad t\geq 0$$

这与 $\chi^2(2n)$ 的密度函数相同,因此,$2\lambda W_n=\chi^2(2n)$,取置信度 $1-\alpha$,则

$$P\left\{\chi^2_{\alpha/2}(2n)\leq 2\lambda W_n\leq \chi^2_{1-\alpha/2}(2n)\right\}=1-\alpha$$

故置信度为 $1-\alpha$ 的 λ 的置信区间为

$$\left[\frac{\chi^2_{\alpha/2}(2n)}{2W_n},\frac{\chi^2_{1-\alpha/2}(2n)}{2W_n}\right] \tag{2.16}$$

其中,$W_n$ 由数据得到,$\chi^2_{\alpha/2}(2n)$ 及 $\chi^2_{1-\alpha/2}(2n)$ 可查表得到。

# 2.7 非齐次泊松过程

在本节中,我们推广泊松过程,对其定义中的平稳增量的要求予以放松,即允许时刻 $t$ 的到达强度 λ 是 $t$ 的函数,这样就得到非齐次泊松过程的定义。

**定义 2.4** 设计数过程 $\{X(t),t\geq 0\}$ 满足下列条件:

(1) $X(0)=0$;

(2) $X(t)$ 是独立增量过程;

（3）$P\{X(t+h)-X(t)=1\}=\lambda(t)h+o(h)$，$P\{X(t+h)-X(t)\geqslant2\}=o(h)$，则称计数过程 $\{X(t),t\geqslant0\}$ 为具有强度函数 $\lambda(t)(t\geqslant0)$ 的非齐次泊松过程。

非齐次泊松过程的均值函数为 $m_x(t)=\int_0^t\lambda(s)\mathrm{d}s$，也称为累积强度。当 $\lambda\equiv\lambda(t)$（正常数）时，非齐次泊松过程就变为齐次泊松过程。对于非齐次泊松过程，其概率分布由下面的定理给出。

**定理 2.11**　设 $\{X(t),t\geqslant0\}$ 是具有均值函数 $m_x(t)=\int_0^t\lambda(s)\mathrm{d}s$ 的非齐次泊松过程，则有

$$P\{X(t+s)-X(t)=n\}=\frac{[m_X(t+s)-m_X(t)]^n}{n!}\exp\{-[m_X(t+s)-m_X(t)]\},\quad n\geqslant0$$

或

$$P\{X(t)=n\}=\frac{[m_X(t)]^n}{n!}\exp\{-m_X(t)\},\quad n\geqslant0$$

**证**　沿着定理 2.1 的证明思路，稍加修改即可证明。对固定 $t$ 定义

$$P_n(s)=P\{X(t+s)-X(t)=n\}$$

则有

$$
\begin{aligned}
P_0(s+h) &= P\{X(t+s+h)-X(t)=0\}\\
&= P\{在(t,t+s]中没事件，在(t+s,t+s+h]中没事件\}\\
&= P\{在(t,t+s]中没事件\}P\{在(t+s,t+s+h]中没事件\}\\
&= P_0(s)[1-\lambda(t+s)h+o(h)]
\end{aligned}
$$

其中，最后第二个等式由非齐次泊松过程定义的条件（2）得到，而最后一个等式由条件（3）得到，因此，

$$\frac{P_0(s+h)-P_0(s)}{h}=-\lambda(t+s)P_0(s)+\frac{o(h)}{h}$$

令 $h\rightarrow0$，得

$$P'_0(s)=-\lambda(t+s)P_0(s)$$

即

$$\ln P_0(s)=-\int_0^s\lambda(t+u)\mathrm{d}u$$

或

$$P_0(s)=\mathrm{e}^{-[m_X(t+s)-m_X(t)]}$$

同理，当 $n\geqslant1$ 时，

$$
\begin{aligned}
P_n(s+h) &= P\{X(t+s+h)-X(t)=n\}\\
&= P\{(t,t+s]中有 n 个事件，(t+s,t+s+h]中没事件\}\\
&\quad+P\{(t,t+s]中有 n-1 个事件，(t+s,t+s+h]中有 1 个事件\}+\cdots\\
&\quad+P\{(t,t+s]中没有事件，(t+s,t+s+h]中有 n 个事件\}\\
&= P_n(s)[1-\lambda(t+s)h+o(h)]+P_{n-1}(s)[\lambda(t+s)h]+o(h)
\end{aligned}
$$

因此，

$$\frac{P_n(s+h)-P_n(s)}{h}=-\lambda(t+s)P_n(s)+\lambda(t+s)P_{n-1}(s)+\frac{o(h)}{h}$$

令 $h\rightarrow0$，得

$$P'_n(s)=-\lambda(t+s)P_n(s)+\lambda(t+s)P_{n-1}(s)$$

当 $n=1$ 时，有

$$P'_1(s)=-\lambda(t+s)P_1(s)+\lambda(t+s)P_0(s)$$

$$= -\lambda(t+s)P_1(s) + \lambda(t+s)\exp\{-[m_X(t+s) - m_X(t)]\}$$

上式是关于 $P_1'(s)$ 的一阶线性微分方程,利用初始条件 $P_1(0)=0$,可解得

$$P_1(s) = [m_X(t+s) - m_X(t)]\exp\{-[m_X(t+s) - m_X(t)]\}$$

再利用归纳法即可得证。

　　值得注意的是,非齐次泊松过程的重要性在于我们不再要求平稳性这一事实,从而允许事件在某些时刻发生的可能性比在另一些时刻发生的可能性更大,从而使泊松过程能描述更多的随机现象。

　　【例 2.9】　设某路公共汽车从早晨 5 时到晚上 9 时有车发出,乘客流量如下:5 时按平均乘客为 200 人/时计算;5 时至 8 时乘客平均到达率按线性增加,8 时到达率为 1400 人/时,8 时至 18 时保持平均到达率不变;18 时到 21 时从到达率 1400 人/时按线性下降,到 21 时为 200 人/时。假定乘客数在不相重叠时间间隔内是相互独立的,求 12 时至 14 时有 2000 人来站乘车的概率,并求这两小时内来站乘车人数的数学期望。

　　**解**　将时间 5 时至 21 时平移到 0 至 16 时,依题意得乘客到达率为

$$\lambda(t) = \begin{cases} 200 + 400t, & 0 \leqslant t \leqslant 3 \\ 1400, & 3 < t \leqslant 13 \\ 1400 - 400(t-13), & 13 < t \leqslant 16 \end{cases}$$

乘客到达率与时间关系如图 2.5 所示。

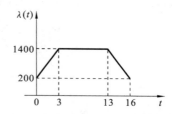

**图 2.5　乘客到达率与时间关系**

　　由题意知,乘客的变化可用非齐次泊松过程描述,因为

$$m_X(9) - m_X(7) = \int_7^9 1400 \mathrm{d}s = 2800$$

所以在 12 时至 14 时有 2000 名乘客到达的概率为

$$P\{X(9) - X(7) = 2000\} = \mathrm{e}^{-2800}\frac{(2800)^{2000}}{2000!}$$

12 时至 14 时乘客数的数学期望为

$$m_X(9) - m_X(7) = 2800(人)$$

　　【例 2.10】　设 $\{X(t), t \geqslant 0\}$ 是具有跳跃强度 $\lambda(t) = \frac{1}{2}[1 + \cos(\omega t)]$ 的非齐次泊松过程($\omega \neq 0$),求 $E[X(t)]$ 和 $D[X(t)]$。

　　**解**　$E[X(t)] = D[X(t)] = \int_0^t \lambda(s)\mathrm{d}s = \int_0^t \frac{1}{2}[1 + \cos(\omega s)]\mathrm{d}s$

$$= \frac{1}{2}\left[t + \frac{1}{\omega}\sin(\omega t)\right]$$

# 2.8　复合泊松过程

　　还有一类泊松过程称为复合泊松过程。例如,一个购物中心每日的顾客数服从泊松过程,每位顾客的消费金额看作一个随机变量,那么购物中心关心的每日的营业额就是一种复合泊松过程。复合泊松过程在实际中也有着广泛的应用,其定义如下。

　　**定义 2.5**　设 $\{N(t), t \geqslant 0\}$ 是强度为 $\lambda$ 的泊松过程,$\{Y_k, k=1,2,\cdots\}$ 是一列独立同分布随

机变量,且与$\{N(t),t\geq0\}$独立,令

$$X(t) = \sum_{k=1}^{N(t)} Y_k, \quad t \geq 0$$

则称$\{N(t),t\geq0\}$为复合泊松过程。

**【例 2.11】** （商店的营业额）设每天进入某店的顾客数是一泊松过程$\{X(t),t\geq0\}$,进入该商店的第 $n$ 位顾客所花费 $X_n$ 元,如果诸 $X_n$ 为独立同分布随机变量且与$\{X(t),t\geq0\}$独立,则在$[0,t]$中该商店的营业额$Y(t)$可表示为

$$Y(t) = \sum_{n=1}^{X(t)} X_n, \quad 0 \leq t \leq T = 12 \text{ h}$$

则$\{Y(t),t\geq0\}$是复合泊松过程。

**【例 2.12】** （保险公司的总索赔）设某人寿保险公司的保险单持有者的死亡数是具有平均率（单位时间内平均死亡数）为 $\lambda$ 的泊松型事件,对在时刻 $S_n$ 死亡的保险单持有者,保险公司要支付 $X_n$ 元保险赔偿费,如果诸 $X_n$ 为独立同分布随机变量且与保险持有者死亡数 $X(t)(t\geq0)$独立,则在时间区间$[0,t]$内保险公司的总索赔数 $Y(t)$ 为

$$Y(t) = \sum_{n=1}^{X(t)} X_n, t \geq 0 \quad \text{或} \quad Y(t) = \sum_{n=1}^{\infty} X_n \mu(t-S_n)$$

其中

$$\mu(x) = \begin{cases} 1, & x \geq 0 \\ 0, & x < 0 \end{cases}$$

则$\{Y(t),t\geq0\}$是复合泊松过程。

**定理 2.12** 设 $X(t) = \sum_{k=1}^{N(t)} Y_k (t\geq0)$ 是复合泊松过程,其中$\{N(t),t\geq0\}$是强度为$\lambda$的泊松过程,则对于任意 $s,t \geq 0$,有

（1）$X(t)$的特征函数为

$$g_{X(t)}(u) = \exp\{\lambda t[g_Y(u)-1]\}$$

其中,$g_Y(u)$是随机变量 $Y_1$ 的特征函数;

（2）假设 $s < t$, $X(t)-X(s)$ 的特征函数为

$$g_{X(t)-X(s)}(u) = \exp\{\lambda(t-s)[g_Y(u)-1]\}$$

（3）$\{X(t),t\geq0\}$具有平稳独立增量性;

（4）若 $E(Y_1^2) < \infty$,则

$$E[X(t)] = \lambda t E[Y_1]$$
$$D[X(t)] = \lambda t E[Y_1^2]$$
$$\text{Cov}[X(s),X(t)] = \lambda E[Y_1^2]\min(s,t)$$

**证** （1）由全期望公式,我们可以得到

$$g_{X(t)}(u) = E[e^{juX(t)}] = \sum_{n=0}^{\infty} E[e^{juX(t)} \mid N(t)=n]P\{N(t)=n\}$$

$$= \sum_{n=0}^{\infty} E\left[\exp\left(ju\sum_{k=1}^{n} Y_k\right) \mid N(t)=n\right] e^{-\lambda t} \frac{(\lambda t)^n}{n!}$$

$$= \sum_{n=0}^{\infty} E\left[\exp\left(ju\sum_{k=1}^{n} Y_k\right)\right] e^{-\lambda t} \frac{(\lambda t)^n}{n!}$$

$$= \sum_{n=0}^{\infty} \left[ g_Y(u) \right]^n \mathrm{e}^{-\lambda t} \frac{(\lambda t)^n}{n!} = \exp\{\lambda t [g_Y(u) - 1]\}$$

(2) 类似(1)的推导,我们可以得到

$$g_{X(t)-X(s)}(u) = E\{\mathrm{e}^{ju[X(t)-X(s)]}\} = E\left\{\exp\left[ju\sum_{k=N(s)+1}^{N(t)} Y_k\right]\right\}$$

$$= \sum_{n=0}^{\infty} E\left[\mathrm{e}^{ju\sum_{k=N(s)+1}^{N(t)} Y_k} \mid N(t) - N(s) = n\right] P\{N(t) - N(s) = n\}$$

$$= \sum_{n=0}^{\infty} \left[g_Y(u)\right]^n \mathrm{e}^{-\lambda(t-s)} \frac{[\lambda(t-s)]^n}{n!}$$

$$= \exp\{\lambda(t-s)[g_Y(u) - 1]\}$$

(3) 由(2)知$\{X(t), t \geqslant 0\}$具有平稳增量性,又因为$\{N(t), t \geqslant 0\}$具有独立增量性,$\{Y_n, n \geqslant 1\}$为独立同分布随机序列,对任意$0 \leqslant t_1 < t_2 < \cdots < t_n$,

$$X(t_n) - X(t_{n-1}), X(t_{n-1}) - X(t_{n-2}), \cdots, X(t_2) - X(t_1),$$

即$Y_{X(t_{n-1})+1} + \cdots + Y_{X(t_n)}, Y_{X(t_{n-2})+1} + \cdots + Y_{X(t_{n-1})}, \cdots, Y_{X(t_1)+1} + \cdots + Y_{X(t_2)}$相互独立。

(4) 由条件期望的性质$E[X(t)] = E\{E[X(t)|N(t)]\}$及假设知:

$$E[X(t) \mid N(t) = n] = E\left[\sum_{i=1}^{N(t)} Y_i \mid N(t) = n\right] = E\left[\sum_{i=1}^{n} Y_i \mid N(t) = n\right]$$

$$= E\left(\sum_{i=1}^{n} Y_i\right) = nE(Y_1)$$

所以

$$E[X(t)] = E\{E[X(t)|N(t)]\} = E[N(t)]E(Y_1) = \lambda t E(Y_1)$$

类似地

$$D[X(t)|N(t)] = N(t)D(Y_1)$$

$$D[X(t)] = E\{N(t)D[Y_1]\} + D\{N(t)E(Y_1)\}$$

$$= \lambda t D(Y_1) + \lambda t [E(Y_1)]^2 = \lambda t [E(Y_1)]^2$$

当$s < t$时,

$$\mathrm{Cov}[X(s), X(t)] = \mathrm{Cov}[X(s), X(t) - X(s) + X(s)]$$

$$= \mathrm{Cov}[X(s), X(t) - X(s)] + \mathrm{Cov}[X(s), X(s)]$$

$$= \mathrm{Cov}[X(s), X(s)] = D[X(s)]$$

$$= \lambda s E(Y_1^2)$$

所以一般有

$$\mathrm{Cov}[X(s), X(t)] = \lambda E(Y_1^2) \min(s, t)$$

【例 2.13】　设移民到某地区定居的户数是一泊松过程,平均每周有 2 户定居,即$\lambda = 2$。如果每户的人口数是随机变量,一户四人的概率为$\frac{1}{6}$,一户三人的概率为$\frac{1}{3}$,一户二人的概率为$\frac{1}{3}$,一户一人的概率为$\frac{1}{6}$,并且每户的人口数是相互独立的,求在五周内移民到该地区的总人数。

**解**　设$N(t)$为在时间$[0, t]$内的移民户数,$Y_i$表示每户的人口数,则在$[0, t]$内的移民人数为

$$X(t) = \sum_{i=1}^{N(t)} Y_i$$

这是一个复合泊松过程。$Y_i$ 是相互独立且具有相同分布的随机变量,其分布列为

$$P(Y=1) = P(Y=4) = \frac{1}{6}$$

$$P(Y=2) = P(Y=3) = \frac{1}{3}$$

则

$$E(Y) = \frac{15}{6}, \quad E(Y^2) = \frac{43}{6}$$

根据题意知,$N(t)$ 在 5 周内是强度为 10 的泊松过程,由定理 2.12,有

$$E[X(5)] = \lambda t E(Y) = 10 \times \frac{15}{6} = 25$$

$$D[X(5)] = \lambda t E(Y^2) = 10 \times \frac{43}{6} = \frac{215}{3}$$

## 2.9　条件泊松过程

把参数 $\lambda$ 推广到正随机变量的情形,可以得到下面的条件泊松过程。

设 $\Lambda$ 是具有分布 $G$ 的正值随机变量,$\{N(t), t \geq 0\}$ 是一计数过程,如果在已知 $\Lambda = \lambda$ 的条件下 $\{N(t), t \geq 0\}$ 是参数为 $\lambda$ 的泊松过程,则称 $\{N(t), t \geq 0\}$ 为条件泊松过程。

若 $\Lambda$ 的分布是 $G$,则随机选择一个个体在长度为 $t$ 的时间区间内发生 $n$ 次的概率是

$$P\{N(t+s) - N(s) = n\} = \int_0^\infty e^{-\lambda t} \frac{(\lambda t)^n}{n!} dG(\lambda) \tag{2.17}$$

(1) 设 $\{N(t), t \geq 0\}$ 是条件泊松过程,且 $E[\Lambda^2] < \infty$,则

$$E[N(t)] = tE(\Lambda), \quad D[N(t)] = tD(\Lambda) + tE(\Lambda)$$

(2) 在 $N(t) = n$ 的条件下,$\Lambda$ 的分布为

$$P\{\Lambda \leq x \mid N(t) = n\} = \frac{\int_0^x e^{-\lambda t} \dfrac{(\lambda t)^n}{n!} dG(\lambda)}{\int_0^\infty e^{-\lambda t} \dfrac{(\lambda t)^n}{n!} dG(\lambda)}$$

这是因为

$$P\{\Lambda \in (\lambda, \lambda + d\lambda) \mid N(t) = n\} \quad (d\lambda \to 0)$$

$$= \frac{P\{N(t) = n \mid \Lambda \in (\lambda, \lambda + d\lambda)\} P\{\Lambda \in (\lambda, \lambda + d\lambda)\}}{P\{N(t) = n\}}$$

$$= \frac{e^{-\lambda t} \dfrac{(\lambda t)^n}{n!} dG(\lambda)}{\int_0^\infty e^{-\lambda t} \dfrac{(\lambda t)^n}{n!} dG(\lambda)}$$

条件泊松分布,描述的是一个有着"风险"参数 $\lambda$ 的个体发生某一事件的概率。例如,有一个总体,它的个体存在某种差异(如参加人寿保险的人发生事故的倾向性不同),此时,可以将

概率式

$$P\{N(t+s)-N(s)=n\}=\mathrm{e}^{-\lambda t}\frac{(\lambda t)^n}{n!}, \quad n=0,1,2,\cdots$$

解释为给定 $\lambda$ 时，$N(t)$ 的条件分布 $P_{N|\lambda}(t)=P\{N(t+s)-N(s)=n|\lambda\}$。

在风险理论中，常用条件泊松过程作为意外事件出现的模型，其强度参数 $\lambda$ 未知（用随机变量 $\Lambda$ 表示），但经过一段时间后，即可用事件发生的概率来表示，就有了确定的参数。

【例 2.14】 设某地区在某季节地震发生的平均强度是随机变量 $\Lambda$，且 $p(\Lambda=\lambda_1)=p$，$p(\Lambda=\lambda_2)=1-p$。到 $t$ 时为止的地震次数是一个条件泊松过程。求该地区该季节在 $(0,t)$ 时间内出现 $n$ 次地震的条件下地震强度为 $\lambda_1$ 的概率，并求在 $N(t)=n$ 的条件下，从 $t$ 开始到下一个地震出现的条件分布。

**解** 该过程是条件泊松过程，因为 $\Lambda$ 是离散型，故

$$P\{\Lambda=\lambda_1 \mid N(t)=n\}=\frac{p\mathrm{e}^{-\lambda_1 t}(\lambda_1 t)^n}{p\mathrm{e}^{-\lambda_2 t}(\lambda_2 t)^n+p\mathrm{e}^{-\lambda_2 t}(\lambda_2 t)^n}$$

$$P\{从 t 开始到下次地震出现的时间 \leqslant x \mid N(t)=n\}$$

$$=\frac{p(1-\mathrm{e}^{-\lambda_1 x})\mathrm{e}^{-\lambda_1 t}(\lambda_1 t)^n+(1-p)(1-\mathrm{e}^{-\lambda_2 x})\mathrm{e}^{-\lambda_2 t}(\lambda_2 t)^n}{p\mathrm{e}^{-\lambda_1 t}(\lambda_1 t)^n+(1-p)\mathrm{e}^{-\lambda_2 t}(\lambda_2 t)^n}$$

【例 2.15】 设意外事故的发生频率受某种未知因素影响，有两种可能 $\lambda_1$、$\lambda_2$，且

$$P\{\Lambda=\lambda_1\}=p, \quad P\{\Lambda=\lambda_2\}=1-p=q$$

$0<p<1$ 为已知。且当给定 $\Lambda=\lambda_i(i=1,2)$ 时，$[0,t]$ 时段内事故次数 $N(t)$ 是强度为 $\lambda_i$ 的泊松过程。已知到时刻 $t$ 为止已发生了 $n$ 次事故，求 $[t,t+s]$ 时段内无事故的概率。

**解** 在 $\Lambda=\lambda_i(i=1,2)$ 的条件下，$N(t)$ 是强度为 $\lambda_i$ 的泊松过程。

$$P\{[t,t+s] 时段内无事故 \mid N(t)=n\}$$

$$=\frac{\sum_{i=1}^{2}P\{\Lambda=\lambda_i\}P\{N(t)=n,N(t+s)-N(t)=0 \mid \Lambda=\lambda_i\}}{\sum_{i=1}^{2}P\{\Lambda=\lambda_i\}P\{N(t)=n \mid \Lambda=\lambda_i\}}$$

$$=\frac{\sum_{i=1}^{2}P\{\Lambda=\lambda_i\}P\{N(t)=n \mid \Lambda=\lambda_i\}P\{N(t+s)-N(t)=0 \mid \Lambda=\lambda_i\}}{\sum_{i=1}^{2}P\{\Lambda=\lambda_i\}P\{N(t)=n \mid \Lambda=\lambda_i\}}$$

$$=\frac{p(\lambda_1 t)^n\mathrm{e}^{-\lambda_1 t}\mathrm{e}^{-\lambda_1 s}+(1-p)(\lambda_2 t)^n\mathrm{e}^{-\lambda_2 t}\mathrm{e}^{-\lambda_2 s}}{p(\lambda_1 t)^n\mathrm{e}^{-\lambda_1 t}+(1-p)(\lambda_2 t)^n\mathrm{e}^{-\lambda_2 t}}$$

$$=\frac{p(\lambda_1)^n\mathrm{e}^{-\lambda_1(t+s)}+(1-p)(\lambda_2)^n\mathrm{e}^{-\lambda_2(t+s)}}{p(\lambda_1)^n\mathrm{e}^{-\lambda_1 t}+(1-p)(\lambda_2)^n\mathrm{e}^{-\lambda_2(t+s)}}$$

## 2.10 过滤的泊松过程

**定义 2.6** 称泊松过程 $\{X(t),t\geqslant 0\}$ 的导数过程为泊松冲激序列，记为 $\{Z(t),t\geqslant 0\}$，即 $Z(t)=\dfrac{\mathrm{d}}{\mathrm{d}t}N(t)$，如图 2.6 所示。

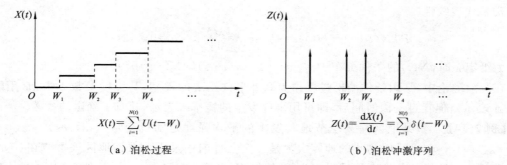

$$X(t)=\sum_{i=1}^{N(t)}U(t-W_i)$$

$$Z(t)=\frac{\mathrm{d}X(t)}{\mathrm{d}t}=\sum_{i=1}^{N(t)}\delta(t-W_i)$$

（a）泊松过程　　　　　　　　　　　　　（b）泊松冲激序列

**图 2.6　泊松过程与泊松冲激序列**

均值函数：

$$m_Z(t)=E\left[\frac{\mathrm{d}}{\mathrm{d}t}X(t)\right]=\frac{\mathrm{d}}{\mathrm{d}t}E[X(t)]=\lambda$$

自相关函数：

$$R_Z(s,t)=\frac{\partial^2}{\partial s\partial t}R_X(s,t)=\lambda^2+\lambda\delta(\tau),\quad \tau=t-s$$

因此，由均值与自相关函数可以看出泊松冲激序列 $\{Z(t),t\geqslant 0\}$ 是平稳随机序列。

**定义 2.7**　当线性系统 $h(t)$ 输入一泊松冲激序列 $Z(t)$ 时，其输出过程即为散粒噪声（见图 2.7），记为 $S(t)$，即

$$S(t)=h(t)*Z(t)=h(t)*\sum_{i=1}^{N(t)}\delta(t-w_i)=\sum_{i=1}^{N(t)}h(t-w_i)$$

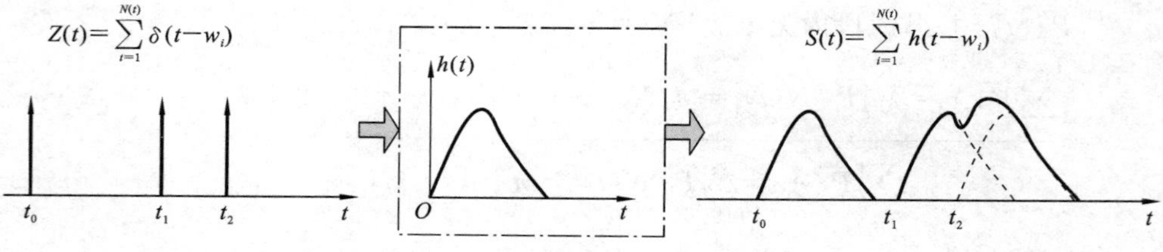

$$Z(t)=\sum_{i=1}^{N(t)}\delta(t-w_i)\qquad\qquad S(t)=\sum_{i=1}^{N(t)}h(t-w_i)$$

**图 2.7　泊松冲激序列与散粒噪声**

均值函数：

$$m_S=E[S(t)]=\lambda\int_{-\infty}^{+\infty}h(\tau)\mathrm{d}\tau=\lambda H(0)$$

相关函数：

$$R_S(\tau)=R_Z(\tau)*h(\tau)*\overline{h(-\tau)}=\lambda^2 H^2(0)+\lambda\int_{-\infty}^{+\infty}h(\tau+u)h(u)\mathrm{d}u$$

$$=\lambda^2 H^2(0)+\frac{\lambda}{2\pi}\int_{-\infty}^{+\infty}|H(\omega)|^2\mathrm{e}^{\mathrm{j}\omega\tau}\mathrm{d}\omega$$

因此，散粒噪声也是平稳随机过程。

**定义 2.8**　设有一泊松分布的冲激脉冲串，经过一线性时不变滤波器，则滤波器的输出是一随机过程 $\{X(t),t\geqslant 0\}$，其中，

$$X(t)=\sum_{i=1}^{N(t)}h(t-w_i)$$

式中：$h(t)$ 代表线性时不变滤波器（即系统）的冲激响应；$w_i$ 代表第 $i$ 个冲激脉冲出现的时间（即在时间区间 $(0,t)$ 内发生的事件的无序到达时刻），是随机变量；$N(t)$ 表示 $(0,t)$ 内进入滤波器输入端冲激脉冲的个数，它服从泊松分布：

$$P\{N(t)=k\} = \mathrm{e}^{-\lambda} \frac{(\lambda t)^k}{k!}, \quad k=0,1,2,\cdots$$

$N(t)$ 服从泊松分布，在 $(0,t)$ 内进入滤波器输入端的（$N(t)=k$）个脉冲出现的时间均为独立同分布的随机变量，该随机变量均匀分布于 $(0,t)$ 内，即

$$f_{(w_i \mid N(t)=k)}(u) = \begin{cases} \dfrac{1}{t}, & 0<u<t \\ 0, & \text{其他} \end{cases}$$

则称随机过程 $\{X(t), t\geqslant 0\}$ 为过滤的泊松过程。

一般地，过滤的泊松过程的期望（均值）函数为

$$E[X(t)] = \lambda \int_0^t h(u)\,\mathrm{d}u$$

过滤的泊松过程的相关函数为

$$R_X(t,t+\tau) = \lambda \int_0^t h(u)h(u+\tau)\,\mathrm{d}u + \lambda^2 \left[\int_0^t h(u)\,\mathrm{d}u\right]^2$$

过滤的泊松过程的协方差函数为

$$C_X(t,t+\tau) = \lambda \int_0^t h(u)h(u+\tau)\,\mathrm{d}u$$

过滤的泊松过程的方差函数为

$$D[X(t)] = \lambda^2 \int_0^t [h(u)]^2\,\mathrm{d}u$$

**【例 2.16】**　考虑用温度限制的二极管为例，说明过滤的泊松过程：

（1）在 $(0,t)$ 内从阴极发射的电子数符合泊松分布；

（2）假定二极管为平板型二极管，极间距离为 $d$，板极对阴极的电位差为 $v_0$。

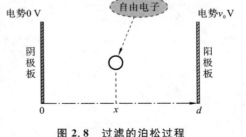

图 2.8　过滤的泊松过程

研究在没有空间电荷的条件下，一个发射电子从阴极发射后至到达板极前，在电路内引起的电流脉冲 $i(t)$ 的波流，可得

$$i(t) = \begin{cases} 2q_0 \dfrac{t}{\tau_n^2}, & 0\leqslant t\leqslant \tau_0 \\ 0, & \text{其他} \end{cases}$$

其中，电子从阴极出发到达阳极的时间 $\tau_n = \left(\dfrac{2m}{q_0 v_0}\right)^{1/2} d$（$q_0$ 为电子电荷，$m$ 为电子质量）。

（3）温度限制二极管的板流（霰弹噪声）为

$$I(t) = \sum_{i=1}^{N(t)} i(t-w_i)$$

其中，$i(t)$ 如上所给，$w_i$ 为第 $i$ 个电子的发射时刻，是在 $(0,t)$ 内服从均匀分布的随机变量。

按照定义可知，温度限制二极管的板流 $I(t)$ 是一过滤的泊松过程。

**【例 2.17】** 设随机过程 $\{X(t), t \geqslant 0\}$，并有 $X(t) = \sum_{i=1}^{N(t)} h(t - w_i)$，其中在时刻 $w_i$ 发生的事件在时刻 $t$ 的输出为 $h(t - w_i)$；在时间间隔 $(0, t)$ 内发生的事件数，由泊松随机变量 $N(t)$ 描述，$w_i$ 是在 $(0, t)$ 内发生事件的无序到达时刻。这个过程是滤波泊松过程，求其特征函数 $g_{X(t)}(v)$。

**解** 由 $E(Y) = E[E(Y \mid X)]$ 及特征函数定义，有

$$g_{X(t)}(v) = E[e^{jX(t)}] = E\{E[e^{jX(t)} \mid N(t)]\} = \sum_{k=0}^{\infty} E[e^{jX(t)} \mid N(t)] P\{N(t) = k\}$$

而

$$E[e^{jX(t)} \mid N(t) = k] = E\Big[\exp\Big(jv \sum_{i=1}^{k} h(t - w_i)\Big)\Big]$$

因为 $w_i$ 是独立同分布的随机变量，故有

$$E[e^{jX(t)} \mid N(t) = k] = E\Big[\exp\Big(jv \sum_{i=1}^{k} h(t - w_i)\Big)\Big] = \prod_{i=1}^{k} \exp[jvh(t - w_i)]$$
$$= \{\exp[jvh(t - w_i)]\}^k$$

又由 $w_i$ 在 $(0, t)$ 上均匀分布，得

$$E[\exp(jvh(t - w_i))] = \frac{1}{t} \int_0^t \exp[jvh(t - w_i)] \mathrm{d}w_i = \frac{1}{t} \int_0^t \exp[jvh(u)] \mathrm{d}u$$

令 $u = w_i$，将结果代入 $g_{X(t)}(v)$ 得

$$g_{X(t)}(v) = E[e^{jX(t)}] = E\{E[e^{jX(t)} \mid N(t)]\}$$
$$= \sum_{k=0}^{\infty} E[e^{jX(t)} \mid N(t)] P\{N(t) = k\}$$
$$= \sum_{k=0}^{\infty} \Big\{\frac{1}{t} \int_0^t \exp[jvh(u)] \mathrm{d}u\Big\}^k \frac{(\lambda t)^k}{k!} e^{-\lambda t}$$
$$= \sum_{k=0}^{\infty} \Big\{\frac{\int_0^t \exp[jvh(u)] \mathrm{d}u}{t} \lambda t\Big\}^k \frac{1}{k!} e^{-\lambda t}$$

令

$$\lambda' t = \Big(\frac{\int_0^t \exp[jvh(u)] \mathrm{d}u}{t} \lambda t\Big)$$

$$g_{X(t)}(v) = \sum_{k=0}^{\infty} (\lambda' t)^k \frac{1}{k!} e^{-\lambda' t} \cdot e^{\lambda' t} \cdot e^{-\lambda t} = e^{\lambda' t} \cdot e^{-\lambda t} \sum_{k=0}^{\infty} (\lambda' t)^k \frac{1}{k!} e^{-\lambda' t}$$
$$= e^{\lambda' t} \cdot e^{-\lambda t} = \exp\Big\{\lambda\Big[\int_0^t \exp(jvh(u)) \mathrm{d}u - 1\Big]\Big\}$$

**【例 2.18】** 求温度限制二极管的霰弹噪声 $I(t)$ 的平均值、相关函数、协方差函数和方差。

**解** 温度限制二极管的霰弹噪声 $I(t)$，即温度限制二极管的板流，是一个过滤的泊松过程，$I(t)$ 的平均值为

$$E[I(t)] = \lambda \int_0^T i(t) \mathrm{d}t = \lambda \int_0^{\tau_n} 2q_0 \frac{t}{\tau_n^2} \mathrm{d}t = \lambda q_0$$

其中，$\lambda$ 是单位时间内发射的平均电子数，$q_0$ 是电子电荷，$E[I(t)]$ 代表电流的平均值。

$I(t)$ 的相关函数为

$$R_I(t,t+\tau) = \lambda \int_0^t i(u)i(u+\tau)\mathrm{d}u + \lambda^2 \left[\int_0^t i(u)\mathrm{d}u\right]^2$$

$$= \lambda \int_0^t i(u)i(u+\tau)\mathrm{d}u + \lambda^2 q_0^2$$

$I(t)$ 的协方差函数为

$$C_X(t,t+\tau) = \lambda \int_0^t i(u) \cdot i(u+\tau)\mathrm{d}u$$

$I(t)$ 的方差函数为

$$D[I(t)] = \lambda^2 \int_0^t [i(u)]^2 \mathrm{d}u$$

## 2.11　更　新　过　程

我们知道,泊松过程到达时间间隔 $T_i$ 相互独立,并且有相同均值为 $1/\lambda$ 的指数分布,这是泊松过程的重要特征。如果把时间间隔 $T_i$ 服从的指数分布改为一般的分布,那么就得到所谓的更新过程。

**定义 2.9**　如果 $T_i(i=1,2,\cdots)$ 是一列非负随机变量,它们独立同分布,分布函数为 $F(x)$ ,记 $W_n = \sum_{i=1}^{n} T_i$ , $W_n$ 表示第 $n$ 次事件发生的时刻,则称 $N(t) = \max\{n:W_n \leqslant t\}$ $(t \geqslant 0)$ 为更新过程。

由定义可以知道,泊松过程和更新过程都是计数过程,事件发生的时间间隔 $T_i$ 都是独立同分布的,但是泊松过程还要求 $T_i(i=1,2,\cdots)$ 必须服从同一指数分布,更新过程可以是任一种分布。因此,更新过程可以看成是泊松过程的推广。定义中 $N(t)$ 可以表示到时刻 $t$ 事件发生的总数, $W_i(i=1,2,\cdots)$ 常称为更新点,在这些更新点上过程重新开始。在实际应用中, $N(t)$ 一般表示在时间区间 $[0,t]$ 中更新某设备中相同元件的次数, $T_i$ 表示第 $i$ 个元件的寿命, $W_i$ 表示第 $i$ 个元件更换的时刻,如果在 $t=0$ 时,安装了一个新的元件,则 $\{N(t),t\geqslant 0\}$ 就是更新过程;如果在 $t=0$ 时已有一个元件在运行,则 $\{N(t),t\geqslant 0\}$ 就是一般的更新过程。在更新过程中事件发生的平均次数称为更新函数,记为 $m(t)=E[N(t)]$ 。

**定理 2.13**　更新过程 $N(t)$ 的分布为 $P\{N(t)=n\}=F_n(t)-F_{n+1}(t)$ ,而更新函数为

$$m(t) = \sum_{n=1}^{\infty} F_n(t) \tag{2.18}$$

其中, $F_n(t)$ 为 $F(t)$ 的 $n$ 重卷积, $F(t)$ 是 $T_i$ 的分布函数。

**证**　首先,到时刻 $t$ 的更新总数大于或等于 $n$ 是与第 $n$ 次更新发生在时刻 $t$ 之前是等价的,即 $\{N(t)\geqslant n\}=\{W_n\leqslant t\}$ 。于是

$$P\{N(t)=n\} = P\{N(t)\geqslant n\} - P\{N(t)\geqslant n+1\}$$

$$= P\{W_n\leqslant t\} - P\{W_{n+1}\leqslant t\}$$

$$= F_n(t) - F_{n+1}(t)$$

记 $F_n(t)$ 为 $W_n$ 的分布函数,由 $W_n = \sum_{i=1}^{n} T_i$ 得

$$F_1(t) = F(t)$$

$$F_n(t) = \int_0^t F_{n-1}(t-u)\mathrm{d}F(u), \quad n \geqslant 2$$

即 $F_n(t)$ 为 $F(t)$ 的 $n$ 重卷积(简记 $F_n = F_{n-1} * F$)。

为了求更新函数,引进示性函数

$$I_n = \begin{cases} 1, & \text{若第 } n \text{ 次更新发生在}[0,t]\text{中} \\ 0, & \text{若不然} \end{cases}$$

显然 $N(t) = \sum_{n=1}^{\infty} I_n$,于是

$$m(t) = E[N(t)] = E\left(\sum_{n=1}^{\infty} I_n\right) = \sum_{n=1}^{\infty} E(I_n) = \sum_{n=1}^{\infty} P\{I_n = 1\}$$

$$= \sum_{n=1}^{\infty} P\{W_n \leqslant t\} = \sum_{n=1}^{\infty} F_n(t)$$

**【例 2.19】** 设 $T_1, T_2, \cdots, T_n, \cdots$ 是一列独立同分布的非负随机变量,且 $P\{T_n = k\} = pq^{k-1}(k \geqslant 1)$,求 $P\{N(t) = n\}$ 和更新函数。

**解** 时间间隔 $T_n$ 服从几何分布,$T_n$ 取值为 $k$ 的概率相当于在 Bernoulli 试验中当第 $k$ 次取得首次成功的概率,故 $W_n$ 取值 $k$ 的概率相当于在 Bernoulli 试验中第 $k$ 次试验时才取得第 $n$ 次成功的概率,即

$$P\{W_n = k\} = \begin{cases} \mathrm{C}_{k-1}^{n-1} p^n q^{k-n}, & k \geqslant n \\ 0, & k < n \end{cases}$$

所以

$$P\{N(t) = n\} = F_n(t) - F_{n+1}(t) = P\{W_n \leqslant t\} - P\{W_{n+1} \leqslant t\}$$

$$= \sum_{k=n}^{[t]} \mathrm{C}_{k-1}^{n-1} p^n q^{k-n} - \sum_{k=n+1}^{[t]} \mathrm{C}_{k-1}^{n} p^{n+1} q^{k-n-1}$$

其中,$q = 1 - p$,$[t]$ 表示不大于 $t$ 的最大正整数,因此更新函数为

$$m(t) = \sum_{n=1}^{\infty} F_n(t) = \sum_{r=0}^{k} r P\{N(t) = r\}$$

**定理 2.14**(更新方程) 设 $\{N(t), t \geqslant 0\}$ 是一更新过程,更新时间间隔 $T_i$ 的分布函数为 $F(t)$,则更新函数满足更新方程,即

$$m(t) = F(t) + \int_0^t m(t-s)\mathrm{d}F(s) \tag{2.19}$$

**证** 由条件期望的性质,得

$$m(t) = \int_0^{+\infty} E[N(t) \mid T_1 = s]\mathrm{d}F(s)$$

当第一次更新发生时间 $s \leqslant t$ 时,从 $s$ 开始,系统与新的一样,于是 $[0,t]$ 内的期望更新数等于发生在 $s$ 上的更新数 1 加上在 $(s,t)$ 内的期望更新数;而当 $s > t$ 时,则在 $[0,t]$ 内无更新。于是

$$E[N(t) \mid T_1 = s] = \begin{cases} 0, & s > t \\ 1 + m(t-s), & s \leqslant t \end{cases}$$

于是得到

$$m(t) = \int_0^t [1 + m(t-s)]\mathrm{d}F(s) = F(t) + \int_0^t m(t-s)\mathrm{d}F(s)$$

这个定理告诉我们：如果知道了更新过程 $\{N(t),t\geq 0\}$ 的更新时间间隔的分布函数 $F(t)$，就可以通过解上述积分方程，求得更新函数 $m(t)$。

我们知道，当 $t\rightarrow\infty$ 时，$m(t)$ 的性态是更新理论关心的中心问题，这些性态是由更新定理给出的，为了研究更新定理，先介绍停时的概念。

**定义 2.10**　设 $\{T_n,n\geq 1\}$ 为随机序列，$T$ 为取值非负整数的随机变量，若 $\forall n\in\{0,1,2,\cdots\}$，事件 $\{T=n\}$ 仅仅依赖于 $T_1,T_2,\cdots,T_n$，而与 $T_{n+1},T_{n+2},\cdots$ 独立，则称 $T$ 关于 $\{T_n,n\geq 1\}$ 是停时，或称马尔可夫时。

停时的直观意义是：当我们一个一个地观察 $T_1,T_2,\cdots,T_n,\cdots$，$T$ 表示停止观察之前所观察的次数；如果 $T=n$，那么，我们是在已经观察 $T_1,T_2,\cdots,T_n$ 之后，还未观察 $T_{n+1},T_{n+2},\cdots$ 前停止观察的。

**定理 2.15**（瓦尔德等式）　设 $\{T_n,n\geq 1\}$ 为独立同分布的随机变量序列，且 $\mu=E(T_1)<+\infty$，$T$ 关于 $\{T_n,n\geq 1\}$ 是停时，且 $E(T)<+\infty$，则有

$$E\Big(\sum_{n=1}^{T}T_n\Big)=E(T)\cdot E(T_1) \tag{2.20}$$

**证**　令 $I_n=\begin{cases}1,&T\geq n\\0,&T<n\end{cases}$，由停时的定义可知，$I_n=1$ 当且仅当在依次观察了 $T_1,T_2,\cdots,T_{n-1}$ 之后没有停止，因此，$I_n$ 由 $T_1,T_2,\cdots,T_{n-1}$ 确定且与 $T_n$ 相互独立，有

$$E\Big(\sum_{n=1}^{T}T_n\Big)=E\Big(\sum_{n=1}^{\infty}I_nT_n\Big)=\sum_{n=1}^{\infty}E(T_nI_n)=\sum_{n=1}^{\infty}[E(T_n)\cdot E(I_n)]=E(T_1)\cdot\sum_{n=1}^{\infty}E(I_n)$$

$$=E(T_1)\cdot\sum_{n=1}^{\infty}P\{T\geq n\}=E(T_1)\cdot E(T)$$

**【例 2.20】**　设 $T_1,T_2,\cdots,T_n,\cdots$ 是独立同分布的随机变量序列，且

$$P\{T_n=0\}=P\{T_n=1\}=1/2,n=1,2,\cdots$$

令 $T=\min\{n\,|\,T_1+T_2+\cdots+T_n=10\}$，则 $T$ 关于 $\{T_n,n\geq 1\}$ 是停时；若 $T_n=1$，表示第 $n$ 次试验成功，则 $T$ 可以看作取得 10 次成功的试验停止时间，由式（2.20）得到 $E\Big(\sum_{n=1}^{T}T_n\Big)=\dfrac{1}{2}E(T)$。由 $T$ 的定义知 $T_1+T_2+\cdots+T_n=10$，故 $ET=20$。

**【例 2.21】**　设 $T_1,T_2,\cdots,T_n,\cdots$ 是独立同分布的随机变量序列，且

$$P\{T_n=1\}=p,\quad P\{T_n=-1\}=q=1-p\geq 0,\quad n=1,2,\cdots$$

令 $T=\min\{n\,|\,T_1+T_2+\cdots+T_n=1\}$，可以验证 $T$ 关于 $\{T_n,n\geq 1\}$ 是停时，它可以看作是一个赌徒的停时，他在每局赌博中赢一元或输掉一元的概率分别为 $p$ 和 $q$，且决定一旦赢一元就罢手。

当 $p>q$ 时，可以证明 $E(T)<\infty$，此时可以应用瓦尔德等式，得

$$(p-q)E(T)=E(T_1+T_2+\cdots+T_T)=1$$

从而 $E(T)=(p-q)^{-1}$。

当 $p=q=\dfrac{1}{2}$ 时，如果应用瓦尔德等式，得 $E(T_1+T_2+\cdots+T_T)=E(T_1)\cdot E(T)$。但是，$E(T_1)=0$，$T_1+T_2+\cdots+T_T\equiv 1$，从而得出矛盾，所以 $p=q=\dfrac{1}{2}$ 时，瓦尔德等式不再成立，这

就得到结论:$E(T)=\infty$。

现在转到更新过程。如果 $T_1,T_2,\cdots,T_n,\cdots$ 是更新过程$\{N(t),t\geqslant0\}$的更新时间间隔,设在时刻 $t$ 之后第一次更新时停止,即第 $N(t)+1$ 次更新时刻停止,那么,$N(t)+1$ 关于 $T_1,T_2,\cdots,T_n,\cdots$ 是停时。事实上

$$\{N(t)+1=n\}=\{N(t)=n-1\}=\{W_{n-1}\leqslant t<W_n\}$$

仅仅依赖于 $T_1,T_2,\cdots,T_n$ 且独立于 $T_{n+1},\cdots$,因此,由瓦尔德等式我们可以得到以下推论。

**推论**　设$\{N(t),t\geqslant0\}$为更新过程,$T_1,T_2,\cdots,T_n,\cdots$ 是更新时间间隔,若 $\mu=E(T_1)<\infty$,则有

$$E[W_{N(t)+1}]=\mu[m(t)+1] \tag{2.21}$$

现在我们可以证明以下定理。

**定理 2.16**(基本更新定理)　设$\{N(t),t\geqslant0\}$为更新过程,$T_1,T_2,\cdots,T_n,\cdots$ 是更新时间间隔,则

$$\lim_{t\to\infty}\frac{m(t)}{t}=\frac{1}{\mu} \tag{2.22}$$

其中,$\mu=E(T_1)$,当 $\mu=+\infty$ 时,$\dfrac{1}{\mu}=0$。

**证**　首先假设 $\mu<\infty$,由 $W_{N(t)+1}>t$,可知 $\mu[m(t)+1]>t$,因此,

$$\lim_{t\to\infty}\frac{m(t)}{t}\geqslant\frac{1}{\mu} \tag{2.23}$$

另一方面,对于固定常数 $M>0$,定义一个新的更新过程$\{\overline{N}(t),t\geqslant0\}$,其更新时间间隔如下:

$$\overline{T}_n=\begin{cases}T_n, & T_n\leqslant M\\ M, & T_n>M\end{cases}, \quad n=1,2,\cdots$$

则$\{\overline{N}(t),t\geqslant0\}$的更新时间为 $\overline{W}_n=\sum_{i=1}^{n}\overline{T}_i$,更新次数为 $\overline{N}(t)=\sup\{n:n\geqslant0,\overline{W}_n\leqslant t\}$,$\overline{m}(t)=E[\overline{N}(t)]$。因为 $\overline{T}_n\leqslant M(n=1,2,\cdots)$,显然有

$$\mu_M=E(\overline{T}_1)\leqslant\mu, \quad \overline{W}_n\leqslant W_n, \quad \overline{N}(t)\geqslant N(t), \quad \overline{m}(t)\geqslant m(t), \quad \overline{W}_{N(t)+1}\leqslant t+M$$

从而由式(2.21)得

$$\mu_M[1+m(t)]\leqslant t+M$$

即

$$\frac{m(t)}{t}\leqslant\frac{1}{\mu_M}+\frac{1}{t}\left(\frac{M}{\mu_M}-1\right)$$

因此,

$$\lim_{t\to\infty}\frac{m(t)}{t}\leqslant\frac{1}{\mu_M} \quad (\forall M>0)$$

又

$$\lim_{M\to\infty}\mu_M=\lim_{M\to\infty}\int_0^M[1-F(x)]\mathrm{d}x=\int_0^{+\infty}[1-F(x)]\mathrm{d}x=\mu$$

故当 $M\to\infty$ 时,有

$$\lim_{t\to\infty}\frac{m(t)}{t}\leqslant\frac{1}{\mu} \tag{2.24}$$

综合式(2.23)和式(2.24)可知,当 $\mu<\infty$ 时,式(2.22)成立。

当 $\mu=\infty$ 时,由 $\mu_M<\infty$,对截断过程应用上述结论,有

$$\lim_{t\to\infty}\frac{m(t)}{t}\leqslant\lim_{t\to\infty}\frac{\overline{m}(t)}{t}=\frac{1}{\mu_M}\geqslant 0 \quad (\forall M>0) \tag{2.25}$$

令 $M\to\infty$，得

$$\lim_{t\to\infty}\frac{m(t)}{t}\leqslant\lim_{M\to\infty}\frac{1}{\mu_M}=0$$

因此结论成立。

**【例 2.22】** 强度为 $\lambda$ 的泊松过程 $\{N(t),t\geqslant 0\}$ 的到达时间间隔独立同指数分布，均值为 $\frac{1}{\lambda}$，等待时间 $W_n(n\geqslant 1)$ 的分布函数为 $F_n(t)=P\{W_n\leqslant t\}=\sum_{j=n}^{\infty}\mathrm{e}^{-\lambda t}\frac{(\lambda t)^j}{j!}$。求 $P\{N(t)=n\}$ 和更新函数。

**解**　由定理 2.13 可知

$$P\{N(t)=n\}=F_n(t)-F_{n+1}(t)=\sum_{j=n}^{\infty}\mathrm{e}^{-\lambda t}\frac{(\lambda t)^j}{j!}-\sum_{j=n+1}^{\infty}\mathrm{e}^{-\lambda t}\frac{(\lambda t)^j}{j!}=\mathrm{e}^{-\lambda t}\frac{(\lambda t)^n}{n!}$$

而

$$m(t)=\sum_{n=1}^{\infty}F_n(t)=\sum_{n=1}^{\infty}\sum_{j=n}^{\infty}\mathrm{e}^{-\lambda t}\frac{(\lambda t)^j}{j!}=\sum_{j=1}^{\infty}\sum_{n=1}^{j}\mathrm{e}^{-\lambda t}\frac{(\lambda t)^j}{j!}$$

$$=\sum_{j=1}^{\infty}\mathrm{e}^{-\lambda t}\frac{(\lambda t)^j}{(j-1)!}=\lambda t\sum_{k=0}^{\infty}\mathrm{e}^{-\lambda t}\frac{(\lambda t)^k}{k!}=\lambda t$$

由此可见，泊松过程确实是更新过程的特殊情况。

**【例 2.23】** 某收音机使用一节电池供电，当电池失效时，立即换一节同型号的新电池。如果电池的寿命为均匀分布在 30 小时到 60 小时内的随机变量，问长时间工作情况下该收音机更换电池的速率为多少？

**解**　设 $N(t)$ 表示在 $t$ 时间内失效的电池数，则由推论，在长时间工作情况下，电池的更新速率为

$$\lim_{t\to+\infty}\frac{N(t)}{t}=\frac{1}{\mu}$$

而

$$\mu=\int_{30}^{60}t\frac{1}{30}\mathrm{d}t=\frac{1}{30}\times\frac{1}{2}(60^2-30^2)\text{ 小时}=45\text{ 小时}$$

故电池的更新速率为 $1/45$。

# 习　题　2

习题 2 解析

**2.1**　顾客到达某商店服从参数 $\lambda=4$ 人/小时的泊松过程，已知商店上午 9:00 开门，试求到 9:30 时仅到一位顾客而到 11:30 时总计已达 5 位顾客的概率。

**2.2**　假设 $\{N_1(t),t\geqslant 0\}$ 和 $\{N_2(t),t\geqslant 0\}$ 是速率分别为 $\lambda_1$ 和 $\lambda_2$ 的独立的泊松过程。证明 $\{N_1(t)+N_2(t),t\geqslant 0\}$ 是速率为 $\lambda_1+\lambda_2$ 的泊松过程。进而，证明这个联合过程的首个事件来自 $\{N_1(t),t\geqslant 0\}$ 的概率是 $\lambda_1/(\lambda_1+\lambda_2)$，它独立于此事件发生的时刻。

**2.3**　双十一电商网购促销活动中，某商品的购买依次成交构成一个泊松过程。如果每 10 分钟平均有 12 万次购买成交，计算该泊松过程的强度 $\lambda$ 和 1 秒内成交 100 次的概率。

**2.4**　设某种货物的销售 $\{N(t),t\geqslant0\}$ 是日平均率为 4 个的泊松过程。若现有存货 4 个，求这些存货维持不了一天的概率。

**2.5**　在某高速公路段上超速的汽车数量形成平均每小时 3 辆的泊松过程，用 $T$ 表示检测雷达记录 $n$ 辆超速汽车所用的时间，计算 $P\{T>t\}$。

**2.6**　设一商场的顾客流为 $\lambda=2$ 的泊松过程，求在 5 分钟内到达的顾客数的均值、方差及至少有 1 位顾客到来的概率。

**2.7**　甲、乙两路公共汽车都通过某一车站，两路汽车的到达分别服从 10 分钟 1 辆（甲），15 分钟 1 辆（乙）的泊松过程。假定车总不会满员，试问可乘坐甲或乙两路公共汽车的乘客在此车站所需等待时间的概率分布及其期望。

**2.8**　已知仪器在 $[0,t]$ 内发生振动的次数 $N(t)$ 是具有参数 $\lambda$ 的泊松过程。若仪器振动 $k$ $(k\geqslant1)$ 次就会出现故障，求仪器在时刻 $t_0$ 正常工作的概率。

**2.9**　一位理发师在 $t=0$ 时开门营业，设顾客按强度为 $\lambda$ 的泊松过程到达，每个顾客理发需 $a$ 分钟，$a>0$。求：

（1）第二位顾客到达后不需等待就直接理发的概率；

（2）第二位顾客到达后等待时间 $W$ 的平均值。

**2.10**　设某地铁站每隔 $t$ 单位时间有一列车通过，到达该地铁站的乘客服从参数为 $\lambda$ 的泊松过程，求在时间间隔 $[0,t]$ 内到达的乘客等车时间的平均和。

**2.11**　设服务器在 $(0,t]$ 内被访问的次数 $X(t)$ 是具有强度（每分钟为）$\lambda$ 的泊松过程，求：

（1）两分钟内收到 3 次访问的概率；

（2）"第二分钟内收到第三次访问"的概率。

**2.12**　设在 $[0,t]$ 内事件 A 已经发生 $n$ 次，求第 $k(k<n)$ 次事件 A 发生的时间 $W_k$ 的条件概率密度函数。

**2.13**　某家电商场星期六 9:00—21:00 营业，9:00—12:00 平均到达顾客数为每小时 6 人；12:00—15:00 平均顾客到达率呈线性增长，15:00 达高峰，为每小时 30 人，持续到下午 18:00；之后线性下降，到 21:00 顾客达到率为 0。求这一天该商场的总顾客数的数学期望和方差。

**2.14**　某商店每日 8 时开始营业，从 8 时到 11 时平均顾客到达率线性增加，在 8 时顾客平均到达率为 5 人/时，11 时到达率达最高峰 20 人/时，从 11 时到 13 时，平均顾客到达率保持不变，为 20 人/时，从 13 时到 17 时，顾客到达率线性下降，到 17 时顾客到达率为 12 人。假定在不相重叠的时间间隔内到达商店的顾客数是相互独立的，问在 8:30—9:30 无顾客到达商店的概率是多少？在这段时间内到达商店的顾客数学期望是多少？

**2.15**　设某商场的顾客数 $\{N(t),t\geqslant0\}$ 服从强度为 $\lambda=5$ 的泊松过程，若来到商场的第 $i$ 个人消费金额为 $X_i$，并假设 $\{X_i\}$ 独立同分布，$X_i\sim N(\mu,\sigma^2)$，且 $\{X_i\}$ 与泊松过程 $\{N(t),t\geqslant0\}$ 独立。$S(t)$ 表示 $[0,t]$ 的总销售额，求此商场在 $[0,t]$ 的平均销售额 $E[S(t)]$ 和 $\text{Cov}[S(t),S(s)]$。

**2.16**　某机构从上午 8 时开始有无数多人排队等待服务，设只有一名工作人员，每人接受服务的时间是相互独立且服从均值为 20 分钟的指数分布。到中午 12 时，平均有多少人离去？有 9 人接受服务的概率是多少？

**2.17**　二极管发射电子到阳极的平均发射率为 $\lambda=10$，到达阳极的电子数 $N(t)$ 是泊松过

程,试求:

（1）$P\{N(20)=150\,|\,N(10)=100,N(5)=50,N(0.5)=5\}$;

（2）转移概率 $p_{2,3}(0.1,0.8)$ 与 $p_{20,25}(3,5)$。

**2.18** 某器件中载流子到达集电极的数目服从泊松统计规律,其平均变化率为 $\lambda=10^{6}$,载流子在 $t$ 时刻到达集电极形成的电流冲激响应为

$$h(t)=\frac{1}{b}I_0\mathrm{e}^{-a_0t}\big[u(t+b/2)-u(t-b/2)\big]$$

试求:

（1）集电极电流(散弹噪声)表达式 $i(t)$。

（2）$E[i(t)]$ 与 $E[i^2(t)]$。

**2.19** 设 $\{N_1(t),t\geqslant0\}$ 和 $\{N_2(t),t\geqslant0\}$ 是参数分别为 $\lambda_1$ 和 $\lambda_2$ 的齐次泊松过程,证明:在 $N_1(t)$ 的任一到达时间间隔内,$N_2(t)$ 恰有 $k$ 个事件发生的概率为

$$p_k=\frac{\lambda_1}{\lambda_1+\lambda_2}\Big(\frac{\lambda_2}{\lambda_1+\lambda_2}\Big)^k,\quad k=0,1,2,\cdots$$

**2.20** 若更新过程 $\{N(t),t\geqslant0\}$ 的更新时间间隔 $T_i(i=1,2,\cdots)$ 的概率密度函数为

$$f(t)=\begin{cases}\lambda^2t\mathrm{e}^{-\lambda t},&t\geqslant0\\0,&t<0\end{cases}$$

求更新函数。

# 第 3 章　马尔可夫链

在随机过程理论中,马尔可夫过程是一类占有重要地位、具有普遍意义的随机过程。马尔可夫过程是苏联数学家 A. A. 马尔可夫首先于 1906 年提出和研究的一类随机过程。经过世界各国几代数学家的相继努力,至今已成为内容十分丰富、理论上相当完整、应用也十分广泛的一门数学分支。它的应用领域涉及计算机、电子与通信技术、自动控制、随机服务、运筹学与决策管理、生物、经济、管理、气象、物理、化学等各个领域。

马尔可夫过程 $\{X(t), t \in T\}$ 可能取的值称为状态,其取值的全体构成马尔可夫过程的状态空间。状态空间 $I = \{x \mid X(t) = x, \forall t \in T\}$ 可以是连续的,也可以是离散的。马尔可夫过程的参数空间 $\{t \mid t \in T\}$ 可以是连续的,也可以是离散的。通常将状态和时间都是离散的马尔可夫过程称为马尔可夫链,而时间参数连续的则称为马尔可夫过程。依据其参数与状态空间的离散与连续性,马尔可夫过程的分类如表 3.1 所示。

**表 3.1　马尔可夫过程的分类**

| 参数空间<br>状态空间 | 离散 | 连续 |
|---|---|---|
| 离散 | 离散参数马尔可夫链<br>(数字马尔可夫过程) | 连续参数马尔可夫链<br>(量化马尔可夫过程) |
| 连续 | 离散参数马尔可夫过程<br>(取样的马尔可夫过程) | 连续参数马尔可夫过程<br>(模拟马尔可夫过程) |

本章只讨论状态空间、时间参数空间都离散的马尔可夫链。

## 3.1　马尔可夫链的基本概念

过程(或系统)在时刻 $t_0$ 所处的状态为已知的条件下,过程在时刻 $t > t_0$ 所处状态的条件分布与过程在时刻 $t_0$ 之前所处的状态无关。通俗地说,就是在已经知道过程"现在"的条件下,其"将来"不依赖于"过去"。这种特性称为马尔可夫性,即无后效性。

### 3.1.1　马尔可夫链的定义及实例

**定义 3.1**　设 $\{X(n), n \in T\}$ 为一随机序列,时间参数集 $T = \{0, 1, 2, \cdots\}$,其状态空间为 $I, \forall n, X(n) \in I$,若对所有的 $n \in T$,有

$$P\{X_{n+1} = i_{n+1} \mid X_0 = i_0, X_1 = i_1, \cdots, X_n = i_n\} = P\{X_{n+1} = i_{n+1} \mid X_n = i_n\} \tag{3.1}$$

则称 $\{X(n), n \in T\}$ 为马尔可夫链。其中,$X_k = X(k), k \in T, i_k \in I$。

式(3.1)的直观意义是:假设系统在时刻 $n$ 处于状态 $i_n$,那么将来时刻 $n+1$ 系统所处的状态与过去时刻 $n-1,n-2,n-3,\cdots,1,0$ 的状态 $X_{n-1}$, $X_{n-2},X_{n-3},\cdots,X_1,X_0$ 无关,仅与现在时刻 $n$ 的状态有关,如图 3.1 所示。简言之,已知系统的现在,那么系统的将来与过去无直接关系。这种特性称为马尔可夫特性。

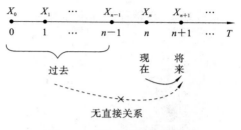

图 3.1　马尔可夫链的表示

**定义 3.2**　转移概率(条件概率)

$$p_{ij}(n)=P\{X_{n+1}=j\,|\,X_n=i\}$$

为马尔可夫链 $\{X(n),n\in T\}$ 在时刻 $n$ 的一步转移概率,其中 $i,j\in I$,简称转移概率。

**定义 3.3**　齐次性

若对任意的 $i,j\in I$,马尔可夫链 $\{X(n),n\in T\}$ 的转移概率与 $n$ 无关,则称马尔可夫链是齐次马尔可夫链。本章中我们只讨论齐次马尔可夫链,并将 $p_{ij}(n)$ 记为 $p_{ij}$。

## 3.1.2　马尔可夫链的一步转移概率矩阵

设 $P$ 表示一步转移概率所组成的矩阵,状态空间 $I=\{i_1,i_2,\cdots,i_m,\cdots\}$,时间集 $T=\{0,1,2,\cdots,n,\cdots\}$,令 $k(0\leqslant k\leqslant n-1)$ 为过去时刻,$X_k=X(k)$ 为过去状态;令 $n$ 为现在时刻,$X_n=X(n)$ 为现态;令 $n+1$ 为将来时刻,$X_{n+1}=X(n+1)$ 为次态,它们在时间轴上的关系如图 3.2 所示。

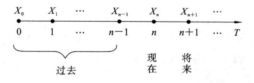

图 3.2　马尔可夫链在时间轴上的表示

从现态 $X_n$ 转入次态 $X_{n+1}$ 的转移概率表示为

$$p_{ij}=P(X_{n+1}=j\,|\,X_n=i)$$

从现态 $X_n$ 转入次态 $X_{n+1}$ 的所有转移概率表示如表 3.2 所示。

表 3.2　马尔可夫链的一步转移概率

| $X_{n+1}=j$ ╲ $X_n=i$ | $i_1$ | $i_2$ | $\cdots$ | $i_m$ | $\cdots$ |
|---|---|---|---|---|---|
| $i_1$ | $p_{i_1 i_1}$ | $p_{i_1 i_2}$ | $\cdots$ | $p_{i_1 i_m}$ | $\cdots$ |
| $i_2$ | $p_{i_2 i_1}$ | $p_{i_2 i_2}$ | $\cdots$ | $p_{i_2 i_m}$ | $\cdots$ |
| $\vdots$ | $\vdots$ | $\vdots$ | $\cdots$ | $\vdots$ | $\vdots$ |
| $i_m$ | $p_{i_m i_1}$ | $p_{i_m i_2}$ | $\cdots$ | $p_{i_m i_m}$ | $\cdots$ |
| $\vdots$ | $\vdots$ | $\vdots$ | $\cdots$ | $\vdots$ | $\vdots$ |

相应地，一步转移概率矩阵写为

$$
\boldsymbol{P} = \begin{bmatrix}
p_{i_1 i_1} & p_{i_1 i_2} & \cdots & p_{i_1 i_m} & \cdots \\
p_{i_2 i_1} & p_{i_2 i_2} & \cdots & p_{i_2 i_m} & \cdots \\
\vdots & \vdots & \cdots & & \vdots \\
p_{i_m i_1} & p_{i_m i_2} & \cdots & p_{i_m i_m} & \cdots \\
\vdots & \vdots & \cdots & & \vdots
\end{bmatrix}
$$

系统状态的一步转移概率矩阵具有如下性质：

(1) $0 \leqslant p_{ij} \leqslant 1, i,j \in I$，矩阵中所有元素表示的是转移概率，因此取值范围为 $[0,1]$；

(2) $\sum\limits_{j \in I} p_{ij} = 1, i,j \in I$，矩阵中任何一行的元素之和等于 1，这表示系统处于任何一个现态 $X_n = i$，经过一个单位时间后，它必然进入某个次态 $X_{n+1} = j$，所以它进入各种可能次态的概率之和等于 1。

满足上述两个性质的矩阵称为随机矩阵。

马尔可夫特性广泛存在于我们的日常生活中，举例说明如下。

【例 3.1】　试证明：如果 $\{X(t), t \geqslant 0, t \in T\}$ 是一独立增量过程，且 $X(t=0)=0$，那么它必是一个马尔可夫过程。

证　我们要证明：$0 \leqslant t_1 < t_2 < \cdots < t_{n-1} < t_n$，有

$$P\{X(t_n) \leqslant x_n \mid X(t_1)=x_1, X(t_2)=x_2, \cdots, X(t_{n-1})=x_{n-1}\}$$
$$= P\{X(t_n) \leqslant x_n \mid X(t_{n-1})=x_{n-1}\}$$

形式上我们有：

$$P\{X(t_n) \leqslant x_n \mid X(t_1)=x_1, X(t_2)=x_2, \cdots, X(t_{n-1})=x_{n-1}\}$$
$$= \frac{P\{X(t_n) \leqslant x_n, X(t_1)=x_1, X(t_2)=x_2, \cdots, X(t_{n-1})=x_{n-1}\}}{P\{X(t_1)=x_1, X(t_2)=x_2, \cdots, X(t_{n-1})=x_{n-1}\}}$$
$$= \frac{P\{X(t_n) \leqslant x_n, X(t_1)=x_1, X(t_2)=x_2, \cdots, X(t_{n-2})=x_{n-2} \mid X(t_{n-1})=x_{n-1}\}}{P\{X(t_1)=x_1, X(t_2)=x_2, \cdots, X(t_{n-2})=x_{n-2} \mid X(t_{n-1})=x_{n-1}\}}$$

因此，我们只要能证明在已知 $X(t_{n-1})=x_{n-1}$ 条件下，$X(t_n)$ 与 $X(t_j)(j=1,2,\cdots,n-2)$ 相互独立即可。

由独立增量过程的定义可知，当 $0 < t_j < t_{n-1} < t_n, j=1,2,\cdots,n-2$ 时，增量 $X(t_j)-X(0)$ 与 $X(t_n)-X(t_{n-1})$ 相互独立，由于在条件 $X(t_{n-1})=x_{n-1}$ 和 $X(0)=0$ 下，即有 $X(t_j)$ 与 $X(t_n)-x_{n-1}$ 相互独立。由此可知，在 $X(t_{n-1})=x_{n-1}$ 条件下，$X(t_n)$ 与 $X(t_j)(j=1,2,\cdots,n-2)$ 相互独立，结果成立，由定义知 $\{X(t), t \geqslant 0, t \in T\}$ 是马尔可夫过程。

由上例进一步可以推出，作为独立增量过程的泊松过程是时间连续、状态离散的马尔可夫过程。同理，维纳过程是时间、状态都连续的马尔可夫过程。

【例 3.2】　设一随机系统状态空间 $I=\{1,2,3,4\}$，记录观测系统所处状态如下：

4 3 2 1 4 3 1 1 2 3 2 1 2 3 4 3 1 3 2 1 2 2 2 4 4 2 3 2 3 1 1 2 4 3 1

若该系统可用马尔可夫模型描述，估计转移概率 $p_{ij}$。

解　首先将不同类型的转移数 $n_{ij}$ 统计出来，分类记入表 3.3。

表 3.3　$i \to j$ 转移次数 $n_{ij}$ 统计表

| $X_n=i$ ＼ $X_{n+1}=j$ | 1 | 2 | 3 | 4 | 行和 $n_i$ |
|---|---|---|---|---|---|
| 1 | 4 | 4 | 1 | 1 | 10 |
| 2 | 3 | 2 | 4 | 2 | 11 |
| 3 | 4 | 4 | 2 | 1 | 11 |
| 4 | 0 | 1 | 4 | 2 | 7 |

$n_{ij}$ 是由状态 $i$ 到状态 $j$ 的转移次数，各类转移总和 $\sum_i \sum_j n_{ij}$ 等于观测数据中马尔可夫链处于各种状态次数总和减 1，而行和 $n_i$ 是系统从状态 $i$ 转移到其他状态的次数，则 $p_{ij}$ 的估计值 $p_{ij} = \dfrac{n_{ij}}{n_i}$。计算得

$$\boldsymbol{P} = \begin{bmatrix} 2/5 & 2/5 & 1/10 & 1/10 \\ 3/11 & 2/11 & 4/11 & 2/11 \\ 4/11 & 4/11 & 2/11 & 1/11 \\ 0 & 1/7 & 4/7 & 2/7 \end{bmatrix}$$

Matlab 计算程序如下：

```
format rat
clc,clear
a=[4 3 2 1 4 3 1 1 2 3 …
2 1 2 3 4 4 3 3 1 1 …
1 3 3 2 1 2 2 2 4 4 …
2 3 2 3 1 1 2 4 3 1];
for i=1:4
for j=1:4
f(i,j)=length(findstr([i j],a));
end
end
ni=sum(f')
for i=1:4
p(i,:)=f(i,:)/ni(i);
end
p
```

【例 3.3】　(0-1 传输系统)如图 3.3 所示，只传输数字 0 和 1 的串联系统中，设每一级的传真率为 $p$，误码的概率为 $q=1-p$。并设一个单位时间传输一级，$X_0$ 是第一级的输入，$X_n$ 是第 $n$ 级的输出 $(n \geqslant 1)$，那么 $\{X_n, n=0,1,2,\cdots\}$ 是一随机过程，状态空间 $I=\{0,1\}$，而且当 $X_n = i (i \in I)$ 为已知时，$X_{n+1}$ 所处的状态的概率分布只与 $X_n = i$ 有关，而与时刻 $n$ 以前所处的状态无关，所以它是一个马尔可夫链，而且还是齐次的。

试写出其一步转移概率及一步转移概率矩阵。

解　它的一步转移概率和矩阵分别为

$$P_{ij} = P\{X_{n+1}=j \mid X_n=i\} = \begin{cases} p, & j=i \\ q, & j \neq i \end{cases} \quad i,j=0,1$$

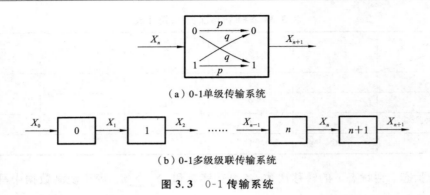

（a）0-1单级传输系统

$$X_0 \longrightarrow \boxed{0} \xrightarrow{X_1} \boxed{1} \xrightarrow{X_2} \cdots\cdots \xrightarrow{X_{n-1}} \boxed{n} \xrightarrow{X_n} \boxed{n+1} \xrightarrow{X_{n+1}}$$

（b）0-1多级级联传输系统

**图 3.3　0-1 传输系统**

一步转移概率矩阵

$$\boldsymbol{P}=\begin{bmatrix} p & q \\ q & p \end{bmatrix}$$

**【例 3.4】**　（一维随机游动）如图 3.4 所示，设一醉汉 $Q$（或看作一随机游动的质点）在直线上的点集 $I=\{1,2,3,4,5\}$ 作随机游动，且仅在 1 秒、2 秒、3 秒等时刻发生游动，游动的概率规则是：如果 $Q$ 现在位于点 $i$（$1<i<5$），则下一时刻或以 1/3 的概率向左或向右移动一格，或以 1/3 的概率留在原处；如果 $Q$ 现在处于 1（或 5）这一点上，则下一时刻就以概率 1 移动到 2（或 4）这点上，1 和 5 这两点称为反射壁，这种游动称为带有两个反射壁的随机游动。

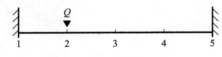

**图 3.4　质点的随机游动**

试写出其一步转移概率矩阵，并画出其中一条可能的样本函数。

**解**　以 $X_n$ 表示时刻 $n$ 时 $Q$ 的位置，不同的位置就是 $X_n$ 的不同状态；而且当 $X_n=i$ 为已知时，$X_{n+1}$ 所处的状态的概率分布只与 $X_n=i$ 有关，而与 $Q$ 在时刻 $n$ 以前如何到达 $i$ 完全无关，所以 $\{X_n,n=0,1,2,\cdots\}$ 是一马尔可夫链，且是齐次的。它的一步转移概率矩阵为

| $X_{n+1}=j$ ╲ $X_n=i$ | 1 | 2 | 3 | 4 | 5 |
|---|---|---|---|---|---|
| 1 | 0 | 1 | 0 | 0 | 0 |
| 2 | 1/3 | 1/3 | 1/3 | 0 | 0 |
| 3 | 0 | 1/3 | 1/3 | 1/3 | 0 |
| 4 | 0 | 0 | 1/3 | 1/3 | 1/3 |
| 5 | 0 | 0 | 0 | 1 | 0 |

$$\boldsymbol{P}=\begin{bmatrix} 0 & 1 & 0 & 0 & 0 \\ \dfrac{1}{3} & \dfrac{1}{3} & \dfrac{1}{3} & 0 & 0 \\ 0 & \dfrac{1}{3} & \dfrac{1}{3} & \dfrac{1}{3} & 0 \\ 0 & 0 & \dfrac{1}{3} & \dfrac{1}{3} & \dfrac{1}{3} \\ 0 & 0 & 0 & 1 & 0 \end{bmatrix}$$

其中一条可能的样本函数如图 3.5 所示。

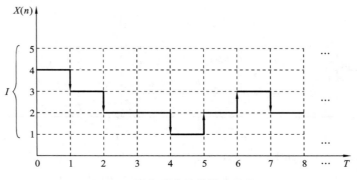

**图 3.5　马尔可夫链的样本函数 1**

如果把"1"这点改为吸收壁，即 $Q$ 一旦到达"1"这一点，则永远留在点"1"，此时的转移概率矩阵为

$$\boldsymbol{P} = \begin{bmatrix} 1 & 0 & 0 & 0 & 0 \\ \dfrac{1}{3} & \dfrac{1}{3} & \dfrac{1}{3} & 0 & 0 \\ 0 & \dfrac{1}{3} & \dfrac{1}{3} & \dfrac{1}{3} & 0 \\ 0 & 0 & \dfrac{1}{3} & \dfrac{1}{3} & \dfrac{1}{3} \\ 0 & 0 & 0 & 1 & 0 \end{bmatrix}$$

**【例 3.5】**　（排队模型）如图 3.6 所示，设服务系统由一个服务员和只能容纳两个人的等候室组成。服务规则为：先到先服务，后来者需在等候室依次排队，假设一个需要服务的顾客到达系统时发现系统内已有 3 个顾客，则该顾客立即离去。

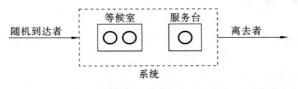

**图 3.6　排队模型**

设时间间隔 $\Delta t$ 内有一个顾客进入系统的概率为 $q$，有一接受服务的顾客离开系统（即服务完毕）的概率为 $p$，又设当 $\Delta t$ 充分小时，在这时间间隔内多于一个顾客进入或离开系统实际上是不可能的，再设有无顾客来到与服务是否完毕是相互独立的。

现用马尔可夫链来描述这个服务系统：设 $X_n = X(n \cdot \Delta t)$ 表示时刻 $n \cdot \Delta t$ 时系统内的顾客数，即系统的状态。$\{X_n, n = 0, 1, 2, \cdots\}$ 是一随机过程，状态空间 $I = \{0, 1, 2, 3\}$，下一时刻 $(n+1) \cdot \Delta t$ 系统内的顾客数 $X_{n+1} = X((n+1) \cdot \Delta t)$ 完全可以根据 $X_n = X(n \cdot \Delta t)$ 的数量来确定，而在 $n \cdot \Delta t$ 之前系统内的顾客数量是如何变化的对于预测 $X_{n+1} = X((n+1) \cdot \Delta t)$ 的状态取值没有直接关系。因此，它是一个齐次马尔可夫链，它的一步转移概率矩阵为

| $X_{n+1}=j$ / $X_n=i$ | 0 | 1 | 2 | 3 |
|---|---|---|---|---|
| 0 | $1-q$ | $q$ | 0 | 0 |
| 1 | $p(1-q)$ | $qp+(1-p)(1-q)$ | $q(1-p)$ | 0 |
| 2 | 0 | $p(1-q)$ | $qp+(1-p)(1-q)$ | $q(1-p)$ |
| 3 | 0 | 0 | $p(1-q)$ | $qp+(1-p)$ |

$$\boldsymbol{P}=\begin{bmatrix} 1-q & q & 0 & 0 \\ p(1-q) & qp+(1-p)(1-q) & q(1-p) & 0 \\ 0 & p(1-q) & qp+(1-p)(1-q) & q(1-p) \\ 0 & 0 & p(1-q) & qp+(1-p) \end{bmatrix}$$

其中一条可能的样本函数如图 3.7 所示。

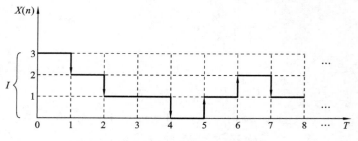

图 3.7　马尔可夫链的样本函数 2

【例 3.6】　如图 3.8 所示,有甲、乙两袋球,开始时,甲袋有 3 只球,乙袋有 2 只球;以后,每次任取一袋,并从袋中取出一球放入另一袋(若袋中无球则不取)。$X_n$ 表示第 $n$ 次抽取后甲袋的球数,$n=1,2,\cdots$。$\{X_n,n=0,1,2,\cdots\}$ 是一随机过程,状态空间 $I=\{0,1,2,3,4,5\}$,当 $X_n=i$ 时,$X_{n+1}=j$ 的概率只与 $i$ 有关,与 $n$ 时刻之前如何取到 $i$ 值是无关的,这是一马尔可夫链,且是齐次的。

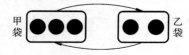

图 3.8　交换球的模型

它的一步转移概率矩阵为

| $X_{n+1}=j$ / $X_n=i$ | 0 | 1 | 2 | 3 | 4 | 5 |
|---|---|---|---|---|---|---|
| 0 | 0.5 | 0.5 | 0 | 0 | 0 | 0 |
| 1 | 0.5 | 0 | 0.5 | 0 | 0 | 0 |
| 2 | 0 | 0.5 | 0 | 0.5 | 0 | 0 |
| 3 | 0 | 0 | 0.5 | 0 | 0.5 | 0 |
| 4 | 0 | 0 | 0 | 0.5 | 0 | 0.5 |
| 5 | 0 | 0 | 0 | 0 | 0.5 | 0.5 |

$$\mathbf{P}=\begin{bmatrix} 0.5 & 0.5 & 0 & 0 & 0 & 0 \\ 0.5 & 0 & 0.5 & 0 & 0 & 0 \\ 0 & 0.5 & 0 & 0.5 & 0 & 0 \\ 0 & 0 & 0.5 & 0 & 0.5 & 0 \\ 0 & 0 & 0 & 0.5 & 0 & 0.5 \\ 0 & 0 & 0 & 0 & 0.5 & 0.5 \end{bmatrix}$$

其中一条可能的样本函数如图 3.9 所示。

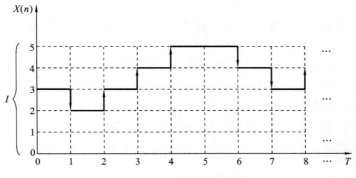

**图 3.9　马尔可夫链的样本函数 3**

　　**【例 3.7】**　有时遇到的一些问题虽然不是马尔可夫链,但是经过某些处理,仍然可以看作是马尔可夫链。如在天气预报问题中,今日是否下雨依赖于前两天的天气状况,并假设:昨天、今天都下雨,明天有雨的概率为 0.7;昨天无雨、今天有雨,那么明天有雨的概率为 0.5;昨天有雨、今日无雨,明天有雨的概率为 0.4;昨天、今天均无雨,明天有雨的概率为 0.2。该问题显然不是马尔可夫链。但是,经过如下处理可以把它看作是马尔可夫链。

　　设昨天、今天连续有雨成为状态 0($RR$),昨天无雨、今天有雨成为状态 1($NR$),昨天有雨、今天无雨称为状态 2($RN$),昨天、今天均无雨称为状态 3($NN$),于是形成 4 个状态的马尔可夫链,状态空间 $I=\{0,1,2,3\}$,其转移概率为

$$P_{00}=P(R_{今}\,R_{明}\,|\,R_{昨}\,R_{今})=P(R_{明}\,|\,R_{昨}\,R_{今})=0.7$$
$$P_{01}=P(N_{今}\,R_{明}\,|\,R_{昨}\,R_{今})=0 \quad (\text{不可能事件})$$
$$P_{02}=P(R_{今}\,N_{明}\,|\,R_{昨}\,R_{今})=P(N_{明}\,|\,R_{昨}\,R_{今})=1-0.7=0.3$$
$$P_{03}=P(N_{今}\,N_{明}\,|\,R_{昨}\,R_{今})=0 \quad (\text{不可能事件})$$

其中,$R$ 代表有雨,$N$ 代表无雨。于是它的一步转移概率矩阵为

$$\mathbf{P}=\begin{bmatrix} P_{00} & P_{01} & P_{02} & P_{03} \\ P_{10} & P_{11} & P_{12} & P_{13} \\ P_{20} & P_{21} & P_{22} & P_{23} \\ P_{30} & P_{31} & P_{32} & P_{33} \end{bmatrix}=\begin{bmatrix} 0.7 & 0 & 0.3 & 0 \\ 0.5 & 0 & 0.5 & 0 \\ 0 & 0.4 & 0 & 0.6 \\ 0 & 0.2 & 0 & 0.8 \end{bmatrix}$$

　　有了一步转移概率矩阵,就可以对今后的天气进行预报。例如,若周一、周二均下雨,求周四下雨的概率。

　　从一步转移概率矩阵可以推算出二步转移概率矩阵:

$$\boldsymbol{P}^{(2)}=\boldsymbol{P}\cdot\boldsymbol{P}=\begin{bmatrix}0.7 & 0 & 0.3 & 0\\0.5 & 0 & 0.5 & 0\\0 & 0.4 & 0 & 0.6\\0 & 0.2 & 0 & 0.8\end{bmatrix}\cdot\begin{bmatrix}0.7 & 0 & 0.3 & 0\\0.5 & 0 & 0.5 & 0\\0 & 0.4 & 0 & 0.6\\0 & 0.2 & 0 & 0.8\end{bmatrix}$$

$$=\begin{bmatrix}0.49 & 0.12 & 0.21 & 0.18\\0.35 & 0.20 & 0.15 & 0.30\\0.20 & 0.12 & 0.20 & 0.48\\0.10 & 0.16 & 0.10 & 0.64\end{bmatrix}$$

周四下雨意味着过程所处的状态为 0 或 1，因此周一、周二连续下雨，周四下雨的概率为

$$P_{周四雨}=p_{00}^{(2)}+p_{01}^{(2)}=0.49+0.12=0.61$$

**【例 3.8】** 某保密通信系统采用软件无线电，其信号的调制方式有 5 种。若此通信系统一直处于繁忙状态，在任何时刻只能采用其中一种信号调制方式，并且假设每经过一单位时间系统要进行调制方式转换，在转换时，这 5 种不同的调制信号方式被选择的概率分别为 1/5、2/5、1/10、1/10、1/5，且每次转换之间是独立的。$\xi_n$ 表示前 $n$ 次信号转换中采用的信号调制方式为第二种方式的次数，问 $\{\xi_n,n\geqslant 1\}$ 是否为齐次马尔可夫链？如果是，写出其一步转移概率矩阵。

**解** 根据题意，此时的状态空间为 $I=\{0,1,2,\cdots\}$，由于调制方式的每次转换之间是独立的，因此，

$$P\{\xi_{n+1}=j\mid\xi_1=i_1,\xi_2=i_2,\cdots,\xi_{n-1}=i_{n-1},\xi_n=i\}=P\{\xi_{n+1}=j\mid\xi_n=i\}$$

此链是马尔可夫链，且是齐次的，其一步转移矩阵为

$$\boldsymbol{P}=\begin{bmatrix}3/5 & 2/5 & 0 & 0 & \cdots\\0 & 3/5 & 2/5 & 0 & \cdots\\0 & 0 & 3/5 & 2/5 & \cdots\\\vdots & \vdots & \vdots & \vdots & \\\vdots & \vdots & \vdots & \vdots & \end{bmatrix}$$

**【例 3.9】** 在天体物理的研究中，设有一个固体体积的空间，在时刻 $n$ 该体积内有 $X(n)=i$ 个质点，经过一个单位时间间隔，该体积内的每个质点都有可能离开该体积。一个质点离开的概率为 $\alpha,0<\alpha<1$，而且每个质点是否离开与其他质点的状况是相互统计独立的。因此，单位时间间隔内离开该体积的质点数 $\zeta(n)$ 服从二项分布，其参数为 $i$ 和 $\alpha$。同时，在 $t=n$ 到 $t=n+1$ 时间内又有新的质点进入该体积，进入该体积的质点数 $\eta(n)$ 服从泊松分布，其参数为 $\lambda(\lambda>0)$，且 $\zeta(n)$ 与 $\eta(n)$ 是相互统计独立的。因此，在 $t=n+1$ 时刻，体积内的质点数为

$$X(n+1)=X(n)-\zeta(n)+\eta(n)$$

该式中 $X(n)$ 与 $\eta(n)$ 是相互统计独立的，$\zeta(n)$ 只取决于 $X(n)$ 的状态 $i$ 及 $\alpha$。因此，$X(n)$ 是一齐次马尔可夫链，其状态空间为 $I=\{0,1,2,\cdots\}$，试求其一步转移概率 $P_{ij}$。

**解** 当 $X(n)=i$，经过一个单位时间间隔仍留于该体积内的质点数量为 $X(n)-\zeta(n)=k$ 的概率为

$$P\{X(n)-\zeta(n)=k\mid X(n)=i\}=C_i^k\cdot(1-\alpha)^k\cdot\alpha^{i-k}$$

其中，$k=0,1,2,\cdots,i$。

若在 $t=n+1$ 时该体积内的质点数为 $j$，那么表明在 $t$ 从 $n$ 到 $n+1$ 的时间间隔内进入该

体积的质点数为 $j-k$。由于进入该体积的质点数服从泊松分布，且 $X(n)$ 与 $\eta(n)$ 是相互统计独立的，那么

$$P\{\eta(n)=j-k\}=\mathrm{e}^{-\lambda}\cdot\frac{\lambda^{j-k}}{(j-k)!},\quad j=k,k+1,\cdots$$

$$\begin{aligned}p_{ij}&=P\{X(n+1)=j\mid X(n)=i\}\\&=\sum_{k=0}^{\min(i,j)}P\{\eta(n)=j-k\}P\{[X(n)-\zeta(n)=k]\mid X(n)=i\}\end{aligned}$$

上式中 $k$ 的取值范围从 $k=0$ 到 $\min(i,j)$，这是因为 $k\leqslant i$，且 $j-k\geqslant 0$。

$$\begin{aligned}p_{ij}&=\sum_{k=0}^{\min(i,j)}\{P\{\eta(n)=j-k\}P\{[X(n)-\zeta(n)=k]\mid X(n)=i\}\}\\&=\sum_{k=0}^{\min(i,j)}\left[\mathrm{e}^{-\lambda}\cdot\frac{\lambda^{j-k}}{(j-k)!}\cdot\mathrm{C}_i^k\cdot(1-\alpha)^k\cdot\alpha^{i-k}\right]\\&=\mathrm{e}^{-\lambda}\cdot\sum_{k=0}^{\min(i,j)}\left[\frac{\lambda^{j-k}}{(j-k)!}\cdot\mathrm{C}_i^k\cdot(1-\alpha)^k\cdot\alpha^{i-k}\right]\end{aligned}$$

其中，$i,j\in I=\{0,1,2,\cdots\}$。

## 3.1.3　$l(l>1)$ 步转移概率与 C-K 方程

### 1. $l(l>1)$ 步转移概率与矩阵

设 $P$ 表示一步转移概率所组成的矩阵，状态空间 $I=\{i_1,i_2,\cdots,i_m,\cdots\}$，时间集 $T=\{0,1,2,\cdots,n,\cdots\}$，令 $k(0\leqslant k\leqslant n-1)$ 为过去时刻，$X_k=X(k)$ 为过去状态；令 $n$ 为现在时刻，$X_n=X(n)$ 为现态；令 $n+l$ 为将来时刻，$X_{n+l}=X(n+l)$ 为次态，它们在时间轴上的关系如图 3.10 所示。

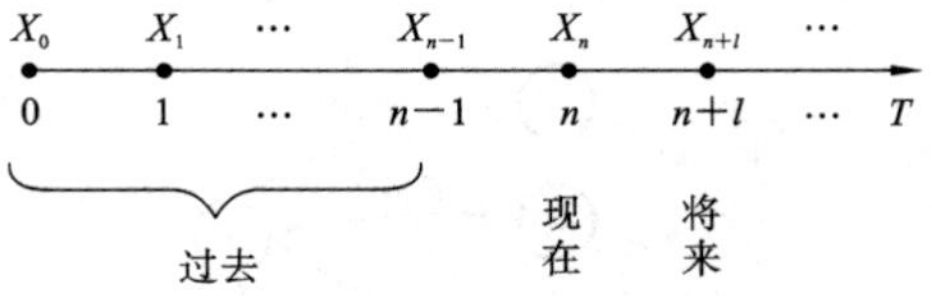


**图 3.10　状态图**

从现态 $X_n$ 转入次态 $X_{n+l}$ 的转移概率表示为

$$p_{ij}^{(l)}=P\{X_{n+l}=j\mid X_n=i\}$$

从现态 $X_n$ 转入次态 $X_{n+l}$ 的所有转移概率如表 3.4 所示。

**表 3.4　转移概率**

| $X_n=i$ \ $X_{n+l}=j$ | $i_1$ | $i_2$ | … | $i_m$ | … |
|---|---|---|---|---|---|
| $i_1$ | $p_{i_1i_1}^{(l)}$ | $p_{i_1i_2}^{(l)}$ | … | $p_{i_1i_m}^{(l)}$ | … |
| $i_2$ | $p_{i_2i_1}^{(l)}$ | $p_{i_2i_2}^{(l)}$ | … | $p_{i_2i_m}^{(l)}$ | … |
| ⋮ | ⋮ | ⋮ |  | ⋮ | ⋮ |
| $i_m$ | $p_{i_mi_1}^{(l)}$ | $p_{i_mi_2}^{(l)}$ | … | $p_{i_mi_m}^{(l)}$ | … |
| ⋮ | ⋮ | ⋮ | … | ⋮ | ⋮ |

相应地，$l(l>1)$ 步转移概率矩阵为

$$\boldsymbol{P}^{(l)} = \begin{bmatrix} p_{i_1i_1}^{(l)} & p_{i_1i_2}^{(l)} & \cdots & p_{i_1i_m}^{(l)} & \cdots \\ p_{i_2i_1}^{(l)} & p_{i_2i_2}^{(l)} & \cdots & p_{i_2i_m}^{(l)} & \cdots \\ \vdots & \vdots & \cdots & \vdots & \vdots \\ p_{i_mi_1}^{(l)} & p_{i_mi_2}^{(l)} & \cdots & p_{i_mi_m}^{(l)} & \cdots \\ \vdots & \vdots & \cdots & \vdots & \vdots \end{bmatrix}$$

与一步转移概率矩阵类似，系统状态的 $l(l>1)$ 步转移概率矩阵具有如下性质：

（1）$0 \leqslant p_{ij}^{(l)} \leqslant 1, i,j \in I$，矩阵中所有元素表示的是转移概率，因此取值范围为 $[0,1]$；

（2）$\sum_{j \in I} p_{ij}^{(l)} = 1, i,j \in I$，矩阵中任何一行的元素之和等于1，这表示系统处于任何一个现态 $X_n = i$，经过 $l$ 个单位时间后，它必然进入某个次态 $X_{n+l} = j$，所以它进入各种可能次态的概率等于1。

**2. C-K 方程**

设 $\{X(n), n=1,2,\cdots\}$ 是一齐次马尔可夫链，其状态空间为 $I = \{i_0, i_1, i_2, \cdots, i_N\}$，$\forall n$，$X(n) \in I$，那么对于任意的时间间隔 $u, v \in T$，有：

$$p_{ij}^{(u+v)} = \sum_{k \in I} p_{ik}^{(u)} p_{kj}^{(v)}$$

其中，$i, k, j \in I = \{i_0, i_1, i_2, \cdots, i_N\}$。

这就是著名的 chapman-kolmogorov 方程，简称 C-K 方程。即"从时刻 $s$ 所处的状态 $i$ 出发，经过时间段 $u+v$ 转移到状态 $j$"这一事件可以分解为："从 $X(s)=i$ 出发，先经过时间段 $u$ 转移到中间状态 $X(s+u)=k(k=0,1,2,\cdots,N)$，再从 $X(s+u)=k$ 经过时间段 $v$ 转移到状态 $X(s+u+v)=j$"这样一些事件之和，如图 3.11 所示。

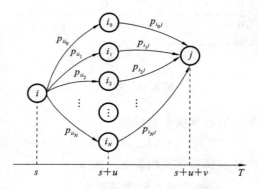

**图 3.11　状态转移路径分解图**

C-K 方程的证明：

$$p_{ij}^{(u+v)} = P\{X(s+u+v) = j \mid X(s) = i\}$$

$$\xrightarrow{\text{全概率公式}} \sum_{k=1}^{N} P\{X(s+u) = k, X(s+u+v) = j \mid X(s) = i\}$$

$$\xrightarrow{\text{概率乘法公式}} \sum_{k=1}^{N} P\{X(s+u) = k \mid X(s) = i\} P\{X(s+u+v) = j \mid X(s) = i,$$

$$X(s+u)=k\}$$

$$\xrightarrow{\text{马尔可夫特性}} \sum_{k=1}^{N} P\{X(s+u)=k \mid X(s)=i\} P\{X(s+u+v)=j \mid X(s+u)=k\}$$

$$\xrightarrow{\text{转移概率齐次性}} \sum_{k=1}^{N} p_{ik}^{(u)} p_{kj}^{(v)}$$

式中：$p_{ij}^{(u+v)}$ 是 $u+v$ 步转移概率矩阵 $\boldsymbol{P}^{(u+v)}$ 的 $(i,j)$ 元素；$(p_{i1}^{(u)}, p_{i2}^{(u)}, p_{i3}^{(u)}, \cdots)$ 是 $u$ 步转移概率矩阵 $\boldsymbol{P}^{(u)}$ 的第 $i$ 行；$(p_{1j}^{(v)}, p_{2j}^{(v)}, p_{3j}^{(v)}, \cdots)^{\mathrm{T}}$ 是 $v$ 步转移概率矩阵 $\boldsymbol{P}^{(v)}$ 的第 $j$ 列。

根据矩阵乘法公式，C-K 方程可以写成以下矩阵形式：

$$\boldsymbol{P}^{(u+v)} = \boldsymbol{P}^{(u)} \cdot \boldsymbol{P}^{(v)}$$

设 $\boldsymbol{P}^{(l)}$ 是 $l$ 步转移概率矩阵，那么有：$\boldsymbol{P}^{(l)} = \boldsymbol{P}^l$，即 $l$ 步转移概率矩阵 $\boldsymbol{P}^{(l)}$ 可以由一步转移概率矩阵 $\boldsymbol{P}$ 推导得到。

事实上，由 C-K 方程我们可以推导出

$$\boldsymbol{P}^{(l)} = \boldsymbol{P} \cdot \boldsymbol{P}^{(l-1)} = \boldsymbol{P}^2 \cdot \boldsymbol{P}^{(l-2)} = \cdots = \boldsymbol{P}^l$$

【例 3.10】　设 $\{X_i, i=1,2,\cdots\}$ 是相互独立的随机变量，且使得 $P(X_i=j)=a_j, j \in I = \{0,1,\cdots\}$，如果 $X_n > \max\{X_i, i=1,2,\cdots,n-1\}$，其中 $X_0 = -\infty$，就称在时刻 $n$ 产生了一个记录。若在时刻 $n$ 产生了一个记录，就称 $X_n$ 为记录值，用 $R_n$ 表示第 $n$ 个记录值。

（1）证明：$\{R_n, n=1,2,\cdots\}$ 是马尔可夫链，并求其转移概率；

（2）以 $T_i$ 表示第 $i$ 个记录与第 $i+1$ 个记录之间的时间长度，问 $\{T_n, n=1,2,\cdots\}$ 是否是马尔可夫链，若是，则计算其转移概率。

（1）证　根据题意有：$R_1 = X_{n_1}, R_2 = X_{n_2}, \cdots, R_k = X_{n_k}, \cdots$，并满足 $X_{n_1} < X_{n_2} < \cdots < X_{n_k} < \cdots$ 且 $1 < n_1 < n_2 < \cdots < n_k \cdots$，故

$$P\{R_{k+1}=z \mid R_k=i_k, R_{k-1}=i_{k-1}, \cdots, R_1=i_1\}$$
$$=P\{R_{k+1}=z \mid j>i_k>i_{k-1}>\cdots>i_1\}$$
$$=P\{R_{k+1}=z \mid j>i_k\}=P\{R_{k+1}=z \mid R_k=i_k\}$$

故 $\{R_i, i \geqslant 1\}$ 是一个马尔可夫链，且

$$P\{R_{k+1}=z \mid R_k=i_k\} = P\{X_{n_{k+1}}=z \mid X_{n_k}=i_k\} = \begin{cases} a_j, & j>i \\ 0, & j \leqslant i \end{cases}$$

（由于 $X_i$ 的独立性）

（2）记 $T_i$ 为第 $i$ 个记录与第 $i+1$ 个记录之间的时间，$T_i$ 是相互独立的随机变量，因为

$$P\{T_i=t\} = P\{R_{i+1}=X_{n_i+t}=z \mid R_i=X_{n_i}=i, \text{且 } X_{n_i+k}<i, k=1,2,\cdots,t-1\}$$
$$=P\{R_{i+1}=X_{n_i+t}=z\} \quad \text{（由于 } X_i \text{ 的独立性）}$$
$$=\begin{cases} a_j, & j>i \\ 0, & j \leqslant i \end{cases}$$

故 $\{T_n, n=1,2,\cdots\}$ 是一个马尔可夫链。

令 $Z_i = (R_i, T_i), i \geqslant 1$，则

$$P\{Z_{i+1} \mid Z_i, Z_{i-1}, \cdots, Z_1\}$$
$$=P\{(R_{i+1}, t_{i+1}) \mid (R_i, t_i), (R_{i-1}, t_{i-1}), \cdots, (R_1, t_1)\}$$
$$=P\{(X_{1+t_1+\cdots+t_{i+1}}, t_{i+1}) \mid (X_{1+t_1+\cdots+t_i}, t_i), (X_{1+t_1+\cdots+t_{i-1}}, t_{i-1}), \cdots, (X_{1+t_1+t_2}, t_2), (X_1, t_1)\}$$
$$=P\{(X_{1+t_1+\cdots+t_{i+1}}, t_{i+1}) \mid (X_{1+t_1+\cdots+t_i}, t_i)\}$$

$$= P\{(X_{1+t_1+\cdots+t_{i+1}} = z, t_{i+1}) \mid (X_{1+t_1+\cdots+t_i} = i, t_i)\}$$

$$= \begin{cases} \alpha_j, & j > i \\ 0, & j \leqslant i \end{cases}$$

故 $\{(R_i, T), i \geqslant 1\}$ 是一个马尔可夫链。

### 3.1.4　初始分布与绝对分布

根据 $C$-$K$ 方程,我们不难推出以下定理。

**定理 3.1**　设 $\{X(n), n \in T\}$ 为马尔可夫链,则对任意整数 $n \geqslant 0, 0 \leqslant l \leqslant n$ 和 $i, j \in I, n$ 步转移概率具有下列性质:

(1) $p_{ij}^{(n)} = \sum\limits_{k \in I} p_{ik}^{(l)} p_{kj}^{(n-l)}$;

(2) $p_{ij}^{(n)} = \sum\limits_{k_1 \in I} \cdots \sum\limits_{k_{n-1} \in I} p_{ik_1} p_{k_1 k_2} \cdots p_{k_{n-1} j}$;

(3) $\boldsymbol{P}^{(n)} = \boldsymbol{P} \boldsymbol{P}^{(n-1)}$;

(4) $\boldsymbol{P}^{(n)} = \boldsymbol{P}^n$。

**证**　$p_{ij}^{(n)} = P\{X_{m+n} = j \mid X_m = i\} = \dfrac{P\{X_{m+n} = j, X_m = i\}}{P\{X_m = i\}}$

$$= \sum_{k \in I} \frac{P\{X_{m+n} = j, X_{m+l} = k, X_m = i\}}{P\{X_m = i\}}$$

$$= \sum_{k \in I} \frac{P\{X_{m+n} = j, X_{m+l} = k, X_m = i\}}{P\{X_{m+l} = k, X_m = i\}} \frac{P\{X_{m+l} = k, X_m = i\}}{P\{X_m = i\}}$$

$$= \sum_{k \in I} P\{X_{m+n} = j \mid X_{m+l} = k, X_m = i\} P\{X_{m+l} = k \mid X_m = i\}$$

$$= \sum_{k \in I} P\{X_{m+n} = j \mid X_{m+l} = k\} P\{X_{m+l} = k \mid X_m = i\}$$

$$= \sum_{k \in I} p_{kj}^{(n-l)} p_{ik}^{(l)} = \sum_{k \in I} p_{ik}^{(l)} p_{kj}^{(n-l)}$$

假设马尔可夫链的初始分布表示为

| $X(0)$ | $i_1$ | $i_2$ | $\cdots$ | $i_M$ |
|---|---|---|---|---|
| $P\{X(0) = i\}$ | $p_1$ | $p_2$ | $\cdots$ | $p_M$ |

马尔可夫链在时刻 $n$ 的分布表示为

| $X(n)$ | $i_1$ | $i_2$ | $\cdots$ | $i_M$ |
|---|---|---|---|---|
| $P\{X(n) = i\}$ | $p_1^{(n)}$ | $p_2^{(n)}$ | $\cdots$ | $p_M^{(n)}$ |

根据定理 3.1,我们不难推导出

$$\overrightarrow{P(X(n))} = [p_1^{(n)}, \quad p_2^{(n)}, \quad \cdots, \quad p_M^{(n)}] = \overrightarrow{P(X(0))} \boldsymbol{P}^{(n)}$$

$$= [p_1, \quad p_2, \quad \cdots, \quad p_M] \boldsymbol{P}^{(n)}$$

$$= [p_1, \quad p_2, \quad \cdots, \quad p_M] \boldsymbol{P}^n$$

其中,$\boldsymbol{P}$ 为一步转移概率矩阵,$\boldsymbol{P}^{(n)}$ 为 $n$ 步转移概率矩阵。马尔可夫链的有限维分布可以由初始分布和一步转移概率矩阵完全确定。

**【例 3.11】** 设 $\{X_n, n \geq 0\}$ 是一齐次马尔可夫链,其状态空间为 $I = \{i_0, i_1, i_2\}$,一步转移概率矩阵为

$$P = \begin{bmatrix} \dfrac{3}{4} & \dfrac{1}{4} & 0 \\ \dfrac{1}{4} & \dfrac{2}{4} & \dfrac{1}{4} \\ 0 & \dfrac{3}{4} & \dfrac{1}{4} \end{bmatrix}$$

初始分布如下:

| $X_0$ | $i_0$ | $i_1$ | $i_2$ |
|---|---|---|---|
| $P\{X_0 = i\}$ | $\dfrac{1}{3}$ | $\dfrac{1}{3}$ | $\dfrac{1}{3}$ |

试求:

(1) $P\{X_0 = i_0, X_2 = i_1, X_4 = i_1\}$;

(2) $P\{X_2 = i_1, X_4 = i_1 \mid X_0 = i_0\}$。

**解** 由 $C$-$K$ 方程可得二步转移概率矩阵:

$$P^{(2)} = P^2 = \begin{bmatrix} \dfrac{5}{8} & \dfrac{5}{16} & \dfrac{1}{16} \\ \dfrac{5}{16} & \dfrac{1}{2} & \dfrac{3}{16} \\ \dfrac{3}{16} & \dfrac{9}{16} & \dfrac{1}{4} \end{bmatrix}$$

(1) $\quad P\{X_0 = i_0, X_2 = i_1, X_4 = i_1\} = P\{X_0 = i_0, X_2 = i_1\} P\{X_4 = i_1 \mid X_0 = i_0, X_2 = i_1\}$

$= P\{X_0 = i_0\} P\{X_2 = i_1 \mid X_0 = i_0\} P\{X_4 = i_1 \mid X_2 = i_1\}$

$= P(X_0 = i_0) p_{i_0 i_1}^{(2)} p_{i_1 i_1}^{(2)}$

$= \dfrac{1}{3} \times \dfrac{5}{16} \times \dfrac{1}{2} = \dfrac{5}{96}$

(2) $\quad P\{X_2 = i_1, X_4 = i_1 \mid X_0 = i_0\} = \dfrac{P\{X_2 = i_1, X_4 = i_1, X_0 = i_0\}}{P\{X_0 = i_0\}}$

$= \dfrac{P\{X_2 = i_1, X_0 = i_0\} P\{X_4 = i_1 \mid X_2 = i_1, X_0 = i_0\}}{P\{X_0 = i_0\}}$

$= \dfrac{P\{X_0 = i_0\} P\{X_2 = i_1 \mid X_0 = i_0\} P\{X_4 = i_1 \mid X_2 = i_1\}}{P\{X_0 = i_0\}}$

$= P\{X_2 = i_1 \mid X_0 = i_0\} P\{X_4 = i_1 \mid X_2 = i_1\}$

$= p_{i_0 i_1}^{(2)} p_{i_1 i_1}^{(2)}$

$= \dfrac{5}{16} \times \dfrac{1}{2} = \dfrac{5}{32}$

**【例 3.12】** 某计算机机房的一台计算机经常出故障,研究者每隔 15 分钟观察一次计算机的运行状态,收集了 24 个小时的数(共作 97 次观察),用 1 表示正常状态,用 0 表示不正常状态,所得的数据序列如下:1110010011111100111101111110011111111100011011011110110110101110110110111101111100110111111100111;

设 $X_n$ 为第 $n(n=1,2,\cdots,97)$ 时段的计算机状态,可以认为它是一个齐次马尔可夫链。

求:(1) 一步转移概率矩阵;

(2) 已知计算机在某一时段(15 分钟)的状态为 0,问在此条件下,从此时段起,该计算机能连续正常工作 45 分钟(3 个时段)的条件概率。

**解**　(1) 设 $X_n$ 为第 $n(n=1,2,\cdots,97)$ 个时段的计算机状态,可以认为它是一个齐次马尔可夫链,状态空间 $I=\{0,1\}$。

96 次状态转移情况如下:

$0\rightarrow0$:8 次; $0\rightarrow1$:18 次;

$1\rightarrow0$:18 次; $1\rightarrow1$:52 次;

因此,一步转移概率可用频率近似地表示为

$$p_{01}=p(X_{n+1}=1\mid X_n=0)=\frac{18}{8+18}=\frac{18}{26}$$

$$p_{10}=p(X_{n+1}=0\mid X_n=1)=\frac{18}{18+52}=\frac{18}{70}$$

$$p_{11}=p(X_{n+1}=1\mid X_n=1)=\frac{52}{18+52}=\frac{52}{70}$$

$$p_{00}=p(X_{n+1}=0\mid X_n=0)=\frac{8}{8+18}=\frac{8}{26}$$

相应地,一步转移概率矩阵

$$\boldsymbol{P}=\begin{bmatrix}p_{00}&p_{01}\\p_{10}&p_{11}\end{bmatrix}=\begin{bmatrix}\dfrac{8}{26}&\dfrac{18}{26}\\[2mm]\dfrac{18}{70}&\dfrac{52}{70}\end{bmatrix}$$

(2) 某一时间段的状态为 0,定义其为初始状态,即 $X_0=0$,那么所求概率为

$$P\{X_1=1,X_2=1,X_3=1\mid X_0=0\}=p_{01}p_{11}p_{11}=\frac{18}{26}\times\frac{52}{70}\times\frac{52}{70}$$

**【例 3.13】**　在例 3.3 中,设传真率为 $p=0.9$。

求:(1) 系统二级传输后,码元"1"的传真率,以及二级传输后的误码率;

(2) 若系统经过 $n$ 级传输后输出为 1,那么原发字符也是 1 的概率。

**解**　(1) 设在 0 时刻输入码源为"1",即初始分布如下:

| $X_0$ | 0 | 1 |
|---|---|---|
| $P\{X_0=i\}$ | 0 | 1 |

一步转移概率矩阵为

$$\boldsymbol{P}=\begin{bmatrix}p&q\\q&p\end{bmatrix}=\begin{bmatrix}0.9&0.1\\0.1&0.9\end{bmatrix}$$

经过两级传输,相当于求解 $X_2$ 的概率分布,根据公式

$$\overrightarrow{P(X_2)}=\overrightarrow{P(X_0)}\boldsymbol{P}^{(2)}=\overrightarrow{P(X_0)}\boldsymbol{P}^2$$

计算出 $X_2$ 的概率分布如下:

| $X_2$ | 0 | 1 |
|---|---|---|
| $P\{X_2=i\}$ | 0.18 | 0.82 |

因此,系统二级传输后,码元"1"的传真率为 0.82。

(2) 第一步,求出一步转移概率矩阵

$$\boldsymbol{P}=\begin{bmatrix} p & q \\ q & p \end{bmatrix}, \quad p+q=1$$

第二步,求出该矩阵的特征值 $\lambda_1=1,\lambda_2=p-q$。

第三步,求出 $\lambda_1=1,\lambda_2=p-q$ 对应的特征向量,$\boldsymbol{Y}_1=\begin{bmatrix} 1 \\ 1 \end{bmatrix}$,$\boldsymbol{Y}_2=\begin{bmatrix} -1 \\ 1 \end{bmatrix}$,

那么 $\boldsymbol{\Lambda}=\begin{bmatrix} 1 & 0 \\ 0 & p-q \end{bmatrix}$,$\boldsymbol{H}=[Y_1,Y_2]=\begin{bmatrix} 1 & -1 \\ 1 & 1 \end{bmatrix}$,$\boldsymbol{H}^{-1}=\dfrac{1}{2}\begin{bmatrix} 1 & 1 \\ -1 & 1 \end{bmatrix}$。

从而对角矩阵 $\boldsymbol{P}=\begin{bmatrix} p & q \\ q & p \end{bmatrix}=\boldsymbol{H}\cdot\boldsymbol{\Lambda}\cdot\boldsymbol{H}^{-1}$。

第四步,$n$ 步转移概率矩阵为

$$\boldsymbol{P}^{(n)}=\boldsymbol{P}^n=\boldsymbol{H}\cdot\boldsymbol{\Lambda}^n\cdot\boldsymbol{H}^{-1}=\begin{bmatrix} \dfrac{1}{2}+\dfrac{1}{2}(p-q)^n & \dfrac{1}{2}-\dfrac{1}{2}(p-q)^n \\ \dfrac{1}{2}-\dfrac{1}{2}(p-q)^n & \dfrac{1}{2}+\dfrac{1}{2}(p-q)^n \end{bmatrix}$$

$$p_{11}^{(n)}=\dfrac{1}{2}+\dfrac{1}{2}(p-q)^n, \quad p_{01}^{(n)}=\dfrac{1}{2}-\dfrac{1}{2}(p-q)^n$$

代入可得

$$P\{X_0=1\mid X_n=1\}=\frac{p+p(p-q)^n}{1+(2p-1)(p-q)^n}$$

**【例 3.14】** On-Off 二进制传输信号 $X(t)$,沿每个码元时隙传输码元符号 $S_1(t)$ 或 $S_0(t)$,它们都是幅度为 1 或 0 的方波。在每个码元时隙它们出现的概率分别为 $p$ 或 $q(0\leqslant p\leqslant1,p+q=1)$,一取样累加器对 $X(t)$ 每个时隙码元幅度进行相加,如图 3.12 所示,试求:

(1) 累加器输出 $Y(n)$ 是否是离散马尔可夫链?

(2) $Y(n)$ 的状态空间。

(3) $Y(n)$ 的状态概率 $P\{Y(n)=k\}$,以及转移概率 $P\{Y(k+5)=j\mid Y(k)=i\}$。

**解** (1) 二进制传输信号不同码元之间的统计是独立的,因此,$Y(n)=\sum_{i=1}^{n}X(i)$ 是离散时间马尔可夫链。

(2) $Y(n)$ 的可能取值集合为 $I=\{0,1,2,\cdots,n\}$,$Y(n)$-$n$ 状态空间图如图 3.12(c)所示。

(3) $Y(n)$ 的状态概率如下:

$$P\{Y(n)=k\}=P\left\{\sum_{i=1}^{n}X(i)=k\right\}=P\{X(1),X(2),\cdots,X(n)\text{ 中有 }k\text{ 个 }1\}$$

$$=C_n^k p^k q^{n-k}=\frac{n!}{k!(n-k)!}p^k q^{n-k}$$

$Y(n)$ 的状态转移概率如下:

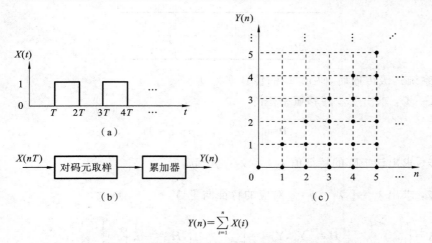

$$Y(n)=\sum_{i=1}^{n}X(i)$$

**图 3.12　On-Off 信号与取样累加器输出**

$$
\begin{aligned}
P\{Y(k+5)=j \,|\, Y(k)=i\} &= P\Big\{Y(k)+\sum_{i=1}^{5}X(k+i)=j \,\Big|\, Y(k)=i\Big\}\\
&= P\Big\{\sum_{i=1}^{5}X(k+i)=j-i \,\Big|\, Y(k)=i\Big\}\\
&= P\Big\{\sum_{i=1}^{5}X(k+i)=j-i\Big\}\\
&= \begin{cases} C_5^{j-i}\,p^{j-i}q^{5-(j-i)}, & j-i\in[0,5]\\ 0, & \text{其他} \end{cases}
\end{aligned}
$$

**【例 3.15】** 独立重复地掷一颗匀称的骰子,用 $X_n$ 表示前 $n$ 次掷出的最小点数。

(1) $\{X_n,n=1,2,\cdots\}$ 是否是齐次马尔可夫链?

(2) 写出状态空间和转移概率矩阵;

(3) 求 $P\{X_{n+1}=3,X_{n+2}=3 \,|\, X_n=3\}$;

(4) 求 $P\{X_2=1\}$。

**解**　(1) 根据题意知,$\{X_n,n=1,2,\cdots\}$ 是齐次马尔可夫链。

(2) 状态空间

$$I=\{1,2,3,4,5,6\}$$

$$p_{ij}=P\{X_{n+1}=j \,|\, X_n=i\}$$

$$p_{1j}=P\{X_{n+1}=j \,|\, X_n=1\}=\begin{cases}1, & j=1\\ 0, & j\geqslant 2\end{cases}$$

$$p_{2j}=P\{X_{n+1}=j \,|\, X_n=2\}=\begin{cases}\dfrac{1}{6}, & j=1\\[2mm] \dfrac{5}{6}, & j=2\\[2mm] 0, & j\geqslant 3\end{cases}$$

$$p_{3j}=P\{X_{n+1}=j \,|\, X_n=3\}=\begin{cases}\dfrac{1}{6}, & j=1,2\\[2mm] \dfrac{4}{6}, & j=3\\[2mm] 0, & j\geqslant 4\end{cases}$$

$$p_{4j}=P\{X_{n+1}=j\,|\,X_n=4\}=\begin{cases}\dfrac{1}{6}, & j=1,2,3\\[2mm]\dfrac{3}{6}, & j=4\\[2mm]0, & j=5,6\end{cases}$$

$$p_{5j}=P\{X_{n+1}=j\,|\,X_n=5\}=\begin{cases}\dfrac{1}{6}, & j=1,2,3,4\\[2mm]\dfrac{2}{6}, & j=5\\[2mm]0, & j=6\end{cases}$$

$$p_{6j}=P\{X_{n+1}=j\,|\,X_n=6\}=\frac{1}{6},\ j=1,2,\cdots,6$$

(3) $P\{X_{n+1}=3,X_{n+2}=3\,|\,X_n=3\}=P\{X_{n+1}=3\,|\,X_n=3\}P\{X_{n+2}=3\,|\,X_{n+1}=3,X_n=3\}$

$$=P\{X_{n+1}=3\,|\,X_n=3\}P\{X_{n+2}=3\,|\,X_{n+1}=3\}$$

$$=p_{33}\,p_{33}=\frac{4}{6}\times\frac{4}{6}=\frac{4}{9}$$

(4) $P\{X_2=1\}=\displaystyle\sum_{i=1}^{6}P\{X_1=i\}P\{X_2=1\,|\,X_1=i\}$

$$=\frac{1}{6}\times 1+\sum_{i=2}^{6}\left(\frac{1}{6}\times\frac{1}{6}\right)=\frac{11}{36}$$

【**例 3.16**】 假定某大学有一万人，每人每月使用一支牙膏，并且只使用"中华"牙膏和"黑妹"牙膏两者之一。根据本月的调查，有 3000 人使用黑妹牙膏，7000 人使用中华牙膏。又据调查，使用黑妹牙膏的 3000 人中，有 60% 的人下月将继续使用黑妹牙膏，40% 的人将改用中华牙膏；使用中华牙膏的 7000 人中，有 70% 的人下月将继续使用中华牙膏，30% 的人将改用黑妹牙膏。

(1) 写出一步转移概率矩阵；

(2) 计算下一个月使用黑妹牙膏和中华牙膏人数；

(3) 预测再下一个月使用黑妹牙膏和中华牙膏人数。

**解** （1）我们可以得到一步转移概率矩阵

$$\boldsymbol{P}=\begin{bmatrix}60\% & 40\%\\ 30\% & 70\%\end{bmatrix}$$

（2）用一步转移概率矩阵预测市场占有率的变化。

有了转移概率矩阵，我们可以知道下一个月使用黑妹牙膏和中华牙膏人数

$$[3000,\ 7000]\begin{bmatrix}60\% & 40\%\\ 30\% & 70\%\end{bmatrix}=[3900,\ 6100]$$

故下个月使用黑妹牙膏的人数为 3900 人，使用中华牙膏的人数为 6100 人。

（3）假定一步转移概率矩阵不变，还可以预测再下一个月的情况：

$$[3900,\ 6100]\begin{bmatrix}60\% & 40\%\\ 30\% & 70\%\end{bmatrix}=[4170,\ 5830]$$

其中，$\begin{bmatrix}60\% & 40\%\\ 30\% & 70\%\end{bmatrix}^2$ 称为二步转移概率矩阵，也就是从刚开始的那个月份到接下来的第二月

份的情况。二步转移概率矩阵正好是一步转移概率矩阵的平方。

**【例 3.17】** （股票价格预测问题）用 $Y_n$ 表示某种股票第 $n$ 天的价格，令 $X_n = Y_n - Y_{n-1}$，用 $-1$、$0$、$1$ 分别表示 $X_n < -1$ 元，$-1$ 元 $\leqslant X_n \leqslant 1$ 元，$X_n > 1$ 元。连续观测该种股票 40 天，得以下数据：$1,1,1,1,1,1,-1,-1,0,0,0,0,1,1,0,0,0,-1,-1,-1,-1,-1,-1,-1,-1,1,1,$ $0,-1,-1,-1,-1,0,0,-1,-1,-1,0,0,-1,-1$。

假设 $\{X_n, n \geqslant 1\}$ 具有齐次马尔可夫性。

（1）求 $\{X_n, n \geqslant 1\}$ 的一步转移概率矩阵；

（2）如果今天该股票价格下跌（$X_n < -1$ 元），试预测这以后第二个交易日该股票的走势。

**解**　在 40 个数据中，$-1$ 有 18 个，$0$ 有 12 个，$1$ 有 10 个；且数据以 $-1$ 结尾，因 $-1 \rightarrow -1$ 有 13 次，$-1 \rightarrow 0$ 有 3 次，$-1 \rightarrow 1$ 有 1 次；$0 \rightarrow -1$ 有 4 次，$0 \rightarrow 0$ 有 7 次，$0 \rightarrow 1$ 有 1 次；$1 \rightarrow -1$ 有 1 次，$1 \rightarrow 0$ 有 2 次，$1 \rightarrow 1$ 有 7 次，所以所求的一步转移概率矩阵为

$$\boldsymbol{P} = \begin{bmatrix} 13/17 & 3/17 & 1/17 \\ 4/12 & 7/12 & 1/12 \\ 1/10 & 2/10 & 7/10 \end{bmatrix}$$

从而

$$\boldsymbol{P}^2 = \begin{bmatrix} 0.6495 & 0.2497 & 0.1008 \\ 0.2497 & 0.4158 & 0.1266 \\ 0.1008 & 0.2743 & 0.5125 \end{bmatrix}$$

由第一列 $0.6495 > 0.2497 > 0.1008$ 可知，这以后第二个交易日股票价格仍然下跌的可能性（概率）最大。

**【例 3.18】** （客机可靠性预测）一民航飞机引擎动力系统由 4 个主要子系统组成，每个子系统独立工作，且在一个单位时间内正常工作的概率均为 0.99。又至少有 2 个子系统正常工作，整个系统才能正常工作。当一个子系统出现故障不能工作时修理或替换需 4 个以上单位时间（或无法修理也无法替换）。

（1）如果现在 4 个子系统都是新的，问在 4 个单位时间后该系统仍正常工作的可靠性（可靠度）多大？

（2）如果客机一上天就有一个发动机出故障（坏了），求客机 4 个单位时间后平安到达另一地的概率。

**解**　此问题的直观背景可理解为某地到另一地的直达客机约飞 4 个小时，该客机有 4 个发动机，每个发动机在 1 小时内正常工作的概率为 0.99，且都独立工作。又至少有 2 个发动机正常工作时飞机才能正常飞行。

由题意知，当现有 $k$ 个好的子系统，一个单位时间后有 $i$ 个子系统出现故障的概率为 $C_k^i (0.01)^i (0.99)^{k-i}$，$k = 0,1,2,3,4$，$i = 0,1,\cdots,k$。用 $X_n$ 表示 $n$ 个单位时间后坏了的子系统数，则 $\{X_n, n \geqslant 0\}$ 是齐次马尔可夫链，状态空间为 $I = \{0,1,2,3,4\}$，一步转移概率矩阵为

$$\boldsymbol{P} = [p_{ij}] = \begin{bmatrix} 0.9606 & 0.0388 & 0.0006 & 0 & 0 \\ 0 & 0.9703 & 0.0294 & 0.0003 & 0 \\ 0 & 0 & 0.9801 & 0.0198 & 0.0001 \\ 0 & 0 & 0 & 0.9900 & 0.0100 \\ 0 & 0 & 0 & 0 & 1 \end{bmatrix}$$

其中，$p_{ij}=C_{4-i}^{j-i}(0.01)^{j-i}(0.99)^{4-j}$，$i \leqslant j \leqslant 4$，$i=0,1,2,3,4$。

一步转移概率矩阵中，当 $i>j$ 时，$p_{ij}=0$，因为当 $n \leqslant 4$ 时，$X_n \leqslant X_{n+1}$。

$$由 \ \boldsymbol{P}^{(4)}=\boldsymbol{P}^4=\begin{bmatrix} 0.8516 & 0.1396 & 0.0086 & 0.0002 & 0 \\ 0 & 0.8864 & 0.1090 & 0.0046 & 0 \\ 0 & 0 & 0.9228 & 0.0757 & 0.0016 \\ 0 & 0 & 0 & 0.9606 & 0.0394 \\ 0 & 0 & 0 & 0 & 1 \end{bmatrix}$$

（1）推断，4 个新子系统 4 个单位时间后仍能正常飞行（即不会坏 3 个或 4 个）的概率为 $1-0.0002-0=0.9998$；

（2）如果现在已坏了一个子系统，4 个单位时间后系统仍正常工作的概率为

$$p=p_{11}^{(4)}+p_{12}^{(4)}=0.9954$$

# 3.2　马尔可夫链的状态分类

前面给出了马尔可夫链状态分类的一些基本概念以及如何判别状态分类的定理，但如果对状态空间中的每个状态都按照这些定理逐一检查分类，这不仅是很烦琐的甚至是不可能的，因此，如果能够借助状态之间的转移使得对状态分类不再是一个一个地进行，而是"群体"地进行，也就是说，如果能从某个状态的分类来确定一类状态的分类，无疑会给我们带来很大方便。从某种意义上看，相当于对状态空间进行分解。

## 3.2.1　状态的分类属性

**定义 3.4（状态的周期）**　$\{X(n),n \geqslant 0\}$ 是离散马尔可夫链，$p_{ij}$ 为转移概率，$i,j \in I$，$I=\{i_0,i_1,\cdots,i_n,\cdots\}$ 为状态空间，则称该集合的最大公约数 $d=d(i)=\text{G.C.D}\{n:n \geqslant 0,p_{ii}^n>0\}$ 为状态 $i$ 的周期。如果 $d>1$，就称 $i$ 为周期的；如果 $d=1$，就称 $i$ 为非周期的。

由定义可知，当 $n$ 不能被 $d$ 整除时，$p_{ii}=0$。

**引理 3.1**　若状态 $i$ 的周期为 $d$，则存在正整数 $M$，对一切 $n \geqslant M$，有 $p_{ii}^{(nd)}>0$。

**【例 3.19】**　设有 4 个状态的马尔可夫链，状态空间 $I=\{0,1,2,3\}$，它的一步转移概率矩阵为

$$\boldsymbol{P}=\begin{bmatrix} 0 & 0 & 0.5 & 0.5 \\ 0 & 0 & 0.5 & 0.5 \\ 0.5 & 0.5 & 0 & 0 \\ 0.5 & 0.5 & 0 & 0 \end{bmatrix}$$

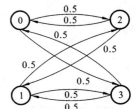

画出其状态转移图，并分析所有状态的周期。

**解**　状态转移图如图 3.13 所示。

所有状态周期为 2。

**图 3.13　状态转移图 1**

**【例 3.20】**　设马尔可夫链的状态空间 $I=\{1,2,\cdots,9\}$，画出状态间的转移概率，并求状态周期。

**解**　由图 3.14 可见,自状态 1 出发,再返回状态 1 的可能步数(时刻)为:$T = \{4,6,8,10,12,\cdots\}$,$T$ 的最大公约数为 2,但 $2 \notin T$,即由状态 1 出发经 2 步不能返回状态 1。这个 2,即状态 1 的周期,$d_1 = 2 > 1$,因此状态 1 是周期的。

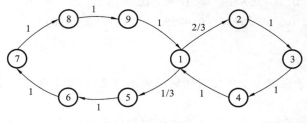

图 3.14　状态转移图 2

【**例 3.21**】　马尔可夫链的状态转移如图 3.15 所示。试分析状态 2 和状态 3 的周期性及返回特性。

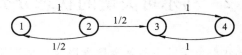

图 3.15　状态转移图 3

**解**　状态 2 和状态 3 具有相同的周期(周期为 2),但是状态 2、状态 3 有区别。从状态 2 出去后不一定能返回状态 2,如从状态 2 转移到状态 3 后不能再返回状态 2;但是状态 3 出去后经过 2 步转移一定能返回状态 3。为了描述各状态出去后能否返回初始状态,引入了常返性的概念。

**定义 3.5**　首达时间

对于两个状态 $i,j \in I$,从状态 $i$ 出发,经过转移后首次到达状态 $j$ 所经历的步数

$$T_{ij} = \{n : X_n = j, X_k \neq j, 0 < k < n \mid X_0 = i, n = 1,2,3,\cdots\}$$

称为从状态 $i$ 出发后首次到达状态 $j$ 的时间,简称为首达时间。

从状态 $i$ 出发,因具体轨道不同,首次到达状态 $j$ 的步数可以有多种,甚至可能永远不能到达状态 $j$,这时 $T_{ij} = \infty$,所以其取值空间为 $N_T = \{1,2,3,\cdots,\infty\}$。

**定义 3.6**　首中概率

它表示质点由 $i$ 出发,经 $n$ 步转移首次到达 $j$ 的概率,表示为

$$f_{ij}^{(n)} = P\{X_{m+v} \neq j, \quad 1 \leqslant v \leqslant n-1, X_{m+n} = j \mid X_m = i\}$$

同时令

$$f_{ij} = \sum_{n=1}^{\infty} f_{ij}^{(n)}$$

表示质点由 $i$ 出发,经有限步转移终于到达 $j$ 的概率。

**定义 3.7**　常返

如果 $f_{ii} = 1$,则称状态 $i$ 为常返的;

如果 $f_{ii} < 1$,则称状态 $i$ 为非常返的。

对于常返态 $i$,由定义知 $\{f_{ii}^{(n)}, n \geqslant 1\}$ 构成一概率分布,此分布的期望值

$$\mu_i = \sum_{n=1}^{\infty} n f_{ii}^{(n)}$$

表示由 $i$ 出发再返回 $i$ 的平均返回时间。

对于常返与非常返定义的解读如下。

(1) 状态 $i$ 常返：从状态 $i$ 出发以概率 1 在有限时间内能返回状态 $i$，即

$$\text{状态 } i \text{ 常返} \Leftrightarrow \sum_{n=0}^{\infty} p_{ii}^{(n)} = \infty \Leftrightarrow \text{从 } i \text{ 出发以概率 1 返回状态 } i \text{ 无穷多次。}$$

(2) 状态 $i$ 非常返：从状态 $i$ 出发以正概率不再返回状态 $i$，即

$$\text{状态 } i \text{ 非常返} \Leftrightarrow \sum_{n=0}^{\infty} p_{ii}^{(n)} < \infty \Leftrightarrow \text{从 } i \text{ 出发以概率 0 返回状态 } i \text{ 无穷多次。}$$

【例 3.22】 令 $N_i$ 表示从状态 $i$ 出发返回访问状态 $i$ 的次数（包括零时刻），那么

(1) 若状态 $i$ 常返，那么状态 $i$ 的返回状态如图 3.16 所示。

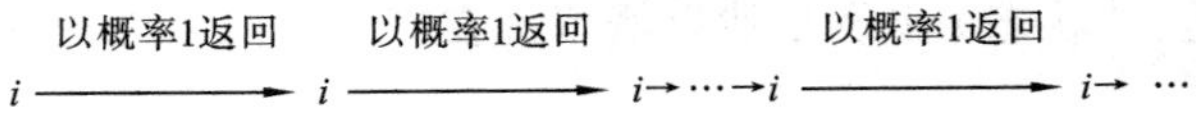

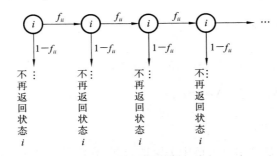

图 3.16 常返状态

即 $P(N_i = \infty \mid X_0 = i) = 1$，表示从状态 $i$ 出发以概率 1 无限次返回 $i$。

(2) 若状态 $i$ 非常返，那么 $f_{ii} = P\{\tau_i < \infty \mid X_0 = i\} < 1$，如图 3.17 所示，这表示以概率零无限次返回状态 $i$，即 $P\{N_i = \infty \mid X_0 = i\} = 0$。

图 3.17 非常返状态

此时，$N_i$ 服从几何分布，即

$$P\{N_i = n \mid X_0 = i\} = f_{ii}^{n-1}(1 - f_{ii}), \quad n = 1, 2, \cdots$$

$$E(N_i = n \mid X_0 = i) = \frac{1}{1 - f_{ii}} < \infty$$

**引理 3.2** $\quad \sum_{n=0}^{\infty} p_{ii}^{(n)} = E(N_i \mid X_0 = i) = \begin{cases} \infty, & \text{若 } i \text{ 常返} \\ \dfrac{1}{1 - f_{ii}} < \infty, & \text{若 } i \text{ 非常返} \end{cases}$

其中，$N_i$ 表示从状态 $i$ 出发返回访问状态 $i$ 的次数（包括零时刻）。

证 令

$$Y_n = \begin{cases} 1, & \text{若 } X_n = i \\ 0, & \text{若 } X_n \neq i \end{cases}$$

则
$$N_i = \sum_{n=0}^{\infty} Y_n$$

所以
$$E(N_i \mid X_0 = i) = \sum_{n=0}^{\infty} E(Y_n \mid X_0 = i) = \sum_{n=0}^{\infty} p_{ii}^{(n)}$$

证毕。

**定义 3.8**　正常返与零常返

若 $u_i < \infty$，则称常返态 $i$ 为正常返的；若 $u_i = \infty$，则称常返态 $i$ 为零常返的。非周期的正常返态称为遍历状态。

对于正常返与零常返定义的解读如下。

（1）状态 $i$ 正常返：从状态 $i$ 出发不但以概率 1 在有限时间内能返回状态 $i$，并且平均返回时间有限；

（2）状态 $i$ 零常返：从状态 $i$ 出发虽然以概率 1 在有限时间内能返回状态 $i$，但是平均返回时间无限。

首中概率 $f_{ij}^{(n)}$ 与转移概率 $p_{ij}^{(n)}$ 的关系见定理 3.2。

**定理 3.2**　对于任意状态 $i, j \in I, 1 \leqslant n < \infty$，有

$$p_{ij}^{(n)} = \sum_{k=1}^{n} f_{ij}^{(k)} p_{jj}^{(n-k)} = \sum_{k=0}^{n} f_{ij}^{(n-k)} p_{jj}^{(k)} \tag{3.2}$$

**证**　$p_{ij}^{(n)} = P\{X_n = j \mid X_0 = i\}$

$$= \sum_{k=1}^{n} P\{X_v \neq j, 1 \leqslant v \leqslant k-1, X_k = j, X_n = j \mid X_0 = i\}$$

$$= \sum_{k=1}^{n} P\{X_n = j \mid X_0 = i, X_v \neq j, 1 \leqslant v \leqslant k-1, X_k = j\} P\{X_v \neq j, 1 \leqslant v \leqslant k-1, X_k = j \mid X_0 = i\}$$

$$= \sum_{k=0}^{n} f_{ij}^{(n-k)} p_{jj}^{(k)}$$

$C$-$K$ 方程及式（3.2）是马尔可夫链中关键的公式，它们可以把 $p_{ii}^{(n)}$ 分解成较低步的转移概率之和的形式。

**定义 3.9**　到达

如果对状态 $i$ 和 $j$ 存在某个 $n(n \geqslant 1)$，使得 $p_{ij}^{(n)} > 0$，即由状态 $i$ 出发，经过 $n$ 次转移以正的概率达到状态 $j$，则称自状态 $i$ 可到达状态 $j$，并记为 $i \rightarrow j$。反之，如果状态 $i$ 不能到达 $j$，记为 $i \nrightarrow j$。

例如，无限制的随机游动中，每个状态都能够到达任何其他状态。但是在带有吸收壁的随机游动中，吸收状态却不能到达其他状态。

**定义 3.10**　互通

有两个状态 $i$ 和 $j$，如果由状态 $i$ 可以到达状态 $j$，且由状态 $j$ 也可以到达状态 $i$，则称状态 $i$ 与状态 $j$ 互通，记为

$$\left. \begin{array}{l} i \rightarrow j \\ j \rightarrow i \end{array} \right\} \Leftrightarrow i \leftrightarrow j$$

**定理 3.3**　（1）如果由状态 $i$ 可以到达状态 $j$，由状态 $j$ 可以到达状态 $k$，则由状态 $i$ 可以

到达状态 $k$。

$$\left.\begin{array}{c} i \to j \\ j \to k \end{array}\right\} \Rightarrow i \to k$$

（2）如果状态 $i$ 与 $j$ 互通，状态 $j$ 与 $k$ 互通，则状态 $i$ 与 $k$ 互通。

$$\left.\begin{array}{c} i \leftrightarrow j \\ j \leftrightarrow k \end{array}\right\} \Rightarrow i \leftrightarrow k$$

**证**　（1）$i \to j$，即存在 $l \geq 1$，使得 $p_{ij}^{(l)} > 0$，$j \to k$，即存在 $m \geq 1$，使得 $p_{jk}^{(m)} > 0$。由 $C\text{-}K$ 方程

$$p_{ik}^{(l+m)} = \sum_s p_{is}^{(l)} p_{sk}^{(m)} \geq p_{ij}^{(l)} p_{jk}^{(m)} > 0$$

且 $l+m \geq 1$，所以 $i \to k$。

（2）同（1）可得证明。

下面讨论状态 $i$ 特性（常返和非常返）的判断准则。

**定理 3.4**　状态 $i$ 常返的充要条件为

$$\sum_{n=0}^{\infty} p_{ii}^{(n)} = \infty$$

状态 $i$ 非常返的充要条件为

$$\sum_{n=0}^{\infty} p_{ii}^{(n)} = \frac{1}{1 - f_{ii}} < \infty$$

**证**　规定 $p_{ii}^{(0)} = 1$，$f_{ii}^{(0)} = 0$，由定理 3.2 可知，

$$p_{ii}^{(n)} = \sum_{k=0}^{n} p_{ii}^{(k)} f_{ii}^{(n-k)}, \quad n \geq 1$$

两边乘以 $s^n$，并对 $n \geq 1$ 求和，若记 $\{p_{ii}^{(n)}\}$ 与 $\{f_{ii}^{(n)}\}$ 的母函数分别为 $P(s) = \sum_{n=0}^{\infty} p_{ii}^{(n)} s^n$ 与 $F(s) = \sum_{n=0}^{\infty} f_{ii}^{(n)} s^n$，有

$$P(s) - 1 = P(s) F(s)$$

注意到 $0 \leq s < 1$ 时，$F(s) \leq f_{ii} = \sum_{n=0}^{\infty} f_{ii}^{(n)} \leq 1$，因此，

$$P(s) = \frac{1}{1 - F(s)}, \quad 0 \leq s < 1 \tag{3.3}$$

显然，对于任意正整数 $N$ 都有

$$\sum_{n=0}^{N} p_{ii}^{(n)} s^n \leq P(s) \leq \sum_{n=0}^{\infty} p_{ii}^{(n)}, \quad 0 \leq s < 1 \tag{3.4}$$

且当 $s \to 1$ 时，$P(s)$ 不减，故在式（3.4）中先令 $s \to 1$，再令 $N \to \infty$，有

$$\lim_{s \to 1} P(s) = \sum_{n=0}^{\infty} p_{ii}^{(n)} \tag{3.5}$$

同理可得

$$\lim_{s \to 1} F(s) = \sum_{n=0}^{\infty} f_{ii}^{(n)} = f_{ii} \tag{3.6}$$

令式（3.4）两边的 $s \to 1$，由式（3.5）、式（3.6）得证。

零常返和正常返的判断准则如下。

**定理 3.5**　设状态 $i$ 常返且有周期 $d$，则

$$\lim_{n\to\infty} p_{ii}^{(nd)} = \frac{d}{\mu_i} \tag{3.7}$$

其中，$\mu_i$ 为 $i$ 的平均返回时间。当 $\mu_i = \infty$ 时，$\dfrac{d}{\mu_i} = 0$。

**推论 3.1**　由定理 3.5 可知，设状态 $i$ 常返，则

（1）状态 $i$ 零常返 $\Leftrightarrow \lim_{n\to\infty} p_{ii}^{(n)} = 0$；

（2）状态 $i$ 正常返（遍历）$\Leftrightarrow \lim_{n\to\infty} p_{ii}^{(n)} = \dfrac{1}{\mu_i} > 0$；

其中，周期为 $d$ 时，$\lim_{n\to\infty} p_{ii}^{(n)} = \dfrac{d}{\mu_i}$；非周期时，（遍历）$\lim_{n\to\infty} p_{ii}^{(n)} = \dfrac{1}{\mu_i}$。

**证**　（1）如果状态 $i$ 零常返，由式（3.7）可知，$\lim_{n\to\infty} p_{ii}^{(nd)} = 0$，但当 $n \neq 0(\mathrm{mod}(d))$ 时，$p_{ii}^{(n)} = 0$，故 $\lim_{n\to\infty} p_{ii}^{(n)} = 0$。反之，若 $\lim_{n\to\infty} p_{ii}^{(nd)} = 0$，而 $i$ 是正常返，则由式（3.7）得 $\lim_{n\to\infty} p_{ii}^{(nd)} > 0$，矛盾。

（2）设 $\lim_{n\to\infty} p_{ii}^{(n)} = \dfrac{1}{\mu_i} > 0$，这说明 $i$ 是正常返且 $\lim_{n\to\infty} p_{ii}^{(nd)} = \dfrac{1}{\mu_i}$，与式（3.7）比较得 $d = 1$，故 $i$ 状态遍历；反之，由定理 3.5 可推出结论。

**定理 3.6**　如果状态 $i$ 与状态 $j$ 互通，则

（1）$i$ 和 $j$ 同为常返或非常返。若为常返，则同为正常返或零常返。

（2）$i$ 和 $j$ 有相同的周期。

**证**　由于 $i \leftrightarrow j$，由可达定义知存在 $l \geq 1$ 和 $n \geq 1$，使得

$$p_{ij}^{(l)} = \alpha > 0, \qquad p_{ji}^{(n)} = \beta > 0$$

由 C-K 方程，有

$$p_{ii}^{(l+m+n)} \geq p_{ij}^{(l)} p_{jj}^{(m)} p_{ji}^{(n)} = \alpha\beta p_{jj}^{(m)} \tag{3.8}$$

$$p_{jj}^{(n+m+l)} \geq p_{ji}^{(n)} p_{ii}^{(m)} p_{ij}^{(l)} = \alpha\beta p_{ii}^{(m)} \tag{3.9}$$

将式（3.8）和式（3.9）的两边从 1 到 $\infty$ 求和，有

$$\sum_{m=1}^{\infty} p_{ii}^{(l+m+n)} \geq \alpha\beta \sum_{m=1}^{\infty} p_{jj}^{(m)}$$

$$\sum_{m=1}^{\infty} p_{jj}^{(n+m+l)} \geq \alpha\beta \sum_{m=1}^{\infty} p_{ii}^{(m)}$$

可见，$\sum_{m=1}^{\infty} p_{ii}^{(m)}$ 和 $\sum_{m=1}^{\infty} p_{jj}^{(m)}$ 相互控制，所以它们同为无穷或同为有限。由定理 3.3 可知，$i,j$ 同为常返或同为非常返。再对式（3.8）、式（3.9）两边同时令 $m \to \infty$，则有

$$\lim_{m\to\infty} p_{ii}^{(l+m+n)} \geq \lim_{m\to\infty} \alpha \cdot \beta \cdot p_{jj}^{(m)}$$

$$\lim_{m\to\infty} p_{jj}^{(n+m+l)} \geq \alpha\beta \lim_{m\to\infty} p_{ii}^{(m)}$$

因此，$\lim_{m\to\infty} p_{ii}^{(m)}$ 和 $\lim_{m\to\infty} p_{jj}^{(m)}$ 同为零或同为正。由定理 3.5 及推论可知，$i,j$ 同为常返或同为正常返。

常返、非常返、周期、遍历的关系如图 3.18 所示。

对图 3.18 的进一步解读与总结如下：

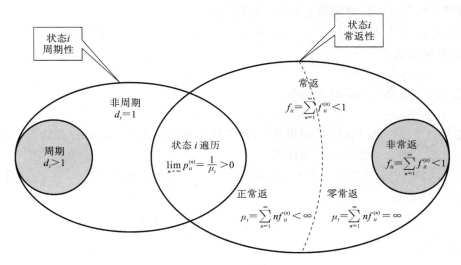

**图 3.18  常返、非常返、周期、遍历的关系图**

（1）从一个状态 $i$ 出发是不是一定能够在有限时间内返回该状态？（常返与非常返）

（2）如果能够返回，那么平均返回时间一定是有限的吗？（正常返与零常返）

（3）如果能够返回，那么平均返回时间的准确值是多少？（遍历性与平稳分布）

**【例 3.23】** 设 $\{X_n, n=0,1,2,\cdots\}$ 是齐次马尔可夫链，状态空间为 $I=\{0,1,2,3,4,5\}$，一步转移概率矩阵为

$$
\boldsymbol{P}=\begin{bmatrix}
1 & 0 & 0 & 0 & 0 & 0 \\
0 & 0 & 1 & 0 & 0 & 0 \\
0 & 0.5 & 0.5 & 0 & 0 & 0 \\
0 & 0 & 0 & 0 & 1 & 0 \\
0 & 0 & 0 & 1 & 0 & 0 \\
0.1 & 0.1 & 0.1 & 0.1 & 0.1 & 0.5
\end{bmatrix}
$$

分析各状态的常返性和周期性。

**解**  状态转移图如图 3.19 所示。

共有 4 个互达等价类，即 $\{0\}$，$\{1,2\}$，$\{3,4\}$，$\{5\}$。

（1）状态"0"是吸收态，周期和平均返回时间分别为：$d(0)=1$，$\mu_0=1$；

（2）$p_{11}^{(2)}=p_{12}p_{21}=0.5>0$，$p_{11}^{(3)}=p_{12}p_{22}p_{21}=0.25>0$，所以 $d(1)=1$。

$f_{11}^{(1)}=0$，$\forall n\geqslant 2$，$f_{11}^{(n)}=p_{12}p_{22}^{n-2}p_{21}=0.5^{n-1}$，所以 $f_{11}=1$，$\mu_1=3$。

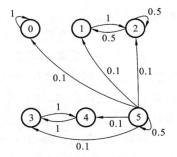

**图 3.19  状态转移图 4**

（3）$p_{22}>0$，所以 $d(2)=1$。又 $f_{22}^{(1)}=f_{22}^{(2)}=0.5$，所以 $f_{22}=1$，$\mu_2=1.5$。

所以状态"0"、"1"、"2"都是非周期、正常返的。

（4）因为 $p_{33}^{(n)}>0$ 当且仅当 $n$ 是偶数，所以状态"3"的周期表示为 $d(3)=2$，又因为 $f_{33}^{(2)}=1$，所以 $f_{33}=1$ 且 $\mu_3=2$。同理，$d(4)=2$，$f_{44}=1$ 且 $\mu_4=2$。

所以状态"3"和"4"都是周期为 2 的正常返态。

（5）因为 $p_{55}>0$，所以 $d(5)=1$，又因为 $f_{55}^{(1)}=0.5,f_{55}^{(n)}=0,n{\geqslant}2$，所以 $f_{55}=0.5<1$。所以状态"5"是非周期的非常返态。

### 3.2.2　状态空间的分解

**定义 3.11**　由一些状态组成的集合 $C$，如果对任意的状态 $j\notin C$，自任意状态 $i\in C$ 出发，不能到达状态 $j$，则称状态集合 $C$ 为闭集。

事实上，如果状态空间有一个子集 $C$，$C$ 是闭集，则对于任意状态 $i\in C,j\notin C$，有 $p_{ij}=0$。因此，进一步可推出

$$p_{ij}^{(2)}=\sum_{k\in I}p_{ik}\cdot p_{kj}=\sum_{k\in C}p_{ik}\cdot p_{kj}+\sum_{k\notin C}p_{ik}\cdot p_{kj}=0+0=0$$

应用归纳法，可以证明

$$\forall n,\ p_{ij}^{(n)}=0,\ i\in C,\ j\notin C \tag{3.10}$$

即对于 $j\notin C$，自状态 $i$ 出发不能到达状态 $j$。

若单个状态形成一个闭集，则称这个闭集为吸收状态。吸收状态的充要条件为：$p_{jj}=1$。

显然，整个状态空间构成一个闭集，这是较大的闭集。另外，吸收状态也构成一个闭集，这是一个较小的闭集。

在一个闭集内，若不包含任何子闭集，则称该闭集为不可约的，这时所有状态之间都是相通的。

**定理 3.7**　在转移概率矩阵 $\boldsymbol{P}^{(n)}$ 中，仅保留同类中各状态间的转移概率，将其他所有行和列都删去，则剩下一个随机矩阵，其中基本关系仍满足

$$\sum_{k\in C}p_{ik}=1,\quad i\in C$$

$$p_{ij}^{(n+m)}=\sum_{r\in C}p_{ir}^n\cdot p_{rj}^m$$

这意味着有一定义在 $C$ 上的马尔可夫子链，且这个子链可以不涉及所有其他状态而被独立地研究。

**定理 3.8**　所有常返状态构成一个闭集 $C$。

**证**　如果 $i$ 是常返状态，且 $i{\to}j$，则 $j{\to}i$，即状态 $i$ 与状态 $j$ 相通。事实上，如果自状态 $j$ 出发不能到达状态 $i$，则由于 $i{\to}j$，于是自状态 $i$ 出发到达状态 $j$ 后，不能再返回状态 $i$。这与状态 $i$ 是常返状态（$f_{ii}=1$，即自 $i$ 出发以概率 1 返回 $i$）的假定相矛盾。于是，反证上述结论为真。

如果 $i$ 为常返状态，且 $i{\to}j$，则 $j$ 必为常返状态，亦即自常返状态出发，只能到达常返状态，不能到达非常返状态。换句话说，常返状态的全体构成一个闭集 $C$。

可以推出，不可约马尔可夫链或者没有非常返状态，或者没有常返状态。

**定理 3.9**　$C$ 是闭集的充要条件为：对任意 $i\in C$ 及 $j\notin C$，都有 $p_{ij}^{(n)}=0,n{\geqslant}1$。

**证**　只需要证明必要性。

用归纳法，如果状态空间有一个子集 $C$，$C$ 是闭集，则对于任意状态 $i\in C,j\notin C$，有 $p_{ij}=0$。即 $n=1$ 时结论成立，先假设 $n=m$ 时，有 $p_{ij}^{(m)}=0$，那么

$$p_{ij}^{(m+1)} = \sum_{k \in I} p_{ik}^{(m)} \cdot p_{kj} = \sum_{k \in C} p_{ik}^{(m)} \cdot p_{kj} + \sum_{k \notin C} p_{ik} \cdot p_{kj}$$
$$= \sum_{k \in C} p_{ik}^{(m)} \cdot 0 + \sum_{k \notin C} 0 \cdot p_{kj} = 0$$

定理得证。即

$$\forall n, p_{ij}^{(n)} = 0, \quad i \in C, j \notin C \tag{3.11}$$

对于 $j \notin C$，自状态 $i$ 出发不能到达状态 $j$。

进一步可得，对一切 $n \geqslant 1, i \in C$，有 $\sum_{j \in C} p_{ij}^{(n)} = 1$。它表明闭集内的所有状态都是相通的。或者说，马尔可夫链一旦进入闭集 $C$ 中某一状态，则以后马尔可夫链永远在 $C$ 中的状态间转移，不会跑到 $C$ 外。

**定理 3.10**　任意马尔可夫链的状态空间 $I$，可以唯一地分解成有限个或可列个互不相交的子集之和，$I = D \cup C_1 \cup C_2 \cup \cdots \cup C_M \cup \cdots$，其中，

（1）每个 $C_n$ 是常返态组成的不可约闭集；

（2）$C_n$ 中的状态同类，或全是正常返，或全是零常返，它们有相同的周期且

$$f_{jk} = 1; \quad j, k \in C_n$$

（3）$D$ 由全部非常返态组成，自 $C_n$ 中的状态不能到达 $D$ 中的状态。

**证**　令 $C$ 为所有常返状态组成的集合，$D = I - C$ 为所有非常返状态的集合，将 $C$ 按照相同关系进行分解，那么

$$I = D \cup C_1 \cup C_2 \cup \cdots \cup C_M \cup \cdots$$

其中，每一个 $C_n$ 是由常返组成的不可约闭集，且由定理 3.9 可知 $C_n$ 中的状态是同类型的，显然，$C_n$ 中的状态不能到达 $D$ 中的状态。

我们称 $C_n$ 为基本常返闭集，分解定理中的 $D$ 集不一定是闭集，但如果 $I$ 为有限集，一定是非闭集。因此，如某一质点自某一非常返状态 $i \in D$ 出发，它有可能一直在 $D$ 中运动，也有可能在某一时刻离开 $D$ 集转移到某一基本常返闭集 $C_n$ 中，一旦质点进入 $C_n$ 后，它将永远在 $C_n$ 中运动。

由此可知，在只有常返状态的不可约马尔可夫链中，所有状态都是相通的。

**【例 3.24】**　设有 4 个状态 $I = \{0, 1, 2, 3\}$ 的马尔可夫链，其一步转移概率矩阵为

$$\boldsymbol{P} = \begin{bmatrix} 0.5 & 0.5 & 0 & 0 \\ 0.5 & 0.5 & 0 & 0 \\ 0.25 & 0.25 & 0.25 & 0.25 \\ 0 & 0 & 0 & 1 \end{bmatrix}$$

试对其状态进行分类。

**解**　该过程的状态转移图如图 3.20 所示。图中节点处圆圈内的数字代表状态，状态 $i$ 到状态 $j$ 用箭弧连接，箭弧上的数字代表转移概率。

在该马尔可夫链中，$p_{33} = 1, p_{30} = p_{31} = p_{32} = 0$，因此状态 3 是一个闭集，它是吸收态。显然由状态 3 不可能到达任何其他状态。

从状态 2 出发可以达到 0、1、3 三个状态。但是从 0、1、

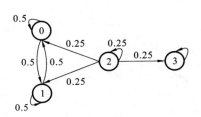

**图 3.20　状态转移图** 5

3 三个状态出发都不能到达状态 2。所以 0、1 两个状态和状态 2 也是不相通的。0、1 两个状态也构成一个闭集。而且

$$\begin{bmatrix} p_{00} & p_{01} \\ p_{10} & p_{11} \end{bmatrix} = \begin{bmatrix} 0.5 & 0.5 \\ 0.5 & 0.5 \end{bmatrix}$$

构成一个随机矩阵。于是该马尔可夫链有两个闭集 $\{0,1\}$ 和 $\{3\}$。

【例 3.25】 设马尔可夫链的状态空间为 $I = \{0,1,2,3,4,5\}$，一步转移概率矩阵为

$$P = \begin{bmatrix} 1 & 0 & 0 & 0 & 0 & 0 \\ 0 & 0 & 0.5 & 0 & 0.5 & 0 \\ 0 & 0 & 0.5 & 0.5 & 0 & 0 \\ 0 & 0 & 0.5 & 0.5 & 0 & 0 \\ 0 & 0 & 0 & 0 & 0.5 & 0.5 \\ 0 & 0 & 0 & 0 & 0.5 & 0.5 \end{bmatrix}$$

试对其状态进行分类。

**解** 该马尔可夫链的状态转移图如图 3.21 所示。

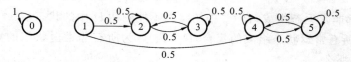

**图 3.21　状态转移图 6**

状态 0：$f_{00}^{(1)} = 1$，$f_{00}^{(n)} = 0$，$n \geqslant 2$，于是 $f_{00} = 1$，为常返态；周期 $d(0) = 1$，所以为遍历态。

状态 1：$f_{00}^{(n)} = 0$，$n \geqslant 1$，为非遍历态。

状态 2：$f_{22}^{(1)} = 0.5$，$f_{22}^{(n)} = 0.5^n$，$n \geqslant 2$，于是 $f_{22} = \sum\limits_{n=1}^{\infty} f_{22}^{(n)} = 1$，为常返态；周期 $d(2) = 1$，为遍历态。

同理可分析得，状态 3、4、5 也是遍历态。

非常返状态 $D = \{1\}$，常返状态 $C = \{0,2,3,4,5\}$，闭集 $C_1 = \{0\}$，$C_2 = \{2,3\}$，$C_3 = \{4,5\}$。

【例 3.26】 设马尔可夫链的状态空间 $I = \{1,2,3,4\}$，其一步转移矩阵为

$$P = \begin{bmatrix} 0 & \dfrac{1}{3} & \dfrac{1}{3} & \dfrac{1}{3} \\ 1 & 0 & 0 & 0 \\ 0 & \dfrac{1}{2} & \dfrac{1}{2} & 0 \\ 0 & 1 & 0 & 0 \end{bmatrix}$$

试分析各状态的常返性。

**解** 按一步转移概率矩阵，画出状态转移图，如图 3.22 所示。

它是有限状态的马尔可夫链，故必有一个常返态，且链中四个状态都是互通的。因此，所有状态都是常返态，这是一个有限状态不可约的马尔可夫链。

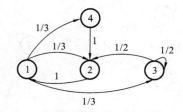

**图 3.22　状态转移图 7**

讨论状态 1：

$$f_{11}^{(1)}=0, \quad f_{11}^{(2)}=\frac{1}{3}, \quad f_{11}^{(3)}=\frac{1}{3}+\frac{1}{3}\times\frac{1}{2}=\frac{1}{2}$$

$$f_{11}^{(4)}=\frac{1}{3}\times\frac{1}{2}\times\frac{1}{2}\times 1=\frac{1}{12}$$

$$f_{11}^{(5)}=\frac{1}{3}\times\frac{1}{2}\times\frac{1}{2}\times\frac{1}{2}\times 1=\frac{1}{2\times 12}, \quad f_{11}^{(6)}=\frac{1}{3}\times\frac{1}{2}\times\frac{1}{2}\times\frac{1}{2}\times\frac{1}{2}\times 1=\frac{1}{2^2\times 12}$$

$$f_{11}=\sum_{n=1}^{\infty}f_{11}^{(n)}=\frac{1}{3}+\frac{1}{2}+\frac{1}{12}+\frac{1}{2\times 12}+\frac{1}{2^2\times 12}+\cdots$$

状态 1 是常返态。

$$\mu_1=\sum_{n=1}^{\infty}nf_{11}^{(n)}=2\times\frac{1}{3}+3\times\frac{1}{2}+4\times\frac{1}{12}+5\times\frac{1}{2\times 12}+6\times\frac{1}{2^2\times 12}+\cdots<\infty$$

状态 1 是正常返态。

所以，全部状态都是正常返态。

**【例 3.27】**　设马尔可夫链的状态空间 $I=\{1,2,3,4,5\}$，其一步转移概率矩阵为

$$\boldsymbol{P}=\begin{bmatrix} 0 & 0.5 & 0.5 & 0 & 0 \\ 0 & 0 & 0 & 0.2 & 0.8 \\ 0 & 0 & 0 & 0.4 & 0.6 \\ 1 & 0 & 0 & 0 & 0 \\ 1 & 0 & 0 & 0 & 0 \end{bmatrix}$$

试分析各状态的类型及周期性。

**解**　状态转移图如图 3.23 所示。

对于任意 $i,j\in I$，有 $i\leftrightarrow j$，即 $I$ 为不可再分闭集。所以 $I$ 中每一个状态都是常返态，且此马尔可夫链为有限状态不可约常返链。

又因为马尔可夫链为有限状态不可约链，所以所有状态都是正常返状态。下面考虑状态"1"的周期性：

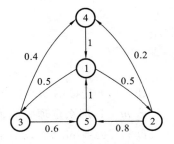

图 3.23　状态转移图 8

$$1\xrightarrow{0.5}2\xrightarrow{0.2}4\xrightarrow{1}1, \quad 1\xrightarrow{0.5}2\xrightarrow{0.8}5\xrightarrow{1}1$$

$$1\xrightarrow{0.5}3\xrightarrow{0.4}4\xrightarrow{1}1, \quad 1\xrightarrow{0.5}3\xrightarrow{0.6}5\xrightarrow{1}1$$

所以状态 1 的周期为 3，由定理 3.6 可知状态空间 $I$ 中所有状态都为周期态，且周期都为 3。因此，这个马尔可夫链又是以 3 为周期的周期链。

# 3.3　马尔可夫链的遍历性及平稳分布

**定义 3.12**　一般地，设齐次马尔可夫链 $\{X_n,n\geqslant 0\}$ 的状态空间为 $I$，若对于所有的状态 $i$，$j\in I$，转移概率 $p_{ij}^{(n)}$ 存在极限：$\lim\limits_{n\to\infty}p_{ij}^{(n)}=\pi_j$，其中 $\pi_j$ 是常数，与初始状态 $i$ 无关，由目标状态 $j$ 决定，且 $0<\pi_j<1$，那么称该马尔可夫链具有遍历性。

根据马尔可夫链遍历性的定义，我们可以推导出其 $n$ 步转移概率矩阵的极限为

$$\lim_{n\to\infty}\boldsymbol{P}^{(n)}=\boldsymbol{P}^n \xrightarrow[n\to\infty]{} \begin{bmatrix} \pi_1 & \pi_2 & \cdots & \pi_j & \cdots \\ \pi_1 & \pi_2 & \cdots & \pi_j & \cdots \\ \vdots & \vdots & & \vdots & \vdots \\ \pi_1 & \pi_2 & & \pi_j & \cdots \\ \cdots & \cdots & \cdots & \cdots & \cdots \end{bmatrix}$$

该矩阵的极限具备如下性质:

(1) 该矩阵所有位置的元素取值必定在区间(0, 1),即 $\forall i,j, 0 < p_{ij}^{(n)} < 1$;

(2) 该矩阵的每一行元素求和结果必等于 1,即 $\forall i, \sum_{j \in 1}^{\infty} p_{ij}^{(n)} = \sum_{j \in 1}^{\infty} \pi_j = 1$;

(3) 矩阵中每一列的元素取值是相等的。

上述极限的意义在于:对于固定的目标状态 $j$,不管马尔可夫链在某一时刻从任何初始状态 $i$ 出发,通过长时间的转移,达到目标状态 $j$ 的概率趋近于常数 $\pi_j$,这就是遍历性。又由于 $\sum_{j=1}^{\infty} \pi_j = 1$,所以 $\boldsymbol{\pi} = \begin{bmatrix} \pi_0 & \pi_1 & \cdots & \pi_M & \cdots \end{bmatrix}$ 为马尔可夫链的极限分布。

齐次马尔可夫链在什么条件下才具有遍历性?如何求出它的极限分布?

下面首先讨论有限链的遍历性的充分条件。

**定理 3.11** 设有一有限状态的马尔可夫链 $\{X_n, n \geq 0\}$,状态空间为 $I = \{i_1, i_2, \cdots, i_M\}$,若存在一个正整数 $m$,使得对状态空间的任何状态 $i, j \in I$,有 $p_{ij}^{(m)} > 0$,那么 $\lim_{n\to\infty}\boldsymbol{P}^{(n)} = \boldsymbol{\pi}$,其中 $\boldsymbol{\pi}$ 是一个随机矩阵,且它的各行均相同,即

$$\boldsymbol{\pi} = \begin{bmatrix} \pi_1 & \pi_2 & \cdots & \pi_M \\ \pi_1 & \pi_2 & \cdots & \pi_M \\ \vdots & \vdots & & \vdots \\ \pi_1 & \pi_2 & \cdots & \pi_M \end{bmatrix}$$

**证** (1) 先证明 $m = 1$ 时,上述定理的正确性。

若 $m = 1$,那么定理中的条件是 $p_{ij} \geq \varepsilon > 0, i, j \in I$。

设 $m_j(n) = \min_i p_{ij}^{(n)}$,$m_j(n)$ 表示在 $n$ 次转移后在 $j$ 列中最小的一个元素。

设 $M_j(n) = \max_i p_{ij}^{(n)}$,$M_j(n)$ 表示在 $n$ 次转移后在 $j$ 列中最大的一个元素。

根据 C-K 方程式可知

$$p_{ij}^{(n)} = \sum_{k \in I} p_{ik} \cdot p_{kj}^{(n-1)} \geq \sum_{k \in I} p_{ik} \cdot m_j(n-1) = m_j(n-1) \tag{3.12}$$

由于式(3.12)中对于所有 $i$ 都是正确的,包括 $j$ 列中 $p_{ij}^{(n)}$ 为最小的 $i$ 在内,因此

$$m_j(n) \geq m_j(n-1) \tag{3.13}$$

式(3.13)说明每列中的最小值随着 $n$ 的增加而增加。同理,可以证明每列的最大值随着 $n$ 的增加而减小。

$$p_{ij}^{(n)} = \sum_{k \in I} p_{ik} \cdot p_{kj}^{(n-1)} \leq \sum_{k \in I} p_{ik} \cdot M_j(n-1) = M_j(n-1)$$

$$M_j(n) \geq M_j(n-1)$$

由于 $m_j(n)$、$M_j(n)$ 都是有界序列,故当 $n \to \infty$ 时,$m_j(n)$、$M_j(n)$ 都趋向于它们各自的极限。为了证明本定理,需要证明这两个序列趋于同一极限。

设当 $i=i_0$ 时,经过 $n$ 步转移到达最小值 $m_j(n)$,当 $i=i_1$ 时,经过 $n-1$ 步转移到达最大值 $M_j(n-1)$,那么

$$m_j(n) = p_{i_0 j}^{(n)} = \sum_{k \in I} p_{i_0 k} \cdot p_{kj}^{(n-1)} = \varepsilon p_{i_1 j}^{(n-1)} + (p_{i_0 j}^{(n)} - \varepsilon) p_{i_1 j}^{(n-1)} + \sum_{\substack{k \neq j \\ k \in I}} p_{i_0 k} \cdot p_{kj}^{(n-1)}$$

$$\geqslant \varepsilon M_j(n-1) + \left( p_{i_0 i_1} - \varepsilon + \sum_{\substack{k \neq j \\ k \in I}} p_{i_0 k} \right) m_j(n-1)$$

即

$$m_j(n) \geqslant \varepsilon M_j(n-1) + (1-\varepsilon) m_j(n-1) \tag{3.14}$$

同理,设当 $i=i'_0$ 时,经过 $n$ 步转移到达最大值 $M_j(n)$,当 $i=i_2$ 时,经过 $n-1$ 步转移到达最小值 $m_j(n-1)$,于是

$$M_j(n) = p_{i'_0 j}^{(n)} = \sum_{k \in I} p_{i'_0 k} \cdot p_{kj}^{(n-1)} = \varepsilon p_{i_2 j}^{(n-1)} + (p_{i'_0 i_2} - \varepsilon) p_{i_2 j}^{(n-1)} + \sum_{\substack{k \neq j \\ k \in I}} p_{i'_0 k} \cdot p_{kj}^{(n-1)}$$

$$\leqslant \varepsilon m_j(n-1) + \left( p_{i'_0 i_2} - \varepsilon + \sum_{\substack{k \neq j \\ k \in I}} p_{i'_0 k} \right) M_j(n-1)$$

$$= \varepsilon m_j(n-1) + (1-\varepsilon) M_j(n-1)$$

即有

$$M_j(n) \leqslant \varepsilon m_j(n-1) + (1-\varepsilon) M_j(n-1) \tag{3.15}$$

由式(3.14)、式(3.15)得到

$$M_j(n) - m_j(n) \leqslant (1-2\varepsilon) [M_j(n-1) - m_j(n-1)] \tag{3.16}$$

式(3.16)是一个递推公式,有结论

$$M_j(n) - m_j(n) \leqslant (1-2\varepsilon)^{n-1}$$

当 $n \to \infty$ 时,$m_j(n)$ 和 $M_j(n)$ 趋于同一极限,这就证明了 $\lim_{n \to \infty} \boldsymbol{P}^{(n)} = \boldsymbol{\pi}$。

(2) 设当 $m > 1$ 时,在

$$\lim_{n \to \infty} (\boldsymbol{P}^{(m)})^n = \lim_{n \to \infty} \boldsymbol{P}^{(m \cdot n)} = \boldsymbol{\pi}$$

情况下,又设 $k=1,2,3,\cdots,m-1$,那么

$$\lim_{n \to \infty} \boldsymbol{P}^{(m \cdot n + k)} = \lim_{n \to \infty} \boldsymbol{P}^{(k)} \cdot \boldsymbol{P}^{(m \cdot n)} = \boldsymbol{P}^{(k)} \cdot \boldsymbol{\pi}$$

由于 $\boldsymbol{P}^{(k)}$ 中各行元素之和为 1,而矩阵 $\boldsymbol{\pi}$ 中的任何一列上的元素相等,因此,$\boldsymbol{P}^{(k)} \cdot \boldsymbol{\pi} = \boldsymbol{\pi}$,即

$$\lim_{n \to \infty} \boldsymbol{P}^{(m \cdot n + k)} = \boldsymbol{\pi}$$

定理得证。

**推论 3.2**　$\boldsymbol{P}$ 的极限矩阵 $\boldsymbol{\pi}$ 满足下列关系:

(1) $\sum_{i \in I} \pi_i \cdot p_{ij} = \pi_j, 0 < \pi_i < 1$,即 $\boldsymbol{\pi} \cdot \boldsymbol{P} = \boldsymbol{\pi}$;

(2) $\sum_{i \in I} \pi_i = 1$。

**证**　(1) 因为 $\lim_{n \to \infty} \boldsymbol{P}^{(n)} = \boldsymbol{\pi}, \lim_{n \to \infty} \boldsymbol{P}^{(n+1)} = \boldsymbol{\pi}$,根据 C-K 方程 $\boldsymbol{P}^{(n+1)} = \boldsymbol{P}^{(n)} \cdot \boldsymbol{P}$,所以 $\boldsymbol{\pi} \cdot \boldsymbol{P} = \boldsymbol{\pi}$。

(2) 由于 $\lim_{n \to \infty} \boldsymbol{P}^{(n)} = \boldsymbol{\pi} = \begin{bmatrix} \pi_1 & \pi_2 & \cdots & \pi_M \\ \pi_1 & \pi_2 & \cdots & \pi_M \\ \vdots & \vdots & & \vdots \\ \pi_1 & \pi_2 & \cdots & \pi_M \end{bmatrix}$ 是转移概率矩阵,所以每行元素之和必等于

1,即

$$\sum_{i \in I} \pi_i = 1$$

**定理 3.12** 设 $\{X_n, n \geqslant 0\}$ 是一马尔可夫链,则 $\{X_n, n \geqslant 0\}$ 为平稳过程的充分必要条件是: $\pi(0)(\pi_i(0), i \in I)$ 是平稳分布,即有 $\pi(0) = \pi(0)P$,其中 $P$ 为一步转移概率矩阵。

**证**　充分性:

记 $\pi(0) = \pi$,那么有

$$\pi(1) = \pi(0)P = \pi$$
$$\pi(2) = \pi(1)P = \pi(0)P = \pi$$
$$\vdots$$
$$\pi(n) = \pi(n-1)P = \cdots = \pi$$

因此,对于 $\forall i_k \in I, t_k \in N, n \geqslant 1, 1 \leqslant k \leqslant n, t \in N$,有

$$P\{X_{t_1} = i_1, X_{t_2} = i_2, \cdots, X_{t_n} = i_n\} = \pi_{i_1}(t_1) p_{i_1 i_2}^{(t_2 - t_1)} \cdots p_{i_{n-1} i_n}^{(t_n - t_{n-1})}$$
$$= \pi(t_1 + t) p_{i_1 i_2}^{(t_2 - t_1)} \cdots p_{i_{n-1} i_n}^{(t_n - t_{n-1})}$$
$$= P\{X_{t_1 + t} = i_1, X_{t_2 + t} = i_2, \cdots, X_{t_n + t} = i_n\}$$

所以,$\{X_n, n \geqslant 0\}$ 是严平稳过程。

必要性:

由于 $\{X_n, n \geqslant 0\}$ 是平稳过程,因此有

$$\pi(n) = \pi(n-1) = \cdots = \pi(0)$$

又由 $\pi(1) = \pi(0)P$ 得

$$\pi(0) = \pi(0)P$$

即 $\pi(0)$ 是平稳分布。

**定理 3.13** 非周期的不可约链是正常返的充分必要条件是:它存在平稳分布,且此时平稳分布就是极限分布。

**证**　充分性:

设存在平稳分布:$\pi = \{\pi_1, \pi_2, \cdots, \pi_j, \cdots\}$,由此有

$$\pi = \pi P = \pi P^2 = \cdots = \pi P^n$$

即

$$\pi_j = \sum_{i \in I} \pi_i p_{ij}^{(n)}$$

由于 $\pi_j \geqslant 0, j \in I, \sum_{j \in I} \pi_j = 1$,由控制收敛定理,有

$$\pi_j = \lim_{n \to \infty} \sum_{i \in I} \pi_i p_{ij}^{(n)} = \sum_{i \in I} \pi_i \lim_{n \to \infty} p_{ij}^{(n)} = \left(\sum_{i \in I} \pi_i\right) \frac{1}{\mu_j} = \frac{1}{\mu_j}$$

因为

$$\sum_{j \in I} \pi_j = \sum_{j \in I} \frac{1}{\mu_j} = 1$$

于是至少存在一个 $\pi_l = \dfrac{1}{\mu_l} > 0$,从而 $\lim\limits_{n \to \infty} p_{ll}^{(n)} = \dfrac{1}{\mu_l} > 0$,即有

$$\mu_l < \infty$$

故 $l$ 为正常返状态,由不可约性,可知整个链是正常返的,且有

$$\pi_j = \frac{1}{\mu_j} > 0, \quad j \in I$$

必要性：

由于马尔可夫链是正常返非周期链，即为遍历链，由以上的定理立即可得结果，且有

$$\pi_j = \pi_j^* = \frac{1}{\mu_j}, \quad j \in I$$

【例 3.28】 一齐次马尔可夫链的一步转移概率矩阵为

$$\boldsymbol{P} = \begin{bmatrix} 0.3 & 0.4 & 0 & 0.3 \\ 0 & 0.2 & 0.6 & 0.2 \\ 0.1 & 0 & 0 & 0.9 \\ 0 & 0.4 & 0.6 & 0 \end{bmatrix}$$

当前我们暂时还不能判断该链是否遍历（矩阵中存在"0"元素），接下来考虑 $\boldsymbol{P}^{(2)}$ 的情况

$$\boldsymbol{P}^{(2)} = \boldsymbol{P}^2 = \begin{bmatrix} 0.09 & 0.32 & 0.42 & 0.17 \\ 0.06 & 0.12 & 0.24 & 0.58 \\ 0.03 & 0.40 & 0.54 & 0.03 \\ 0.06 & 0.08 & 0.24 & 0.62 \end{bmatrix}$$

依据定理 3.11，矩阵中所有元素的值大于 0，即 $\forall i, j \in I, p_{ij}^{(2)} > 0$，所以，我们有充分的理由判断出该链是遍历的，我们也可以继续验证。

$$\boldsymbol{P}^4 = \begin{bmatrix} 0.0501 & 0.2488 & 0.3822 & 0.3189 \\ 0.0546 & 0.1760 & 0.3228 & 0.4466 \\ 0.0447 & 0.2760 & 0.4074 & 0.2719 \\ 0.0546 & 0.1744 & 0.3228 & 0.4482 \end{bmatrix}$$

$$\boldsymbol{P}^8 = \begin{bmatrix} 0.0506 & 0.2174 & 0.3581 & 0.3739 \\ 0.0512 & 0.2115 & 0.3534 & 0.3839 \\ 0.0504 & 0.2196 & 0.3599 & 0.3702 \\ 0.0512 & 0.2115 & 0.3534 & 0.3840 \end{bmatrix}$$

$$\boldsymbol{P}^{16} = \begin{bmatrix} 0.050846 & 0.21471 & 0.35595 & 0.3785 \\ 0.050849 & 0.21467 & 0.35592 & 0.37856 \\ 0.050845 & 0.21472 & 0.35596 & 0.37848 \\ 0.050849 & 0.21467 & 0.35592 & 0.37856 \end{bmatrix}$$

从上述的计算结果可以看出，$\boldsymbol{P}^{(8)}$ 与 $\boldsymbol{P}^{(4)}$ 十分接近。如果进一步求 $\boldsymbol{P}^{(16)} = \boldsymbol{P}^{(8)} \cdot \boldsymbol{P}^{(8)}$，发现 $\boldsymbol{P}^{(16)}$ 与 $\boldsymbol{P}^{(8)}$ 几乎相同。另外，$\boldsymbol{P}^{(16)}$ 中每列的元素也几乎相同，这说明当 $n$ 越大，$p_{ij}^{(n)}$ 趋近于极限值。

因此，一个有限状态的马尔可夫链，当满足条件 $\forall i, j \in I, p_{ij}^{(m)} > 0$ 时，该随机模型再经过一段时间的推进，将达到平稳状态，那么此后该随机过程每一个状态出现的概率不再随时间的变化而发生改变。

假设马尔可夫链的初始分布为

| $X(0)$ | $i_1$ | $i_2$ | $\cdots$ | $i_M$ |
|---|---|---|---|---|
| $P\{X(0) = i\}$ | $p_1$ | $p_2$ | $\cdots$ | $p_M$ |

马尔可夫链如果遍历,那么随着时间的推移,它每个状态出现的概率是稳定的,与初始状态 $X(0)$ 的分布无关。

| $\lim\limits_{n\to\infty}X(n)$ | $i_1$ | $i_2$ | $\cdots$ | $i_M$ |
|---|---|---|---|---|
| $\lim\limits_{n\to\infty}P\{X(n)=i\}$ | $\pi_1$ | $\pi_2$ | $\cdots$ | $\pi_M$ |

**推论 3.3**　马尔可夫链如果遍历,$n\to\infty$ 时,不仅马尔可夫链的一维分布是平稳的,它的任意 $k$ 维分布也是平稳的,即遍历的马尔可夫链在经过足够的时间积累以后,必然是严平稳过程。

**证**　设 $0<n_1<n_2<\cdots<n_k$,那么

$$P\{X(n_1)=j_1,X(n_2)=j_2,\cdots,X(n_{k-1})=j_{k-1},X(n_k)=j_k\}$$
$$=P\{X(n_k)=j_k\mid X(n_{k-1})=j_{k-1}\}P\{X(n_{k-1})=j_{k-1}\mid X(n_{k-2})=j_{k-2}\}\cdots$$
$$P\{X(n_2)=j_2\mid X(n_1)=j_1\}P\{X(n_1)=j_1\}$$
$$=P^{(m_{k-1})}(j_k\mid j_{k-1})P^{(m_{k-2})}(j_{k-1}\mid j_{k-2})\cdots P^{(m_1)}(j_2\mid j_1)P\{X(n_1)=j_1\}$$

其中,
$$m_{k-1}=n_{k-1}-n_{k-2}$$
$$m_{k-2}=n_{k-1}-n_{k-2}$$
$$\vdots$$
$$m_1=n_2-n_1$$

当 $n_1\to\infty$ 时,且保持时间间隔序列 $m_1,m_2,\cdots,m_{k-1}$ 为常数不变,由于马尔可夫链遍历,即

$$\lim\limits_{n_1\to\infty}P(X(n_1)=j_1)=\pi_{j_1}\quad(常数)$$

所以

$$P\{X(n_1)=j_1,X(n_2)=j_2,\cdots,X(n_{k-1})=j_{k-1},X(n_k)=j_k\}$$
$$=P^{(m_{k-1})}(j_k\mid j_{k-1})P^{(m_{k-2})}(j_{k-1}\mid j_{k-2})\cdots P^{(m_1)}(j_2\mid j_1)\pi_{j_1}$$

上式表明,当 $n_1\to\infty$ 时,该链的 $k$ 维分布不会随着观察时间点 $n_1$ 的变化而改变,是稳定的。

总之,若一个齐次马尔可夫链是遍历的,存在极限分布 $(\pi_1\quad\pi_2\quad\cdots\quad\pi_M)$,那么当 $n_1\to\infty$ 时,其 $k$ 维分布可以用以上公式来计算,完全可以用极限分布 $(\pi_1\quad\pi_2\quad\cdots\quad\pi_M)$ 和转移概率来表示,该链经过长时间的转移后趋于一严平稳过程。

可以想象,有大量的质点彼此独立,且按照统一规律运动(如大气分子的运动),若它们都服从马尔可夫链的那些规律,则在长时间的运动后,处于每一状态的所有质点的百分数比率是稳定的,它近似地给出了每个质点去往该状态的概率。这就是概率论中研究的大数定律,即用稳定的相对频率来估算概率。

下面讨论马尔可夫过程的平稳性与齐次性的关系。

齐次马尔可夫过程是指转移概率与观察时刻组的绝对位置无关,或者说,是转移概率平稳的马尔可夫过程。这时转移概率有如下关系:

$$f\{X_{n+m}\mid X_n;n,n+m\}=f\{X_{n+m}\mid X_n;m\}$$

考虑到马尔可夫过程的特点,马尔可夫过程若是严平稳的,那么其任意阶的转移概率与一阶转移概率是平稳的;反之亦然。因此,严平稳的马尔可夫过程与齐次马尔可夫过程的关系如图 3.24 所示。

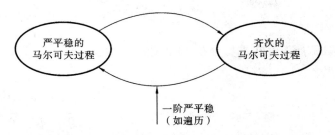

**图 3.24 马尔可夫过程的平稳性与齐次性的关系**

【**例 3.29**】 设 $I=\{1,2\}$,且一步转移概率矩阵为

$$P=\begin{pmatrix} \dfrac{3}{4} & \dfrac{1}{4} \\[2mm] \dfrac{5}{8} & \dfrac{3}{8} \end{pmatrix}$$

求平稳分布及 $\lim\limits_{n\to\infty}P^n$。

**解** 该马尔可夫链存在平稳分布,令平稳分布为 $\boldsymbol{\pi}=[\pi_1, \quad \pi_2]$,那么

$$\begin{cases} \boldsymbol{\pi}=\boldsymbol{\pi}P \\ \displaystyle\sum_{i=1}^{2}\pi_i=1 \end{cases}$$

得:$\pi_1=5/7$,$\pi_2=2/7$。

故平稳分布 $\boldsymbol{\pi}=\left[\dfrac{5}{7}, \quad \dfrac{2}{7}\right]$。

由于 $\pi_j=\lim\limits_{n\to\infty}p_{ij}^{(n)}=\dfrac{1}{\mu_j}$,故 $\mu_1=7/5$,$\mu_2=7/2$,因此,

$$\lim_{n\to\infty}P^n=\begin{pmatrix} 5/7 & 2/7 \\ 5/7 & 2/7 \end{pmatrix}$$

【**例 3.30**】 设 $\{X(n),n=0,1,2,\cdots\}$ 是一齐次马尔可夫链,$\forall n,X(n)\in I=\{i_0,i_1,i_2\}$,其一步转移概率矩阵为

$$P=\begin{pmatrix} \dfrac{1}{3} & \dfrac{2}{3} & 0 \\[2mm] \dfrac{2}{9} & \dfrac{5}{9} & \dfrac{2}{9} \\[2mm] 0 & \dfrac{2}{3} & \dfrac{1}{3} \end{pmatrix}$$

(1) 试判断该链是否遍历。

(2) 当 $n\to\infty$,试求 $X(n)$ 的概率分布。

**解** (1) $$P^2=\begin{pmatrix} \dfrac{1}{3} & \dfrac{2}{3} & 0 \\[2mm] \dfrac{2}{9} & \dfrac{5}{9} & \dfrac{2}{9} \\[2mm] 0 & \dfrac{2}{3} & \dfrac{1}{3} \end{pmatrix}\begin{pmatrix} \dfrac{1}{3} & \dfrac{2}{3} & 0 \\[2mm] \dfrac{2}{9} & \dfrac{5}{9} & \dfrac{2}{9} \\[2mm] 0 & \dfrac{2}{3} & \dfrac{1}{3} \end{pmatrix}=\begin{pmatrix} \dfrac{7}{27} & \dfrac{16}{27} & \dfrac{4}{27} \\[2mm] \dfrac{16}{81} & \dfrac{49}{81} & \dfrac{16}{81} \\[2mm] \dfrac{4}{27} & \dfrac{16}{27} & \dfrac{7}{27} \end{pmatrix}$$

$$\forall\, i,j \in I, \quad p_{ij}^{(2)} \neq 0$$

所以该链遍历。

（2）由于该链遍历，所以存在平稳分布，令平稳分布为$[\pi_0,\pi_1,\pi_2]$，那么

$$\begin{cases} [\pi_0,\pi_1,\pi_2]=[\pi_0,\pi_1,\pi_2]\boldsymbol{P}=[\pi_0,\pi_1,\pi_2]\begin{bmatrix} \dfrac{1}{3} & \dfrac{2}{3} & 0 \\[2mm] \dfrac{2}{9} & \dfrac{5}{9} & \dfrac{2}{9} \\[2mm] 0 & \dfrac{2}{3} & \dfrac{1}{3} \end{bmatrix} \\[10mm] \pi_0+\pi_1+\pi_2=1 \end{cases}$$

可得 $\pi_0=\dfrac{1}{5}, \pi_1=\dfrac{3}{5}, \pi_2=\dfrac{1}{5}$。

当 $n\to\infty$，$X(n)$ 的概率分布如下：

| $X(n)$ | $i_0$ | $i_1$ | $i_2$ |
|---|---|---|---|
| $P\{X(n)\}$ | 1/5 | 3/5 | 1/5 |

**【例 3.31】** （服务网点的设置问题）为适应日益扩大的旅游事业的需要，某城市的甲、乙、丙三个小镇组成一个公用自行车联营部，联合经营公用自行车租借与归还的业务。游客可从甲、乙、丙三处任何一处租借自行车，用完后，可以在三处中任意一处归还。估计其转移概率如表 3.4 所示。

**表 3.4　自行车服务点**

| | | 还自行车处 | | |
|---|---|---|---|---|
| | | 甲 | 乙 | 丙 |
| 租自行车处 | 甲 | 0.2 | 0.8 | 0 |
| | 乙 | 0.8 | 0 | 0.2 |
| | 丙 | 0.1 | 0.3 | 0.6 |

今欲选择甲、乙、丙其中之一附设自行车维修点，问该点设在哪一个小镇为最好？

**解**　由于旅客还自行车的情况只与该次租车地点有关，而与自行车以前所在的店址无关，所以可用 $X_n$ 表示自行车第 $n$ 次被租时所在的店址；"$X_n=1$"、"$X_n=2$"、"$X_n=3$"分别表示自行车第 $n$ 次被租用时在甲、乙、丙小镇，则 $\{X_n,n=0,1,2,\cdots\}$ 是一个马尔可夫链，其一步转移概率矩阵 $\boldsymbol{P}$ 由表 3.4 给出。考虑维修点的地点设置问题，实际上要计算这一马尔可夫链的极限概率分布。

$$\boldsymbol{P}=\begin{bmatrix} 0.2 & 0.8 & 0 \\ 0.8 & 0 & 0.2 \\ 0.1 & 0.3 & 0.6 \end{bmatrix}$$

转移矩阵满足定理 3.11 的条件，极限概率存在。假设极限分布为 $[\pi_1 \quad \pi_2 \quad \pi_3]$，解方程组

$$\begin{cases} [\pi_1 \quad \pi_2 \quad \pi_3]=[\pi_1 \quad \pi_2 \quad \pi_3]\cdot\boldsymbol{P} \\ \pi_1+\pi_2+\pi_3=1 \end{cases}$$

得极限概率

$$\begin{bmatrix} \pi_1 & \pi_2 & \pi_3 \end{bmatrix} = \begin{bmatrix} \dfrac{17}{41} & \dfrac{16}{41} & \dfrac{8}{41} \end{bmatrix}$$

由计算看出,经过长期经营后,该联营部的每辆自行车归还到甲、乙、丙小镇的概率分别为 $\begin{bmatrix} \pi_1 & \pi_2 & \pi_3 \end{bmatrix} = \begin{bmatrix} \dfrac{17}{41} & \dfrac{16}{41} & \dfrac{8}{41} \end{bmatrix}$。由于归还到小镇甲的自行车较多,因此维修点设在小镇甲较好。但由于归还到小镇乙的自行车与归还到小镇甲的相差不多,若是小镇乙的其他因素更为有利的话,如交通较小镇甲方便、便于零配件的运输、电力供应稳定等,亦可考虑设在小镇乙。

**【例 3.32】** 转移矩阵称为双随机的矩阵,若对于一切 $j$, $\displaystyle\sum_{i=0}^{+\infty} p_{ij} = 1$,设一个具有双随机转移概率矩阵的马尔可夫链,有 $n$ 个状态,且是遍历的,求它的极限概率。

**解**　由于马尔可夫链是状态有限的遍历链,极限分布是唯一的平稳分布,满足

$$\begin{cases} \pi_1 + \pi_2 + \cdots + \pi_n = 1 \\ \pi_j = \displaystyle\sum_{i=1}^{n} \pi_i p_{ij}, \quad j = 1, 2, \cdots, n \end{cases}$$

解得 $\pi_1 = \pi_2 = \cdots = \pi_n = \dfrac{1}{n}$。故极限分布为 $\left( \dfrac{1}{n}, \dfrac{1}{n}, \cdots, \dfrac{1}{n} \right)$。

**【例 3.33】**(市场占有率预测问题)　设某地有 1600 户居民,某产品只有甲、乙、丙 3 个厂家在该地销售。经调查,8 月份购买甲、乙、丙三厂产品的户数分别为 480、320、800。9 月份里,原买甲的有 48 户转买乙产品,有 96 户转买丙产品;原买乙的有 32 户转买甲产品,有 64 户转买丙产品;原买丙的有 64 户转买甲产品,有 32 户转买乙产品。用状态 1、2、3 分别表示甲、乙、丙三厂,试求:

(1) 一步转移概率矩阵;

(2) 9 月份市场占有率的分布;

(3) 12 月份市场占有率的分布;

(4) 当顾客流如此长期稳定下去市场占有率的分布;

(5) 各状态的平均返回时间。

**解**　(1) 状态空间 $I = \{1, 2, 3\}$,状态 1、2、3 分别表示甲、乙、丙的用户。

由题意得频数一步转移矩阵为

$$N = \begin{bmatrix} 336 & 48 & 96 \\ 32 & 224 & 64 \\ 64 & 32 & 704 \end{bmatrix}$$

然后用频数估计概率为

$$p_{11} = \frac{480 - 48 - 96}{480} = 0.7, \quad p_{12} = \frac{48}{480} = 0.1, \quad p_{13} = \frac{96}{480} = 0.2$$

$$p_{21} = \frac{32}{320} = 0.1, \quad p_{22} = \frac{320 - 32 - 64}{320} = 0.7, \quad p_{23} = \frac{64}{320} = 0.2$$

$$p_{31} = \frac{64}{800} = 0.08, \quad p_{32} = \frac{32}{800} = 0.04, \quad p_{33} = \frac{800 - 64 - 32}{800} = 0.88$$

最后用频数估计一步转移概率矩阵为

$$\boldsymbol{P}=\begin{bmatrix} 0.7 & 0.1 & 0.2 \\ 0.1 & 0.7 & 0.2 \\ 0.08 & 0.04 & 0.88 \end{bmatrix}$$

（2）以 1600 除以矩阵 $\boldsymbol{N}$ 中各行元素之和，得到初始概率分布（即初始市场占有率）

$$\overrightarrow{P(X(0))}=\begin{bmatrix} p_甲 & p_乙 & p_丙 \end{bmatrix}=\begin{bmatrix} 0.3 & 0.2 & 0.5 \end{bmatrix}$$

$$\overrightarrow{P(X(1))}=\overrightarrow{P(X(0))}\boldsymbol{P}=\begin{bmatrix} 0.3 & 0.2 & 0.5 \end{bmatrix}\begin{bmatrix} 0.7 & 0.1 & 0.2 \\ 0.1 & 0.7 & 0.2 \\ 0.08 & 0.04 & 0.88 \end{bmatrix}=\begin{bmatrix} 0.27 & 0.19 & 0.54 \end{bmatrix}$$

（3）12 月份市场甲、乙、丙三厂占有率分布为

$$\overrightarrow{P(X(4))}=\overrightarrow{P(X(0))}\boldsymbol{P}^4=\begin{bmatrix} 0.3 & 0.2 & 0.5 \end{bmatrix}\begin{bmatrix} 0.7 & 0.1 & 0.2 \\ 0.1 & 0.7 & 0.2 \\ 0.08 & 0.04 & 0.88 \end{bmatrix}^4=\begin{bmatrix} 0.23 & 0.17 & 0.60 \end{bmatrix}$$

（4）由于该链不可约、非周期、状态有限正常返的，所以是遍历的。

解方程组

$$\begin{cases} \begin{bmatrix} \pi_1 & \pi_2 & \pi_3 \end{bmatrix}=\begin{bmatrix} \pi_1 & \pi_2 & \pi_3 \end{bmatrix}\boldsymbol{P} \\ \pi_1+\pi_2+\pi_3=1 \end{cases}$$

得极限概率 $\begin{bmatrix} \pi_1 & \pi_2 & \pi_3 \end{bmatrix}=\begin{bmatrix} 0.219 & 0.156 & 0.625 \end{bmatrix}$。

即当顾客流如此长期稳定下去甲、乙、丙三厂市场占有率的分布为

$$\begin{bmatrix} \pi_1 & \pi_2 & \pi_3 \end{bmatrix}=\begin{bmatrix} 0.219 & 0.156 & 0.625 \end{bmatrix}$$

（5）各状态的平均返回时间为

$$\begin{bmatrix} \mu_1 & \mu_2 & \mu_3 \end{bmatrix}=\begin{bmatrix} \dfrac{1}{\pi_1} & \dfrac{1}{\pi_2} & \dfrac{1}{\pi_3} \end{bmatrix}=\begin{bmatrix} 4.57 & 6.41 & 1.60 \end{bmatrix}$$

**【例 3.34】** 设一口袋中装有三种颜色（红、黄、白）的小球，其数量分别为 3、4、3。现在不断地随机逐一摸球，有放回，且视摸出球的颜色计分：红、黄、白分别计 1、0、-1 分。第一次摸球之前没有积分。用 $Y_n$ 表示第 $n$ 次取出球后的累计积分，$n=0,1,\cdots$。

（1）$Y_n(n=0,1,2,\cdots)$ 是否是齐次马尔可夫链？说明理由。

（2）如果不是马尔可夫链，写出它的有穷维分布函数族；如果是，写出它的一步转移概率 $p_{ij}$ 和二步转移概率 $p_{ij}^{(2)}$。

（3）令 $\tau_0=\min\{n;Y_n=0,n>0\}$，求 $P\{\tau_0=5\}$。

**解**　（1）是齐次马尔可夫链。由于目前的积分只与最近一次取球后的积分有关，因此此链具有马尔可夫性且是齐次的。状态空间为：$I=\{\cdots,-2,-1,0,1,2,\cdots\}$。

（2）根据题意，一步转移概率为

$$p_{ij}=P\{Y_{n+1}=j\,|\,Y_n=i\}=\begin{cases} 0.3, & j=i+1 \\ 0.4, & j=i \\ 0.3, & j=i-1 \\ 0, & \text{其他} \end{cases}$$

二步转移概率为

$$p_{ij}^{(2)} = P\{Y_{n+2} = j \mid Y_n = i\} = \begin{cases} 0.3^2, & j = i+2 \\ 2 \times 0.3 \times 0.4, & j = i+1 \\ 0.4^2 + 2 \times 0.3^2, & j = i \\ 2 \times 0.3 \times 0.4, & j = i-1 \\ 0.3^2, & j = i+2 \\ 0, & \text{其他} \end{cases}$$

（3）求状态 0 首达概率，状态转移图如图 3.25 所示。

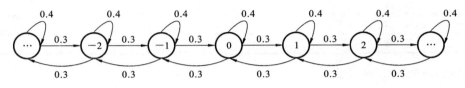

图 3.25　状态转移图 9

$$P\{\tau_0 = 5\} = 2 \times (3 \times 0.3^4 \times 0.4 + 0.3^2 \times 0.4^3) = 0.03096$$

【例 3.35】（Google-PageRank 算法原理）　PageRank 就是网页排名，又称网页级别，是一种由搜索引擎根据网页之间相互的超链接计算的网页排名技术，Google 用它来体现网页的重要性。这项技术是由 Google 的创始人拉里·佩奇和谢尔盖·布林在斯坦福大学发明的，并最终以拉里·佩奇（Larry Page）之姓来命名。

Google 公司推出的 PageRank 算法是基于"从许多优质网页链接过来的网页，必定也是优质网页"的思想。因此，提高网页 PageRank 排名可以考虑以下几个方面：

（1）反向链接数（单纯意义上的受欢迎指标）；

（2）反向链接是否来自推荐指数高的页面（有依据的受欢迎指标）；

（3）反向链接源页面的链接数（被选中的概率指标）。

网页的访问可以看作是网络上的随机游动，每次都等可能地访问所在网页的友情链接。若令 $X_n$ 表示第 $n$ 次访问的页面 ID，链接页面表关系如表 3.5 所示，那么 $\{X_n, n=0,1,2,\cdots\}$ 是齐次马尔可夫链，状态空间为 $I = \{1,2,3,4,5,6,7,8,9\}$，一步转移概率矩阵表示为

$$\boldsymbol{P} = \begin{bmatrix} 0 & 1/6 & 1/6 & 1/6 & 0 & 1/6 & 1/6 & 0 & 1/6 \\ 0 & 0 & 1/2 & 0 & 1/2 & 0 & 0 & 0 & 0 \\ 1/3 & 1/3 & 0 & 1/3 & 0 & 0 & 0 & 0 & 0 \\ 0 & 1/3 & 1/3 & 0 & 0 & 0 & 0 & 0 & 1/3 \\ 1/4 & 0 & 1/4 & 0 & 0 & 0 & 1/4 & 1/4 & 0 \\ 0 & 0 & 0 & 1/2 & 0 & 0 & 0 & 1/2 & 0 \\ 0 & 1/3 & 0 & 1/3 & 0 & 0 & 0 & 0 & 1/3 \\ 0 & 0 & 1 & 0 & 0 & 0 & 0 & 0 & 0 \\ 0 & 0 & 0 & 0 & 1/2 & 0 & 1/2 & 0 & 0 \end{bmatrix}$$

表 3.5　链接页面表关系

| 链接源网页 ID | 链接目标网页 ID |
|:---:|:---:|
| 1 | 2,3,4,6,7,9 |
| 2 | 3,5 |
| 3 | 1,2,4 |
| 4 | 2,3,9 |
| 5 | 1,3,7,8 |
| 6 | 4,8 |
| 7 | 2,4,9 |
| 8 | 3 |
| 9 | 5,7 |

状态转移图如图 3.26 所示。

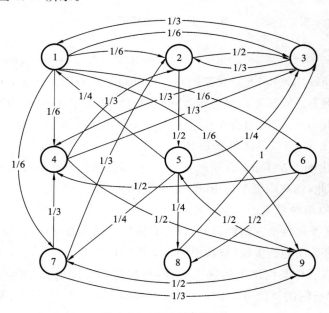

图 3.26　状态转移图 7

极限概率为

$$\lim_{n \to \infty} \boldsymbol{P}^n = \begin{bmatrix} 0.1052 & 0.1663 & 0.2182 & 0.1313 & 0.1299 & 0.0175 & 0.0968 & 0.0412 & 0.0936 \\ 0.1052 & 0.1663 & 0.2182 & 0.1313 & 0.1299 & 0.0175 & 0.0968 & 0.0412 & 0.0936 \\ 0.1052 & 0.1663 & 0.2182 & 0.1313 & 0.1299 & 0.0175 & 0.0968 & 0.0412 & 0.0936 \\ 0.1052 & 0.1663 & 0.2182 & 0.1313 & 0.1299 & 0.01750 & 0.0968 & 0.0412 & 0.0936 \\ 0.1052 & 0.1663 & 0.2182 & 0.1313 & 0.1299 & 0.0175 & 0.0968 & 0.0412 & 0.0936 \\ 0.1052 & 0.1663 & 0.2182 & 0.1313 & 0.1299 & 0.0175 & 0.0968 & 0.0412 & 0.0936 \\ 0.1052 & 0.1663 & 0.2182 & 0.1313 & 0.1299 & 0.0175 & 0.0968 & 0.0412 & 0.0936 \\ 0.1052 & 0.1663 & 0.2182 & 0.1313 & 0.1299 & 0.0175 & 0.0968 & 0.0412 & 0.0936 \\ 0.1052 & 0.1663 & 0.2182 & 0.1313 & 0.1299 & 0.0175 & 0.0968 & 0.0412 & 0.0936 \end{bmatrix}$$

平稳分布为

$$\boldsymbol{\pi} = \begin{bmatrix} \pi_1 & \pi_2 & \pi_3 & \pi_4 & \pi_5 & \pi_6 & \pi_7 & \pi_8 & \pi_9 \end{bmatrix}$$

$$= \begin{bmatrix} 0.1052 & 0.1663 & 0.2182 & 0.1313 & 0.1299 & 0.0175 & 0.0968 & 0.0412 & 0.0936 \end{bmatrix}$$

网页的 PageRank 排序如图 3.27 所示。

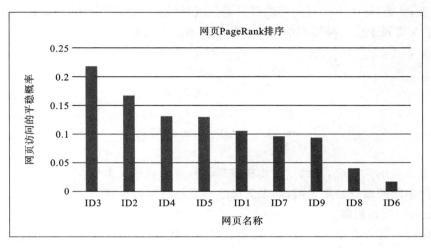

图 3.27 网页访问概率排序图

习题 3 解析

# 习　题　3

**3.1** 设齐次马尔可夫链 $\{X(n), n=0,1,2,\cdots\}$ 的状态空间为 $I=\{i_1,i_2,i_3\}$，已知其一步转移概率矩阵为

$$\boldsymbol{P} = \begin{pmatrix} 0.5 & 0.4 & 0.1 \\ 0.3 & 0.4 & 0.3 \\ 0.2 & 0.3 & 0.5 \end{pmatrix}$$

(1) 试画出状态转移图；

(2) 从状态 $i_2$ 至少要几步才能转移到状态 $i_3$？

(3) 试画出样本序列：$X(0)=i_1, X(1)=i_2, X(2)=i_3, X(3)=i_3, X(4)=i_2, X(5)=i_1$。

**3.2** 设 $\{X(n), n=0,1,2\cdots\}$ 是一齐次马尔可夫链，$X(n) \in I=\{i_0,i_1,i_2\}$，其一步转移概率矩阵为

$$\boldsymbol{P} = \begin{pmatrix} 0.5 & 0.5 & 0 \\ 0.25 & 0.5 & 0.25 \\ 0 & 0.5 & 0.5 \end{pmatrix}$$

(1) 若在初始时刻 $n=0$，$X(n=0)$ 的概率分布如下：

| $X(n=0)$ | $i_0$ | $i_1$ | $i_2$ |
|---|---|---|---|
| $P\{X(0)\}$ | 0 | 1 | 0 |

试求 $X(n=1)$ 的概率分布。

(2) 试求联合概率：$P\{X(1)=i_1,X(2)=i_2,X(3)=i_1\}$。

**3.3** 社会学的某些调查结果指出：儿童受教育的水平依赖于他们父母受教育的水平。调查过程是将人们划分为三类：E 类，这类人具有初中或初中以下的文化程度；S 类，这类人具有高中文化程度；C 类，这类人受过高等教育。当父或母（指文化程度较高者）是这三类人中某一类型时，其子女将属于这三种类型中的任一种的概率由下面给出：

$$
\begin{array}{c}
\qquad\qquad\text{子女}\\
\begin{array}{ccc}
\quad\text{E} & \text{S} & \text{C}
\end{array}\\
\begin{array}{cc}
父 & \text{E}\\
或 & \text{S}\\
母 & \text{C}
\end{array}
\begin{bmatrix}
0.7 & 0.2 & 0.1\\
0.4 & 0.4 & 0.2\\
0.1 & 0.2 & 0.7
\end{bmatrix}
\end{array}
$$

问：

(1) 属于 S 类的人们中，其第三代将接受高等教育的概率是多少？

(2) 假设不同的调查结果表明，如果父母之一受过高等教育，那么他们的子女总可以进入大学，修改上面的转移矩阵。

(3) 根据(2)，每一类型人的后代平均要经过多少代，最终都可以接受高等教育？

**3.4** 色盲是 X-链遗传，由两种基因 A 和 a 决定。男性只有一个基因 A 或 a，女性有两个基因 AA、Aa 或 aa，当基因为 a 或 aa 时呈现色盲。基因遗传规律为：男性等概率地取母亲的两个基因之一，女性取父亲的基因外又等概率地取母亲的两个基因之一。由此可知，母亲色盲则儿子必色盲但女儿不一定。试用马尔可夫链研究：

(1) 若近亲结婚，其后代的发展趋势如何？若父亲非色盲而母亲色盲，问平均经多少代，其后代就会变为全色盲或全不色盲，两者的概率各为多少？

(2) 若不允许双方均色盲的人结婚，情况会怎样？

**3.5** 设马尔可夫链 $\{X_n,n\geqslant 0\}$ 的状态空间为 $I=\{1,2,3\}$，初始分布为 $P(0)=\left(\dfrac{1}{4},\dfrac{1}{2},\dfrac{1}{4}\right)$，一步转移概率矩阵为

$$
\boldsymbol{P}=\begin{array}{c}
\begin{array}{ccc}
1 & \;\;2 & \;\;3
\end{array}\\
\begin{array}{c}1\\2\\3\end{array}
\begin{bmatrix}
\dfrac{1}{4} & \dfrac{3}{4} & 0\\[2mm]
\dfrac{1}{3} & \dfrac{1}{3} & \dfrac{1}{3}\\[2mm]
0 & \dfrac{1}{4} & \dfrac{3}{4}
\end{bmatrix}
\end{array}
$$

(1) 计算 $P\{X_0=1,X_1=2,X_2=2\}$；

(2) 证明 $P\{X_1=2,X_2=2\mid X_0=1\}=p_{12}p_{22}$；

(3) 计算 $p_{12}^{(2)}=P\{X_2=2\mid X_0=1\}$；

(4) 计算 $P\{X(2)=3\}$。

**3.6** 甲、乙两人进行某种比赛，设每局比赛中甲胜的概率为 $p$，乙胜的概率为 $q$，平局的概率为 $r$，其中 $p,q,r\leqslant 0,p+q+r=1$，设每局比赛后，胜者得 1 分，负者得 $-1$ 分，平局不记分，当两个人中有一个人得到 2 分时比赛结束，用 $X_n$ 表示比赛至第 $n$ 局时甲获得的分数，则 $\{X_n,$

$n \geqslant 1\}$是一齐次马尔可夫链。

(1) 写出状态空间;

(2) 求一步转移概率矩阵;

(3) 求在甲获得 1 分的情况下,再赛 2 局甲胜的概率。

**3.7**  设$\{Y_i, i=1,2,\cdots\}$为相互独立的随机变量序列,则

(1) $\{Y_i, i=1,2,\cdots\}$是否为马尔可夫链?

(2) 令$X_n = \sum\limits_{i=1}^{n} Y_i$,问$\{X_i, i=1,2,\cdots\}$是否为马尔可夫链?

**3.8**  考虑一个具有状态 0,1,2,$\cdots$的马尔可夫链,其转移概率满足$p_{i,i+1}=p_i=1-p_{i,i-1}$,其中$p_0=1$,请找出为了使该马尔可夫链正常返,所有的$p_i$应该满足的充要条件,并计算其在这种情况下的转移概率。

**3.9**  在一个分枝过程中,每个个体的后代个数服从参数为$(2, p)$的二项分布,从一个个体开始,计算:

(1) 灭绝概率;

(2) 到第三代群体灭绝的概率;

(3) 若开始时不是一个个体,初始的群体总数$Z_0$是一个随机变量,服从均值为$\lambda$的泊松分布,证明:此时对于$p > \dfrac{1}{2}$,灭绝概率为$\exp[\lambda(1-2p)/p^2]$。

**3.10**  一辆出租车流动在三个位置之间,当它到达位置 1 时,然后等可能地去位置 2 或 3。当它到达位置 2 时,将以概率 1/3 到位置 1,以概率 2/3 到位置 3。但由位置 3 总是前往位置 1。在位置 $i$ 和位置 $j$ 之间的平均时间是$t_{12}=20, t_{13}=30, t_{23}=30$,且$t_{ij}=t_{ji}$。求:

(1) 此出租车最近停的位置 $i(i=1,2,3)$的(极限)概率是多少?

(2) 此出租车前往位置 2 的(极限)概率是多少?

(3) 有多少比例的时间此出租车从位置 2 前往位置 3?

(注意,以上均假定出租车到达一个位置后立即开出)

**3.11**  设齐次马尔可夫链的状态空间为$\{1,2,3\}$,一步转移概率矩阵为

$$\boldsymbol{P} = \begin{pmatrix} 1-p & p & 0 \\ 1-p & 0 & p \\ 0 & 1-p & p \end{pmatrix}$$

其中,$0<p<1$,问该齐次马尔可夫链是否是遍历的,若是,则求其极限分布。

**3.12**  在一串贝努利试验中,事件 A 在每次试验中发生的概率为 $p$,令

$$X_n = \begin{cases} 0, & \text{第 } n \text{ 次试验 A 不发生} \\ 1, & \text{第 } n \text{ 次试验 A 发生} \end{cases}, \quad n=1,2,3,\cdots$$

(1) $\{X_n, n=1,2,\cdots\}$是否为齐次马尔可夫链?

(2) 写出状态空间和一步转移概率矩阵;

(3) 求 $n$ 步转移概率矩阵。

**3.13**  从次品率$p(0<p<1)$的一批产品中,每次随机抽查一个产品,用$X_n$表示前 $n$ 次抽查出的次品数。

(1) $\{X_n, n=1,2,\cdots\}$是否为齐次马尔可夫链?

（2）写出状态空间和转移概率矩阵；

（3）如果这批产品共有 100 个，其中混杂了 3 个次品，作有放回抽样，求在抽查出 2 个次品的条件下，再抽查 2 次，共查出 3 个次品的概率。

**3.14**　独立重复地掷一颗匀称的骰子，用 $X_n$ 表示前 $n$ 次掷出的最小点数。

（1）$\{X_n, n=1,2,\cdots\}$ 是否为齐次马尔可夫链？

（2）写出状态空间和转移概率矩阵；

（3）求 $P\{X_{n+1}=3, X_{n+2}=3 \mid X_n=3\}$；

（4）求 $P\{X_2=1\}$。

**3.15**　设齐次马尔可夫链 $\{X_n, n=0,1,2,\cdots\}$ 的转移概率矩阵为

$$\boldsymbol{P}=\begin{bmatrix} \dfrac{1}{3} & \dfrac{2}{3} & 0 \\[2mm] \dfrac{1}{3} & \dfrac{1}{3} & \dfrac{1}{3} \\[2mm] 0 & \dfrac{2}{3} & \dfrac{1}{3} \end{bmatrix}$$

且初始概率分布为 $p_j(0)=P\{X_0=j\}=\dfrac{1}{3}, j=1,2,3$。

（1）求 $P\{X_1=1, X_2=2, X_3=3\}$；

（2）求 $P\{X_2=3\}$；

（3）求平稳分布。

**3.16**　具有三状态 0、1、2 的一维随机游动，用 $X(t)=j$ 表示时刻 $t$ 粒子处在状态 $j(j=0, 1,2)$。过程 $\{X(t), t=t_0, t_1, t_2, \cdots\}$ 的一步转移概率矩阵为

$$\boldsymbol{P}=\begin{bmatrix} q & p & 0 \\ q & 0 & p \\ 0 & q & p \end{bmatrix}$$

（1）求粒子从状态 1 分别经二步、三步转移回到状态 1 的转移概率；

（2）求过程的平稳分布。

**3.17**　设同型产品装在两个盒内，盒 1 内有 8 个一等品和 2 个二等品，盒 2 内有 6 个一等品和 4 个二等品。作有放回地随机抽查，每次抽查一个，第一次在盒 1 内取。取到一等品，继续在盒内取；取到二等品，继续在盒 2 内取。用 $X_n$ 表示第 $n$ 次取到产品的等级数，则 $\{X_n, n=1,2,\cdots\}$ 是齐次马尔可夫链。

（1）写出状态空间和一步转移概率矩阵；

（2）恰第 3、5、8 次取到一等品的概率为多少？

（3）求过程的平稳分布。

**3.18**　$[-A, A]$ 的双极性二进制传输信号 $\{U(t), t\geqslant 0\}$ 的码元符号概率为 $[q, p]$。将 $U(t)$ 送入码元幅度取样累加器，如图 3.12(b) 所示，累加器输出为 $\{Y(n), n=1,2\}$，简记为 $Y_n$。试求：

（1）画出 $Y(n)$ 的状态图；

（2）$Y(n)$ 的状态概率 $\pi_k(n)$ 和 $P\{Y_n \geqslant 0\}$，假定初始分布为等概率的；

（3）$Y(n)$ 状态转移概率 $p_{ij}(m,n)=P\{Y_m=3 \mid Y_n=i\}$ 和 $P\{Y_{15}=3 \mid Y_1=1, Y_8=3, Y_{10}=4\}$。

**3.19**　微小粒子在边长为 $d$ 的正三角形 $ABC$ 顶点之间做随机游动。粒子的初始位置在顶点 $A$ 位置上，每隔 $T$ 时间粒子游动一步，每步跨距为 $d$。随机游动在第 $n$ 步后的粒子位置记为 $\{X(n), n=0,1,\cdots\}$，空间状态 $Z=\{-A, B, C\}$，设 $X(n)$ 的一步态转移概率矩阵为

$$P=\begin{bmatrix} 0 & 0.7 & 0.3 \\ 0.8 & 0 & 0.2 \\ 0.7 & 0.3 & 0 \end{bmatrix}$$

试求：(1) 随机游动的状态转移图；(2) 最可能的样本函数波形（设 $X(0)=A$）；(3) 求 $X(n)$ 的极限分布和平稳分布。

**3.20**　在差分编码系统中，将输入的二进制 $(0,1)$ 数据序列 $\{a(n), n=1,2,\cdots\}$ 进行差分编码，输出为序列 $\{X(n), n=0,1,\cdots\}$，试分析输出 $X(n)$ 的状态分类。其中编码规则为 $X(n)=a(n)\oplus X(n-1)$ 与 $X(0)=0$。

**3.21**　若明天是否降雨仅与今天是否有雨有关，而与以往的天气无关，并设今天有雨而明天有雨的概率为 0.7；今天无雨明天有雨的概率为 0.2。设 $X(0)$ 表示今天的天气状态，$X(n)$ 表示第 $n$ 天的天气状态。"$X(n)=1$"表示第 $n$ 天有雨；"$X(n)=0$"表示第 $n$ 天无雨。$X(n)$ 是一个齐次马尔可夫链。

(1) 写出 $X(n)$ 的一步转移概率矩阵；

(2) 求今天有雨，2 天后仍有雨的概率；

(3) 求有雨的平稳概率。

**3.22**　在一计算系统中，每一循环具有误差的概率与先前一个循环是否有误差有关，以 0 表示误差状态，1 表示无误差状态，设状态的一步转移概率矩阵为

$$P=\begin{bmatrix} p_{00} & p_{01} \\ p_{10} & p_{11} \end{bmatrix}=\begin{bmatrix} 0.8 & 0.2 \\ 0.3 & 0.7 \end{bmatrix}$$

试说明该齐次马尔可夫链是遍历的，并求其极限分布（平稳分布）。

**3.23**　设齐次马尔可夫链 $\{X_n, n\geq 0\}$，状态空间 $I=\{1,2,3,4\}$，一步转移概率矩阵为

$$P=\begin{bmatrix} 0 & 0 & \dfrac{1}{2} & \dfrac{1}{2} \\[2mm] 0 & 0 & \dfrac{1}{2} & \dfrac{1}{2} \\[2mm] \dfrac{1}{2} & \dfrac{1}{2} & 0 & 0 \\[2mm] \dfrac{1}{2} & \dfrac{1}{2} & 0 & 0 \end{bmatrix}$$

(1) 写出切普曼-柯尔莫哥洛夫方程（$C$-$K$ 方程）；

(2) 求 $n$ 步转移概率矩阵；

(3) 试问此马尔可夫链是平稳序列吗？为什么？

**3.24**　设有无穷多只袋子，各装有红球 $r$ 个、黑球 $b$ 个及白球 $w$ 个。今从第 1 个袋子随机取一球，放入第 2 个袋子，再从第 2 个袋子随机取一球，放入第 3 个袋子，如此继续。令

$$R_k=\begin{cases} 1, & \text{当第 } k \text{ 次取出红球} \\ 0, & \text{反之} \end{cases}, \quad k=1,2,\cdots$$

(1) 试求 $R_k$ 的分布；

(2) 试证 $\{R_k\}$ 为马尔可夫链，并求一步转移概率矩阵。

**3.25** 独立地重复抛掷一枚硬币，每次抛掷出现正面的概率为 $p$，对于 $n \geqslant 2$，令 $X_n = 0, 1,$ 2 或 3，这些值分别对应于第 $n-1$ 次和第 $n$ 次抛掷的结果为（正，正）、（正，反）、（反，正）、（反，反），求马尔可夫链 $\{X_n, n = 0, 1, 2, \cdots\}$ 的一步和二步转移概率矩阵。

**3.26** 设 $\{X_n, n \geqslant 1\}$ 为有限齐次马尔可夫链，其初始分布和一步转移概率矩阵为

$$p_i = P\{X_0 = i\} = \frac{1}{4}, \quad i = 1, 2, 3, 4$$

$$P = \begin{bmatrix} \dfrac{1}{4} & \dfrac{1}{4} & \dfrac{1}{4} & \dfrac{1}{4} \\[2mm] \dfrac{1}{4} & \dfrac{1}{4} & \dfrac{1}{4} & \dfrac{1}{4} \\[2mm] \dfrac{1}{4} & \dfrac{1}{8} & \dfrac{1}{4} & \dfrac{3}{8} \\[2mm] \dfrac{1}{4} & \dfrac{1}{4} & \dfrac{1}{4} & \dfrac{1}{4} \end{bmatrix}$$

试证：$P\{X_2 = 4 \mid X_0 = 1, 1 < X_1 < 4\} \neq P\{X_2 = 4 \mid 1 < X_1 < 4\}$。

**3.27** 设 $\{X(t), t \in T\}$ 为随机过程，且

$$X_1 = X(t_1), X_2 = X(t_2), \cdots, X_n = X(t_n), \cdots$$

为独立同分布随机变量序列，令

$$Y_0 = 0, \quad Y_1 = Y(t_1) = X_1, \quad Y_n + CY_{n-1} = X_n, \quad n \geqslant 2，且 C 是常数。$$

试证：$\{Y_n, n \geqslant 0\}$ 是马尔可夫链。

**3.28** 已知随机游动的一步转移概率矩阵为

$$P = \begin{bmatrix} 0.5 & 0.5 & 0 \\ 0 & 0.5 & 0.5 \\ 0.5 & 0 & 0.5 \end{bmatrix}$$

状态空间为 $I = \{1, 2, 3\}$，求三步转移概率矩阵 $P^{(3)}$ 及当初始分布为

$$P\{X(0) = 1\} = P\{X(0) = 2\} = 0, \quad P\{X(0) = 3\} = 1$$

时，经三步转移后处于状态 3 的概率。

**3.29** 已知本月销售状态的初始分布和一步转移概率矩阵如下（以 1 个月为单位）：

(1) $\overrightarrow{P[X(0)]} = \begin{bmatrix} 0.4 & 0.2 & 0.4 \end{bmatrix}$，$P = \begin{bmatrix} 0.8 & 0.1 & 0.1 \\ 0.1 & 0.7 & 0.2 \\ 0.2 & 0.2 & 0.6 \end{bmatrix}$

(2) $\overrightarrow{P[X(0)]} = \begin{bmatrix} 0.2 & 0.2 & 0.3 & 0.3 \end{bmatrix}$，$P = \begin{bmatrix} 0.7 & 0.1 & 0.1 & 0.1 \\ 0.1 & 0.6 & 0.2 & 0.1 \\ 0.1 & 0.1 & 0.6 & 0.2 \\ 0.1 & 0.1 & 0.2 & 0.6 \end{bmatrix}$

求下一、二个月的销售状态。

**3.30** 某商品六年共 24 个季度销售记录如下表所示（状态 1—畅销，状态 2—滞销）。

| 季节 | 1 | 2 | 3 | 4 | 5 | 6 | 7 | 8 | 9 | 10 | 11 | 1 |
|------|---|---|---|---|---|---|---|---|---|----|----|---|
| 销售状态 | 1 | 1 | 2 | 1 | 2 | 2 | 1 | 1 | 1 | 2 | 1 | 2 |
| 季节 | 13 | 14 | 15 | 16 | 17 | 18 | 19 | 20 | 21 | 22 | 23 | 24 |
| 销售状态 | 1 | 1 | 2 | 2 | 1 | 1 | 2 | 1 | 2 | 1 | 1 | 1 |

以频率估计概率,求(1) 销售状态的初始分布;(2)三步转移概率矩阵及三步转移后的销售状态的分布。

**3.31** 设老鼠在如图所示的迷宫中做随机游动,当它处在某个方格中有 $k$ 条通道时,以概率 $\frac{1}{k}$ 随机通过任一通道,求老鼠做随机游动的状态空间、一步转移概率矩阵及状态空间可分解成几个闭集。

**3.32** 讨论具有下列一步转移概率矩阵的马尔可夫链的状态分类。

$$\boldsymbol{P}=\begin{bmatrix} 0 & 0 & 1 & 0 \\ 1 & 0 & 0 & 0 \\ 0.3 & 0.7 & 0 & 0 \\ 0.6 & 0.2 & 0.2 & 0 \end{bmatrix}$$

**3.33** 设河流每天的 BOD(生物耗氧量)浓度为齐次马尔可夫链,状态空间 $I=\{1,2,3,4\}$ 是按 BOD 浓度为极低、低、中、高分别表示的,其一步转移概率矩阵(以 1 天为单位)为

$$\boldsymbol{P}=\begin{bmatrix} 0.5 & 0.4 & 0.1 & 0 \\ 0.2 & 0.5 & 0.2 & 0.1 \\ 0.1 & 0.2 & 0.6 & 0.1 \\ 0 & 0.2 & 0.4 & 0.4 \end{bmatrix}$$

若 BOD 浓度为高,则称河流处于污染状态。

(1) 证明该链是遍历链;

(2) 求该链的平稳分布;

(3) 河流再次达到污染的平均时间。

**3.34** 设马尔可夫链的状态空间 $I=\{1,2,3,4,5,6,7\}$,一步转移概率矩阵为

$$\boldsymbol{P}=\begin{bmatrix} 0.4 & 0.2 & 0.1 & 0 & 0.1 & 0.1 & 0.1 \\ 0.1 & 0.2 & 0.2 & 0.2 & 0.1 & 0.1 & 0.1 \\ 0 & 0 & 0.6 & 0.4 & 0 & 0 & 0 \\ 0 & 0 & 0.4 & 0 & 0.6 & 0 & 0 \\ 0 & 0 & 0.2 & 0.5 & 0.3 & 0 & 0 \\ 0 & 0 & 0 & 0 & 0 & 0.3 & 0.7 \\ 0 & 0 & 0 & 0 & 0 & 0.8 & 0.2 \end{bmatrix}$$

求状态的分类及各常返闭集的平稳分布。

**3.35**　设马尔可夫链的状态空间 $I=\{0,1,2,3\}$，一步转移概率矩阵为

$$P=\begin{bmatrix} \dfrac{1}{2} & \dfrac{1}{2} & 0 & 0 \\[2mm] \dfrac{1}{2} & \dfrac{1}{2} & 0 & 0 \\[2mm] \dfrac{1}{4} & \dfrac{1}{4} & \dfrac{1}{4} & \dfrac{1}{4} \\[2mm] 0 & 0 & 0 & 1 \end{bmatrix}$$

求状态空间的分解。

**3.36**　设马尔可夫链的状态空间为 $I=\{1,2,3,4\}$，一步转移概率矩阵为

$$P=\begin{bmatrix} 1 & 0 & 0 & 0 \\[2mm] 0 & 1 & 0 & 0 \\[2mm] \dfrac{1}{3} & \dfrac{2}{3} & 0 & 0 \\[2mm] \dfrac{1}{4} & \dfrac{1}{4} & 0 & \dfrac{1}{2} \end{bmatrix}$$

讨论 $\lim\limits_{n\to\infty} p_{i1}^{(n)}$。

**3.37**　设马尔可夫链的一步转移概率矩阵为

$$P=\begin{bmatrix} \dfrac{1}{2} & \dfrac{1}{2} & 0 \\[2mm] \dfrac{1}{2} & 0 & \dfrac{1}{2} \\[2mm] 0 & \dfrac{1}{2} & \dfrac{1}{2} \end{bmatrix}$$

求其平稳分布。

**3.38**　甲、乙两人进行一种比赛，设每局比赛甲胜的概率是 $p$，乙胜的概率是 $q$，和局的概率为 $r$，且 $p+q+r=1$。设每局比赛胜者记 1 分，负者记 $-1$ 分，和局记零分。当有一人获得 2 分时比赛结束。用 $X_n$ 表示比赛至 $n$ 局时甲获得的分数，则 $\{X_n,n=1,2,3,\cdots\}$ 是齐次马尔可夫链。

（1）写出状态空间 $I$；

（2）求出一步与二步转移概率矩阵；

（3）求甲已获 1 分时，再赛两局可以结束比赛的概率。

**3.39**　设 $\{X_n,n=1,2,3,\cdots\}$ 是一个马尔可夫链，其状态空间 $I=\{a,b,c\}$，一步转移概率矩阵为

$$P=\begin{bmatrix} \dfrac{1}{2} & \dfrac{1}{4} & \dfrac{1}{4} \\[2mm] \dfrac{2}{3} & 0 & \dfrac{1}{3} \\[2mm] \dfrac{3}{5} & \dfrac{2}{5} & 0 \end{bmatrix}$$

求：(1) $P\{X_1=b,X_2=c,X_3=a,X_4=c,X_5=a,X_6=c,X_7=b\,|\,X_0=c\}$；

(2) $P\{X_{n+2}=c\,|\,X_n=b\}$。

**3.40** 设马尔可夫链 $\{X_n,n=0,1,2,\cdots\}$ 的状态空间 $I=\{1,2,\cdots,6\}$，一步转移概率矩阵为

$$P=\begin{bmatrix} 0 & 0 & 1 & 0 & 0 & 0 \\ 0 & 0 & 0 & 0 & 0 & 1 \\ 0 & 0 & 0 & 0 & 1 & 0 \\ \dfrac{1}{3} & \dfrac{1}{3} & 0 & \dfrac{1}{3} & 0 & 0 \\ 1 & 0 & 0 & 0 & 0 & 0 \\ 0 & \dfrac{1}{2} & 0 & 0 & 0 & \dfrac{1}{2} \end{bmatrix}$$

试分解此马尔可夫链并求出各状态的周期。

**3.41** A、B、C 三家公司决定在某一时间推出一种新产品。当时他们各自拥有 $\dfrac{1}{3}$ 的市场，然而一年后，情况发生了如下变化：

(1) A 保住了 40% 的顾客，而失去 30% 的给 B，失去 30% 的给 C；

(2) B 保住了 30% 的顾客，而失去 60% 的给 A，失去 10% 的给 C；

(3) C 保住了 30% 的顾客，而失去 60% 的给 A，失去 30% 的给 B；

如果这种趋势继续下去，试问第二年年底各公司拥有多少份额的市场？从长远来看，情况又如何？

**3.42** 设有 6 个球(2 个红球，4 个白球)随机平分放入甲、乙两个盒中。今每次从两盒中各任取一球并进行交换后放回。$X_0$ 表示开始时甲盒中的红球数，$X_n$ 表示经 $n$ 次交换后甲盒中的红球数。那么 $\{X_n,n=0,1,2,\cdots\}$ 是齐次马尔可夫链。

(1) 写出 $\{X_n,n=0,1,2,\cdots\}$ 的状态空间，并求此马尔可夫链的初始分布；

(2) 求一步转移概率矩阵；

(3) 计算 $P\{X_0=1,X_2=1,X_4=0\}$，$P\{X_2=2\}$；

(4) $\lim\limits_{n\to\infty}P\{X_n=2\}$ 存在吗？若存在，值为多少？

(5) 求甲盒中红球数变没的平均时间间隔。

**3.43** 设有一电脉冲，脉冲的幅度是随机的，其幅度的可取值是 $\{1,2,\cdots,N\}$，且各幅度出现的概率相同。现用一电表测量其幅度，每隔一单位时间测量一次，从首次测量开始，经过 $n$ 次测量后记录其最大幅值为 $X_n(n\geqslant1)$。(1) 证明该过程为一齐次马尔可夫链；(2) 写出一步转移概率矩阵；(3) 仪器记录到最大值的期望时间。

**3.44** 捕捉苍蝇的一只蜘蛛依循一个马尔可夫链在位置 1、2 之间移动，其初始位置是 1，一步转移概率矩阵为 $\begin{pmatrix} 0.7 & 0.3 \\ 0.3 & 0.7 \end{pmatrix}$，未觉察到蜘蛛的苍蝇的初始位置是 2，并依照一步转移概率矩阵为 $\begin{pmatrix} 0.4 & 0.6 \\ 0.6 & 0.4 \end{pmatrix}$ 的马尔可夫链移动，只要它们在同一个位置相遇，蜘蛛就会捉住苍蝇而结束捕捉。

说明:捕捉过程中,除非知道它结束时的位置,可用 3 个状态的马尔可夫链来描述,其中一个是吸收状态代表捕捉结束,而另外的两个代表蜘蛛与苍蝇处在不同的位置。

(1) 求该马尔可夫链的一步转移概率矩阵;

(2) 求在时刻 $n$ 蜘蛛与苍蝇都处于各自的初始位置的概率;

(3) 计算捕捉过程的平均持续时间。

# 第4章 连续时间的马尔可夫链

前面介绍了时间离散、状态离散的马尔可夫过程,本章将介绍时间连续、状态离散的马尔可夫过程。

## 4.1 连续时间的马尔可夫链

**定义 4.1** 设随机过程 $\{X(t),t\geq 0\}$,状态空间 $I=\{i_0,i_1,i_2,\cdots\}$,若对任意 $0\leq t_1\leq t_2\leq\cdots\leq t_{n+1}$ 及非负整数 $i_1,i_2,\cdots,i_{n+1}$,有

$$P\{X(t_{n+1})=i_{n+1}\mid X(t_n)=i_n,X(t_{n-1})=i_{n-1},\cdots,X(t_2)=i_2,X(t_1)=i_1\}$$
$$=P\{X(t_{n+1})=i_{n+1}\mid X(t_n)=i_n\} \tag{4.1}$$

则称 $\{X(t),t\geq 0\}$ 为连续时间马尔可夫链。

**定义 4.2** 过程 $\{X(t),t\geq 0\}$ 在 $s$ 时刻处于状态 $i$,经过时间 $t$ 后转移到状态 $j$ 的概率 $p_{ij}(s,t)=P\{X(s+t)=j\mid X(s)=i\}$ 称为转移概率。若转移概率与起始时刻 $s$ 无关,只与时间间隔 $t$ 有关,则称连续时间马尔可夫链具有平稳的或齐次的转移概率,记为 $p_{ij}(s,t)=p_{ij}(t)$,其转移概率矩阵简记为 $P(t)=[p_{ij}(t)](i,j\in I,t\geq 0)$。

连续时间马尔可夫链的性质:

若 $\tau_i$ 表示为过程在状态转移之前停留在状态 $i$ 的时间,则对 $s,t\geq 0$ 有

(1) $P\{\tau_i>s+t\mid \tau_i>s\}=P\{\tau_i>t\}$;

(2) $\tau_i$ 服从指数分布。

**证** (1) 如图 4.1 所示,有

$$\{\tau_i>s\} \Longleftrightarrow \{X(u)=i,\ 0<u\leq s\mid X(0)=i\} \tag{4.2}$$

$$\{\tau_i>s+t\} \Longleftrightarrow \{X(u)=i,0<u\leq s,X(v)=i,s<v\leq s+t\mid X(0)=i\} \tag{4.3}$$

$$P\{\tau_i>s+t\mid\tau_i>s\}=P\{X(u)=i,0<u\leq s,X(v)=i,s<v\leq s+t\mid X(u)=i,0\leq u\leq s\}$$
$$=P\{X(v)=i,s<v\leq s+t\mid X(u)=i,0\leq u\leq s\} \quad (\text{马尔可夫性})$$

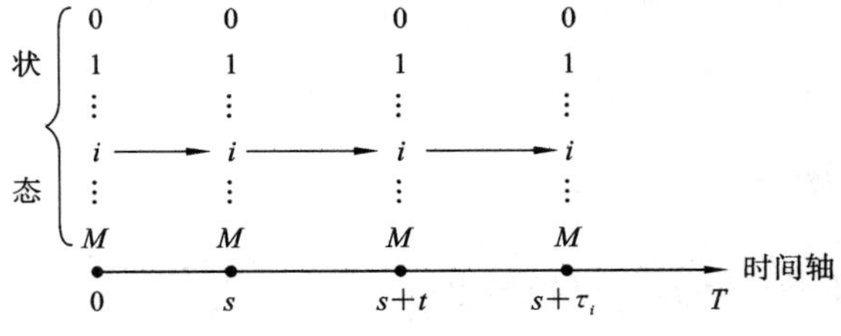

**图 4.1 连续时间马尔可夫链的状态转移**

$$= P\{X(u)=i, 0<u\leqslant t \mid X(0)=i\} \quad （齐次性）$$

$$= P\{\tau_i>t\} \tag{4.4}$$

(2) 设 $G(t)=P\{\tau_i>t\}(t\geqslant0)$，由于

$$P\{\tau_i>t\}=P\{\tau_i>s+t \mid \tau_i>s\}=\frac{P\{\tau_i>s+t, \tau_i>s\}}{P\{\tau_i>s\}} \tag{4.5}$$

可得

$$P\{\tau_i>s+t\}=P\{\tau_i>s\}P\{\tau_i>t\} \tag{4.6}$$

即有

$$G(s+t)=G(s)G(t) \tag{4.7}$$

由此可推出 $G(t)$ 为指数函数，即

$$G(t)=\exp(-\lambda_i t) \tag{4.8}$$

设 $\tau_i$ 的分布函数为 $F(x)(x\geqslant0)$，则有

$$F(t)=1-G(t)=1-\exp(-\lambda_i t) \tag{4.9}$$

故 $\tau_i$ 服从指数分布。

两点说明：

(1) 当 $\tau_i=\infty$ 时，分布函数 $F_{\tau_i}(t)=1$，区间概率 $P\{\tau_i>x\}=1-F_{\tau_i}(x)=0$，表示状态 $i$ 的停留时间 $\tau_i$ 超过 $x$ 的概率为 0，则称状态 $i$ 为瞬时状态；

(2) 当 $\tau_i=0$ 时，$F_{\tau_i}(t)=0$，$P\{\tau_i>x\}=1-F_{\tau_i}(x)=1$，状态 $i$ 的停留时间 $\tau_i$ 超过 $x$ 的概率为 1，则称状态 $i$ 为吸收状态。

**定理 4.1**　齐次马尔可夫过程的转移概率具有下列性质：

$\forall i, j\in I, t, s>0$，

(1) $p_{ij}(t)\geqslant0$；

(2) $\sum\limits_{j\in I} p_{ij}(t)=1$；

(3) $p_{ij}(t+s)=\sum\limits_{k\in I} p_{ik}(t)\cdot p_{kj}(s)$。

**证**　由概率的定义，性质(1)、(2)显然成立，下证性质(3)。

$$p_{ij}(t+s)=P\{X(t+s)=j \mid X(0)=i\}$$

$$=\sum_{k\in I}P\{X(t+s)=j, X(t)=k \mid X(0)=i\}$$

$$=\sum_{k\in I}P\{X(t+s)=j \mid X(t)=k, X(0)=i\}P\{X(t)=k \mid X(0)=i\}$$

$$=\sum_{k\in I}P\{X(t+s)=j \mid X(t)=k\}P\{X(t)=k \mid X(0)=i\}$$

$$=\sum_{k\in I}p_{kj}(s)p_{ik}(t)$$

$$=\sum_{k\in I}p_{ik}(t)p_{kj}(s) \tag{4.10}$$

由 $p_{ii}(0)=1$，$p_{ij}(0)=0(i\neq j)$ 可以推导出 $\lim\limits_{t\to0}p_{ij}(t)=\begin{cases}1, & i=j \\ 0, & i\neq j\end{cases}$。

时间离散与时间连续马尔可夫链的比较如表 4.1 所示。

表 4.1　时间离散与时间连续马尔可夫链的比较

| | 正则性 | 分布律 | 转移方程 |
|---|---|---|---|
| 时间离散 | $p_{ii}^{(0)}=1$<br>$p_{ij}^{(0)}=0(i\neq j)$ | $p_{ij}^{(n)}\geqslant 0$<br>$\sum_{j\in I}p_{ij}^{(n)}=1$ | $p_{ij}^{(n)}=\sum_{k\in I}p_{ik}^{(l)}p_{kj}^{(n-l)}$ |
| 时间连续 | $\lim_{t\to 0}p_{ij}(t)=\begin{cases}1,&i=j\\0,&i\neq j\end{cases}$ | $p_{ij}(t)\geqslant 0$<br>$\sum_{j\in I}p_{ij}(t)=1$ | $p_{ij}(t+s)=\sum_{k\in I}p_{ik}(t)p_{kj}(s)$ |

**定义 4.3**　连续参数齐次马尔可夫链 $\{X(t),t\geqslant 0\}$ 中,称 $p_j=P\{X(0)=j\}$,即 $X(0)$ 的概率分布称为连续参数齐次马尔可夫链的初始分布。$p_j(t)=P\{X(t)=j\},j\in I$,即 $X(t)$ 的概率分布称为此连续参数齐次马尔可夫链的绝对分布。

(1) 初始概率 $p_j=p_j(0)=P\{X(0)=j\},j\in I$;

(2) 绝对概率 $p_j(t)=P\{X(t)=j\},j\in I,t\geqslant 0$;

(3) 初始分布 $\{p_j,j\in I\}$;

(4) 绝对分布 $\{p_j(t),j\in I\},t\geqslant 0$。

**定理 4.2**　齐次马尔可夫过程的绝对概率及有限维概率分布具有下列性质:

(1) $p_j(t)\geqslant 0$。

(2) $\sum_{j\in I}p_j(t)=1$。

(3) 连续齐次马尔可夫链 $\{X(t),t\geqslant 0\}$ 的绝对分布由初始分布和转移概率确定,且满足

① $p_j(t)=\sum_{i\in I}p_i p_{ij}(t)$;

② $p_j(t+\tau)=\sum_{i\in I}p_i(t)p_{ij}(\tau)$。

(4) 连续齐次马尔可夫链的联合分布可以拆为单步转移概率积,即

$$P\{X(t_1)=i_1,\cdots,X(t_n)=i_n\}=\sum_{i\in I}p_i p_{ii_1}(t_1)p_{i_1 i_2}(t_2-t_1)\cdots p_{i_{n-1}i_n}(t_n-t_{n-1})\quad(4.11)$$

(5) 设连续参数齐次马尔可夫链 $\{X(t),t\geqslant 0\}$ 的状态空间 $I=\{i_1,i_2,\cdots,i_s\}$,若存在 $t_0>0$,对任意 $i,j\in I$,有 $p_{ij}(t_0)>0$,则此链是遍历的,即 $\pi_j=\lim_{t\to+\infty}p_{ij}(t)$ 存在,且与初始状态 $i$ 无关,由目标状态 $j$ 决定。极限分布 $\{\pi_j,j\in I\}$ 是唯一的平稳分布。

**【例 4.1】**　证明泊松过程 $\{X(t),t\geqslant 0\}$ 为连续时间齐次马尔可夫链。

**证**　先证泊松过程的马尔可夫性。

泊松过程是独立增量过程,且 $X(0)=0$,对任意 $0<t_1<t_2<\cdots<t_n<t_{n+1}$ 有

$$P\{X(t_{n+1})=i_{n+1}\,|\,X(t_1)=i_1,\cdots,X(t_n)=i_n\}$$
$$=P\{X(t_{n+1})-X(t_n)=i_{n+1}-i_n\,|\,X(t_1)-X(0)=i_1,$$
$$X(t_2)-X(t_1)=i_2-i_1,\cdots,X(t_n)-X(t_{n-1})=i_n-i_{n-1}\}$$
$$=P\{X(t_{n+1})-X(t_n)=i_{n+1}-i_n\}$$

另外,

$$P\{X(t_{n+1})=i_{n+1}\,|\,X(t_n)=i_n\}=P\{X(t_{n+1})-X(t_n)=i_{n+1}-i_n\,|\,X(t_n)-X(0)=i_n\}$$
$$=P\{X(t_{n+1})-X(t_n)=i_{n+1}-i_n\}$$

所以
$$P\{X(t_{n+1})=i_{n+1}\,|\,X(t_1)=i_1,\cdots,X(t_n)=i_n\}=P\{X(t_{n+1})=i_{n+1}\,|\,X(t_n)=i_n\}$$

即泊松过程是一个连续时间马尔可夫链。

再证齐次性。

当 $j \geqslant i$ 时，
$$P\{X(s+t)=j\,|\,X(s)=i\}=P\{X(s+t)-X(s)=j-i\}=\mathrm{e}^{-\lambda t}\frac{(\lambda t)^{j-i}}{(j-i)!}$$

当 $j<i$ 时，因增量只取非负整数值，故 $p_{ij}(s,t)=0$。

所以
$$p_{ij}(s,t)=p_{ij}(t)=\begin{cases}\mathrm{e}^{-\lambda t}\dfrac{(\lambda t)^{j-i}}{(j-i)!}, & j\geqslant i\\[2mm] 0, & j<i\end{cases}$$

转移概率与 $s$ 无关，泊松过程具有齐次性。

# 4.2　转移概率与柯尔莫哥洛夫微分方程

对于离散时间的齐次马尔可夫链，一旦给定一步转移概率矩阵 $\boldsymbol{P}=[p_{ij}]$，就可以根据 C-K 方程推导出 $k$ 步转移概率矩阵 $\boldsymbol{P}^{(k)}=[p_{ij}^{(k)}]$。但是对于连续时间的马尔可夫链，转移概率 $p_{ij}(t)$ 的计算较复杂。本小节讨论转移概率 $p_{ij}(t)$ 的微分形式，并给出计算转移概率 $p_{ij}(t)$ 的通用表达式，即柯尔莫哥洛夫微分方程。

**1. 转移概率 $p_{ij}(t)$ 的性质**

**引理 4.1**　设齐次马尔可夫过程满足正则性条件，$\lim\limits_{t\to 0}p_{ij}(t)=\begin{cases}1, & i=j\\ 0, & i\neq j\end{cases}$，则对于任意 $i,j$ $\in I$，$p_{ij}(t)$ 是 $t$ 的一致连续函数。

**证**　令 $h>0$，根据定理 4.1 得
$$p_{ij}(t+h)=\sum_{k\in I}p_{ik}(h)p_{kj}(t)$$
$$p_{ij}(t+h)-p_{ij}(t)=\sum_{k\neq i}p_{ik}(h)p_{kj}(t)-[1-p_{ii}(h)]p_{ij}(t)$$

从而有
$$p_{ij}(t+h)-p_{ij}(t)\geqslant-[1-p_{ii}(h)]p_{ij}(t)\geqslant-[1-p_{ii}(h)]$$
$$p_{ij}(t+h)-p_{ij}(t)\leqslant\sum_{k\neq i}p_{ik}(h)p_{kj}(t)\leqslant\sum_{k\neq i}p_{ik}(h)=1-p_{ii}(h)$$

所以得
$$|p_{ij}(t+h)-p_{ij}(t)|\leqslant 1-p_{ii}(h)$$

对于 $h<0$，同理有
$$|p_{ij}(t+h)-p_{ij}(t)|\leqslant 1-p_{ii}(-h)$$

综上所述，有结论
$$|p_{ij}(t+h)-p_{ij}(t)|\leqslant 1-p_{ii}(|h|)$$

由正则性条件可知

$$\lim_{h \to 0} |p_{ij}(t+h) - p_{ij}(t)| \leqslant \lim_{h \to 0} [1 - p_{ii}(|h|)] = 0$$

即 $p_{ij}(t)$ 关于 $t$ 一致连续。

注：以下讨论均假定马尔可夫过程满足正则性条件。

**定理 4.3**　设 $p_{ii}(t)$ 是齐次马尔可夫过程的转移概率，则下列极限存在：

(1) $\displaystyle\lim_{\Delta t \to 0} \frac{1 - p_{ii}(\Delta t)}{\Delta t} = \lambda_i = q_{ii} \leqslant \infty$；

(2) $\displaystyle\lim_{\Delta t \to 0} \frac{p_{ij}(\Delta t)}{\Delta t} = q_{ij} < \infty, j \neq i$。

$q_{ii}$ 表示在 $t$ 时刻通过状态 $i$ 的速率，用 $q_{ii}\Delta t + o(\Delta t)$ 可以表示在时间段 $[t, t+\Delta t]$ 内 $X(t)$ 从状态 $i$ 转移到其他状态的概率 $1 - p_{ii}(\Delta t)$；$q_{ij}$ 表示在 $t$ 时刻由状态 $i$ 到状态 $j$ 的转移速率，用 $q_{ij}\Delta t + o(\Delta t)$ 可以表示在时间段 $[t, t+\Delta t]$ 内 $X(t)$ 从状态 $i$ 转移到状态 $j$ 的概率 $p_{ij}(\Delta t)$。

**推论 4.1**　对有限齐次马尔可夫过程，有 $q_{ii} = \displaystyle\sum_{j \neq i} q_{ij} < \infty$。

**证**　由定理 4.1 可知，

$$\sum_{j \in I} p_{ij}(\Delta t) = 1$$

即 $1 - p_{ii}(\Delta t) = \displaystyle\sum_{j \in I, j \neq i} p_{ij}(\Delta t)$。

由于求和是在有限集中进行，故有

$$q_{ii} = \lim_{\Delta t \to 0} \frac{1 - p_{ii}(\Delta t)}{\Delta t} = \lim_{\Delta t \to 0} \frac{\displaystyle\sum_{j \in I, j \neq i} p_{ij}(\Delta t)}{\Delta t} = \sum_{j \in I, j \neq i} q_{ij} \tag{4.12}$$

说明：对状态空间无限的齐次马尔可夫过程，一般只有 $q_{ii} \geqslant \displaystyle\sum_{j \in I, j \neq i} q_{ij}$。

**2. 柯尔莫哥洛夫方程**

连续参数齐次马尔可夫链 $\{X(t), t \geqslant 0\}$ 有有限状态空间 $I = \{i_0, i_1, i_2, \cdots, i_n\}$，定义矩阵

$$\boldsymbol{Q} = \begin{bmatrix} -q_{00} & q_{01} & \cdots & q_{0n} \\ q_{10} & -q_{11} & \cdots & q_{1n} \\ \vdots & \vdots & & \vdots \\ q_{n0} & q_{n1} & \cdots & -q_{nn} \end{bmatrix} = \begin{bmatrix} Q_0 \\ Q_1 \\ \vdots \\ Q_n \end{bmatrix}$$

为马尔可夫链 $\{X(t), t \geqslant 0\}$ 的状态转移速率矩阵，其中

$$p'_{ij}(+0) = \begin{cases} -q_{ii}, & i = j \\ q_{ij}, & i \neq j \end{cases}, \quad \boldsymbol{P}'(+0) = [p'_{ij}(+0)] = \boldsymbol{Q} \tag{4.13}$$

问题：若连续时间齐次马尔可夫链具有有限状态空间 $I = \{i_0, i_1, i_2, \cdots, i_n\}$，则其转移速率可构成矩阵

$$\boldsymbol{Q} = \begin{bmatrix} -q_{00} & q_{01} & \cdots & q_{0n} \\ q_{10} & -q_{11} & \cdots & q_{1n} \\ \vdots & \vdots & & \vdots \\ q_{n0} & q_{n1} & \cdots & -q_{nn} \end{bmatrix} = \begin{bmatrix} Q_0 \\ Q_1 \\ \vdots \\ Q_n \end{bmatrix}$$

能否由 $\boldsymbol{Q}$ 可求转移概率矩阵 $\boldsymbol{P}$？

**定理 4.4** 柯尔莫哥洛夫向后方程

假设 $q_{ii} = \sum\limits_{k \in I, k \neq i} q_{ik}$，则对一切 $i, j \in I$ 及 $t \geqslant 0$，有

$$p'_{ij}(t) = \sum_{k \in I, k \neq i} q_{ik} p_{kj}(t) - q_{ii} p_{ij}(t) = Q_i P_j$$

**证** 由切普曼-柯尔莫哥洛夫方程有

$$p_{ij}(t + h) = \sum_{k \in I} p_{ik}(h) p_{kj}(t)$$

$$p_{ij}(t + h) - p_{ij}(t) = \sum_{k \in I, k \neq i} p_{ik}(h) p_{kj}(t) - [1 - p_{ii}(h)] p_{ij}(t)$$

$$p'_{ij}(t) = \lim_{h \to 0} \frac{p_{ij}(t + h) - p_{ij}(t)}{h}$$

$$= \lim_{h \to 0} \sum_{k \in I, k \neq i} \frac{p_{ik}(h)}{h} p_{kj}(t) - \lim_{h \to 0} \frac{1 - p_{ii}(h)}{h} p_{ij}(t)$$

$$= \sum_{k \in I, k \neq i} q_{ik} p_{kj}(t) - q_{ii} p_{ij}(t) \tag{4.14}$$

**定理 4.5** 柯尔莫哥洛夫向前方程，在适当的正则条件下有

$$p'_{ij}(t) = \sum_{k \in I, k \neq j} p_{ik}(t) q_{kj} - p_{ij}(t) q_{jj} \tag{4.15}$$

向前方程矩阵表示为

$$\boldsymbol{P}'(t) = \boldsymbol{P}(t)\boldsymbol{Q}$$

向后方程矩阵表示

$$\boldsymbol{P}'(t) = \boldsymbol{Q}\boldsymbol{P}(t)$$

柯尔莫哥洛夫向前方程和向后方程虽然在形式上不同，但两者的解却是一样的。这一结果费勒在 1940 年已证明。

注：

$$\boldsymbol{P} = \begin{bmatrix} p_{00}(t) & p_{01}(t) & p_{02}(t) & \cdots \\ p_{10}(t) & p_{11}(t) & p_{12}(t) & \cdots \\ p_{20}(t) & p_{21}(t) & p_{22}(t) & \cdots \\ \vdots & \vdots & \vdots & \vdots \end{bmatrix}, \quad \boldsymbol{P}'(t) = [p'_{ij}(t)]$$

$$\boldsymbol{Q} = \begin{bmatrix} -q_{00} & q_{01} & q_{02} & \cdots \\ q_{10} & -q_{11} & q_{12} & \cdots \\ q_{20} & q_{21} & -q_{22} & \cdots \\ \vdots & \vdots & \vdots & \vdots \end{bmatrix}$$

若 $\boldsymbol{Q}$ 是一个有限维矩阵，则有

$$\boldsymbol{P}(t) = e^{Q(t)} = \sum_{j=0}^{\infty} \frac{(\boldsymbol{Q}t)^j}{j!} \tag{4.16}$$

**定理 4.6** 齐次马尔可夫过程在 $t$ 时刻处于状态 $j \in I$ 的绝对概率 $p_j(t)$ 满足方程：

$$p'_j(t) = \sum_{k \in I, k \neq j} p_k(t) q_{kj} - p_j(t) q_{jj}$$

**证** $p_j(t) = \sum\limits_{i \in I} p_i p_{ij}(t), \quad p'_j(t) = \sum\limits_{i \in I} p_i p'_{ij}(t)$

由向前方程 $p'_{ij}(t) = \sum\limits_{k \in I, k \neq j} p_{ik}(t) q_{kj} - p_{ij}(t) q_{jj}$ 可得

$$p_i p'_{ij}(t) = \sum_{k \in I, k \neq j} p_i p_{ik}(t) q_{kj} - p_i p_{ij}(t) q_{jj}$$

$$\sum_{i \in I} p_i p'_{ij}(t) = \sum_{i \in I} \sum_{k \in I, k \neq j} p_i p_{ik}(t) q_{kj} - \sum_{i \in I} p_i p_{ij}(t) q_{jj}$$

$$p'_j(t) = \sum_{k \in I, k \neq j} \Big[ \sum_{i \in I} p_i p_{ik}(t) \Big] q_{kj} - \Big[ \sum_{i \in I} p_i p_{ij}(t) \Big] q_{jj} = \sum_{k \in I, k \neq j} p_k(t) q_{kj} - p_j(t) q_{jj}$$

**【例 4.2】** 设一个单细胞生物处于两个状态 $A$、$B$ 之一,处于状态 $A$ 的一个个体以指数率 $\lambda$ 变到状态 $B$;处于状态 $B$ 的一个个体以指数率 $\beta$ 分裂成两个新的 $A$ 型个体。请为这样的生物群体定义一个合适的连续时间马尔可夫链,并且确定这个模型的适当的参数。

**解** 以 $X_A(t)$,$X_B(t)$ 分别记 $t$ 时刻群体中 $A$ 细胞和 $B$ 细胞的个数,则随机过程 $\{X_A(t),$ $X_B(t),t \geqslant 0\}$ 是连续时间马尔可夫链。

且根据题意,处于状态 $A$ 的一个个体以指数率 $\lambda$ 变到状态 $B$;处于状态 $B$ 的一个个体以指数率 $\beta$ 分裂成两个新的 $A$ 型个体,则状态转移速率为

$$q_{(m,n),(m-1,n+1)} = m\lambda, \quad q_{(m,n),(m+2,n-1)} = n\beta \tag{4.17}$$

**【例 4.3】** 设有一质点在 1、2、3 上做随机跳跃,在时刻 $t$ 它位于三点之一,且在 $[t,t+h]$($t>0,h \to 0$)内依概率 $\frac{1}{2}h + o(h)$ 分别可以跳到其他两个状态,求转移概率所满足的柯尔莫哥洛夫方程。

**解** 若状态 $i=2$,则

$$p_{i,i+1}(h) = \frac{1}{2}h + o(h) \Rightarrow q_{i,i+1} = \frac{1}{2}, q_{i,i} = 1 \tag{4.18}$$

$$p_{i,i-1}(h) = \frac{1}{2}h + o(h), \quad p_{i,i}(h) = 1 - h + o(h)$$

类似可得,$\forall i \in \{1,2,3\}$,式(4.18)成立。其中,当 $i=1$ 时,$i-1=3$,当 $i=3$ 时,$i+1=1$,柯尔莫哥洛夫向前方程为

$$p'_{ij} = -q_{jj} p_{ij}(t) + q_{j+1,j} p_{i,j+1}(t) + q_{j-1,j} p_{i,j-1}(t) = -p_{ij}(t) + \frac{1}{2} p_{ij+1}(t) + \frac{1}{2} p_{i,j-1}(t)$$

又 $\sum_{j=1}^{3} p_{ij} = 1$,故

$$p'_{ij} = -p_{ij}(t) + \frac{1}{2}[1 - p_{ij}(t)] = -\frac{3}{2} p_{ij}(t) + \frac{1}{2}$$

解得

$$p_{ij}(t) = \int_0^t \Big[ \frac{1}{2} e^{-\frac{3}{2}(t-s)} \Big] ds + p_{ij}(0) e^{-\frac{3}{2}t}$$

利用初始条件 $p_{ij}(0) = \begin{cases} 1 & i=j \\ 0 & i \neq j \end{cases}$,解得

$$p_{ij}(t) = \begin{cases} \dfrac{1}{3} + \dfrac{2}{3} e^{-\frac{3}{2}t}, & i=j \\[2mm] \dfrac{1}{3} - \dfrac{1}{3} e^{-\frac{3}{2}t}, & i \neq j \end{cases}$$

**3. 极限分布与平稳分布**

**定义 4.4** 设 $p_{ij}(t)$ 是连续时间马尔可夫链的转移概率,若存在时间参数 $t_1$ 和 $t_2$,使得

$p_{ij}(t_1)>0, p_{ji}(t_2)>0$，则称状态 $i$ 与状态 $j$ 是互通的。若所有状态都是互通的，则称此马尔可夫链为不可约的。类似地，可以定义常返性与非常返性等概念。

**定理 4.7**　设连续时间马尔可夫链是不可约的，则有

（1）若它是正常返的，则极限 $\lim\limits_{t\to\infty}p_{ij}(t)$ 存在且等于 $\pi_j>0, j\in I$。这里 $\pi_j$ 是方程组

$$\begin{cases} \pi_j q_{jj} = \sum\limits_{k\neq j}\pi_k q_{kj} \\ \sum\limits_{j\in I}\pi_j = 1 \end{cases}$$

的唯一非负解，此时称 $\{\pi_j>0, j\in I\}$ 是该过程的平稳分布，有

$$\lim\limits_{t\to\infty}p_j(t)=\pi_j$$

（2）若它是零常返的或非常返的，则

$$\lim\limits_{t\to\infty}p_{ij}(t)=\lim\limits_{t\to\infty}p_j(t)=0, \quad i,j\in I$$

（3）事实上，无论平稳分布存在与否，$p_{ij}(t)$ 的极限总是存在的。而且在不可约正常返的条件下该极限与初始状态 $i$ 无关，由目标状态 $j$ 决定，即 $\lim\limits_{t\to\infty}p_{ij}(t)=\pi_j$。不仅如此，由于令 $t\to\infty$，转移概率矩阵 $\boldsymbol{P}(t)=\begin{bmatrix} \pi_0 & \pi_1 & \cdots & \pi_N \\ \pi_0 & \pi_1 & \cdots & \pi_N \\ \vdots & \vdots & & \vdots \\ \pi_0 & \pi_1 & \cdots & \pi_N \end{bmatrix}$ 是常数矩阵，其导数为零，且有以下结论成立：

$$\begin{bmatrix} \pi_0 & \pi_1 & \cdots & \pi_N \end{bmatrix}\boldsymbol{Q}=\boldsymbol{0}$$

**【例 4.4】**　设两个状态 $\{0,1\}$ 的连续时间马尔可夫链，状态转移概率满足

$$\begin{cases} p_{01}(h)=\lambda h+o(h) \\ p_{10}(h)=\mu h+o(h) \end{cases}$$

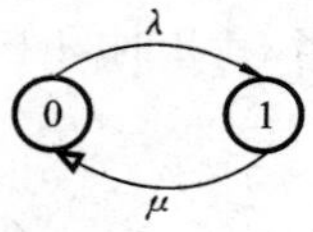

状态转移速率图如图 4.2 所示。

（1）求状态转移概率矩阵

**图 4.2　状态转移速率图**

$$\boldsymbol{P}(t)=\begin{bmatrix} p_{00}(t) & p_{01}(t) \\ p_{10}(t) & p_{11}(t) \end{bmatrix}$$

（2）讨论其平稳分布；

（3）若存在平稳分布，取初始分布为其平稳分布，求过程在时刻 $t$ 的绝对分布。

**解**　（1）先求状态转移速率矩阵 $\boldsymbol{Q}$。

由定理 4.3，若 $\boldsymbol{Q}$ 是一个有限矩阵，则有

$$\boldsymbol{P}(t) = \mathrm{e}^{Q(t)} = \sum_{j=0}^{\infty}\frac{(\boldsymbol{Q}t)^j}{j!}$$

$$q_{00}=\lim_{h\to 0}\frac{1-p_{00}(h)}{h}=q_{01}=\lim_{h\to 0}\frac{p_{01}(h)}{h}=\lambda \qquad (4.19)$$

$$q_{11}=\lim_{h\to 0}\frac{1-p_{11}(h)}{h}=q_{10}=\lim_{h\to 0}\frac{p_{10}(h)}{h}=\mu \qquad (4.20)$$

于是

$$\boldsymbol{Q}=\begin{bmatrix} -q_{00} & q_{01} \\ q_{10} & -q_{11} \end{bmatrix}=\begin{pmatrix} -\lambda & \lambda \\ \mu & -\mu \end{pmatrix}$$

$$\boldsymbol{Q}^2 = \begin{pmatrix} -\lambda & \lambda \\ \mu & -\mu \end{pmatrix} \begin{pmatrix} -\lambda & \lambda \\ \mu & -\mu \end{pmatrix} = \begin{pmatrix} \lambda^2+\lambda\mu & -\lambda^2-\lambda\mu \\ -\lambda\mu-\mu^2 & \lambda\mu+\mu^2 \end{pmatrix}$$

$$= -(\lambda+\mu)\begin{pmatrix} -\lambda & \lambda \\ \mu & -\mu \end{pmatrix} = -(\lambda+\mu)\boldsymbol{Q}$$

$$\boldsymbol{Q}^n = [-(\lambda+\mu)]^{n-1}\boldsymbol{Q}$$

$$\begin{cases} p_{01}(h) = \lambda h + o(h) \\ p_{10}(h) = \mu h + o(h) \end{cases}$$

进而有

$$\boldsymbol{P}(t) = \mathrm{e}^{Q(t)} = \sum_{j=0}^{\infty} \frac{(\boldsymbol{Q}t)^j}{j!} = \boldsymbol{E} + \sum_{j=1}^{\infty} \frac{(\boldsymbol{Q}t)^j}{j!}$$

$$= \boldsymbol{E} + \sum_{j=1}^{\infty} \frac{[-(\lambda+\mu)]^{n-1}\boldsymbol{Q}\cdot t^j}{j!}$$

$$= \boldsymbol{E} + \frac{-1}{\lambda+\mu}\sum_{j=1}^{\infty} \frac{[-(\lambda+\mu)t]^j\boldsymbol{Q}}{j!}$$

$$= \boldsymbol{E} - \frac{1}{\lambda+\mu}[\mathrm{e}^{-(\lambda+\mu)t}-1]\boldsymbol{Q}$$

$$= \begin{pmatrix} 1 & 0 \\ 0 & 1 \end{pmatrix} - \frac{1}{\lambda+\mu}[\mathrm{e}^{-(\lambda+\mu)t}-1]\begin{pmatrix} -\lambda & \lambda \\ \mu & -\mu \end{pmatrix}$$

$$= \begin{pmatrix} \dfrac{\mu}{\lambda+\mu}+\dfrac{\lambda}{\lambda+\mu}\mathrm{e}^{-(\lambda+\mu)t} & \dfrac{\lambda}{\lambda+\mu}-\dfrac{\lambda}{\lambda+\mu}\mathrm{e}^{-(\lambda+\mu)t} \\ \dfrac{\mu}{\lambda+\mu}-\dfrac{\mu}{\lambda+\mu}\mathrm{e}^{-(\lambda+\mu)t} & \dfrac{\lambda}{\lambda+\mu}+\dfrac{\mu}{\lambda+\mu}\mathrm{e}^{-(\lambda+\mu)t} \end{pmatrix}$$

转移概率为

$$p_{00}(t) = \frac{\mu}{\lambda+\mu}+\frac{\lambda}{\lambda+\mu}\mathrm{e}^{-(\lambda+\mu)t}$$

$$p_{01}(t) = \frac{\lambda}{\lambda+\mu}-\frac{\lambda}{\lambda+\mu}\mathrm{e}^{-(\lambda+\mu)t}$$

$$p_{10}(t) = \frac{\mu}{\lambda+\mu}-\frac{\mu}{\lambda+\mu}\mathrm{e}^{-(\lambda+\mu)t}$$

$$p_{11}(t) = \frac{\lambda}{\lambda+\mu}+\frac{\mu}{\lambda+\mu}\mathrm{e}^{-(\lambda+\mu)t}$$

（2）转移概率的极限为

$$\lim_{t\to\infty} p_{00}(t) = \lim_{t\to\infty} p_{10}(t) = \frac{\mu}{\lambda+\mu} > 0$$

$$\lim_{t\to\infty} p_{01}(t) = \lim_{t\to\infty} p_{11}(t) = \frac{\lambda}{\lambda+\mu} > 0$$

故平稳分布为

$$\pi_0 = \lim_{t\to\infty} p_{00}(t) = \lim_{t\to\infty} p_{10}(t) = \frac{\mu}{\lambda+\mu}$$

$$\pi_1 = \lim_{t\to\infty} p_{01}(t) = \lim_{t\to\infty} p_{11}(t) = \frac{\lambda}{\lambda+\mu}$$

（3）若取初始分布为平稳分布，即 $X(0)$ 的分布如下：

$$p_0 = \frac{\mu}{\lambda + \mu}, \quad p_1 = \frac{\lambda}{\lambda + \mu}$$

| $X(0)$ | 0 | 1 |
| --- | --- | --- |
| $P\{X(0)\}$ | $P\{X(0)=0\}=p_0$ | $P\{X(0)=1\}=p_1$ |

令 $\boldsymbol{P}\{X(0)\}$ 表示 $X(0)$ 的分布,即 $\boldsymbol{P}\{X(0)\}=[p_0 \quad p_1]$,则在时刻 $t$ 的过程 $X(t)$ 绝对概率分布为 $\boldsymbol{P}\{X(t)\}=[p_0(t), \quad p_1(t)]$,表示如下:

| $X(t)$ | 0 | 1 |
| --- | --- | --- |
| $P\{X(t)\}$ | $P\{X(t)=0\}=p_0(t)$ | $P\{X(t)=1\}=p_1(t)$ |

$$\boldsymbol{P}\{X(t)\}=\boldsymbol{P}\{X(0)\}\boldsymbol{P}(t)$$

即

$$[p_0(t), \quad p_1(t)] = \left[\frac{\mu}{\lambda+\mu}, \quad \frac{\lambda}{\lambda+\mu}\right] \begin{bmatrix} \frac{\mu}{\lambda+\mu}+\frac{\lambda}{\lambda+\mu}e^{-(\lambda+\mu)t} & \frac{\lambda}{\lambda+\mu}-\frac{\lambda}{\lambda+\mu}e^{-(\lambda+\mu)t} \\ \frac{\mu}{\lambda+\mu}-\frac{\mu}{\lambda+\mu}e^{-(\lambda+\mu)t} & \frac{\lambda}{\lambda+\mu}+\frac{\mu}{\lambda+\mu}e^{-(\lambda+\mu)t} \end{bmatrix}$$

$$= \left[\frac{\mu}{\lambda+\mu}, \quad \frac{\lambda}{\lambda+\mu}\right]$$

所以

$$p_0(t) = \frac{\mu}{\lambda+\mu}, \quad p_1(t) = \frac{\lambda}{\lambda+\mu}$$

说明:该例中,(2)问也可应用定理 4.7 求解。

$$\pi_j q_{jj} = \sum_{k \neq j} \pi_k q_{kj}, \quad \sum_{j \in I} \pi_j = 1, \boldsymbol{Q} = \begin{pmatrix} -\lambda & \lambda \\ \mu & -\mu \end{pmatrix}$$

例中马尔可夫链有两个状态 $I=\{0,1\}$,解之易得

$$\pi_0 = \frac{\mu}{\lambda+\mu}, \quad \pi_1 = \frac{\lambda}{\lambda+\mu}$$

【例 4.5】 设 $\{X(t), t \geq 0\}$ 为状态离散、时间连续的齐次马尔可夫链,其状态空间为 $I=\{1,2,\cdots,m\}$,且 $q_{ij} = \begin{cases} 1, & i \neq j \\ 1-m, & i=j \end{cases}$, $i,j \in I=\{1,2,\cdots,m\}$,求转移概率 $p_{ij}(t)$。

**解**　由题设知状态转移速率矩阵 $\boldsymbol{Q}$ 为

$$\boldsymbol{Q} = \begin{bmatrix} 1-m & 1 & 1 & \cdots & 1 \\ 1 & 1-m & 1 & \cdots & 1 \\ \vdots & \vdots & \vdots & & \vdots \\ 1 & 1 & 1 & \cdots & 1-m \end{bmatrix}$$

由向前方程得

$$\frac{\mathrm{d}p_{ij}(t)}{\mathrm{d}t} = (1-m)p_{ij}(t) + \sum_{k \in I, k \neq j} p_{ik}(t), \quad i \in I$$

由 $\sum_{k=1}^{m} p_{ik}(t) = 1$,得

$$\sum_{k \in I, k \neq j} p_{ik}(t) = 1 - p_{ij}(t)$$

代入上面的方程,得

$$\frac{\mathrm{d}p_{ij}(t)}{\mathrm{d}t} = (1-m)p_{ij}(t) + [1 - p_{ij}(t)] = -mp_{ij}(t) + 1, \quad i,j \in I = \{1, 2, \cdots, m\}$$

解之得

$$p_{ij}(t) = Ce^{-mt} + \frac{1}{m}, \quad i,j \in I = \{1, 2, \cdots, m\}$$

由初始条件 $p_{ii}(0) = 1, p_{ij}(0) = 0, i \neq j$,所以

当 $i = j$ 时,$C = 1 - \dfrac{1}{m}$;

当 $i \neq j$ 时,$C = -\dfrac{1}{m}$;

于是

$$p_{ii}(t) = \left(1 - \frac{1}{m}\right)e^{-mt} + \frac{1}{m}, \quad i \in I = \{1, 2, \cdots, m\}$$

$$p_{ij}(t) = \frac{1}{m}(1 - e^{-mt}), \quad i,j \in I = \{1, 2, \cdots, m\}, \quad 且 i \neq j$$

# 4.3　生灭过程

**1. 生灭过程的定义**

生灭过程的一般描述:

(1) 一种特殊的马尔可夫过程;

(2) 其特征是系统在很短的时间内只能从状态 $i$ 转移到状态 $i-1$ 或状态 $i+1$ 或保持不变,如图 4.3 所示。

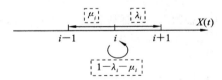

**图 4.3　生灭过程的状态图**

状态转移速率图如图 4.4 所示。

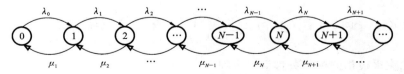

**图 4.4　生灭过程的状态转移速率图**

生灭过程的定义如下。

**定义 4.5**　设齐次马尔可夫过程 $\{X(t),t\geqslant 0\}$ 的状态空间为 $I=\{0,1,2,\cdots\}$，转移概率 $p_{ij}(t)$ 满足：

$$p_{i,i+1}(h)=\lambda_i h+o(h),\quad \lambda_i>0$$
$$p_{i,i-1}(h)=\mu_i h+o(h),\quad \mu_i>0,\mu_0=0$$
$$p_{ii}(h)=1-(\lambda_i+\mu_i)h+o(h)$$
$$p_{ij}(h)=o(h),\quad |i-j|\geqslant 2$$

则称 $\{X(t),t\geqslant 0\}$ 为生灭链，$\lambda_i$ 为出生率，$\mu_i$ 为死亡率。

其状态转移速率矩阵为

$$Q=\begin{bmatrix} -\lambda_0 & \lambda_0 & 0 & 0 & \cdots & 0 & 0 & 0 & \cdots \\ \mu_1 & -(\lambda_1+\mu_1) & \lambda_1 & 0 & \cdots & 0 & 0 & 0 & \cdots \\ 0 & \mu_2 & -(\lambda_2+\mu_2) & \lambda_2 & \cdots & 0 & 0 & 0 & \cdots \\ \vdots & \vdots & \vdots & \vdots & & \vdots & \vdots & \vdots & \\ 0 & 0 & 0 & 0 & \cdots & \mu_{N-1} & -(\lambda_{N-1}+\mu_{N-1}) & \lambda_{N-1} & \cdots \\ 0 & 0 & 0 & 0 & \cdots & 0 & \mu_N & -(\lambda_N+\mu_N) & \lambda_N \\ \vdots & \vdots & \vdots & \vdots & & 0 & 0 & 0 & \vdots \end{bmatrix}$$

状态转移速率图如图 4.5 所示。

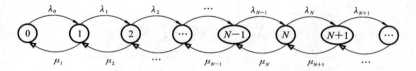

**图 4.5　生灭链的状态转移速率图**

若 $\lambda_i=i\lambda$，则 $\mu_i=i\mu(\lambda,\mu\in C^+)$ 称为线性生灭过程；

若 $\mu_i=0$，则称为纯生过程；

若 $\lambda_i=0$，则称为纯灭过程。

状态 $i$ 表示某群体的总数，一旦群体总数发生改变，只能转变到状态 $i-1$ 或状态 $i+1$ 两种状态，由状态"0"只能转变到状态"1"。从而从状态 $i$ 到状态 $j$，它必须经历过 $i$ 与 $j$ 之间的一切状态。生灭过程是不可约的马尔可夫过程。

生灭过程状态变化的性质：

（1）在无穷小 $\Delta t$ 内，系统或生长 1 个，或灭亡 1 个，或既不生长又不灭亡（概率为：$1-\lambda_n\Delta t-\mu_n\Delta t$）；

（2）系统生长一个的概率 $\lambda_n\Delta t$ 与 $\Delta t$ 有关，而与 $t$ 无关，与系统当前状态 $n$ 有关，而与以前的状态无关；

（3）系统灭亡一个的概率 $\mu_n\Delta t$ 与 $\Delta t$ 有关，而与 $t$ 无关，与系统当前状态 $n$ 有关，而与以前的状态无关。

下面讨论生灭过程的柯尔莫哥洛夫方程。

由定理 4.3 得

$$q_{ii}=\lim_{\Delta t\to 0}\frac{1-p_{ii}(\Delta t)}{\Delta t}=\lim_{\Delta t\to 0}\frac{p_{ii}(0)-p_{ii}(\Delta t)}{\Delta t}=-\lim_{\Delta t\to 0}\frac{p_{ii}(0+\Delta t)-p_{ii}(0)}{\Delta t}$$

$$= -\frac{\mathrm{d}}{\mathrm{d}t}p_{ii}(t)\big|_{t=0} = \lambda_i + \mu_i$$

$$q_{ij} = \lim_{\Delta t \to 0}\frac{p_{ij}(\Delta t)}{\Delta t} = \lim_{\Delta t \to 0}\frac{p_{ij}(0+\Delta t) - p_{ij}(0)}{\Delta t} = -\frac{\mathrm{d}}{\mathrm{d}t}p_{ij}(t)\big|_{t=0}$$

$$= \begin{cases} \lambda_i, & j = i+1, i \geqslant 0 \\ \mu_i, & j = i-1, i \geqslant 1 \\ 0, & |i-j| \geqslant 2 \end{cases}$$

故柯尔莫哥洛夫向前方程为

$$p'_{ij}(t) = \sum_{k \in I, k \neq j} p_{ik}(t)q_{kj} - p_{ij}(t)q_{jj}$$

$$p'_{ij}(t) = p_{i,j-1}(t)\lambda_{j-1} - p_{ij}(t)(\lambda_i + \mu_i) + p_{i,j+1}(t)\mu_{j+1}$$

柯尔莫哥洛夫向后方程为

$$p'_{ij}(t) = \sum_{k \in I, k \neq j} q_{ik}p_{kj}(t) - q_{ii}p_{ij}(t)$$

$$p'_{ij}(t) = p_{i-1,j}(t)\mu_i - p_{ij}(t)(\lambda_i + \mu_i) + p_{i+1,j}(t)\lambda_i$$

生灭过程的平稳分布由定理 4.7 有

$$\begin{cases} \pi_j q_{jj} = \sum\limits_{k \in I, k \neq j} \pi_k q_{kj} \\ \sum\limits_{j \in I} \pi_j = 1 \end{cases}$$

$$\lambda_0 \pi_0 = \mu_1 \pi_1$$

$$(\lambda_j + \mu_j)\pi_j = \lambda_{j-1}\pi_{j-1} + \mu_{j+1}\pi_{j+1}, \quad j \geqslant 1$$

逐步递推得

$$\pi_1 = \frac{\lambda_0}{\mu_1}\pi_0, \pi_2 = \frac{\lambda_1}{\mu_2}\pi_1 = \frac{\lambda_0 \lambda_1}{\mu_1 \mu_2}\pi_0, \cdots$$

$$\pi_j = \frac{\lambda_{j-1}}{\mu_j}\pi_{j-1} = \frac{\lambda_0 \lambda_1 \cdots \lambda_{j-1}}{\mu_1 \mu_2 \cdots \mu_j}\pi_0, \cdots$$

利用 $\sum\limits_{j \in I}\pi_j = 1$ 可得平稳分布

$$\pi_0 = \left(1 + \sum_{j=1}^{\infty}\frac{\lambda_0 \lambda_1 \cdots \lambda_{j-1}}{\mu_1 \mu_2 \cdots \mu_j}\right)^{-1}$$

$$\pi_j = \frac{\lambda_0 \lambda_1 \cdots \lambda_{j-1}}{\mu_1 \mu_2 \cdots \mu_j}\left(1 + \sum_{j=1}^{\infty}\frac{\lambda_0 \lambda_1 \cdots \lambda_{j-1}}{\mu_1 \mu_2 \cdots \mu_j}\right)^{-1}, \quad j \geqslant 1$$

从上述推导过程可知,生灭过程的平稳分布存在的充要条件是

$$\sum_{j=1}^{\infty}\frac{\lambda_0 \lambda_1 \cdots \lambda_{j-1}}{\mu_1 \mu_2 \cdots \mu_j} < \infty$$

### 2. 生灭过程实例

1) 排队系统

假设顾客按照参数为 $\lambda$ 的泊松过程来到一个有 $S$ 个服务员的服务站,即相继到达顾客的时间间隔是均值为 $1/\lambda$ 的独立指数随机变量。每一个顾客一来到,如果有空闲服务员,则直接进行服务,否则进入队列等候。当一个服务员结束一个顾客的服务后,顾客离开系统,排队中的下一个顾客进入服务。假定相继的服务时间是独立的指数随机变量,均值为 $1/\mu$。用 $X(t)$

表示时刻 $t$ 系统中的人数,则 $\{X(t),t\geqslant 0\}$ 是生灭过程,且

$$\mu_n=\begin{cases}n\mu, & \text{若 } 1\leqslant n\leqslant s\\s\mu, & \text{若 } n>s\end{cases}$$

$$\lambda_n=\lambda,\quad n\geqslant 0$$

上述生灭过程称为 $M/M/S$ 排队系统。$M$ 表示马尔可夫过程,$S$ 表示服务员的个数。$\lambda$ 是顾客到来速率,$\mu$ 是一个服务员的服务速率。

特别地,在 $M/M/1$ 排队系统中,$\lambda_n=\lambda$,$\mu_n=\mu$,若 $\lambda/\mu<1$,则由生灭过程的平稳分布公式可得

$$\pi_j=\frac{(\lambda/\mu)^n}{1+\sum_{n=1}^{\infty}\left(\dfrac{\lambda}{\mu}\right)^n}=(\lambda/\mu)^n\left(1-\frac{\lambda}{\mu}\right)$$

2)有迁入的线性增长模型

若生灭过程的参数为

$$\mu_n=n\mu,n\geqslant 1,\quad \lambda_n=n\lambda+\theta,n\geqslant 0$$

则称该过程为有迁入的线性增长模型。

有迁入的线性增长模型的实际意义:假定某生物群体中每个个体以指数率 $\lambda$ 出生,群体由于外界迁入因素又以指数率 $\theta$ 增加,则整个出生率为 $\lambda_n=n\lambda+\theta,n\geqslant 0$。

又假定生物群体中每个个体以指数率 $\mu$ 死亡,从而 $\mu_n=n\mu,n\geqslant 1$。

若 $\theta=0$,$\mu_n=0$,此时是一个纯生过程,称为尤尔(Yule)过程。

【例 4.6】　考虑尤尔(Yule)过程,设群体中各个成员独立地活动且以指数率生育。如果假设没有任何成员死亡,用 $X(t)$ 表示时刻 $t$ 群体的总量,则 $X(t)$ 是一个纯生过程:$\lambda_n=n\lambda,n>0$,并称之为尤尔过程。试计算:

(1) 从一个个体开始,在时刻 $t$ 群体总量的分布;

(2) 从一个个体开始,在时刻 $t$ 群体诸成员年龄之和的均值。

**解**　(1) 记 $T_i(i\geqslant 1)$ 为第 $i$ 个与第 $i+1$ 个成员出生之间的时间,即 $T_i$ 是群体总量从 $i$ 变到 $i+1$ 所花的时间。由尤尔过程的定义可见 $T_i(i\geqslant 1)$ 是独立的具有参数 $i\lambda$ 的指数变量。故有

$$P\{T_1\leqslant t\}=1-e^{-\lambda t}$$

$$P\{T_1+T_2\leqslant t\}=\int_0^t P(T_1+T_2\leqslant t\,|\,T_1=x)\lambda e^{-\lambda x}\mathrm{d}x$$

$$=\int_0^t[1-e^{-2\lambda(t-x)}]\lambda e^{-\lambda x}\mathrm{d}x=(1-e^{-\lambda t})^2$$

以及

$$P(T_1+T_2+T_3\leqslant t)=\int_0^t P(T_1+T_2+T_3\leqslant t\,|\,T_1+T_2=x)\mathrm{d}F_{T_1+T_2}(x)$$

$$=\int_0^t[1-e^{-3\lambda(t-x)}](1-e^{-\lambda t})2\lambda e^{-\lambda x}\mathrm{d}x=(1-e^{-\lambda t})^3$$

以此类推,由归纳法可知:

$$P(T_1+T_2+\cdots+T_k\leqslant t)=(1-e^{-\lambda t})^k$$

根据

$$P(T_1 + T_2 + \cdots + T_k \leqslant t) = P(X(t) \geqslant k+1 \mid X(0) = 1)$$

故有

$$P_{1k}(t) = (1 - e^{-\lambda t})^{k-1} - (1 - e^{-\lambda t})^k = e^{-\lambda t}(1 - e^{-\lambda t})^{k-1}, \quad k \geqslant 1$$

由此可见，从一个个体开始，在时刻 $t$ 群体的总量具有几何分布，其均值为 $e^{\lambda t}$。

一般地，如果群体从 $i$ 个个体开始，在时刻 $t$ 群体总量是 $i$ 个独立同几何分布随机变量之和，则具有负二项分布，即

$$P_{ij}(t) = C_{j-1}^{i-1} e^{-\lambda t}(1 - e^{-\lambda t})^{j-i}, \quad j \geqslant i \geqslant 1$$

（2）记 $A(t)$ 为群体在时刻 $t$ 所有成员的年龄之和，则可以证明

$$A(t) = a_0 + \int_0^t X(s) \mathrm{d}s$$

其中，$a_0$ 是初始个体在 $t=0$ 时的年龄，取期望有

$$E[A(t)] = a_0 + E\left[\int_0^t X(s)\mathrm{d}s\right] = a_0 + \int_0^t E[X(s)]\mathrm{d}s$$

$$= a_0 + \int_0^t e^{\lambda s}\mathrm{d}s = a_0 + \frac{e^{\lambda t} - 1}{\lambda}$$

3）传染病模型

考虑有 $m$ 个个体的群体，在时刻 $t=0$ 由一个已感染的个体与 $m-1$ 个未受感染但可能被感染的个体组成。个体一旦感染将永远地处于此状态。假设在任意长为 $h$ 的时间内任意一个已感染的个体将以概率 $\alpha h + o(h)$ 引起任意未感染者感染。用 $X(t)$ 表示时刻 $t$ 群体中已受感染的个体数，则过程 $\{X(t), t \geqslant 0\}$ 是一个纯生过程，且

$$\lambda_n = \begin{cases} (m-n)n\alpha, & n = 1, 2, \cdots, m \\ 0, & \text{其他} \end{cases}$$

记 $T$ 为直至整个群体被感染的时间，$T_i$ 为从第 $i$ 个已感染者到第 $i+1$ 个已感染者的时间，则有

$$T = \sum_{i=1}^{m-1} T_i$$

由于 $T_i$ 是相互独立的随机变量，其参数分别为

$$\lambda_i = (m-i)i\alpha, \quad n = 1, 2, \cdots, m-1$$

故有

$$E(T) = \sum_{i=1}^{m-1} E(T_i) = \frac{1}{\alpha}\sum_{i=1}^{m-1} \frac{1}{i(m-i)}$$

$$D(T) = \sum_{i=1}^{m-1} D(T_i) = \frac{1}{\alpha^2}\sum_{i=1}^{m-1}\left[\frac{1}{i(m-i)}\right]^2$$

对于规模合理的群体，$E(T)$ 渐进地为

$$E(T) = \frac{1}{m\alpha}\sum_{i=1}^{m-1}\left(\frac{1}{m-i} + \frac{1}{i}\right) \approx \frac{1}{m\alpha}\int_1^m\left(\frac{1}{m-t} + \frac{1}{t}\right)\mathrm{d}t = \frac{2\ln(m-1)}{m\alpha}$$

4）机器维修问题

设有 $m$ 台机器，$s(s < m)$ 个维修工人。机器或者工作，或者损坏等待修理。机器损坏后，

空着的维修工立即来修理,若维修工不空,则机器按先坏先修排队等待维修。假设在 $h$ 时间内,每台机器从工作转到损坏的概率为 $\lambda h+o(h)$,每台修理的机器转到工作的概率为 $\mu h+o(h)$。用 $X(t)$ 表示时刻 $t$ 损坏的机器数,则 $\{X(t),t\geqslant0\}$ 为连续时间马尔可夫链,其状态空间为 $I=\{0,1,2,\cdots,m\}$。

设在 $t$ 时刻有 $i$ 台机器损坏,则在 $(t,t+h)$ 内又有一台机器损坏的概率,在不计高阶无穷小时,应该等于原来正在工作的 $m-i$ 台机器中在 $(t,t+h)$ 内恰有一台损坏的概率,于是

$$p_{i,i+1}(h)=(m-i)\lambda h+o(h),i=0,1,2,\cdots,m-1$$

类似地

$$p_{i,i-1}(h)=\begin{cases} i\mu h+o(h), & 1\leqslant i\leqslant s \\ s\mu h+o(h), & s<i\leqslant m \end{cases}$$

$$p_{ij}(h)=o(h), \quad |i-j|\geqslant2$$

显然,这是一个生灭过程,其中

$$\mu_i=\begin{cases} i\mu, & 1\leqslant i\leqslant s \\ s\mu, & s<i\leqslant m \end{cases}$$

$$\lambda_i=(m-i)\lambda, \quad i=0,1,2,\cdots,m$$

由生灭过程的平稳分布公式可得

$$\pi_0=\left[1+\sum_{j=1}^s C_m^j\left(\frac{\lambda}{\mu}\right)^j+\sum_{j=s+1}^m C_m^j\frac{(s+1)(s+2)\cdots j}{s^{j-s}}\left(\frac{\lambda}{\mu}\right)^j\right]^{-1}$$

$$\pi_j=\begin{cases} C_m^j\left(\dfrac{\lambda}{\mu}\right)^j\pi_0, & 1\leqslant j\leqslant s \\ C_m^j\dfrac{(s+1)(s+2)\cdots j}{s^{j-s}}\left(\dfrac{\lambda}{\mu}\right)^j\pi_0, & s<j\leqslant m \end{cases}$$

5）网络资源共享问题

【**例 4.7**】 在 eMule 网络上,文件被用户下载以后,该用户默认共享这个文件。考虑 eMule 网络上的一个文件,新的用户下载并共享这个文件可以视为一个速率为 $\lambda$ 的泊松过程;对每个共享源,由于各种原因(用户、系统、硬件),单位时间这个共享源不再共享这个文件的概率是 $\theta$。求这个文件有 $n$ 个共享源的概率? $n$ 是任意非负整数。

**解** 这是一个生灭过程,其中,

出生率,新共享源出现服从泊松分布,$\lambda_i=\lambda$;

死亡率,某时刻有 $i$ 个共享资源的死亡率为 $\mu_i=i\theta$。

当 $\lambda_i>\mu_i$ 时,共享资源增多;当 $\lambda_i=\mu_i$ 时,共享资源数不变;当 $\lambda_i<\mu_i$ 时,共享资源减少。

$$p_n=p_0\prod_{i=1}^n\frac{\lambda}{i\theta}=p_0\frac{(\lambda/\theta)^n}{n!}$$

进一步计算

$$p_0=\left(1+\sum_{n=1}^\infty\prod_{i=1}^n\frac{\lambda_{i-1}}{\mu_i}\right)^{-1}=\left[\sum_{n=1}^\infty\frac{(\lambda/\theta)^n}{n!}\right]^{-1}=e^{-\lambda/\theta}$$

$p_n=e^{-\lambda/\theta}\dfrac{(\lambda/\theta)^n}{n!}$,这是一个泊松过程。

eMule 网络文件中的共享资源个数取决于文件的流行程度 $\lambda$，以及用户的共享意愿 $\theta$。

# 4.4　半马尔可夫过程

**定义 4.6**　具有状态空间 $I = \{i_0, i_1, i_2, \cdots, i_N\}$ 的随机过程 $Z(t)$，满足以下条件：每当它进入状态 $i \in I$ 时，有

（1）下一个进入的状态是 $j \in I$ 的概率为 $p_{ij}$；

（2）在下一个进入的状态是 $j$ 的条件下，直到发生从 $i$ 到 $j$ 转移为止的时间 $T$ 具有概率分布函数 $F_{ij}$。

若用 $Z(t)$ 表示时刻 $t$ 的状态，则 $\{Z(t), t \geqslant 0\}$ 称为半马尔可夫过程。

一个半马尔可夫过程是一个随机过程，其状态变化遵循一个马尔可夫链，而状态变化的时间间隔是随机变量。一个半马尔可夫过程不具有给定现在的状态时，将来状态与过去状态独立的马尔可夫性。为了预测将来，不仅要知道现在的状态，还要知道在此状态已停留了多少时间。当然，在转移的时刻，所需要知道的只是新的状态（而无需关心过去的情况）。

一个马尔可夫链是一个半马尔可夫过程，其 $F_{ij}(t) = \begin{cases} 0, & t < 1 \\ 1, & t \geqslant 1 \end{cases}$，即一个马尔可夫链的转移时间恒为 1。

**1. 状态 $i$ 的逗留时间**

令 $H_i$ 表示半马尔可夫过程在转移之前处于状态 $i$ 的时间分布。对下一个状态取条件可得

$$H_i(t) = \sum_{j \in I} p_{ij} \cdot F_{ij}(t)$$

令 $\mu_i$ 表示其均值，那么 $\mu_i = \int_0^\infty x \mathrm{d}H_i(x)$。

**2. 嵌入马尔可夫链**

若用 $X_n$ 表示第 $n$ 个到达的状态，则 $\{X_n, n \geqslant 0\}$ 是一个转移概率为 $p_{ij}$ 的马尔可夫链，它称为半马尔可夫过程的嵌入马尔可夫链。若此嵌入马尔可夫链是不可约的，则称此半马尔可夫过程是不可约的。

**3. 极限状态概率**

令 $T_{ii}$ 表示相继进入状态 $i$ 之间的时间，且令 $\mu_{ii} = E(T_{ii})$。运用交错更新过程理论，可以分析出半马尔可夫过程的极限概率的表达式。

**定理 4.8**　若半马尔可夫过程是不可约的，且 $T_{ii}$ 具有非格点的分布与有限的均值，那么 $P_i = \lim\limits_{t \to \infty} P\{Z(t) = i \mid Z(0) = j\}$ 存在且与初始状态无关。更进一步，$P_i = \dfrac{\mu_i}{\mu_{ii}}$。

**证**　每当过程进入状态 $i$ 就说一个循环开始，且当过程处于状态 $i$ 时就说过程是"开的"，不在状态 $i$ 时则它是"关的"。于是我们有了一个（当 $Z(0) \neq i$ 时是延迟的）交错更新过

程,它开着的时间有分布 $H_i$,而它的循环时间为 $T_{ii}$。因此,由交错更新过程的开关极限定理结论得证。

$P_i$ 也等于长时间之后过程处于状态 $i$ 的时间的比率。

**定理 4.9** 若半马尔可夫过程是不可约的,且 $\mu_{ii}<\infty$,则以概率 1 使得

$$\frac{\mu_i}{\mu_{ii}}=\lim_{t\to\infty}\frac{[0,t]\text{中处于状态} i \text{ 的时间总和}}{t}$$

即 $\frac{\mu_i}{\mu_{ii}}$ 等于长时期之后处于状态 $i$ 的时间的比率。

虽然定理 4.9 给出了极限概率的表达式,但它并不是一个实际计算 $P_i$ 的方法。为要计算 $P_i$,假设嵌入马尔可夫链 $\{X_n,n\geq 0\}$ 不可约正常返,又设它的平稳分布是 $\pi_j (j\geq 0)$。即 $\pi_j$

$(j\geq 0)$ 是方程组 $\begin{cases}\pi_j = \sum\limits_{i=0}^{\infty}\pi_i p_{ij}\\ \sum\limits_{j=0}^{\infty}\pi_j = 1\end{cases}$ 的唯一解,且 $\pi_j$ 可解释为等于状态 $j$ 的 $X_n$ 所占的比率。

**定理 4.10** 假设半马尔可夫过程是不可约的,$T_{ii}$ 具有非格点的分布与有限的均值,且进一步假设嵌入马尔可夫链 $\{X_n,n\geq 0\}$ 是正常返的,则 $P_i = \dfrac{\pi_i\mu_i}{\sum\limits_k \pi_k\mu_k}$。

**证** 定义记号如下:

$Y_i(j)$ 表示第 $j$ 次到达状态 $i$ 后在状态 $i$ 逗留的时间,$i,j\geq 0$;

$N_i(m)$ 表示在半马尔可夫过程的前 $m$ 次转移中到达状态 $i$ 的次数。

利用上述记号可见,在前 $m$ 次转移中处于状态 $i$ 的时间的比率(记为 $P_{i=m}$)如下:

$$P_{i=m} = \frac{\sum\limits_{j=1}^{N_i(m)}Y_i(j)}{\sum\limits_{k=0}^{\infty}\sum\limits_{j=1}^{N_k(m)}Y_k(j)} = \frac{\dfrac{N_i(m)}{m}\sum\limits_{j=1}^{N_i(m)}\dfrac{Y_i(j)}{N_i(m)}}{\sum\limits_{k=0}^{\infty}\dfrac{N_k(m)}{m}\sum\limits_{j=1}^{N_k(m)}\dfrac{Y_k(j)}{N_k(m)}} \tag{4.21}$$

由于 $m\to\infty$ 时,$N_i(m)\to\infty$,从强大数定律推得 $\sum\limits_{j=1}^{N_i(m)}\dfrac{Y_i(j)}{N_i(m)}\to\mu_i$,由更新过程的强极限律得,$\dfrac{N_i(m)}{m}\to(E(\text{两次到达状态} i \text{ 之间的转移次数}))^{-1}=\pi_i$。

因此,在式(4.22)中令 $m\to\infty$ 证明了 $P_i = \lim\limits_{m\to\infty}P_{i=m}=\dfrac{\mu_i\pi_i}{\sum\limits_{i=1}^{\infty}\mu_i\pi_i}$,证毕。

从定理 4.10 得出,极限概率只依赖于转移概率 $P_{ij}$ 与平均时间 $\mu_i$,$i,j\in I$。

**【例 4.8】** 一部机器可能有三种状态:良好、尚好、损坏。假设良好状态的机器保持良好的平均时间为 $\mu_1$,然后分别以概率 3/4 与 1/4 转到尚好或损坏的状态,处于尚好状态的机器保持此状态的平均时间为 $\mu_2$,然后损坏,一部损杯的机器将被修理,修理所用的平均时间为 $\mu_3$,修理好的机器以概率 2/3 处于良好状态,以概率 1/3 处于尚好状态。机器处于各状态的时

间的比率是多少?

**解** 设状态是 1、2、3,分别表示良好、尚好、损坏;嵌入马尔可夫链的一步转移概率矩阵为

$$\boldsymbol{P}=\begin{bmatrix} 0 & \dfrac{3}{4} & \dfrac{1}{4} \\ 0 & 0 & 1 \\ \dfrac{2}{3} & \dfrac{1}{3} & 0 \end{bmatrix}$$

各状态的平稳分布为 $[\pi_1,\pi_2,\pi_3]$,满足条件

$$\begin{cases} \pi_1+\pi_2+\pi_3=1 \\ \\ [\pi_1,\pi_2,\pi_3]=[\pi_1,\pi_2,\pi_3]\boldsymbol{P}=[\pi_1,\pi_2,\pi_3]\begin{bmatrix} 0 & \dfrac{3}{4} & \dfrac{1}{4} \\ 0 & 0 & 1 \\ \dfrac{2}{3} & \dfrac{1}{3} & 0 \end{bmatrix} \end{cases}$$

其解为 $\pi_1=\dfrac{4}{15},\pi_2=\dfrac{5}{15},\pi_3=\dfrac{6}{15}$。

因此,机器处于状态 $i$ 的时间的比率 $P_i$ 为

$$P_1=\frac{\mu_1\pi_1}{\sum\limits_{i=1}^{3}\mu_i\pi_i}=\frac{4\mu_1}{4\mu_1+5\mu_2+6\mu_3}$$

$$P_2=\frac{\mu_2\pi_2}{\sum\limits_{i=1}^{3}\mu_i\pi_i}=\frac{5\mu_2}{4\mu_1+5\mu_2+6\mu_3}$$

$$P_3=\frac{\mu_3\pi_3}{\sum\limits_{i=1}^{3}\mu_i\pi_i}=\frac{6\mu_3}{4\mu_1+5\mu_2+6\mu_3}$$

#### 4. 半马尔可夫过程和连续时间马尔可夫链的关系

半马尔可夫过程不具有马尔可夫性,将来取决于现在的状态和在该状态已停留的时间。但是,在其更新点 $\{T_n,n\geqslant0\}$ 上半马尔可夫过程 $Y=\{Y(t),t\geqslant0\}$ 是一个马尔可夫链,即具有马尔可夫性。这也是 $Y=\{Y(t),t\geqslant0\}$ 被命名为半马尔可夫过程的原因。

在半马尔可夫过程中,$\{T_n,n\geqslant0\}$ 是其更新点,也称为再生点,即状态转移时刻。在已知该时刻过程所处状态的条件下,过程将来发展的概率规律与过去的历史无关。

在连续时间马尔可夫过程中,每个状态的逗留时间服从指数分布,由于指数分布的无记忆性,故任一时刻 $t$ 都是更新点,也就是说在任一时刻都具有马尔可夫性。但是,在半马尔可夫过程中,在每个状态的逗留时间是一般分布,因此不是所有时刻都是过程的更新点,而只有状态转移时刻是更新点,所以只有在这些更新点上才具有马尔可夫性。

如果半马尔可夫过程在各个状态的逗留时间都服从指数分布,这时就得到一个连续时间马尔可夫链。换句话说,如果逗留时间是指数分布,并且在一个状态的逗留时间与下一个到达状态独立,就可以得到一个连续时间马尔可夫链。这时可以得到

$$P\{X_{n+1}=j,T_{n+1}-T_n\leqslant t\mid(X_0,T_0),(X_1,T_1),\cdots,(X_n=i,T_n)\}$$
$$=P\{X_{n+1}=j,T_{n+1}-T_n\leqslant t\mid X_n=i\} \quad (\text{注意,若 } T_{n+1}-T_n \text{ 服从指数分布})$$

$$= P\{X_{n+1}=j \mid X_n=i\}(1-e^{-\lambda t}) \quad (n \geqslant 1, t \geqslant 0, \text{且 } i,j \in s)$$

图 4.6 列出了各种随机过程之间的关系。

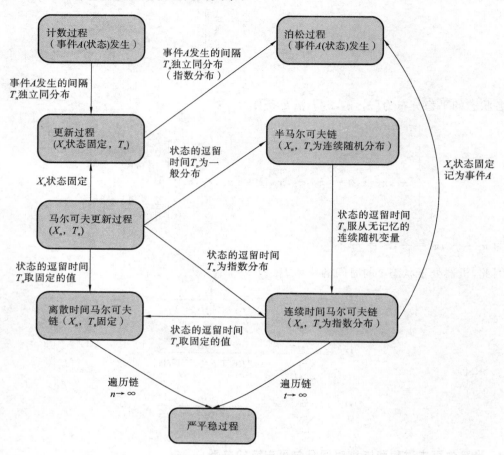

**图 4.6　随机过程之间的关联**

# 习　题　4

习题 4 解析

**4.1**　设 $\{X_t, t \geqslant 0\}$ 为状态离散、参数连续的齐次马尔可夫链,其状态空间为 $I=\{1,2,\cdots,m\}$,且

$$q_{ij}=\begin{cases} 1, & i \neq j \\ 1-m, & i=j \end{cases}, \quad i,j=1,2,\cdots,m$$

求转移概率 $p_{ij}(t)$。

**4.2**　设有两个通信信道,每个信道的正常工作时间服从参数为 $\lambda$ 的指数分布。两个信道之间的工作状态是相互独立的,信道一旦出现故障,立刻维修,维修时间是服从参数为 $\mu$ 的指数分布。两个信道的维修也是相互独立的。设两个信道在初始时刻 $t=0$ 均正常工作,令 $X(t)$ 表示时刻 $t$ 出现故障的信道数量,那么 $\{X(t), t \geqslant 0\}$ 是连续时间马尔可夫链。

(1) 写出该过程的转移速率矩阵 $Q$；

(2) 列出向前转移概率方程；

(3) 计算在时刻 $t$ 两条信道均处于正常工作状态的概率；

(4) $[0,t]$ 时间段内两条信道连续正常工作的概率。

**4.3**　某公共服务区一条电路线上并联了 $m$ 个插座供用户充电。假设：① 若某个插座在时刻 $t$ 充电，而在 $(t,t+\Delta t)$ 停止充电的概率为 $\mu\Delta t+o(\Delta t)$；② 若某个插座在时刻 $t$ 没有充电，而在 $(t,t+\Delta t)$ 充电的概率为 $\lambda\Delta t+o(\Delta t)$。每个插座的工作状态是相互独立的，令 $X(t)$ 表示在时刻 $t$ 处于充电状态的插座数量，那么 $\{X(t),t\geqslant 0\}$ 是连续时间马尔可夫链。

(1) 写出状态空间；

(2) 写出该过程转移速率矩阵 $Q$；

(3) 写出转移概率前向方程；

(4) 当 $t\to\infty$，求平稳分布。

**4.4**　设 $[0,t]$ 内达到的顾客数 $N(t)$ 服从参数为 $\lambda$ 的泊松过程。设系统只有 1 个服务员，且每个顾客的服务时间 $X$ 为指数分布，平均服务时间为 $\dfrac{1}{\mu}$。试计算：

(1) 在服务员的服务时间内到达顾客的平均数；

(2) 在服务员的服务时间内无顾客的概率。

**4.5**　设系统只有 1 个服务员，每个顾客服务时间服从参数为 $\mu$ 的泊松分布；到达服务点的顾客数服从参数为 $\lambda$ 的泊松分布，令 $X(t)$ 表示在时刻 $t$ 的顾客数，那么 $\{X(t),t\geqslant 0\}$ 是连续时间马尔可夫链，且是 $(M/M/1)$ 排队服务系统。

(1) 写出状态空间，画出状态转移速率图，并求状态转移速率矩阵；

(2) 计算稳态分布；

(3) 令 $y$ 表示某一顾客花费在排队等待时间和服务时间的总和，计算其概率密度 $f_y(t)$；

(4) 证明：某一顾客花费在系统内的时间小于或等于 $x$ 的概率为 $1-\mathrm{e}^{-(\mu-\lambda)x}$；

(5) 证明：某一顾客花费在排队的时间小于或等于 $x$ 的概率为

$$
\begin{cases}
1-\dfrac{\lambda}{\mu}, & x=0 \\[2mm]
\left(1-\dfrac{\lambda}{\mu}\right)+\dfrac{\lambda}{\mu}(1-\mathrm{e}^{-(\mu-\lambda)x}), & x>0
\end{cases}
$$

**4.6**　某高铁站出租车服务点，到达服务点的出租车数服从泊松过程，平均每分钟有 2 辆出租车到达；到达该服务点的顾客数也服从泊松过程，平均每分钟到达 5 人。如果出租车到服务点时没有顾客候车，无论是否已有出租车停留在服务点，该辆车就停留在服务点候车；反之，如果顾客到达出租车服务点时发现站上没有出租车，他就离开；如果顾客到服务点时有出租车在等候，他就立刻上车。令 $\{X(t),t\geqslant 0\}$ 表示时刻 $t$ 服务点的出租车数量，那么 $\{X(t),t\geqslant 0\}$ 是时间连续马尔可夫链，试求：

(1) 服务点上等候的出租车平均值；

(2) 到达服务点的潜在顾客中有多大概率能够坐上出租车？

(3) 单位时间内能够坐上出租车的顾客平均数。

**4.7**　设有 3 台机器，1 名修理工，每台机器只有两种状态，即正常工作或出故障，所有机器之间的状态是相互独立的。每台机器连续正常工作的时间服从参数为 $\lambda$ 的指数分布。机器一旦出现故障,修理工就应该马上去修理,除非正忙于修理其他机器。每台机器修理时间服从参数为 $\mu$ 的指数分布。令 $X(t)$ 表示时刻 $t$ 出故障的机器数,那么 $\{X(t),t\geqslant 0\}$ 是连续时间马尔可夫链。

(1)写出状态空间,画出状态转移速率图;

(2)写出状态转移速率矩阵;

(3)求各状态的平稳分布。

**4.8** 某学校办公室有两位老师针对学生考前答疑。学生以泊松过程到达,平均每 15 分钟来 1 人,答疑时间服从指数分布。每人平均答疑 20 分钟。办公室共有 4 个座位供学生坐(包括正被答疑者),若新来的学生看到没有空位即离去。令 $X(t)$ 表示时刻 $t$ 在办公室的答疑学生人数,$\{X(t),t\geqslant 0\}$ 是一个生灭过程。

(1)画出状态转移速率图;

(2)写出状态转移速率矩阵;

(3)求各个状态的平稳分布。

**4.9** 一个服务系统,顾客按强度为 $\lambda$ 的泊松过程到达,系统内只有一名服务员,并且服务时间服从参数为 $\mu$ 的负指数分布,如果服务系统内没有顾客,则顾客到达就开始服务,否则他就排队。但是,如果系统内有两名顾客在排队,他就离开而不返回。令 $\xi(t)$ 表示服务系统在时刻 $t$ 的顾客数目,那么 $\{\xi(t),t=0\}$ 是连续时间马尔可夫链。

(1)写出状态空间;

(2)求概率转移速率矩阵 $Q$。

**4.10** 设更新过程的时间间隔 $X_n$ 的分布函数为 $F(t)$,概率密度为 $f(t)$,$m(t)$ 为 $[0,t]$ 内平均更新次数,$m(t)=E[N(t)]$。试证明:$m(t) = F(t) + \int_0^t m(t-x)f(x)\mathrm{d}x$。

**4.11** 设 $\{N(t),t\geqslant 0\}$ 是零初值、强度 $\lambda>0$ 的泊松过程。写出过程的转移速率矩阵。

# 第 5 章 平稳随机过程

在自然界中有一类随机过程,它的特征是产生随机现象的主要因素不随时间的变化而变化。例如,无线电设备中热噪声电压是由于电路中电子的热运动引起的,这种热扰动特性不随时间推移而发生改变;连续测量飞机飞行速度产生的测量误差是由很多因素(如一起振动、电磁波干扰、气候变化)引起的,但是产生误差的主要因素不会随时间推移而发生改变;棉纱各处的直径不同是由于纺纱机运行时,棉条不均匀、温度湿度变化等因素引起的,这些主要因素也不会随时间推移而发生改变。因为产生随机现象的主要因素不随时间的变化而变化,所以随机过程的统计特性不随时间推移而变,具有这些特点的随机过程称为平稳过程。

随机过程可分为平稳和非平稳两大类,严格地说,所有随机信号都是非平稳的。但是,对平稳信号的分析要容易得多,而且在电子系统中,如果产生一个随机过程的主要物理条件在时间的进程中不改变或变化极小,可以忽略,则此信号可以认为是平稳的。如接收机的噪声电压信号,刚开机时由于元器件上温度的变化,使得噪声电压在开始时有一段暂态过程,经过一段时间后,温度变化趋于稳定,这时的噪声电压信号可以认为是平稳的。

## 5.1 平稳过程的定义

**定义 5.1** 假设随机过程 $\{X(t), t \in T\}$,对于任意的正整数 $n$,$\forall t_1, t_2, \cdots, t_n \in T$,任取参数 $h$,取 $t_1+h, t_2+h, \cdots, t_n+h \in T$,若 $n$ 维随机向量 $[X(t_1), X(t_2), \cdots, X(t_n)]$ 与 $[X(t_1+h), X(t_2+h), \cdots, X(t_n+h)]$ 有相同的分布函数,即

$$F(x_1, x_2, \cdots, x_n; t_1, t_2, \cdots t_n) = F(x_1, x_2, \cdots, x_n; t_1+h, t_2+h, \cdots, t_n+h) \tag{5.1}$$

那么称随机过程 $\{X(t), t \in T\}$ 为严平稳过程。

严平稳随机过程的定义说明:当取样点在时间轴上做任意平移时,随机过程的所有有限维分布函数是不变的。严平稳过程的一切有穷维分布函数不随时间的变化而变化,这样的要求非常苛刻,同时要判断一个过程是否为严平稳过程也是相当困难的。

**定义 5.2** 假设随机过程 $\{X(t), t \in T\}$ 是二阶矩过程,且满足以下条件:

(1) $\forall t \in T$,均值函数是常数,与时间 $t$ 无关,即 $m_X(t) = C$;

(2) $\forall t_1, t_2 \in T$,自相关函数的取值只与时间差 $t_2-t_1$ 有关,而与观察的时间起点 $t_1$ 无关,即

$$R_X(t_1, t_2) = E[X(t_1) \cdot X(t_2)] = R_X(0, t_2-t_1) = R_X(t_2-t_1)$$

那么称随机过程 $\{X(t), t \in T\}$ 为宽平稳过程,又称广义平稳过程。

对于严平稳过程来讲,由于要确定一个随机过程的分布函数进而判断其平稳性在实际中是很难办到的,因此,通常我们只在二阶矩过程范围内考虑宽平稳过程。在以后表达中,平稳过程一般指宽平稳过程。

严平稳与宽平稳的关系如图 5.1 所示。

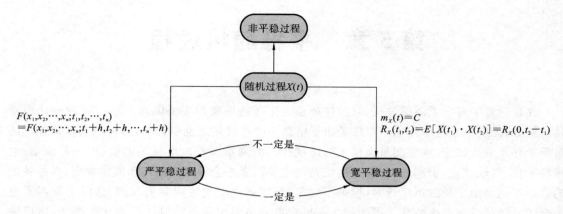

**图 5.1　宽平稳过程与严平稳过程**

如果高斯过程满足宽平稳条件,那么它也是严平稳过程。

关于离散随机信号(随机序列)的平稳性问题,只需要将连续时间变量 $t$ 换成离散时间 $n$。

平稳过程的一些特点总结如下:

(1) 平稳性是随机信号的统计特性对参量(组)的移动不变性,即平稳随机信号的测试不受观察时刻的影响;

(2) 应用与研究最多的平稳信号是宽平稳信号;

(3) 严格平稳性因要求太"苛刻",更多地用于理论研究中;

(4) 经验判据:如果产生与影响随机信号的主要物理条件不随时间的变化而变化,那么通常可以认为此信号是平稳的;

(5) 非平稳信号:当统计特性变化比较缓慢时,在一个较短的时段内,非平稳信号可近似为平稳信号来处理。如语音信号,人们普遍实施 $10 \sim 30$ ms 的分帧,再采用平稳信号的处理技术解决有关问题。

**定义 5.3**　若 $\{X(t), t \in T\}$ 与 $\{Y(t), t \in T\}$ 是两个平稳过程,它们的互相关函数也只是时间差的函数,记为 $R_{XY}(t_2 - t_1)$,即满足:

$$R_{XY}(X(t_1) \cdot Y(t_2)) = E[X(t_1) \cdot Y(t_2)] = R_{XY}(t_2 - t_1) \tag{5.2}$$

那么称 $\{X(t), t \in T\}$ 与 $\{Y(t), t \in T\}$ 这两个过程是联合平稳的。

**【例 5.1】**　设 $\{X_k, k = 0, \pm 1, \pm 2, \cdots\}$ 是互不相关的随机变量序列,且 $\forall k, E(X_k) = 0$,$E(X_k^2) = \sigma^2$,试判断 $\{X_k, k = 0, \pm 1, \pm 2, \cdots\}$ 的平稳性。

**解**　由条件不难求出

$$E(X_k) = 0$$

$$R_X(k, l) = E(X_k X_l) = \begin{cases} \sigma^2, & k = l \\ 0, & k \neq l \end{cases}$$

自相关函数只与时间差 $k - l$ 有关,所以它是宽平稳随机序列,又称为离散白噪声。

注:如果 $\{X_k, k = 0, \pm 1, \pm 2, \cdots\}$ 是独立同分布的随机变量序列,那么它还是严平稳序列。

**【例 5.2】**　如图 5.2 所示,考虑随机电报信号,信号 $X(t)$ 只取 $+1$ 或 $-1$ 两种不同电平状态,且在任意时间点取某电平的概率均等,即 $\forall t, P(X(t) = +1) = \dfrac{1}{2}$ 且 $P(X(t) = -1) = \dfrac{1}{2}$。

而信号 $X(t)$ 状态的正负号在时间段 $[t,t+\tau](t>0)$ 变化的次数 $N(t,t+\tau)$ 是随机的,服从参数为 $\lambda\tau$ 的泊松分布,即

$$P\{N(t,t+\tau)=k\}=\frac{(\lambda\tau)^k e^{-\lambda\tau}}{k!},\quad k=0,1,2,\cdots$$

试讨论 $X(t)$ 的平稳性。

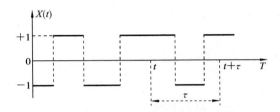

**图 5.2　随机电报信号的样本函数**

**解**　由题意知

$$P\{X(t)=+1\}=P\{X(t)=-1\}=\frac{1}{2}$$

所以

$$m_X(t)=E[X(t)]=\sum_{x=\pm1}xP\{X(t)=x\}=0$$

根据自相关函数的定义,当 $\tau\geqslant0$ 时,

$$\begin{aligned}
R_X(t,t+\tau)&=E[X(t)\cdot X(t+\tau)]=\sum_{x=\pm1}\sum_{y=\pm1}x\cdot y\cdot P\{X(t)=x,X(t+\tau)=y\}\\
&=1\cdot1\cdot P\{X(t)=1,X(t+\tau)=1\}\\
&\quad+1\cdot(-1)\cdot P\{X(t)=1,X(t+\tau)=-1\}\\
&\quad+(-1)\cdot1\cdot P\{X(t)=-1,X(t+\tau)=1\}\\
&\quad+(-1)\cdot(-1)\cdot P\{X(t)=-1,X(t+\tau)=-1\}
\end{aligned}$$

其中,

$$\begin{aligned}
P\{X(t)=1,X(t+\tau)=1\}&=P\{X(t)=1\}P\{X(t+\tau)=1\,|\,X(t)=1\}\\
&=\frac{1}{2}P\{[t,t+\tau]\text{时间段内波形翻转次数}k\text{ 为偶数}\}\\
&=\frac{1}{2}\sum_{i=0}^{\infty}P\{N(t+\tau)-N(t)=k=2i\}\\
&=\frac{1}{2}\sum_{i=0}^{+\infty}\left[\frac{(\lambda\tau)^{2i}}{(2i)!}\exp(-\lambda\tau)\right]\\
&=\frac{1}{2}\exp(-\lambda\tau)\cosh(\lambda\tau)
\end{aligned}$$

同理:

$$\begin{aligned}
P\{X(t)=1,X(t+\tau)=-1\}&=P\{X(t)=1\}P\{X(t+\tau)=-1\,|\,X(t)=1\}\\
&=\frac{1}{2}P\{[t,t+\tau]\text{时间段内波形翻转次数}k\text{ 为奇数}\}\\
&=\frac{1}{2}\sum_{i=0}^{\infty}P\{N(t+\tau)-N(t)=k=2i+1\}
\end{aligned}$$

$$= \frac{1}{2} \sum_{i=0}^{+\infty} \left[ \frac{(\lambda\tau)^{2i+1}}{(2i+1)!} \exp(-\lambda\tau) \right]$$

$$= \frac{1}{2} \exp(-\lambda\tau) \sinh(\lambda\tau)$$

相应地：

$$P\{X(t)=-1, X(t-\tau)=1\} = \frac{1}{2} \exp(-\lambda\tau) \sum_{i=0}^{+\infty} \frac{(\lambda\tau)^{2i+1}}{(2i+1)!} = \frac{1}{2} \exp(-\lambda\tau) \sinh(\lambda\tau)$$

$$P\{X(t)=-1, X(t-\tau)=-1\} = \frac{1}{2} \exp(-\lambda\tau) \sum_{i=0}^{+\infty} \frac{(\lambda\tau)^{2i}}{(2i)!} = \frac{1}{2} \exp(-\lambda\tau) \cosh(\lambda\tau)$$

所以

$$R_X(t,t+\tau) = \exp(-\lambda\tau)[\cosh(\lambda\tau) - \sinh(\lambda\tau)] = \exp(-2\lambda\tau)$$

当 $\tau \leqslant 0$ 时，$R_X(t,t+\tau) = \exp(2\lambda\tau)$。

综上所叙，$R_X(t,t+\tau) = \exp(-2\lambda|\tau|)$，且

$$E[X(t)]^2 = R_X(t,t) = R_X(\tau=0) = 1 < \infty$$

$X(t)$ 是平稳过程。

【例 5.3】　设独立高斯信号 $U(t)$ 的一维密度函数为

$$f(u,t) = \frac{1}{\sqrt{2\pi}\sigma} \exp\left[ -\frac{(u-a)^2}{2\sigma^2} \right]$$

其中，$a$ 和 $\sigma$ 为常数。试分析其平稳性。

**解**　依据独立性，有

$$f(u_1, u_2, \cdots, u_n; t_1, t_2, \cdots, t_n) = \frac{1}{(\sqrt{2\pi}\sigma)^n} \exp\left[ -\sum_{i=1}^{n} \frac{(u_i-a)^2}{2\sigma^2} \right]$$

联合概率密度函数中与各个参量 $t_i$ 本身无关，也与这组参量的平移无关，所以 $U(t)$ 是严平稳过程。

**推论 5.1**　独立同分布信号一定是严平稳信号。

【例 5.4】　如图 5.3 所示，讨论乘法调制信号：$Y(t)=X(t)\cos(\omega_0 t+\varphi)$，其中 $X(t)$ 是实宽平稳信号，$\omega_0$ 是常数，随机相位 $\varphi$ 在 $[0,2\pi]$ 上服从均匀分布，且 $\varphi$ 与 $X(t)$ 相互独立。试讨论 $Y(t)$ 的平稳性。

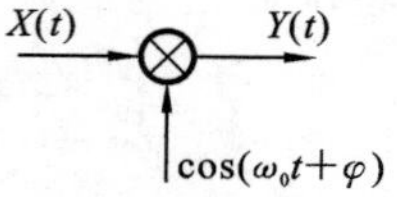

图 5.3　乘法调制信号

**解**　调制器输出信号的均值为

$$E[Y(t)] = E[X(t)\cos(\omega_0 t+\varphi)] = E[X(t)]E[\cos(\omega_0 t+\varphi)] = 0$$

相关函数为

$$E[Y(t)Y(t+\tau)] = E[X(t)\cos(\omega_0 t+\varphi)X(t+\tau)\cos(\omega_0 t+\omega_0\tau+\varphi)]$$

$$= E[X(t)X(t+T)]E[\cos(\omega_0 t+\varphi)\cos(\omega_0 t+\omega_0\tau+\varphi)]$$

$$= \frac{1}{2} R_X(\tau)\cos(\omega_0\tau)$$

因此，$Y(t)$ 是宽平稳过程。

【例 5.5】　设有状态连续、时间离散的随机过程 $X(t)=\sin(2\pi\theta t)$，其中随机变量 $\theta$ 在 $[0,1)$ 上服从均匀分布，$t=1,2,3,\cdots$。试考察 $X(t)$ 的平稳性。

**解**

$$E[X(t)] = \int_0^1 \sin(2\pi\theta t)\mathrm{d}\theta = 0$$

$$R_X(s,t) = E[X(s)X(t)] = \int_0^1 \sin(2\pi\theta t)\sin(2\pi\theta s)\mathrm{d}\theta$$

$$= \frac{1}{2}\int_0^1 [\cos(2\pi\theta(t-s)) - \cos(2\pi\theta(t+s))]\mathrm{d}\theta$$

$$= \begin{cases} \dfrac{1}{2}, & t = s \\ 0, & t \neq s \end{cases}$$

故该随机过程是宽平稳的。

**【例 5.6】**　热噪声的取样观察值为 $\{X(n), n=0,\pm 1,\pm 2,\cdots\}$，$\{X(n)\}$ 是随机序列，它具有以下性质：(1) $\{X(n)\}$ 相互独立；(2) $\forall n, X(n)$ 服从 $N(0,\sigma^2)$ 分布，即每一时刻取值连续、高斯。判断 $\{X(n), n=0,\pm 1,\pm 2,\cdots\}$ 的平稳性。

**解**　$\forall n, E[X(n)]=0$

$$R_X(n_1,n_2)=E[X(n_1)X(n_2)]=\begin{cases} E[X(n_1)]E[X(n_2)]=0, & n_1 \neq n_2 \\ E[X^2(n_1)]=\sigma^2, & n_1 = n_2 \end{cases}$$

$$\forall n, \quad E[X^2(n)]=\sigma^2 < \infty$$

因此，$\{X(n), n=0,\pm 1,\pm 2,\cdots\}$ 是宽平稳过程。

又 $\{X(n)\}$ 是高斯过程，从而它也是严平稳过程。

**【例 5.7】**　伯努利（Bernoulli）序列：随机序列 $\{X(n), n=0,1,2,\cdots\}$，各个 $X(n)$ 是取值 $\{0,1\}$ 的独立同分布随机变量，且 $P\{X(n)=0\}=q, P\{X(n)=1\}=p, p+q=1, 0<p<1$。其样本序列可以有无穷多种，例如，

$$\{0,1,1,0,\cdots,1,0,\cdots\}$$
$$\{1,1,0,0,\cdots,0,1,\cdots\}$$
$$\{1,0,1,1,\cdots,1,1,\cdots\}$$
$$\vdots$$

数字通信中，串行传输的二进制比特流就是伯努利序列，它是通信与信息论研究中常用的数学模型之一。试分析伯努利序列的平稳性。

**解**　(1) 均值

$$\forall n, \quad E[X(n)] = \sum_{i=0}^1 x_i P\{X(n)=x_i\} = p$$

(2) 自相关函数

$$R_X(n,m) = E[X(n)X(m)] = \sum_{i=0}^1 \sum_{j=0}^1 x_i x_j P\{X(n)=x_i, X(m)=x_j\}$$

$$= \sum_{i=0}^1 \sum_{j=0}^1 x_i x_j P\{X(n)=x_i\}P\{X(m)=x_j\}$$

$$= \begin{cases} p^2, & n \neq m \\ p, & n = m \end{cases}$$

因此，伯努利序列是宽平稳过程。

**【例 5.8】**　（半随机）二进制随机信号。

在通信中，我们称 $T$ 长的时段为一个时隙，如图 5.4 所示。如果 $\{X(n)\}$ 是二进制数据序列，那么二进制传输信号传输的是 $\pm 1$ 的电平，按 $T$ 宽的时隙，逐一传输二进制数据流 $X(t)$。

$$\{X(t)=2X(n)-1,(n-1)T\leqslant t\leqslant nT,t\geqslant 0\}$$

其中 $\{X(n)\}$ 是伯努利序列。

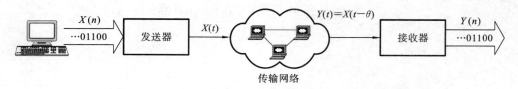

（a）二进制随机信号的传输过程

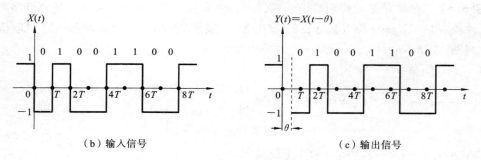

（b）输入信号　　　　　　　　　（c）输出信号

**图 5.4　二进制随机信号**

随机二进制传输信号定义为：$Y(t)=X(t-\theta)$，$\theta$ 是 $[0,T]$ 上均匀分布的随机变量，且 $\theta$ 与 $X(t)$ 相互独立。

试分析信号 $Y(t)=X(t-\theta)$ 的平稳性。

**解**　首先考虑 $X(t)$ 信号，$\{X(t)=2X(n)-1,(n-1)T\leqslant t\leqslant nT,t\geqslant 0\}$，其中 $\{X(n)\}$ 是伯努利序列。

（1）均值

$$\forall t>0,\quad E[X(t)]=\sum_{x_i=-1,1}x_iP\{X(t)=x_i\}=p-q$$

（2）自相关函数

$$R_X(t_1,t_2)=E[X(t_1)X(t_2)]=E[X(t_1)]E[X(t_2)]$$

令

$$n_1=\left\lfloor\frac{t_1}{T}\right\rfloor,\quad n_2=\left\lfloor\frac{t_2}{T}\right\rfloor$$

若 $t_1$ 与 $t_2$ 位于同一时隙，则

$$R_X(t_1,t_2)=E[X(t_1)X(t_2)]=p+q=1$$

若 $t_1$ 与 $t_2$ 位于不同时隙，则

$$R_X(t_1,t_2)=E[X(t_1)X(t_2)]=(2p-1)^2$$

合并后表示为

$$R_X(t_1,t_2)=\begin{cases}1,&t_1=t_2\\(2p-1)^2,&t_1\neq t_2\end{cases}$$

因此，$X(t)$ 是宽平稳随机过程，也是宽循环平稳过程。而 $Y(t)=X(t-\theta)$ 相当于 $X(t)$ 的一个随机滑动，因此，$Y(t)=X(t-\theta)$ 也是宽平稳随机过程，且均值函数为

$$E[Y(t)] = \frac{1}{T}\int_0^T m_X(t)\mathrm{d}t = p - q, \quad m_X(t) = E[X(t)]$$

自相关函数为

$$R_Y(t,t+\tau) = E[Y(t)Y(t+\tau)] = \frac{1}{T}\int_0^T R_X(t,t+\tau)\mathrm{d}t = (2p-1)^2$$

根据随机过程样本函数的轨迹,随机信号可以分为以下几种。

(1) 可预测随机信号(或称为确定的随机信号):信号 $X(t)$ 的任意一个样本函数都可以根据过去的观察值来确定,即样本函数有确定的形式,如随机相位信号 $X(t) = a\cos(\omega_0 t + \varphi)$,其中 $a, \omega_0$ 是常数,而相位 $\varphi$ 是 $[0, 2\pi]$ 上均匀分布的随机变量。

(2) 不可预测随机信号(或称为不确定的随机信号):信号 $X(t)$ 的任意一个样本函数都不可以根据过去的观察值来确定,即样本函数没有确定的形式,如伯努利序列 $X(n)$、(半随机)二进制随机信号 $X(t)$。

# 5.2　相关函数的性质

研究随机过程相关函数的意义和目的在于:

(1) 平稳随机过程的统计特性,如数字特征等,可通过自相关函数来描述;

(2) 相关函数与平稳随机过程的谱特性有着内在的联系。

因此,我们有必要了解平稳随机过程相关函数的性质。

令 $X(t)$ 与 $Y(t)$ 是互平稳随机过程,$R_X(\tau)$、$R_Y(\tau)$ 和 $R_{XY}(\tau)$ 分别是它们的自相关函数与互相关函数。相关函数有以下性质:

(1) $R_X(0) = E[X^2(t)] = \psi_X^2 \geqslant 0$。

(2) $R_X(-\tau) = R_X(\tau)$,即 $R_X(\tau)$ 是关于 $\tau$ 的偶函数。

**证**　$R_X(-\tau) = E[X(t+\tau)X(t)] = E[X(t)X(t+\tau)] = R_X(\tau)$

(3) $R_{XY}(-\tau) = R_{YX}(\tau)$,即互相关函数既不是奇函数也不是偶函数。

(4) $|R_X(\tau)| \leqslant R_X(0)$,$|C_X(\tau)| \leqslant C_X(0) = \sigma_X^2$。

该不等式说明:自相关函数以及自协方差函数在 $\tau = 0$ 处取得最大值。

**证**　由许瓦兹不等式

$$|E[X(t)\overline{X(t+\tau)}]|^2 \leqslant [E|X(t)\overline{X(t+\tau)}|]^2 \leqslant E[|X(t)|^2]E[|\overline{X(t+\tau)}|^2]$$

即

$$|R_X(\tau)|^2 \leqslant [R_X(0)]^2$$

(5) $|R_{XY}(\tau)|^2 \leqslant R_X(0)R_Y(0)$,$|C_{XY}(\tau)|^2 \leqslant C_X(0)C_Y(0)$。

(6) $R_X(\tau)$ 具有非负定性,即对于任意数组 $t_1, t_2, \cdots, t_n \in T$ 和任意 $n$ 个不全为零的实数 $a_1, a_2, \cdots, a_n$,都有

$$\sum_{i=1}^n \sum_{j=1}^n R_X(t_i - t_j)a_i a_j \geqslant 0$$

**证**　$\displaystyle\sum_{i=1}^n \sum_{j=1}^n R_X(t_i - t_j)a_i a_j = \sum_{i=1}^n \sum_{j=1}^n E[X(t_i)X(t_j)]a_i a_j$

$$= E\Big[\sum_{i=1}^{n}\sum_{j=1}^{n}X(t_i)X(t_j)a_ia_j\Big]$$

$$= E\Big\{\Big[\sum_{i=1}^{n}X(t_i)a_i\Big]^2\Big\}\geqslant 0$$

自相关函数的非负定性也说明了,对于任意一个连续函数,如果满足非负定性,那么该函数一定可以作为某个平稳随机过程的自相关函数。

(7) 若 $R_X(\tau)$ 在原点 $\tau=0$ 处连续,那么它在任意 $\tau$ 处连续。

**证**　令 $Z=X(t+\tau+\Delta\tau_1)-X(t+\tau)$,$W=X(t)$,根据不等式 $[E(Z\cdot W)]^2\leqslant E(Z^2)E(W^2)$ 有如下结论:

$$\{E[[X(t+\tau+\Delta\tau)-X(t+\tau)]X(t)]\}^2\leqslant E\{[X(t+\tau+\Delta\tau)-X(t+\tau)]^2\}E[X^2(t)]$$

得

$$[R(\tau+\Delta\tau)-R(\tau)]^2\leqslant 2[R(0)-R(\Delta\tau)]R(0)=B(\Delta\tau)$$

因此,

$$-\sqrt{B(\Delta\tau)}\leqslant R(\tau+\Delta\tau)-R(\tau)\leqslant\sqrt{B(\Delta\tau)}$$

而 $\lim_{\Delta\tau\to 0}[R(0)-R(\Delta\tau)]=0$,于是

$$\lim_{\Delta\tau\to 0}B(\Delta\tau)=0,\quad \lim_{\Delta\tau\to 0}[R(\tau+\Delta\tau)-R(\tau)]=0$$

即对于任意 $\tau$,$R_X(\tau)$ 在 $\tau$ 处连续。

**定义 5.4**　若 $X(t)$ 是平稳随机过程,且满足以下条件:

$$P\{X(t+T_0)=X(t)\}=1$$

那么称 $X(t)$ 为周期为 $T_0$ 的平稳过程。

(8) $X(t)$ 为周期为 $T_0$ 的平稳过程的充要条件是:其自相关函数是周期为 $T_0$ 的函数。即

$$P\{X(t+T_0)=X(t)\}=1\Leftrightarrow R_X(\tau+T_0)=R_X(\tau)$$

**证**　先证充分性。

因为

$$P\{X(t+T_0)=X(t)\}=1\Leftrightarrow E\{[X(t+T_0)-X(t)]^2\}=0$$

要证

$$R_X(\tau+T_0)=R_X(\tau)$$

只要证明

$$E[X(t)X(t+\tau+T_0)]=E[X(t)X(t+\tau)]$$

也即

$$E\{X(t)[X(t+\tau+T_0)-X(t+\tau)]\}=0$$

而

$$\{E[X(t)[X(t+\tau+T_0)-X(t+\tau)]]\}^2$$

$$\leqslant E[X^2(t)]E\{[X(t+\tau+T_0)-X(t+\tau)]^2\}\xrightarrow{\text{周期平稳定义}}0$$

因此

$$R_X(\tau+T_0)=R_X(\tau)$$

然后证必要性。

要证

$$P\{X(t+T_0)=X(t)\}=1$$

等价于要证

$$E\{[X(t+T_0)-X(t)]^2\}=0$$

即

$$P\{X(t+T_0)=X(t)\}=1 \Leftrightarrow E\{[X(t+T_0)-X(t)]^2\}=0$$

经计算得到

$$E\{[X(t+T_0)-X(t)]^2\}=R_X(0)-2R_X(T_0)+R_X(0)$$

$$=2R_X(0)-2R_X(T_0)\xrightarrow{R_X(\tau)为周期函数}0$$

**推论 5.2**　若 $X(t)$ 是含有周期分量的平稳随机过程,那么其自相关函数 $R_X(\tau)$ 是同周期 $T$ 的周期函数。

例如,$X(t)=a\cos(\omega_0 t+\varphi)+N(t)=S(t)+N(t)$,其中 $a$、$\omega_0$ 是常数,$\varphi$ 是 $[0,2\pi]$ 内均匀分布的随机变量;$S(t)$ 是接收信号,$N(t)$ 是噪声电压,它们之间相互独立。那么有

$$R_X(\tau)=\frac{a^2}{2}\cos(\omega_0\tau)+R_N(\tau)$$

自相关函数 $R_X(\tau)$ 中含有与 $S(t)$ 相同周期的周期分量。

**推论 5.3**　若 $R_X(\tau_1)=R_X(0)$,$\tau_1 \neq 0$,那么 $R_X(\tau)$ 是周期为 $\tau_1$ 的周期函数,此时 $X(t)$ 成为周期平稳随机信号。

**证**　令 $Z=X(t+\tau+\tau_1)-X(t+\tau)$,$W=X(t)$,根据不等式 $[E(Z \cdot W)]^2 \leqslant E(Z^2)E(W^2)$ 有如下结论:

$$\{E[[X(t+\tau+\tau_1)-X(t+\tau)]X(t)]\}^2 \leqslant E\{[X(t+\tau+\tau_1)-X(t+\tau)]^2\}E[X^2(t)]$$

得

$$[R(\tau+\tau_1)-R(\tau)]^2 \leqslant 2[R(0)-R(\tau_1)]R(0)$$

由于 $R_X(\tau_1)=R_X(0)$,有 $R_X(\tau+\tau_1)=R_X(\tau)$,即 $R_X(\tau)$ 是周期为 $\tau_1$ 的周期函数。

**推论 5.4**　若 $R_X(\tau_2)=R_X(\tau_1)=R_X(0)$,$\tau_1 \neq 0$,$\tau_2 \neq 0$,且 $\tau_1$ 与 $\tau_2$ 无公约数,那么 $R_X(\tau)$ 是常数。

**证**　$R_X(\tau)$ 既以 $\tau_1$ 为周期,又以 $\tau_2$ 为周期,而 $\tau_1$ 与 $\tau_2$ 无公约数,那么 $R_X(\tau)$ 只能是常数。

(9) 若 $X(t)$ 中不含有任何周期分量,那么

$$\lim_{\tau\to\infty}R_X(\tau)=\lim_{\tau\to\infty}E[X(t+\tau)X(t)]\approx E[X(t+\tau)]E[X(t)]=m_X^2$$

**证**　由于 $X(t)$ 中不含有任何周期分量,当 $|\tau|$ 增大时,$X(t)$ 与 $X(t+\tau)$ 的相关性减弱,当 $|\tau|\to\infty$ 时,$X(t)$ 与 $X(t+\tau)$ 趋近于互相独立,从而有结论

$$\lim_{\tau\to\infty}R_X(\tau)=\lim_{\tau\to\infty}E[X(t+\tau)X(t)]\approx E[X(t+\tau)]E[X(t)]=m_X^2$$

(10) 若平稳过程 $X(t)$ 含有平均分量 $m_X$,那么 $R_X(\tau)$ 中将含有平均分量 $m_X^2$,即 $R_X(\tau)=C_X(\tau)+m_X^2$,其中 $C_X(\tau)$ 为协方差。

**证**　$$C_X(\tau)=E\{[X(t)-m_X][X(t+\tau)-m_X]\}=R_X(\tau)-m_X^2$$

因此,

$$R_X(\tau)=C_X(\tau)+m_X^2$$

其中,$R_X(\infty)=m_X^2$ 表示 $X(t)$ 中直流分量的平均功率;$R_X(0)-R_X(\infty)=R_X(0)-m_X^2=\sigma_X^2$ 表示 $X(t)$ 中交流分量的平均功率,如图 5.5 所示。

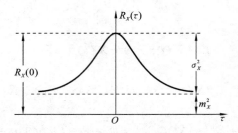

图 5.5　平稳过程的自相关函数

**【例 5.9】**　判断图 5.6 中哪些自相关函数 $R_X(\tau)$ 可以作为平稳过程的自相关函数。

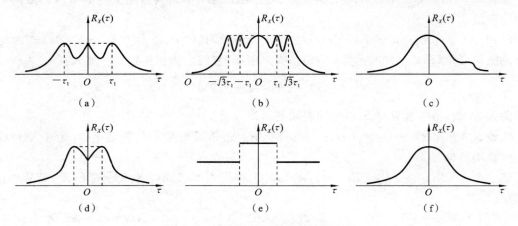

图 5.6　平稳过程的自相关函数分析

**解**　（1）对于图 5.6(a)，若 $R_X(\tau_1)=R_X(0)$，$\tau_1 \neq 0$，那么 $R_X(\tau)$ 是周期为 $\tau_1$ 的周期函数，此时 $X(t)$ 成为周期平稳随机信号，能。

（2）对于图 5.6(b)，若 $R_X(\tau_2)=R_X(\tau_1)=R_X(0)$，$\tau_1 \neq 0$，$\tau_2 \neq 0$，且 $\tau_1$ 与 $\tau_2$ 无公约数，那么 $R_X(\tau)$ 是常数，不能。

（3）对于图 5.6(c)，$R_X(-\tau)=R_X(\tau)$，即 $R_X(\tau)$ 是关于 $\tau$ 的偶函数，不能。

（4）对于图 5.6(d)，$|R_X(\tau)| \leqslant R_X(0)$，$|C_X(\tau)| \leqslant C_X(0)=\sigma_X^2$，不能。

（5）对于图 5.6(e)，$R_X(\tau)$ 在原点处连续，那么它处处连续，不能。

（6）对于图 5.6(f)，能。

自相关函数的应用：实际的问题应用中，均值为零的非周期随机信号（常见的有噪声与干扰随机信号），当前后观察的状态时隙 $|\tau|$ 足够大时，$X(t)$ 与 $X(t+\tau)$ 具有独立关系或者不相关，表示为

$$\lim_{\tau \to \infty} R_X(\tau)=\lim_{\tau \to \infty} C_X(\tau)=0$$

在通信系统中，假定接收端输入信号的电压 $V(t)$ 是周期信号 $S(t)$ 与噪声干扰 $N(t)$ 的组合，即 $V(t)=S(t)+N(t)$。假设周期信号 $S(t)$ 与噪声干扰 $N(t)$ 相互独立，且各自各态历经，并有以下特性：

$$E[N(t)]=0，\quad \lim_{\tau \to \infty} R_N(\tau)=0$$

那么接收信号 $V(t)$ 的自相关函数可以表示为

$$R_V(\tau) = R_S(\tau) + R_N(\tau)$$

随着观测时隙 $|\tau|$ 足够大,有结论:$R_V(\tau) \approx R_S(\tau)$。

　　也就是说,若把接收信号 $V(t)$ 输入自相关分析仪器,那么当观测时隙 $|\tau|$ 足够大时,仪器上实际反映了周期信号 $S(t)$ 的自相关函数 $R_S(\tau)$ 波形。

　　【例 5.10】　某通信系统中的接收端接收到输入信号和噪声,检测到它们的自相关函数分别为

$$R_S(\tau) = \frac{a^2}{2}\cos(\omega\tau), \quad R_N(\tau) = b^2 \mathrm{e}^{-a|\tau|} \ (a>0)$$

噪声的平均功率 $R_N(0) = b^2$ 远大于信号平均功率 $R_S(0) = \dfrac{a^2}{2}$,那么当观测时隙 $|\tau|$ 足够大,有结论:

$$R_V(\tau) = \frac{a^2}{2}\cos(\omega\tau) + b^2 \mathrm{e}^{-a|\tau|} \approx \frac{a^2}{2}\cos(\omega\tau)$$

如图 5.7 所示,通过这种方式从强噪声中提取微弱信号。

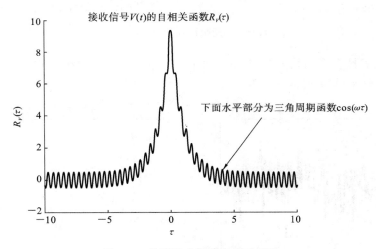

图 5.7　带周期分量的自相关函数

　　【例 5.11】　工程应用中平稳随机信号 $X(t)$ 的自相关函数为

$$R_X(\tau) = 100\mathrm{e}^{-10|\tau|} + 100\cos(10\tau) + 100$$

试估算其均值、均方值和方差。

　　**解**　随机信号 $X(t)$ 可以视为两个平稳信号 $U(t)$ 和 $V(t)$ 的和,即 $X(t) = U(t) + V(t)$,$U(t)$ 和 $V(t)$ 的自相关函数分别写为

$$R_U(\tau) = 100\mathrm{e}^{-10|\tau|} + 100, \quad R_V(\tau) = 100\cos(10\tau)$$

$U(t)$ 是 $X(t)$ 的非周期分量,故有 $\lim\limits_{\tau\to\infty} R_U(\tau) = m_U^2$,即 $m_U = \pm 10$;

　　而 $V(t)$ 是 $X(t)$ 的周期分量,可以认为此分量的均值为零,即 $m_V = 0$,于是

$$m_X = m_U + m_V = \pm 10$$

$$E[X^2(t)] = R_X(0) = 300$$

$$\sigma_X^2 = E[X^2(t)] - \{E[X(t)]\}^2 = R_X(0) - m_X^2 = 200$$

所以,$X(t)$ 的均值为 $m_X = \pm 10$,均方值为 $E[X^2(t)] = 300$,方差 $\sigma_X^2 = 200$。

（11）相关系数与相关时间。

① 相关系数定义为

$$r_X(\tau) = \frac{R_X(\tau) - m_X^2}{\sigma_X^2}$$

也称为归一化协方差函数或标准协方差函数。

②相关时间定义为 $\tau_0 = \int_0^{\infty} r_X(\tau)\mathrm{d}\tau$，相关时间 $\tau_0$ 与相关系数 $r_X(\tau)$ 的关系如图 5.8 所示。

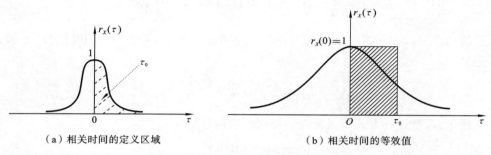

（a）相关时间的定义区域　　　　　　（b）相关时间的等效值

**图 5.8　随机过程的相关时间**

图 5.9 对比了具有不同相关时间 $\tau_0$ 的两个随机过程，其中，随机过程 $X(t)$ 的相关时间 $\tau_0 = 1$，随机过程 $Y(t)$ 的相关时间 $\tau_0 = 10$。

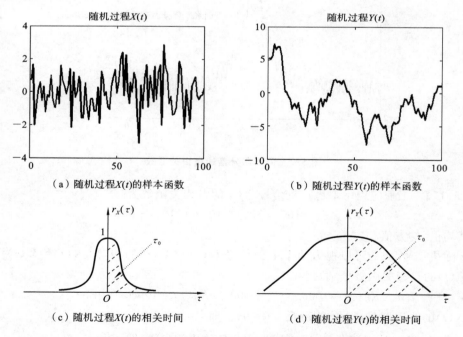

（a）随机过程$X(t)$的样本函数　　　　　　（b）随机过程$Y(t)$的样本函数

（c）随机过程$X(t)$的相关时间　　　　　　（d）随机过程$Y(t)$的相关时间

**图 5.9　两个不同随机过程的样本函数及其相关时间**

图 5.9 表明，相关时间 $\tau_0$ 越大，反映随机过程前后取值之间的依赖性越强，样本函数变化越缓慢（如 $Y(t)$）；而相关时间 $\tau_0$ 越小，反映随机过程前后取值之间的依赖性越弱，样本函数变化越剧烈（如 $X(t)$）。

# 5.3　随 机 分 析

微积分中普通函数的连续、导数和积分等概念推广到随机过程的连续、导数和积分上即随机分析。

## 5.3.1　均方极限

### 1. 收敛性概念

在微积分学习中,若对于任意 $\varepsilon > 0$,都存在正整数 $N$,使得对于一切 $n > N$,总有不等式

$$|x_n - a| < \varepsilon \tag{5.3}$$

成立,那么称序列 $\{x_n\}$ 以 $a$ 为极限,记作 $\lim\limits_{n\to\infty} x_n = a$。

对于概率空间 $(\Omega, F, P)$ 上的随机序列 $\{X_n\}$,每个实验结果 $e$ 都对应一序列,即

$$X_1(e), X_2(e), \cdots, X_n(e), \cdots \tag{5.4}$$

故随机序列 $\{X_n\}$ 实际上代表一族式(5.4)中的序列,因此不能用式(5.3)定义整个族的收敛性。如果式(5.4)对每个 $e$ 都收敛,则称随机序列 $\{X_n\}$ 处处收敛。

**定义 5.5(处处收敛)**　称二阶矩随机序列 $\{X_n(e)\}$ 以概率 1 收敛于二阶矩随机变量 $X(e)$,如果满足:对于 $e$ 集合,$\lim\limits_{n\to\infty}\{X_n(e)\} = X(e)$ 成立的概率为 1,即

$$P\{e : \lim\limits_{n\to\infty}\{X_n(e)\} = X(e)\} = 1$$

或称 $\{X_n(e)\}$ 几乎处处收敛于 $X(e)$,记作 $X_n \xrightarrow{a.e.} X$。

**定义 5.6(依概率收敛)**　称二阶矩随机序列 $\{X_n(e)\}$ 依概率收敛于二阶矩随机变量 $X(e)$,若满足:对于任意 $\varepsilon > 0$,$\lim\limits_{n\to\infty} P\{|X_n(e) - X(e)| \geq \varepsilon\} = 0$,记作 $X_n \xrightarrow{P} X$。

**定义 5.7(均方收敛)**　设二阶矩随机序列 $\{X_n\}$ 与二阶矩随机变量 $X$,若满足:

$$\lim\limits_{n\to\infty} E[|X_n - X|^2] = 0$$

称 $\{X_n\}$ 均方收敛于 $X$,记作 $X_n \xrightarrow{m.s} X$,或称 $X$ 为 $\{X_n\}$ 均方极限,写作 $\mathrm{l.i.m}\, X_n = X$。

**定义 5.8(分布收敛)**　若 $\{X_n\}$ 相应的分布函数列 $F_n(x)$,在 $X$ 的分布函数 $F(x)$ 的每一个连续点处,满足:

$$\lim\limits_{n\to\infty} F_n(x) = F(x)$$

则称二阶矩随机序列 $\{X_n\}$ 依分布收敛于二阶矩随机变量 $X$,记作 $X_n \xrightarrow{d} X$。

对于以上四种收敛定义进行比较,如图 5.10 所示,有下列关系:

(1) 若 $X_n \xrightarrow{m.s} X$,那么 $X_n \xrightarrow{P} X$;

(2) 若 $X_n \xrightarrow{a.e} X$,那么 $X_n \xrightarrow{P} X$;

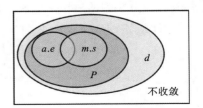

**图 5.10　随机过程的收敛**

（3）若 $X_n \xrightarrow{P} X$，那么 $X_n \xrightarrow{d} X$。

**证**　（1）由切比雪夫不等式得

$$P\{\,|\,X_n-X\,|\geqslant\varepsilon\}\leqslant\frac{E(\,|\,X_n-X\,|^{\,2})}{\varepsilon^{2}}$$

若 $\lim\limits_{n\to\infty}E(\,|\,X_n-X\,|^{\,2})=0$，那么对于任意 $\varepsilon>0$，有 $P\{\,|\,X_n-X\,|\geqslant\varepsilon\}=0$。

（2）由 $P(\lim\limits_{n\to\infty}X_n=X)=1$，可得

$$\lim\limits_{n\to\infty}P\{\,|\,X_n-X\,|\to0\}=0$$

因此，对任意的 $\varepsilon>0$，有

$$\lim\limits_{n\to\infty}P\{\,|\,X_n-X\,|<\varepsilon\}=1$$

即

$$\lim\limits_{n\to\infty}P\{\,|\,X_n(e)-X(e)\,|\geqslant\varepsilon\}=0$$

**2. 均方极限的性质**

**定理 5.1（均方极限的唯一性）**

若 $\{X_n,n=1,2,\cdots\}\in H,X\in H$，且均方极限 l.i.m $X_n=X$，那么 $X$ 在概率 1 下是唯一的。

**证**　设 l.i.m $X_n=X,X\in H$，l.i.m $X_n=Y,Y\in H$，那么由 Schwarz 不等式有

$$\begin{aligned}0\leqslant E(\,|\,X-Y\,|^{\,2})&=E[\,|\,X-X_n+X_n-Y\,|^{\,2}]\\&\leqslant E(\,|\,X_n-X\,|^{\,2})+E(\,|\,X_n-Y\,|^{\,2})+2E(\,|\,X_n-X\,|\,|\,X_n-Y\,|)\\&\leqslant E(\,|\,X_n-X\,|^{\,2})+E(\,|\,X_n-Y\,|^{\,2})+2[E(\,|\,X_n-X\,|^{\,2})]^{\frac{1}{2}}[E(\,|\,X_n-Y\,|^{\,2})]^{\frac{1}{2}}\\&=0\quad（当\ n\to\infty）\end{aligned}$$

证毕。

**定理 5.2（均方极限的运算性）**

$\{X_n,n=1,2,\cdots\},\{Y_n,n=1,2,\cdots\}\in H,X,Y\in H$，且 l.i.m $X_n=X$，l.i.m $Y_n=Y$，$a,b$ 为常数，那么

（1）l.i.m $(aX_n+bY_n)=aX+bY$；

（2）$\lim\limits_{n,m\to\infty}E(X_n\cdot\bar{Y}_m)=E(X\cdot\bar{Y})=E[(\text{l.i.m}X_n)(\text{l.i.m.}\bar{Y}_m)]$。

**证**　（1）$E[\,|\,(aX_n+bY_n)-(aX+bY)\,|^{\,2}]=E[\,|\,a(X_n-X)+b(Y_n-Y)\,|^{\,2}]$

$$\leqslant 2a^{2}\cdot E(\,|\,X_n-X\,|^{\,2})+2b^{2}\cdot E(\,|\,Y_n-Y\,|^{\,2})$$

$$\xrightarrow[n\to\infty]{}0$$

则

$$\text{l.i.m}(aX_n+bY_n)=aX+bY$$

（2）由 Cauchy-Schwarz 不等式有

$$\begin{aligned}|\,E(X_n\bar{Y}_m)-E(X\bar{Y})\,|&\leqslant E(\,|\,X_n\bar{Y}_m-X\bar{Y}\,|)=E(\,|\,X_n\bar{Y}_m-X_n\bar{Y}+X_n\bar{Y}-X\bar{Y}\,|)\\&\leqslant E(\,|\,X_n\bar{Y}_m-X_n\bar{Y}\,|)+E(\,|\,X_n\bar{Y}-X\bar{Y}\,|)\\&\leqslant\sqrt{E(\,|\,X_n\,|)^{2}}\cdot\sqrt{E(\,|\,\bar{Y}_m-\bar{Y}\,|)^{2}}+\sqrt{E(\,|\,\overline{X_n-X}\,|)^{2}}\cdot\sqrt{E(\,|\,\bar{Y}\,|)^{2}}\\&\to0\,(n\to\infty)\end{aligned}$$

因此，$\lim\limits_{n,m\to\infty}E(X_n\cdot\bar{Y}_m)=E(X\cdot\bar{Y})=E[(\text{l.i.m}X_n)(\text{l.i.m}\bar{Y}_m)]$。

**推论 5.5**　设 $\{X_n, n=1,2,\cdots\} \in H, X \in H$,且 $\mathrm{l.i.m}\, X_n = X$,那么

(1) $\lim\limits_{n \to \infty} E(X_n) = E(X) = E[\mathrm{l.i.m}\, X_n]$;

(2) $\lim\limits_{n \to \infty} E(|X_n|^2) = E(|X|^2) = E(|\mathrm{l.i.m}\, X_n|^2)$;

(3) $\lim\limits_{n \to \infty} D(X_n) = D(X) = D(\mathrm{l.i.m}\, X_n)$。

上式表明,求数学期望操作与求均方极限操作可以交换顺序,不改变运算结果。

**证**　(1) 由 Cauchy-Schwarz 不等式,有

$$[E(|Y|)]^2 = [E(|Y \cdot 1|)]^2 \leqslant E(|Y|^2) \cdot 1$$

令 $Y = X_n - X$,代入上式,得

$$0 \leqslant |E(X_n) - E(X)|^2 = |E(X_n - X)|^2 \leqslant E(|X_n - X|^2) \to 0 \quad (\text{当 } n \to \infty)$$

所以　　　　　　　　　　　$\lim\limits_{n \to \infty} E(X_n) = E(X) = E(\mathrm{l.i.m}\, X_n)$

(2) 由于

$$\left| \sqrt{E(|X_n|)^2} - \sqrt{E(|X|)^2} \right| \leqslant \sqrt{E(|X_n - X|^2)} \to 0 \quad (n \to \infty)$$

那么

$$\lim\limits_{n \to \infty} \sqrt{E(|X_n|)^2} = \sqrt{E(|X|)^2}$$

故有

$$\lim\limits_{n \to \infty} E(|X_n|^2) = E(|X|^2) = E(|\mathrm{l.i.m}\, X_n|^2)$$

**定理 5.3**　设 $\{X_n, n=1,2,\cdots\} \in H, X \in H$,且 $\mathrm{l.i.m}\, X_n = X$,$f(u)$ 是确定性函数,且满足利普希茨条件,即 $|f(u) - f(v)| \leqslant M|u-v|$,$M > 0$ 为常数,又设 $\{f(X_n), n=1,2,\cdots\} \in H$,$f(X) \in H$,那么

$$\mathrm{l.i.m}\, f(X_n) = f(X)$$

**推论 5.6**　设 $\{X_n, n=1,2,\cdots\} \in H, X \in H$,且 $\mathrm{l.i.m}\, X_n = X$,对于任意有限的 $t$,有

$$\lim\limits_{n \to \infty} \mathrm{e}^{\mathrm{j}tX_n} = \mathrm{e}^{\mathrm{j}tX}$$

从而 $\lim\limits_{n \to \infty} \varphi_{X_n}(t) = \varphi_X(t)$,即 $\{X_n, n=1,2,\cdots\}$ 的特征函数收敛于 $X$ 的特征函数。

**定理 5.4**　均方收敛的充要条件,又称柯西准则。

二阶矩随机序列 $\{X_n, n=0,1,2,\cdots\}$ 均方收敛于二阶矩随机变量 $X$ 的充要条件是

$$\lim\limits_{n,m \to \infty} E(|X_n - X_m|^2) = 0$$

**证**　只证必要性。

因为 $X_n$ 均方收敛于 $X$,所以有

$$\lim\limits_{n \to \infty} E(|X_n - X|^2) = 0, \quad \lim\limits_{m \to \infty} E(|X_m - X|^2) = 0$$

又由于

$$|X_n - X_m|^2 = |X_n - X - X_m + X|^2 \leqslant 2|X_n - X|^2 + 2|X_m - X|^2$$

所以,当 $n \to \infty$,$m \to \infty$ 时,有

$$0 \leqslant \lim\limits_{\substack{n \to \infty \\ m \to \infty}} E(|X_n - X_m|^2) \leqslant 2\left[\lim\limits_{n \to \infty} E(|X_n - X|^2) + \lim\limits_{m \to \infty} E(|X_m - X|^2)\right] = 0$$

故　　　　　　　　　　　　$\lim\limits_{n,m \to \infty} E(|X_n - X_m|^2) = 0$

**定理 5.5　均方收敛准则一**

设 $\{X_n, n=1,2,\cdots\} \in H, X \in H$,那么 $\{X_n, n=0,1,2,\cdots\}$ 均方收敛的充要条件为

$$\lim_{\substack{m\to\infty \\ n\to\infty}} E(X_n \cdot \overline{X_m}) = c, \quad |c| < \infty \text{ 为常数}$$

**证**　必要性由定理 5.2 之(2)可推出,现证充分性。

设 $\lim\limits_{n,m\to\infty} E(X_n \cdot \overline{X_m}) = c$,那么

$$E[\,|X_n - X_m|^2\,] = E[(X_n - X_m)\overline{(X_n - X_m)}] = E[(X_n - X_m)(\overline{X_n} - \overline{X_m})]$$
$$= E(\,|X_n|^2 - X_n\overline{X_m} - \overline{X_n}X_m + |X_m|^2)$$
$$= E(\,|X_n|^2) - E(X_n\overline{X_m}) - E(\overline{X_n}X_m) + E(\,|X_m|^2)$$

故
$$\lim_{n,m\to\infty} E(\,|X_n - X_m|^2) = c - 2c + c = 0$$

证毕。

**定理 5.6　均方收敛准则二**

若 $\{X_n, n=1,2,\cdots\}$ 是一个二阶矩随机序列,那么以下条件相互等价:

(1) $\mathrm{l.\,i.\,m}\, X_n = X$;

(2) $\lim\limits_{n,m\to\infty} \sqrt{E(\,|X_n - X_m|^2)} = 0$;

(3) $\lim\limits_{n,m\to\infty} E(\,|X_n - X_m|^2) = 0$。

## 5.3.2　均方连续

**定义 5.9**　设 $X_T = \{X(t), t\in T\}$ 为二阶矩过程,若对于任意 $t\in T$,满足:
$$\lim_{h\to 0} E(\,|X(t+h) - X(t)|^2) = 0$$
那么称 $X_T$ 在 $t$ 处均方连续;若 $\{X(t), t\in T\}$ 在每一点 $t\in T$ 上均方连续,那么称 $X_T$ 在 $T$ 上均方连续。

**定理 5.7　均方连续准则**

二阶矩 $\{X(t), t\in T\}$ 在 $t$ 均方连续 $\Leftrightarrow$ 其自相关函数 $R_X(t_1, t_2)$ 在 $(t,t)$ 处连续。

**证**　先证必要性。

假设 $R_X(t_1, t_2)$ 在 $(t,t)$ 处连续,

$$E[\,|X(t+h) - X(t)|^2] = E\{[X(t+h) - X(t)]\overline{[X(t+h) - X(t)]}\}$$
$$= R_X(t+h, t+h) - R_X(t+h, t) - R_X(t, t+h) + R_X(t,t) \xrightarrow{h\to 0} 0$$

即 $\lim\limits_{h\to 0} E[\,|X(t+h) - X(t)|^2] = 0$,那么 $\{X(t)\}$ 在 $t$ 点均方连续。

然后证充分性。

假设 $\{X(t)\}$ 在 $t$ 点均方连续,那么

$$X(t+h) \xrightarrow{L_2} X(t), \quad X(t+h') \xrightarrow{L_2} X(t), \quad h, h' \to 0$$

当 $h, h' \to 0$,有

$$R_X(t+h, t+h') = E[X(t+h)\overline{X(t+h')}] \to E[X(t)\overline{X(t)}] = R_X(t,t)$$
$$\lim_{h\to 0} E[\,|R_X(t+h, t+h') - R_X(t,t)|^2] = 0$$

那么 $R_X(t_1, t_2)$ 在 $(t,t)$ 处连续。

**【例 5.12】**　设 $\{\xi(t), t\geqslant 0\}$ 为泊松过程,试讨论其均方连续性。

**解**　据题意有

$$P\{\xi(t+s)-\xi(s)=n\}=\mathrm{e}^{-\lambda t}\frac{(\lambda t)^n}{n!}\quad(n=0,1,2,\cdots)$$

且

$$\mu_\xi(t)=E[\xi(t)]=\sum_{n=0}^\infty n\mathrm{e}^{-\lambda t}\frac{(\lambda t)^n}{n!}=\lambda t$$

$$E[\xi(t)^2]=\sum_{n=0}^\infty n^2\mathrm{e}^{-\lambda t}\frac{(\lambda t)^n}{n!}=\sum_{n=1}^\infty n\mathrm{e}^{-\lambda t}\frac{(\lambda t)^n}{(n-1)!}$$

由于

$$\sum_{n=1}^\infty \mathrm{e}^{-\lambda t}\frac{(\lambda t)^n}{(n-1)!}=\lambda t$$

上式两端同时对 $t$ 取导,得到

$$\sum_{n=1}^\infty(-\lambda)\mathrm{e}^{-\lambda t}\frac{(\lambda t)^n}{(n-1)!}+\sum_{n=1}^\infty\mathrm{e}^{-\lambda t}\frac{n(\lambda t)^{n-1}\lambda}{(n-1)!}=\lambda$$

上式第二项表示为

$$\sum_{n=1}^\infty\mathrm{e}^{-\lambda t}\frac{n(\lambda t)^{n-1}\lambda}{(n-1)!}=\lambda+\lambda\mathrm{e}^{-\lambda t}\lambda t e^{\lambda t}=\lambda+\lambda^2 t$$

即

$$\sum_{n=1}^\infty\mathrm{e}^{-\lambda t}\frac{n(\lambda t)^{n-1}}{(n-1)!}=1+\lambda t$$

$$E[\xi(t)^2]=\sum_{n=1}^\infty n\mathrm{e}^{-\lambda t}\frac{(\lambda t)^n}{(n-1)!}=\lambda t(1+\lambda t)$$

$$D[\xi(t)]=E[\xi(t)^2]-E^2[\xi(t)]=\lambda t(1+\lambda t)-(\lambda t)^2=\lambda t$$

若 $t,s\geqslant 0$,不妨设 $s<t$,那么

$$\begin{aligned}R_\xi(s,t)&=E[\xi(s)\xi(t)]=E\{\xi(s)[\xi(t)-\xi(s)+\xi(s)]\}\\&=E\{[\xi(s)-\xi(0)][\xi(t)-\xi(s)]\}+E[\xi(s)^2]\\&=E\{[\xi(s)-\xi(0)][\xi(t)-\xi(s)]\}+\lambda s(1+\lambda s)\\&=\lambda s\lambda(t-s)+\lambda s+(\lambda s)^2=\lambda s(\lambda t+1)\end{aligned}$$

显然,$R_\xi(s,t)$ 在 $(\tau,\tau)$ 处连续,即 $\{\xi(t)\}$ 对任意 $t\geqslant 0$ 均方连续。

　　此例说明,均方连续的随机过程,其样本函数不一定是连续的。

## 5.3.3　均方导数

　　**定义 5.10**　设 $\{X(t),t\in T\}$ 为二阶矩过程,若存在另外一个随机过程 $X'(t)$,使得

$$\lim_{h\to 0}E\left[\left|\frac{X(t+h)-X(t)}{h}-X'(t)\right|^2\right]=0$$

那么称 $\{X(t),t\in T\}$ 在 $t$ 点均方可导,称 $X'(t)$ 为 $\{X(t),t\in T\}$ 在 $t$ 点的均方导数。

　　若 $\{X(t)\}$ 在每一点 $t\in T$ 处均方可导,那么称 $\{X(t),t\in T\}$ 在 $T$ 上均方可导或均方可微,记为 $X'(t)$ 或 $\dfrac{\mathrm{d}X(t)}{\mathrm{d}t}$,$t\in T$。

　　**定义 5.11**　广义二次可导

设 $f(s,t)$ 是普通二元函数,称 $f(s,t)$ 在 $(s,t)$ 处二元可导,如果下列极限存在

$$\lim_{\substack{h\to 0 \\ k\to 0}}\frac{f(s+h,t+k)-f(s+h,t)-f(s,t+k)+f(s,t)}{hk}$$

则此极限称为 $f(s,t)$ 在 $(s,t)$ 处广义二次导数。

**定理 5.8** 设 $\{X(t),t\in T\}$ 是二阶矩过程,$R_X(s,t)$ 是其相关函数,则 $R_X(s,t)$ 广义二阶可导的充分条件是 $R_X(s,t)$ 关于 $s$ 和 $t$ 的一阶偏导数存在,二阶混合偏导数存在且连续;$R_X(s,t)$ 广义二阶可导的必要条件是 $R_X(s,t)$ 关于 $s$ 和 $t$ 的一阶偏导数存在,二阶混合偏导数存在且相等,如图 5.11 所示。

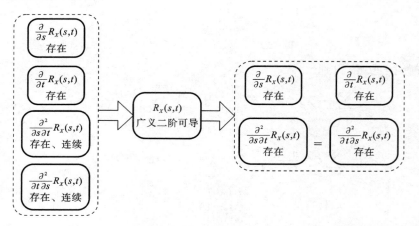

**图 5.11 随机过程的二阶可导**

### 定理 5.9 均方可导准则

二阶矩过程 $\{X(t),t\in T\}$ 在 $t$ 均方可导的充要条件是其自相关函数 $R_X(s,t)$ 在 $(t,t)$ 处二次可导,即二阶矩过程 $\{X(t),t\in T\}$ 在 $t$ 均方可导 $\Leftrightarrow$ 其自相关函数 $R_X(s,t)$ 在 $(t,t)$ 处二次可导。

**证** 由均方收敛准则知:$\underset{h\to 0}{\mathrm{l.\,i.\,m}}\dfrac{X(t+h)-X(t)}{h}$ 存在的充要条件是

$$\lim_{\substack{h\to 0 \\ k\to 0}}E\left[\overline{\frac{X(t+h)-X(t)}{h}}\frac{X(t+k)-X(t)}{k}\right]存在$$

而

$$\lim_{\substack{h\to 0 \\ k\to 0}}\frac{R(t+h,t+k)-R(t+h,t)-R(t,t+k)+R(t,t)}{hk}$$

存在、连续表明,自相关函数 $R_X(s,t)$ 在 $(t,t)$ 处二次可导。

证毕。

**定理 5.10** 设二阶矩过程 $\{X(t),t\in T\}$ 的均值函数为 $m_X(t)$,自相关函数为 $R_X(s,t)$,在 $T$ 上的均方导数为 $X'(t)$,那么有以下结论:

(1) $E[X'(t)]=\dfrac{\mathrm{d}E[X(t)]}{\mathrm{d}t}$;

(2) $\dfrac{\partial R_X(s,t)}{\partial t}=\dfrac{\partial}{\partial t}E[X(s)\overline{X(t)}]=E[X(s)\overline{X'(t)}]$,

$\dfrac{\partial R_X(s,t)}{\partial s}=\dfrac{\partial}{\partial s}E[X(s)\overline{X(t)}]=E[X'(s)\overline{X(t)}]$;

(3) $\dfrac{\partial^2 R_X(s,t)}{\partial s\partial t}=E[X'(s)\overline{X'(t)}]$;

即求均方与求期望操作可以互换,不影响计算结果。

**证**　(1) $m_{X'}(t)=E\left[\underset{h\to 0}{\text{l. i. m}}\dfrac{X(t+h)-X(t)}{h}\right]=\lim\limits_{h\to 0}\dfrac{E[X(t+h)]-E[X(t)]}{h}$

$$=E[X(t)]'=\frac{\mathrm{d}}{\mathrm{d}t}m_X(t)$$

(2) $R_{X'X}(s,t)=E[X'(s)\overline{X(t)}]=E\left[\underset{h\to 0}{\text{l. i. m}}\dfrac{X(s+h)-X(s)}{h}\overline{X(t)}\right]$

$$=\lim\limits_{h\to 0}E\left[\frac{X(s+h)-X(s)}{h}\overline{X(t)}\right]$$

$$=\lim\limits_{h\to 0}\frac{R_X(s+h,t)-R_X(s,t)}{h}=\frac{\partial R_X(s,t)}{\partial s}$$

(3) $R_{X'}(s,t)=E[X'(s)\overline{X'(t)}]=E\left[\underset{h,h'\to 0}{\text{l. i. m}}\dfrac{X(s+h)-X(s)}{h}\cdot\dfrac{\overline{X(t+h')-X(t)}}{h'}\right]$

$$=\lim\limits_{h,h'\to 0}\frac{R_X(s+h,t+h')-R_X(s+h,t)-R_X(s,t+h')+R_X(s,t)}{hh'}$$

$$=\frac{\partial^2 R_X(s,t)}{\partial s\partial t}$$

**推论 5.7**　$X(t)$ 和 $Y(t)=X'(t)$ 均值、相关函数之间的关系

(1) 均方导数 $Y(t)=X'(t)$ 的均值 $m_Y(t)$ 为

$$m_Y(t)=E[X'(t)]=\frac{\mathrm{d}}{\mathrm{d}t}E[X(t)]$$

(2) $X(t)$ 和 $Y(t)=X'(t)$ 的互相关函数为

$$R_{XY}(s,t)=\frac{\partial}{\partial t}R_X(s,t),\quad R_{YX}(s,t)=\frac{\partial}{\partial s}R_X(s,t)$$

(3) $Y(t)=X'(t)$ 的自相关函数为

$$R_Y(s,t)=\frac{\partial^2}{\partial s\partial t}R_X(s,t)$$

均方导数的性质如下:

(1) 设 $X(t)$ 和 $Y(t)$ 均方可导,$a$、$b$ 为常数,则 $aX(t)+bY(t)$ 也均方可导,且

$$\frac{\mathrm{d}}{\mathrm{d}t}[aX(t)+bY(t)]=a\frac{\mathrm{d}X(t)}{\mathrm{d}t}+b\frac{\mathrm{d}Y(t)}{\mathrm{d}t}$$

(2) 设 $X(t)$ 均方可导,$f(t)$ 为一个普通可导函数,则 $f(t)X(t)$ 也均方可导,且

$$\frac{\mathrm{d}}{\mathrm{d}t}[f(t)X(t)]=\frac{\mathrm{d}f(t)}{\mathrm{d}t}X(t)+f(t)\frac{\mathrm{d}X(t)}{\mathrm{d}t}$$

(3) 若二阶矩过程 $\{X(t),t\in T\}$ 均方可导,则其均方连续。

**【例 5.13】**　设 $X(t)=\sin(At)$,其中 $A$ 是随机变量,$E(A^4)<\infty$,证明:$X'(t)=A\cos(At)$。

$$E\left\{\left[\frac{\sin A(t+h)-\sin(At)}{h}-A\cos(At)\right]^2\right\}$$

$$=E\left\{\left[\frac{\sin(At)[\cos(Ah)-1]+\cos(At)[\sin(Ah)-Ah]}{h}\right]^2\right\}$$

$$\leqslant 2E\left\{\frac{\sin^2(At)[\cos(Ah)-1]^2}{h^2}\right\}+2E\left\{\frac{\cos^2(At)[\sin(Ah)-Ah]^2}{h^2}\right\}\quad\left\{\begin{array}{l}\cos\alpha\leqslant 1+\alpha^2\\ \sin\alpha\leqslant\alpha+\alpha^2\end{array}\right.$$

$$\leqslant 4h^2E(A^4)\to 0\quad(h\to 0)$$

**【例 5.14】** 设 $\{X(t),t\in T\}$ 是实均方可微过程，求其导数过程 $\{X'(t),t\in T\}$ 的协方差函数 $B_{X'}(s,t)$。

**解**　由题意可知

$$\frac{\mathrm{d}m_X(t)}{\mathrm{d}t}=\frac{\mathrm{d}E[X(t)]}{\mathrm{d}t}=E[X'(t)]=m_{X'}(t)$$

$$\frac{\partial^2R_X(s,t)}{\partial s\partial t}=E[X'(s)X'(t)]=R_{X'}(s,t)$$

所以

$$\begin{aligned}B_{X'}(s,t)&=E[X'(s)-m_{X'}(s)][X'(t)-m_{X'}(t)]\\ &=E[X'(s)X'(t)]-m_{X'}(s)m_{X'}(t)\\ &=R_{X'}(s,t)-m_{X'}(s)m_{X'}(t)\\ &=\frac{\partial^2R(s,t)}{\partial s\partial t}-\frac{\mathrm{d}m_X(s)}{\mathrm{d}s}\frac{\mathrm{d}m_X(t)}{\mathrm{d}t}\\ &=\frac{\partial^2}{\partial s\partial t}[R_X(s,t)-m_X(s)m_X(t)]\\ &=\frac{\partial^2B_X(s,t)}{\partial s\partial t}\end{aligned}$$

**【例 5.15】** 设 $\{N(t),t\geqslant 0\}$ 是一强度为 $\lambda$ 的泊松过程，记 $X(t)=\dfrac{\mathrm{d}N(t)}{\mathrm{d}t}$，试求随机过程 $X(t)$ 的均值和相关函数。

**解**　利用导数过程相关函数与原过程相关函数的关系即可得

$$m_{X'}(t)=(m_X(t))'=(\lambda t)'=\lambda$$

$$R_{X'}(t,s)=\frac{\partial^2R_X(t,s)}{\partial t\partial s}=\frac{\partial^2}{\partial t\partial s}(\lambda^2st+\lambda\min\{s,t\})=\lambda^2+\lambda\delta(t-s)$$

## 5.3.4　均方积分

**定义 5.12**　设 $\{X(t),t\in T\}$ 为二阶矩过程，$[a,b]\subset T$，$f(t)$ 是 $[a,b]$ 上的普通函数，用一组分点将 $T$ 划分如下：$a=t_0<t_1<\cdots<t_n=b$，记 $\Delta t_k=t_k-t_{k-1}$，$|\Delta_n|=\max\limits_{1\leqslant k\leqslant n}\{\Delta t_k\}$，

$$I(\Delta)=\sum_{k=1}^n f(u_k)X(u_k)\Delta t_k,\quad t_{k-1}\leqslant u_k\leqslant t_k$$

若当 $n\to\infty(|\Delta|\to 0)$ 时，$I(\Delta)$ 的均方极限存在且有限，那么称此极限为 $f(t)X(t)$ 在 $[a,b]$ 上的均方积分，记作：$\displaystyle\int_a^b f(t)X(t)\mathrm{d}t$。

**定理 5.11**　若 $f(t)$、$g(t)$ 是 $[a,b]$ 上的连续函数，$\{X(t),t\in T\}$ 在 $[a,b]$ 上均方连续，那么

(1) $E\left[\displaystyle\int_a^b f(t)X(t)\mathrm{d}t\right]=\displaystyle\int_a^b f(t)E[X(t)]\mathrm{d}t=\displaystyle\int_a^b f(t)m_X(t)\mathrm{d}t$

(2) $E\left\{\left[\displaystyle\int_a^b f(s)X(s)\mathrm{d}s\right]\overline{\displaystyle\int_a^b g(t)X(t)\mathrm{d}t}\right\}=\displaystyle\int_a^b\int_a^b f(s)\overline{g(t)}E[X(s)X(t)]\mathrm{d}s\mathrm{d}t$

$$= \int_a^b \int_a^b f(s)\overline{g(t)}R_X(s,t)\mathrm{d}s\mathrm{d}t$$

**证**　(1) 由 $I(\Delta) \xrightarrow{L_2} \int_a^b f(t)X(t)\mathrm{d}t$，有

$$E\Big[\int_a^b f(t)X(t)\mathrm{d}t\Big] = E[\mathrm{l.\,i.\,m}\,I(\Delta)] = \lim_{\substack{n\to\infty\\(|\Delta|\to 0)}} E[I(\Delta)]$$

$$= \lim_{\substack{n\to\infty\\(|\Delta|\to 0)}} E\Big[\sum_{k=1}^n f(u_k)X(u_k)\Delta t_k\Big]$$

$$= \lim_{\substack{n\to\infty\\(|\Delta|\to 0)}} \sum_{k=1}^n f(u_k)E[X(u_k)]\Delta t_k$$

$$= \int_a^b f(t)m_X(t)\mathrm{d}t$$

(2) 证明方法同(1)。

**定理 5.12**　若 $\{X(t),t\in T\}$、$\{Y(t),t\in T\}$ 在 $[a,b]$ 上均方连续，那么

(1) $E\Big[\Big|\int_a^b X(t)\mathrm{d}t\Big|^2\Big] \leqslant K(b-a)^2$，其中 $K = \max_{t\in T}E(|X(t)|^2)$。

**证**　$E\Big[\Big|\int_a^b X(t)\mathrm{d}t\Big|^2\Big] = E\Big[\int_a^b X(t)\mathrm{d}t\,\overline{\int_a^b X(t)\mathrm{d}t}\Big] = E\Big[\int_a^b X(t)\mathrm{d}t\int_a^b \overline{X(t)}\mathrm{d}t\Big]$

$$= \int_a^b \int_a^b R_X(t_1,t_2)\mathrm{d}t_1\mathrm{d}t_2 \leqslant K(b-a)^2$$

(2) 对于任意的 $\alpha,\beta$，有

$$\int_a^b [\alpha X(t)+\beta Y(t)]\mathrm{d}t = \alpha\int_a^b X(t)\mathrm{d}t + \beta\int_a^b Y(t)\mathrm{d}t$$

(3) 对于任意 $c\in[a,b]$，有

$$\int_a^b X(t)\mathrm{d}t = \int_a^c X(t)\mathrm{d}t + \int_c^b X(t)\mathrm{d}t$$

**定义 5.13**　设对任意 $t\in[a,b]$，$\{X(t),t\in T\}$ 在 $[a,b]$ 上均方连续，令

$$Y(t) = \int_a^t X(\tau)\mathrm{d}\tau$$

称 $\{Y(t),a\leqslant t\leqslant b\}$ 为 $\{X(t),a\leqslant t\leqslant b\}$ 在 $[a,b]$ 上的均方不定积分，且满足

$$\frac{\mathrm{d}Y(t)}{\mathrm{d}t} = X(t)$$

**定理 5.13**　设二阶矩过程 $\{X(t),t\in T\}$ 在区间 $[a,b]$ 上均方连续，令

$$Y(t) = \int_a^t X(\tau)\mathrm{d}\tau, \quad a\leqslant t\leqslant b$$

在均方意义下存在，且随机过程 $\{Y(t),t\in T\}$ 在区间 $[a,b]$ 上均方可微，那么有

$$Y'(t) = X(t)$$

**推论 5.8**　设 $X(t)$ 均方可微，且 $X'(t)$ 均方连续，则

$$X(t) - X(a) = \int_a^t X'(\tau)\mathrm{d}\tau$$

$$X(b) - X(a) = \int_a^b X'(\tau)\mathrm{d}\tau$$

**定理 5.14**　设 $\{X(t),t\in[a,b]\}$ 是二阶矩过程，$f(t)$ 是 $t\in[a,b]$ 上的普通函数，那么

$\{f(t)X(t),t\in[a,b]\}$ 在 $t\in[a,b]$ 上均方可积的充要条件是下列二重积分存在,即

$$\int_a^b\int_a^b\overline{f(s)}f(t)R_X(s,t)\mathrm{d}s\mathrm{d}t$$

**证**　$\{f(t)X(t),t\in[a,\infty]\}$ 在 $t\in[a,\infty]$ 上均方可积

$$\Leftrightarrow \mathop{\mathrm{l.i.m}}_{\Delta\to 0}\sum_{k=1}^{n}f(t_k^*)X(t_k^*)\Delta t_k \text{存在}$$

$$\Leftrightarrow \lim_{\substack{\Delta'\to 0\\ \Delta\to 0}}E\Big[\overline{\sum_{l=1}^{n}f(s_l^*)X(s_l^*)\Delta s_l}\sum_{k=1}^{n}f(t_k^*)X(t_k^*)\Delta t_k\Big]\text{存在}$$

$$=\lim_{\substack{\Delta'\to 0\\ \Delta\to 0}}\Big[\sum_{l=1}^{n}\sum_{k=1}^{n}\overline{f(s_l^*)}f(t_k^*)E\big[\overline{X(s_l^*)}X(t_k^*)\big]\Delta s_l\Delta t_k\Big]$$

$$=\lim_{\substack{\Delta'\to 0\\ \Delta\to 0}}\sum_{l=1}^{n}\sum_{k=1}^{n}\overline{f(s_l^*)}f(t_k^*)R_X(s_l^*,t_k^*)\Delta s_l\Delta t_k$$

此极限存在的充分条件是下列二重积分存在:

$$\int_a^b\int_a^b\overline{f(s)}f(t)R_X(s,t)\mathrm{d}s\mathrm{d}t$$

**定理 5.15**　设 $\{X(t),t\in[a,\infty]\}$ 是二阶矩过程,$f(t)$ 是 $t\in[a,\infty]$ 上的普通函数,那么 $\{f(t)X(t),t\in[a,\infty]\}$ 在 $t\in[a,\infty]$ 上均方可积的充要条件是下列二重积分存在,即

$$\int_a^\infty\int_a^\infty\overline{f(s)}f(t)R_X(s,t)\mathrm{d}s\mathrm{d}t$$

**【例 5.16】**　讨论维纳过程 $W(t)$ 的均方可积性。

**解**　因 $W(t)-W(s)$ 服从正态分布 $N(0,\sigma^2|t-s|)$,$W(0)=0$,且有

$$R(s,t)=\sigma^2\min(s,t)$$

由于

$$\int_0^u\int_0^u R(s,t)\mathrm{d}s\mathrm{d}t=\sigma^2\int_0^u\mathrm{d}t\Big(\int_0^t s\mathrm{d}s+\int_t^u t\mathrm{d}s\Big)=\sigma^2\frac{u^3}{3}$$

对一切有穷的维 $u$ 存在,故均方积分 $Y(u)=\int_0^u W(t)\mathrm{d}t$ 存在。

均方积分有如下性质。

(1) 设 $X(t)$ 在 $[a,b]$ 上均方连续,则 $X(t)$ 在 $[a,b]$ 上均方可积。

**证**　因为 $X(t)$ 在 $[a,b]$ 上均方连续,由均方连续准则知相关函数 $R(s,t)$ 在正方形区域:$a\leqslant s\leqslant b,a\leqslant t\leqslant b$ 上连续,因而其黎曼积分存在,由定理 5.9,$X(t)$ 必在 $[a,b]$ 上均方可积。

(2) 设二阶矩过程 $\{f(t,u)X(t),t\in[a,b]\}$ 在 $[a,b]$ 上均方可积,则其均方积分在概率 1 下是唯一的。

(3) 若二阶矩过程 $\{f(t,u)X(t),t\in[a,b]\}$、$\{g(t,u)Y(t),t\in[a,b]\}$ 在 $[a,b]$ 上均方可积,那么对于任意的常数 $\alpha$、$\beta$,$\{\alpha f(t,u)X(t)+\beta g(t,u)Y(t),t\in[a,b]\}$ 在 $[a,b]$ 上均方可积,且

$$\int_a^b[\alpha f(t,u)X(t)+\beta g(t,u)Y(t)]\mathrm{d}t=\alpha\int_a^b f(t,u)X(t)\mathrm{d}t+\beta\int_a^b g(t,u)Y(t)\mathrm{d}t$$

(4) 若二阶矩过程 $\{f(t,u)X(t),t\in[a,b]\}$ 在 $[a,b]$ 上均方可积,$a>c>b$,则 $\{f(t,u)X(t),t\in[a,b]\}$ 在 $[a,c]$ 和 $[c,b]$ 上也均方可积,且

$$\int_a^b f(t,u)\mathrm{d}t=\int_a^c f(t,u)X(t)\mathrm{d}t+\int_c^b f(t,u)X(t)\mathrm{d}t$$

(5) $f(t,u)$ 是定义在 $[a,b] \times U$ 上的普通函数，若二重积分 $\int_a^b \int_a^b \overline{f(s,u)} f(t,u) R_X(s,t) \mathrm{d}s \mathrm{d}t$ 存在，那么均方积分过程 $\left\{ Y(u) = \int_a^b f(t,u) X(t) \mathrm{d}t, u \in U, t \in [a,b] \right\}$ 的数字特征为

① 均值函数：$m_Y(u) = \int_a^b f(t,u) m_X(t) \mathrm{d}t, \ u \in U$；

② 自相关函数：$R_Y(u,v) = \int_a^b \int_a^b \overline{f(s,u)} f(t,v) R_X(s,t) \mathrm{d}s \mathrm{d}t, \ u,v \in U$；

③ 协方差函数：$C_Y(u,v) = \int_a^b \int_a^b \overline{f(s,u)} f(t,v) C_X(s,t) \mathrm{d}s \mathrm{d}t, \ u,v \in U$。

**证** ① 均值函数

$$
\begin{aligned}
m_Y(u) &= E[Y(u)] = E\left[ \int_a^b f(t,u) X(t) \mathrm{d}t \right] \\
&= E\left[ \mathop{\mathrm{l.i.m}}_{\Delta \to 0} \sum_{k=1}^n f(t_k^*, u) X(t_k^*) \Delta t_k \right] \\
&= \lim_{\Delta \to 0} \sum_{k=1}^n f(t_k^*, u) E[X(t_k^*)] \Delta t_k \\
&= \lim_{\Delta \to 0} \sum_{k=1}^n f(t_k^*, u) m_X(t_k^*) \Delta t_k \\
&= \int_a^b f(t,u) m_X(t) \mathrm{d}t
\end{aligned}
$$

② 自相关函数

$$
\begin{aligned}
R_Y(u,v) &= E[\overline{Y(u)} Y(v)] \\
&= E\left[ \overline{\mathop{\mathrm{l.i.m}}_{\Delta' \to 0} \sum_{l=1}^n f(s_l^*, u) X(s_l^*) \Delta s_l} \ \mathop{\mathrm{l.i.m}}_{\Delta \to 0} \sum_{k=1}^n f(t_k^*, v) X(t_k^*) \Delta t_k \right] \\
&= \lim_{\substack{\Delta' \to 0 \\ \Delta \to 0}} \sum_{l=1}^n \sum_{k=1}^n \overline{f(s_l^*, u)} f(t_k^*, v) E[\overline{X(s_l^*)} X(t_k^*)] \Delta s_l \Delta t_k \\
&= \lim_{\substack{\Delta' \to 0 \\ \Delta \to 0}} \sum_{l=1}^n \sum_{k=1}^n \overline{f(s_l^*, u)} f(t_k^*, v) R_X(s_l^*, t_k^*) \Delta s_l \Delta t_k \\
&= \int_a^b \int_a^b \overline{f(s,u)} f(t,v) R_X(s,t) \mathrm{d}s \mathrm{d}t
\end{aligned}
$$

**【例 5.17】** 设 $\{N(t), t \geqslant 0\}$ 是强度为 $\lambda > 0$ 的泊松过程。写出该过程的转移速率矩阵，并问在均方意义下，$Y_t = \int_0^t N(s) \mathrm{d}s \ (t \geqslant 0)$ 是否存在，为什么？

**解** 泊松过程的转移速率矩阵为

$$
\boldsymbol{Q} = \begin{bmatrix}
-\lambda & \lambda & 0 & 0 & \cdots & \cdots \\
0 & -\lambda & \lambda & 0 & \cdots & \cdots \\
0 & 0 & -\lambda & \lambda & \cdots & \cdots \\
0 & 0 & 0 & \ddots & \cdots & \cdots \\
0 & 0 & \cdots & -\lambda & \lambda & \cdots \\
0 & 0 & 0 & 0 & \cdots & \ddots
\end{bmatrix}
$$

其相关函数为：$R_N(s,t) = \lambda \min\{s,t\} + \lambda^2 st$，由于在 $\forall t, R_N(t,t)$ 连续，故均方积分存在。

### 5.3.5　均方不定积分

**定义 5.14**　设二阶矩过程 $\{X(t),t\in[a,b]\}$ 均方连续,令

$$Y(t) = \int_a^t X(s)\mathrm{d}s, \quad t\in[a,b]$$

那么称 $\{Y(t),t\in[a,b]\}$ 为 $\{X(t),t\in[a,b]\}$ 在 $[a,b]$ 上的均方不定积分。

**定理 5.16**　设二阶矩过程 $\{X(t),t\in[a,b]\}$ 均方连续,那么其均方不定积分 $\{Y(t),t\in[a,b]\}$ 在 $[a,b]$ 上均方可导,且

$$P(Y'(t)=X(t))=1, \quad t\in[a,b]$$

$$m_Y(t) = \int_a^t m_X(s)\mathrm{d}s, \quad t\in[a,b]$$

$$R_Y(s,t) = \int_a^s\int_a^t R_X(u,v)\mathrm{d}u\mathrm{d}v, \quad s,t\in[a,b]$$

**定理 5.17**　设二阶矩过程 $\{X(t),t\in[a,b]\}$ 均方可导,导数过程 $\{X'(t),t\in[a,b]\}$ 在 $[a,b]$ 上均方连续,那么

$$\int_a^b X'(t)\mathrm{d}t = X(b)-X(a)$$

**证**　令 $Y(t)=\int_a^t X'(t)\mathrm{d}t,t\in[a,b]$,那么 $\{Y(t),t\in[a,b]\}$ 在 $[a,b]$ 上均方可导,且 $Y'(t)=X'(t)$,从而

$$[Y(t)-X(t)]'=0, \quad t\in[a,b]$$

于是 $Y(t)-X(t)=X$,即

$$Y(t)=X(t)+X, \quad t\in[a,b]$$

取 $t=a$,得

$$X=-X(a)$$

取 $t=b$,得

$$\int_a^b X'(t)\mathrm{d}t = X(b)-X(a)$$

证毕。

**【例 5.18】**　设随机过程 $\{X(t),t\geqslant0\}$ 的相关函数为 $R_X(s,t)=M\mathrm{e}^{-\alpha|s-t|}$,试求 $X(t)$ 积分 $Y(s)=\int_0^s X(t)\mathrm{d}t$ 的相关函数。

**解**　根据 $Y(s)=\int_0^s X(t)\mathrm{d}t$,有

$$R_Y(s_1,s_2) = \int_0^{s_1}\int_0^{s_2} R_X(s,t)\mathrm{d}s\mathrm{d}t = M\int_0^{s_1}\int_0^{s_2}\mathrm{e}^{-\alpha|s-t|}\mathrm{d}s\mathrm{d}t$$

当 $s_1<s_2$ 时,

$$R_Y(s_1,s_2) = M\int_0^{s_1}\left[\int_0^s\mathrm{e}^{-\alpha(s-t)}\mathrm{d}t + \int_s^{s_2}\mathrm{e}^{-\alpha(t-s)}\mathrm{d}t\right]\mathrm{d}s$$

$$= \frac{2M}{\alpha}s_1 + \frac{M}{\alpha^2}[\mathrm{e}^{-\alpha s_1}+\mathrm{e}^{-\alpha s_2}-\mathrm{e}^{-\alpha(s_2-s_1)}-1]$$

当 $s_1>s_2$ 时,同理可得

$$R_Y(s_1,s_2) = \frac{2M}{\alpha}s_2 + \frac{M}{\alpha^2}\left[e^{-\alpha s_1} + e^{-\alpha s_2} - e^{-\alpha(s_1-s_2)} - 1\right]$$

综上所述，

$$R_Y(s_1,s_2) = \frac{2M}{\alpha}\min(s_1,s_2) + \frac{M}{\alpha^2}\left[e^{-\alpha s_1} + e^{-\alpha s_2} - e^{-\alpha|s_1-s_2|} - 1\right]$$

## 5.3.6　均方随机微分方程

随机过程的理论研究起源于生产、科研中的实际需要。在模拟、分析和预测物理和自然现象的性质时，越来越强调使用概率方法。这是因为很多这类问题的表述中存在着复杂性、不确定性和未知因素，概率理论已被越来越多地用来研究科学和工程中的各种课题。当考虑到各种随机效应时，包含随机元素的微分方程，即随机微分方程就起着重要的作用，它能解释或者分析确定性微分方程无法解决的问题。

**1. 考察随机微分方程**

$$\begin{cases} X'(t) = Y(t), t \in T = [a,b] \\ X(t_0) = X_0 \end{cases}$$

其中，$Y(t)$ 是二阶矩过程，$X_0$ 是二阶矩随机变量。

微分方程在均方意义下的唯一解是

$$X(t) = X_0 + \int_{t_0}^{t} Y(s)\mathrm{d}s$$

微分方程解的均值和相关函数如下。

$X(t)$ 的均值函数：

$$E[X(t)] = E(X_0) + \int_{t_0}^{t} E[Y(s)]\mathrm{d}s$$

$X(t)$ 的自相关函数（假设 $X_0$ 与 $Y(t)$ 相互独立）：

$$R_X(s,t) = E[X(s)X(t)] = E(X_0^2) + E(X_0)E\left[\int_{t_0}^{t} Y(u)\mathrm{d}u\right]$$
$$+ E(X_0)E\left[\int_{t_0}^{s} Y(u)\mathrm{d}u\right] + E\left[\int_{t_0}^{s}\int_{t_0}^{t} Y(u)Y(v)\mathrm{d}u\mathrm{d}v\right]$$

尤其当 $E[Y(s)] = 0$ 时，有 $E[X(t)] = E(X_0)$，此时

$$R_X(s,t) = E(X_0^2) + \int_{t_0}^{s}\int_{t_0}^{t} R_Y(u,v)\mathrm{d}u\mathrm{d}v$$

注：微分方程的解 $X(t)$ 的均值函数与相关函数完全由 $X_0$ 与 $Y(t)$ 的均值函数及相关函数所决定。

**2. 考察一阶线性微分方程**

$$\begin{cases} X'(t) + a(t)X(t) = Y(t) \\ X(t_0) = X_0 \end{cases}, \quad t \geqslant t_0$$

其中，$a(t)$ 是普通函数，$Y(t)$ 是二阶矩过程，$X_0$ 是二阶矩随机变量。

方程的解为

$$X(t) = X_0 e^{-\int_{t_0}^{t} a(u)\mathrm{d}u} + \int_{t_0}^{t} Y(s)e^{-\int_{s}^{t} a(u)\mathrm{d}u}\mathrm{d}s$$

**证**　显然 $X(t_0) = X_0$。

其次,利用求导验证即可。

$$X'(t) = -X_0 a(t) \mathrm{e}^{-\int_{t_0}^t a(u)\mathrm{d}u} + \left[ Y(s)\mathrm{e}^{-\int_s^t a(u)\mathrm{d}u} \right]_{s=t} + \int_{t_0}^t \left[ Y(s)\mathrm{e}^{-\int_s^t a(u)\mathrm{d}u} \right]'_t \mathrm{d}s$$

$$= -a(t)\left[ X_0 \mathrm{e}^{-\int_{t_0}^t a(u)\mathrm{d}u} + \int_{t_0}^t Y(s)\mathrm{e}^{-\int_s^t a(u)\mathrm{d}u}\mathrm{d}s \right] + Y(t)$$

$$= -a(t)X(t) + Y(t)$$

$X(t)$ 的均值函数:

$$E[X(t)] = E(X_0)\mathrm{e}^{-\int_{t_0}^t a(u)\mathrm{d}u} + \int_{t_0}^t E[Y(s)]\mathrm{e}^{-\int_t^t a(u)\mathrm{d}u}\mathrm{d}s$$

$X(t)$ 的自相关函数:

$$R_X(t_1, t_2) = E[X(t_1)X(t_2)]$$

$$= E(X_0^2)\exp\left[ -\int_{t_0}^{t_1} a(u)\mathrm{d}u \right]\exp\left[ -\int_{t_0}^{t_2} a(u)\mathrm{d}u \right]$$

$$+ \exp\left[ -\int_{t_0}^{t_1} a(u)\mathrm{d}u \right]\int_{t_0}^{t_2} E[X_0 Y(v)]\exp\left[ -\int_v^{t_2} a(u)\mathrm{d}u \right]\mathrm{d}v$$

$$+ \exp\left[ -\int_{t_0}^{t_2} a(u)\mathrm{d}u \right]\int_{t_0}^{t_1} E[X_0 Y(v)]\exp\left[ -\int_v^{t_1} a(u)\mathrm{d}u \right]\mathrm{d}v$$

$$+ \int_{t_0}^{t_1}\int_{t_0}^{t_2} E[Y(v_1)Y(v_2)]\exp\left[ -\int_{v_1}^{t_1} a(u)\mathrm{d}u \right]\exp\left[ -\int_{v_2}^{t_2} a(u)\mathrm{d}u \right]\mathrm{d}v_1\mathrm{d}v_2$$

# 5.4　遍历性与各态历经性

　　我们知道,随机过程的数字特征(均值、相关函数)是对随机过程的所有样本函数的统计平均,但在实际中常常很难测得大量的样本,我们自然会提出这样一个问题:能否从一次试验中得到的一个样本函数 $x(t)$ 来决定平稳过程的数字特征呢?

　　回答是肯定的。平稳过程在满足一定的条件下具有一个有趣而又非常有用的特性,称为"各态历经性"(又称"遍历性")。具有各态历经性的过程,其数字特征(均为统计平均)完全可由随机过程中的任一实现(样本函数)的时间平均值来代替。

　　"各态历经"的含义:随机过程中的任一实现(样本函数)都经历了随机过程的所有可能状态。因此,我们无需获得大量用来计算统计平均的样本函数,而只需从任意一个随机过程的样本函数中就可获得它的所有数字特征,从而使"统计平均"化为"时间平均",使实际测量和计算的问题大为简化。

　　如何根据实验记录确定平稳过程的均值和自相关函数呢?

　　按照数学期望和自相关函数的定义,需要对一个平稳过程重复进行大量观察,获得一族样本函数 $x_1(t), x_2(t), \cdots, x_n(t)$,如图 5.12 所示。

　　用统计实验方法,均值和自相关函数近似地为

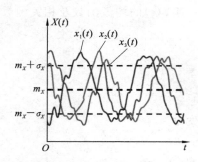

**图 5.12　平稳过程的样本函数族**

$$m_X \approx \frac{1}{N}\sum_{k=1}^N x_k(t_1)$$

$$R_X(t_2 - t_1) \approx \frac{1}{N}\sum_{k=1}^{N} x_k(t_1) x_k(t_2)$$

平稳过程的统计特性不随时间的推移而变化,根据这一特点,能否通过在一个很长时间内观察得到的一个样本曲线来估计平稳过程的数字特征呢?

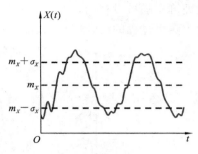

**图 5.13　平稳过程的一个样本函数**

本节给出的各态历经定理证实,只要满足某些条件,均值和自相关函数实际上可以用一个样本函数在整个时间轴上的平均值来代替,如图 5.13 所示。

**1. 遍历性过程的定义**

**定义 5.15**　$\{X(t), -\infty < t < \infty\}$ 为均方连续的平稳过程,那么称

$$\langle X(t) \rangle = \underset{T \to \infty}{\mathrm{l.i.m}} \frac{1}{2T} \int_{-T}^{T} X(t)\mathrm{d}t$$

$$\langle X(t) \cdot \overline{X(t+\tau)} \rangle = \underset{T \to \infty}{\mathrm{l.i.m}} \frac{1}{2T} \int_{-T}^{T} X(t) \cdot \overline{X(t+\tau)}\mathrm{d}t$$

为该过程的时间均值和时间相关函数,它们都是随机变量的函数,即

$$\lim_{T \to +\infty} E\left[ \left| \frac{1}{2T} \int_{-T}^{T} X(t)\mathrm{d}t - <X(t)> \right|^2 \right] = 0$$

$$\lim_{T \to +\infty} E\left[ \left| \frac{1}{2T} \int_{-T}^{T} X(t)\overline{X(t+\tau)}\mathrm{d}t - <X(t)\overline{X(t+\tau)}> \right|^2 \right] = 0$$

**定义 5.16**　设 $\{X(t), -\infty < t < \infty\}$ 是均方连续的平稳过程。

(1) 如果均方极限

$$\underset{T \to \infty}{\mathrm{l.i.m}} \frac{1}{2T} \int_{-T}^{T} X(t)\mathrm{d}t$$

存在,那么称此极限值为 $\{X(t), -\infty < t < \infty\}$ 在时间域的均值,又若

$$\underset{T \to \infty}{\mathrm{l.i.m}} \frac{1}{2T} \int_{-T}^{T} X(t)\mathrm{d}t = E[X(t)] = m_X$$

则称此平稳过程的均值具有各态历经性。

(2) 如果均方极限

$$\underset{T \to \infty}{\mathrm{l.i.m}} \frac{1}{2T} \int_{-T}^{T} X(t) \overline{X(t+\tau)}\mathrm{d}t$$

存在,则称此极限值为 $\{X(t), -\infty < t < \infty\}$ 在时间域的相关函数,又若

$$\underset{T \to \infty}{\mathrm{l.i.m}} \frac{1}{2T} \int_{-T}^{T} X(t) \overline{X(t+\tau)}\mathrm{d}t = E[X(t)\overline{X(t+\tau)}] = R_X(\tau)$$

则称此平稳过程的相关函数具有各态历经性。

特别地,当 $\tau = 0$ 时,称均方值具有各态历经性。

**定义 5.17**　平稳随机过程 $X(t)$ 的均值和自相关函数同时具有各态历经性,那么称该随机过程 $X(t)$ 具有遍历性。

**2. 遍历过程的实际应用**

一般随机过程的时间平均是随机变量,但遍历过程的时间平均为确定量,因此可用任一样本函数的时间平均代替整个过程的统计平均,在实际工作中,时间 $T$ 不可能无限长,只要足够

长即可。随机过程的每个样本函数都经历了随机过程的各种状态,任何一个样本都能充分地代表随机过程的统计特性,如图 5.14 所示。

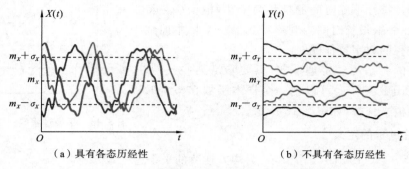

（a）具有各态历经性　　　　　　　　　（b）不具有各态历经性

**图 5.14　两个平稳过程的典型例子（相同的均值与方差）**

物理含义为:只要观测的时间足够长,每个样本函数都将经历信号的所有状态,因此,从任一样本函数中可以计算出其均值和自相关函数。于是,实验只需要在其任何一个样本函数上进行就可以了,问题得到极大的简化。

### 3. 遍历过程和平稳过程的关系

遍历过程必须是平稳的,而平稳过程不一定是遍历的(由遍历定义即可知遍历必定平稳)。

### 4. 遍历过程的两个判别定理

**定理 5.18（均值遍历判别）**

平稳过程 $X(t)$ 的均值具有遍历性的充要条件是

$$\lim_{T \to \infty} \frac{1}{T} \int_0^{2T} \left(1 - \frac{\tau}{2T}\right) [R_X(\tau) - m_X^2] \mathrm{d}\tau = 0$$

**证**　原命题等价于

$$E[\langle X(t)\rangle] = E\left[\lim_{T \to \infty} \frac{1}{2T} \int_{-T}^{T} X(t) \mathrm{d}t\right] = \lim_{T \to \infty} \frac{1}{2T} \int_{-T}^{T} E[X(t)] \mathrm{d}t = m_X$$

故随机变量 $\langle X(t)\rangle$ 的均值为常数。$E[X(t)] = m_X$,由方差的性质知,若能证明 $D[\langle X(t)\rangle] = 0$,则 $\langle X(t)\rangle$ 依概率 1 等于 $E[X(t)]$。所以要证明 $X(t)$ 的均值具有各态历经性等价于证 $D[\langle X(t)\rangle] = 0$。

$$D[\langle X(t)\rangle] = 0 \Leftrightarrow \lim_{T \to \infty} \frac{1}{T} \int_0^{2T} \left(1 - \frac{t}{2T}\right) [R_X(\tau) - m_X^2] \mathrm{d}\tau = 0$$

$$D[\langle X(t)\rangle] = D\left[\lim_{T \to \infty} \frac{1}{2T} \int_{-T}^{T} X(t) \mathrm{d}t\right] = \lim_{T \to \infty} D\left[\frac{1}{2T} \int_{-T}^{T} X(t) \mathrm{d}t\right]$$

$$= \lim_{T \to \infty} E\left\{\frac{1}{2T} \int_{-T}^{T} X(t) \mathrm{d}t - E\left[\frac{1}{2T} \int_{-T}^{T} X(t) \mathrm{d}t\right]\right\}^2$$

$$= \lim_{T \to \infty} E\left[\frac{1}{2T} \int_{-T}^{T} X(t) \mathrm{d}t - m_X\right]^2$$

$$= \lim_{T \to \infty} E\left\{\frac{1}{2T} \int_{-T}^{T} [X(t) - m_X] \mathrm{d}t\right\}^2$$

$$= \lim_{T \to \infty} \frac{1}{4T^2} E\left\{\int_{-T}^{T} [X(t) - m_X] \mathrm{d}t\right\}^2$$

$$= \lim_{T \to \infty} \frac{1}{4T^2} E \left\{ \int_{-T}^{T} [X(t) - m_X] dt \int_{-T}^{T} [X(t) - m_X] dt \right\}$$

$$= \lim_{T \to \infty} \frac{1}{4T^2} E \left\{ \int_{-T}^{T} [X(t) - m_X] dt \int_{-T}^{T} [X(s) - m_X] ds \right\}$$

$$= \lim_{T \to \infty} \frac{1}{4T^2} E \left\{ \int_{-T}^{T} \int_{-T}^{T} [X(t) - m_X][X(s) - m_X] dt ds \right\}$$

$$= \lim_{T \to \infty} \frac{1}{4T^2} \int_{-T}^{T} \int_{-T}^{T} E \left\{ [X(t) - m_X][X(s) - m_X] \right\} dt ds$$

$$= \lim_{T \to \infty} \frac{1}{4T^2} \int_{-T}^{T} \int_{-T}^{T} \left\{ E[X(t)X(s)] - m_X^2 \right\} dt ds$$

$$= \lim_{T \to \infty} \frac{1}{4T^2} \int_{-T}^{T} \int_{-T}^{T} [R_X(s-t) - m_X^2] dt ds$$

设 $\tau = s - t, u = t + s$，则 $t = \dfrac{u - \tau}{2}, s = \dfrac{\tau + u}{2}$，如图 5.15 所示。

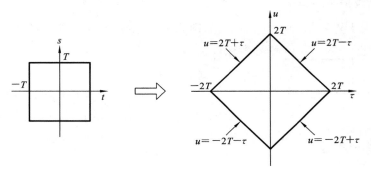

**图 5.15　自相关函数中变量代换**

变量代换的约旦矩阵及行列式值如下：$|J| = \left| \dfrac{\partial(t,s)}{\partial(\tau,u)} \right| = \begin{vmatrix} \dfrac{1}{2} & \dfrac{1}{2} \\ -\dfrac{1}{2} & \dfrac{1}{2} \end{vmatrix} = \dfrac{1}{2}$。

于是　　$D[\langle X(t) \rangle] = \lim_{T \to \infty} \dfrac{1}{4T^2} \int_{-T}^{T} \int_{-T}^{T} [R_X(s-t) - m_X^2] dt ds$

$$= \lim_{T \to \infty} \frac{1}{4T^2} \int_{-2T}^{2T} \left\{ \int_{-2T+|\tau|}^{2T-|\tau|} \frac{1}{2} [R_X(\tau) - m_X^2] du \right\} d\tau$$

$$= \lim_{T \to \infty} \frac{1}{2T} \int_{-2T}^{2T} \left( 1 - \frac{|\tau|}{2T} \right) [R_X(\tau) - m_X^2] d\tau \quad (R(\tau) = R(-\tau))$$

$$= \lim_{T \to \infty} \frac{1}{T} \int_{0}^{2T} \left( 1 - \frac{|\tau|}{2T} \right) [R_X(\tau) - m_X^2] d\tau$$

从而命题得证。

**定理 5.19（自相关函数遍历判别）**

平稳过程 $X(t)$ 的自相关函数具有遍历性充要条件是

$$\lim_{T \to \infty} \frac{1}{T} \int_{0}^{2T} \left( 1 - \frac{\tau_1}{2T} \right) [B(\tau_1) - R_X^2(\tau)] d\tau_1 = 0$$

式中：$B(\tau_1) = E[X(t+\tau+\tau_1)X(t+\tau_1)X(t+\tau)X(t)]$。

证明方法同定理 5.18。

### 5. 高斯平稳随机过程具有遍历性的一个充要条件

对于高斯平稳随机过程,若均值为零,即 $m_X(t)=0$,自相关函数 $R_X(\tau)$ 连续,则可以证明此过程具有遍历性的一个充要条件为

$$\int_0^\infty |R_X(\tau)| \, \mathrm{d}\tau < \infty$$

**证** 平稳过程自相关函数各态历经的充要条件为

$$\lim_{T\to\infty} \frac{1}{2T} \int_{-2T}^{2T} \left(1 - \frac{|\tau|}{2T}\right) [R_X(\tau) - m_X^2] \mathrm{d}\tau < \lim_{T\to\infty} \frac{1}{T} \int_0^T |R_X(\tau)| \, \mathrm{d}\tau = 0$$

即

$$\int_0^\infty |R_X(\tau)| \, \mathrm{d}\tau < \infty$$

注意:判断一个平稳过程是否遍历的,总是先假设其是遍历的,然后看是否满足定义要求(即时间平均依概率 1 等于统计平均),一般不用两个判别定理。

【**例 5.19**】 考虑随机过程 $X(t)=X, t\in(-\infty, +\infty)$,$X$ 是实随机变量,$P(X=\pm 1)=$

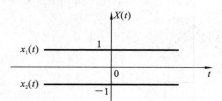

**图 5.16** 随机过程 $\{X(t)=X, t\in(-\infty, +\infty)\}$ 的样本函数

$\frac{1}{2}$,如图 5.16 所示。试分析 $X(t)$ 的均值是否具有各态历经性。

**解** 因为

$$m_X(t) = E[X(t)] = E(X) = 0$$
$$R_X(t, t+\tau) = E[X(t)X(t+\tau)] = E(X^2) = 1 \text{ 与 } t \text{ 无}$$

关,所以 $X(t)$ 是平稳过程。

时间均值为

$$\langle X(t) \rangle = \lim_{T\to+\infty} \frac{1}{2T} \int_{-T}^T X(t) \mathrm{d}t = \lim_{T\to+\infty} \frac{1}{2T} \int_{-T}^T X \mathrm{d}t = X$$

即

$$P\{\langle X(t) \rangle = m_X(t)\} = P(X=0) = 0$$

由遍历性定义可知,$X(t)$ 的均值不具有各态历经性。

【**例 5.20**】 设 $X(t)=a\cos(\omega_0 t + \Phi)$,式中 $a$、$\omega_0$ 为常数,$\Phi$ 是在 $[0, 2\pi]$ 上均匀分布的随机变量。试问:$X(t)$ 是否平稳? 是否遍历?

**解** $\quad m_X(t) = E[X(t)] = \int_{-\infty}^\infty x(t) f_\Phi(\varphi) \mathrm{d}\varphi = \int_0^{2\pi} a\cos(\omega_0 t + \varphi) \frac{1}{2\pi} \mathrm{d}\varphi = 0 = m_X$

$$R_X(t, t+\tau) = E[X(t)X(t+\tau)] = \frac{a^2}{2} E[\cos(\omega_0\tau) + \cos(2\omega_0 t + \omega_0\tau + 2\Phi)]$$

$$= \frac{a^2}{2} \cos(\omega_0\tau) = R_X(\tau)$$

$$E[X^2(t)] = R_X(t, t) = \frac{a^2}{2} < \infty$$

故 $X(t)$ 是宽平稳随机过程。

$$\langle X(t) \rangle = \lim_{T\to\infty} \frac{1}{2T} \int_{-T}^{+T} a\cos(\omega_0 t + \Phi) \mathrm{d}t = \lim_{T\to\infty} \frac{a\cos\Phi\sin(\omega_0 T)}{\omega_0 T} = 0$$

$$\langle X(t)X(t+\tau) \rangle = \lim_{T\to\infty} \frac{1}{2T} \int_{-T}^T a\cos(\omega_0 t + \Phi) a\cos(\omega_0 t + \omega_0\tau + \Phi) \mathrm{d}t$$

$$= \lim_{T\to\infty} \frac{1}{2T} \int_{-T}^T \frac{a^2}{2} [\cos(2\omega_0 t + \omega_0\tau + 2\Phi) + \cos(\omega_0\tau)] \mathrm{d}t$$

$$= \frac{a^2}{2}\cos(\omega_0\tau) = R_X(\tau)$$

故 $X(t)$ 是遍历随机过程。

　　红色曲线、绿色曲线、蓝色曲线分别表示相位 $\Phi=0$、$\frac{\pi}{4}$、$\frac{\pi}{2}$ 时随机过程 $X(t)=a\cos(\omega_0 t +$ $\Phi)$ 的样本函数,如图 5.17 所示。

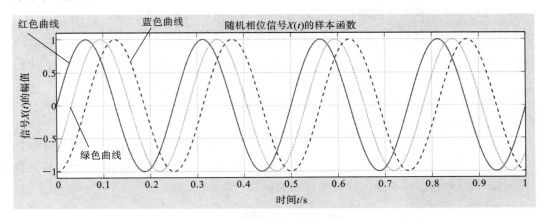

**图 5.17　随机相位信号的样本函数**

　　**【例 5.21】**　证明:正弦波 $X(t)=A\cos(\omega t+\Theta)$ 是平稳过程,$-\infty<t<+\infty$,其中 $\omega$ 是常数,$A$ 与 $\Theta$ 是相互独立的随机变量,$A$ 的概率密度函数为 $f_A(a)=\begin{cases} 2a, & 0<a<1 \\ 0, & 其他 \end{cases}$,$\Theta$ 在 $[0,2\pi]$ 上服从均匀分布,并分析其各态历经性。

　　**证**　$m_X(t)=E[X(t)]=E[A\cos(\omega t+\Theta)]=E(A)\cdot E[\cos(\omega t+\Theta)]=0$

$$R_X(t_1,t_2) = E[X(t_1)X(t_2)] = E(A^2)E[\cos(\omega t_1+\Theta)\cos(\omega t_2+\Theta)]$$

$$= E(A^2)\int_{-\infty}^{+\infty}\cos(\omega t_1+\theta)\cos(\omega t_2+\theta)f_\Theta(\theta)\mathrm{d}\theta$$

$$= \frac{1}{4}\cos\omega(t_2-t_1) = \frac{1}{4}\cos(\omega\tau) \ (\tau=t_2-t_1)$$

所以,$X(t)$ 是平稳过程。

　　下面讨论其各态历经性。

$$\langle X(t)\rangle = \lim_{T\to+\infty}\frac{1}{2T}\int_{-T}^{T}A\cos(\omega t+\Theta)\mathrm{d}t$$

$$\xrightarrow{\text{将}A,\Theta\text{看作定值}} \lim_{T\to+\infty}\frac{A[\sin(\omega T+\Theta)-\sin(-\omega T+\Theta)]}{2T\omega}$$

$$= \lim_{T\to+\infty}\frac{A\cos\Theta\sin(\omega T)}{\omega T} = 0 = E[X(t)]$$

即 $X(t)$ 的均值具有各态历经性。

$$\langle X(t)X(t+\tau)\rangle = \lim_{T\to+\infty}\frac{1}{2T}\cdot\int_{-T}^{T}A^2\cos(\omega t+\Theta)\cos[\omega(t+\tau)+\Theta]\mathrm{d}t$$

$$= \lim_{T\to+\infty}\frac{A^2}{4T}\int_{-T}^{T}[\cos(2\omega t+\omega\tau+2\Theta)+\cos(\omega\tau)]\mathrm{d}t$$

$$= \lim_{T \to +\infty} \frac{A^2}{4T} \frac{\sin(2\omega T + \omega\tau + 2\Theta) - \sin(-2\omega T + \omega\tau + 2\Theta)}{2\omega} + \frac{A^2 \cos(\omega\tau)}{2}$$

$$= \frac{A^2}{2} \cos(\omega\tau) \neq \frac{1}{4} \cos(\omega\tau) = R_X(t, t+\tau)$$

因此，$X(t)$ 的自相关函数不具有各态历经性。

所以，$X(t)$ 不是各态历经的随机过程。

【例 5.22】 考虑例 5.2 的随机电报信号 $X(t)$ 的均值函数和自相关函数分别为 $E[X(t)] = 0$，$R_X(\tau) = \mathrm{e}^{-\alpha|\tau|}$，试分析 $X(t)$ 是否是关于均值遍历的随机过程。

**解**　$\lim_{T \to +\infty} \frac{1}{T} \int_0^{2T} \left(1 - \frac{\tau}{2T}\right) [R_X(\tau) - m_X^2] \mathrm{d}\tau = \lim_{T \to +\infty} \frac{1}{T} \int_0^{2T} \mathrm{e}^{-\alpha\tau} \left(1 - \frac{\tau}{2T}\right) \mathrm{d}\tau$

$$= \lim_{T \to +\infty} \left(\frac{1}{\alpha T} - \frac{1 - \mathrm{e}^{-\alpha T}}{2\alpha^2 T^2}\right) = 0$$

所以，$X(t)$ 是关于均值遍历的。

各态历经定理的重要价值在于它从理论上给出了如下保证：一个平稳过程 $X(t)$，若 $0 < t < +\infty$，只要它满足各态历经性条件，便可以根据"依概率 1 成立"的含义，从一次试验所得到的样本函数 $x(t)$ 来确定该过程的均值和自相关函数。即

$$\lim_{T \to +\infty} \frac{1}{T} \int_0^T x(t) \mathrm{d}t = m_X$$

$$\lim_{T \to +\infty} \frac{1}{T} \int_0^T x(t) x(t+\tau) \mathrm{d}t = R_X(\tau)$$

如果试验记录 $x(t)$ 只在时间区间 $[0, T]$ 上给出，那么相应的 $m_X$、$R_X(\tau)$ 的无偏估计为

$$\hat{m}_X = \frac{1}{T} \int_0^T x(t) \mathrm{d}t$$

$$\hat{R}_X(\tau) = \frac{1}{T-\tau} \int_0^{T-\tau} x(t) x(t+\tau) \mathrm{d}t = \frac{1}{T-\tau} \int_\tau^T x(t) x(t-\tau) \mathrm{d}t, \quad 0 \leqslant \tau < T$$

# 5.5　联合宽平稳和联合宽遍历

## 1. 联合宽平稳和联合宽遍历的基本概念

**定义 5.18（联合宽平稳）**　两个随机过程 $X(t)$ 和 $Y(t)$，如果满足：

（1）$X(t)$ 和 $Y(t)$ 分别为宽平稳过程；

（2）互相关函数仅为时间差 $\tau$ 的函数，与时间 $t$ 无关，即

$$R_{XY}(t_1, t_2) = E[X(t_1) \cdot Y(t_2)] = R_{XY}(\tau), \quad \tau = t_2 - t_1$$

则称 $X(t)$ 和 $Y(t)$ 为联合宽平稳。

**定义 5.19（联合宽遍历）**　两个随机过程 $X(t)$ 和 $Y(t)$，如果满足：

（1）$X(t)$ 和 $Y(t)$ 联合宽平稳；

（2）定义它们的时间互相关函数为

$$\langle X(t) \overline{Y(t+\tau)} \rangle = \lim_{T \to \infty} \frac{1}{2T} \int_{-T}^T X(t) \overline{Y(t+\tau)} \mathrm{d}t$$

若 $\langle X(t) \overline{Y(t+\tau)} \rangle$ 依概率 1 收敛于互相关函数 $R_{XY}(\tau)$，则称 $X(t)$ 和 $Y(t)$ 具有联合宽遍

历性。

**定义 5.20（互协方差与互相关系数）**　当两个随机过程 $X(t)$ 和 $Y(t)$ 联合平稳时,它们的互协方差定义为

$$C_{XY}(t,t+\tau)=E\{[X(t)-m_X(t)][Y(t+\tau)-m_Y(t+\tau)]\}=C_{XY}(\tau)$$

互相关系数定义为

$$r_{XY}(\tau)=\frac{C_{XY}(\tau)}{\sqrt{D_X(t)D_Y(t+\tau)}}$$

又称为归一化互相关函数或标准互协方差函数。

注:$|r_{XY}(\tau)|\geqslant 0$,当 $|r_{XY}(\tau)|=0$ 时,随机变量 $X(t)$ 和 $Y(t+\tau)$ 互不相关。

**【例 5.23】**　图 5.18 所示的是随机过程 $X(t)$ 和 $Y(t)$ 的样本函数及其互相关函数 $r_{XY}(d)$。

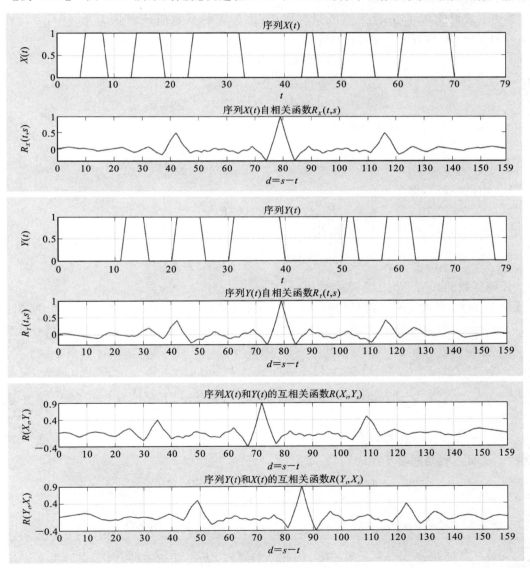

**图 5.18　随机过程 $X(t)$、$Y(t)$ 的自相关函数与互相关函数**

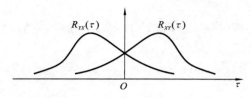

**图 5.19　互相关函数的影像关系**

**2. 联合宽平稳的性质**

（1）$R_{XY}(\tau)=R_{YX}(-\tau)$，$C_{XY}(\tau)=C_{YX}(-\tau)$。

说明：按定义即可证明，互相关函数既不是偶函数，也不是奇函数，如图 5.19 所示。

（2）$|R_{XY}(\tau)|^2 \leqslant R_X(0)R_Y(0)$，$|C_{XY}(\tau)|^2 \leqslant D_X(t)D_Y(t+\tau)=\sigma_X^2\sigma_Y^2$

**证**　由于 $E[(Y(t+\tau)+\lambda X(t))^2]\geqslant 0$，$\lambda$ 为任意实数，展开得

$$R_X(0)\lambda^2+2R_{XY}(\tau)\lambda+R_Y(0)\geqslant 0$$

这是关于 $\lambda$ 的二阶方程。注意，$R_X(0)\geqslant 0$。

要使上式恒成立，即方程无解或只有同根，则方程的系数应该满足 $B^2-4AC\leqslant 0$，则有 $[2R_{XY}(\tau)]^2-4R_X(0)R_Y(0)\leqslant 0$，所以

$$|R_{XY}(\tau)|^2\leqslant R_X(0)R_Y(0)$$

同理，

$$|C_{XY}(\tau)|^2\leqslant D_X(t)D_Y(t+\tau)=\sigma_X^2\sigma_Y^2$$

（3）$|R_{XY}(\tau)|\leqslant \dfrac{1}{2}[R_X(0)+R_Y(0)]$

$$|C_{XY}(\tau)|\leqslant \frac{1}{2}[D_X(t)+D_Y(t+\tau)]=\frac{1}{2}(\sigma_X^2+\sigma_Y^2)$$

**证**　由性质（2），得

$$|R_{XY}(\tau)|^2\leqslant R_X(0)R_Y(0)$$

注意到 $R_X(0)\geqslant 0$，$R_Y(0)\geqslant 0$，因此，

$$|R_{XY}(\tau)|\leqslant \sqrt{R_X(0)R_Y(0)}\leqslant \frac{1}{2}[R_X(0)+R_Y(0)]$$

（任何正数的几何平均小于算术平均）

**【例 5.24】**　设两个平稳随机过程 $X(t)=\cos(t+\varPhi)$，$Y(t)=\sin(t+\varPhi)$，其中 $\varPhi$ 是 $[0,2\pi]$ 上服从均匀分布的随机变量，试问：$X(t)$ 和 $Y(t)$ 是否联合平稳？是否正交、不相关、统计独立？

**解**　平稳随机过程 $X(t)$ 和 $Y(t)$ 的互相关函数为

$$R_{XY}(t,t+\tau)=E[X(t)Y(t+\tau)]=E[\cos(t+\varPhi)\sin(t+\tau+\varPhi)]$$

$$=\frac{1}{2}E[\sin(2t+\tau+2\varPhi)+\sin\tau]=\frac{1}{2}\sin\tau+\frac{1}{2}E[\sin(2t+\tau+2\varPhi)]$$

$$=\frac{1}{2}\sin\tau=R_{XY}(\tau)$$

故这两个随机过程是联合平稳的。

$$m_X(t)=E[X(t)]=E[\cos(t+\varPhi)]=0$$

$$m_Y(t+\tau)=E[Y(t+\tau)]=E[\sin(t+\tau+\varPhi)]=0$$

$$C_{XY}(t,t+\tau)=R_{XY}(t,t+\tau)-m_X(t)m_Y(t+\tau)=R_{XY}(t,t+\tau)=\frac{1}{2}\sin\tau=R_{XY}(\tau)$$

故 $C_{XY}(t,t+\tau)$ 仅在 $\tau=\pm n\pi$ 时等于零，因此 $X(t_1)$ 和 $Y(t_2)$ 是相关的，因而它们不是统计独立的。

**【例 5.25】**　如图 5.3 所示,讨论乘法调制信号:$Y(t)=X(t)\cos(\omega_0 t+\varphi)$,其中 $X(t)$ 是实宽平稳信号,$\omega_0$ 是常数,随机相位 $\varphi$ 在 $[0,2\pi]$ 上服从均匀分布,且 $\varphi$ 与 $X(t)$ 相互独立。试讨论输入信号 $X(t)$ 与输出信号 $Y(t)$ 的互相关函数与联合平稳性。

**解**　由以上分析可知,输出信号 $Y(t)$ 是平稳过程。

输入信号 $X(t)$ 与输出信号 $Y(t)$ 的互相关函数为

$$R_{XY}(t+\tau,t)=E[X(t+\tau)Y(t)]=E[X(t+\tau)X(t)\cos(\omega_0 t+\varphi)]$$
$$=R_X(\tau)\cdot E[\cos(\omega_0 t+\varphi)]=0$$

因此,输入信号 $X(t)$ 与输出信号 $Y(t)$ 是联合广义平稳的,且正交。

注意:如果振荡不是随机相位的,那么输出信号可能不是平稳的,输入与输出信号既不会正交,也不会联合广义平稳。

**【例 5.26】**　已知平稳过程

$$X(t)=U\sin t+V\cos t,\quad Y(t)=W\cos t+V\sin t$$

其中,$U$、$V$、$W$ 是均值为零,方差为 $\sigma^2$,且相互独立的随机变量,试分析 $X(t)$ 与 $Y(t)$ 的联合平稳性。

**解**　分析:若 $X(t)$ 与 $Y(t)$ 都为宽平稳过程,且 $R_{XY}(t,t+\tau)=E[X(t)Y(t+\tau)]$,计算结果若只含有 $\tau$ 分量,没有 $t$ 分量,那么 $X(t)$ 与 $Y(t)$ 联合平稳;否则,是非联合平稳的。

$$E[X(t)Y(t+\tau)]=E\{(U\cos t+V\sin t)[W\cos(t+\tau)+V\sin(t+\tau)]\}$$
$$=E[UW\cos t\cos(t+\tau)+UV\cos t\sin(t+\tau)$$
$$+VW\sin t\cos(t+\tau)+V^2\sin t\sin(t+\tau)]$$
$$=E(UW)\cos t\cos(t+\tau)+E(UV)\cos t\sin(t+\tau)$$
$$+E(VW)\sin t\cos(t+\tau)+E(V^2)\sin t\sin(t+\tau)$$
$$=E(V^2)\sin t\sin(t+\tau)=6\sin t\sin(t+\tau)\neq R_{XY}(\tau)$$

因此,$X(t)$ 与 $Y(t)$ 是非联合平稳的。

**【例 5.27】**　考虑一个系统(见图 5.20),其中一个信号源产生一个随机信号 $X(t)$,它是由一个随机过程的样本函数来实现的。试用互相关函数计算信号源与障碍物之间的距离。

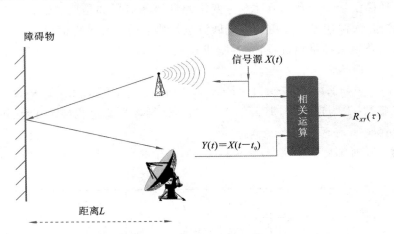

**图 5.20　利用互相关函数计算距离**

接收端 $Y(t)=X(t-t_0)$，$t_0=\dfrac{2L}{c}$，其中 $c$ 为光速，$L$ 为信号源到障碍物之间的距离。

$$R_{XY}(\tau)=E[Y(t+\tau)X(t)]=E[X(t+\tau-t_0)X(t)]=R_X(\tau-t_0)$$

如图 5.21 所示，通过计算互相关函数和自相关函数的时间间隔估算出信号源到障碍物之间的距离。

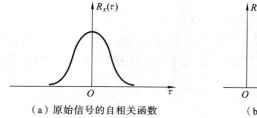 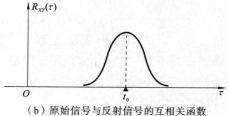

（a）原始信号的自相关函数　　　　　　（b）原始信号与反射信号的互相关函数

**图 5.21　自相关函数与互相关函数**

# 5.6　循环平稳性

通信、遥测、雷达、声呐等系统中许多信号，其统计特征参数是随时间变化的，这类信号称为循环平稳信号（cyclostationary signal）。如调制信号、雷达扫描信号，以及一些自然的如水文数据、海洋数据、人体心电图等都具有循环平稳性质。W. A. Gardner 的谱相关理论标志着循环平稳信号处理理论的成熟，其数学工具是循环相关函数和循环谱相关函数。在信号处理中，信号的统计量起着极其重要的作用，最常用的统计量有均值（一阶统计量）、相关函数与功率谱密度函数（二阶统计量），此外还有三阶、四阶等高阶统计量。

在非平稳信号中有一个重要的子类，它们的统计量随时间按周期或多周期规律变化，这类信号称为循环平稳信号。具有季节性规律变化的自然界信号都是典型的循环平稳信号，如水文数据、气象数据、海洋信号等。雷达系统回波也是典型的循环平稳信号。

**定义 5.21（严格循环平稳过程）**　若随机过程 $\{X(t),t\in T\}$ 的任意 $n$ 阶概率分布函数具有以下周期性：

$$F(x_1,x_2,\cdots,x_n;t_1,t_2,\cdots,t_n)=F(x_1,x_2,\cdots,x_n;t_1+kT,t_2+kT,\cdots,t_n+kT)$$

其中，$k$ 为任意整数，$T$ 为正常数，那么称 $X(t)$ 为严格循环平稳过程（strict cyclically stationary stochastic processes，SCSSP）。

**【例 5.28】**　随机幅度信号 $X(t)=A\sin(\omega_0 t)$，其中频率 $\omega_0$ 是常数，幅度 $A$ 是随机变量，其分布如下：

| $A$ | 0.01 | 0.05 | 0.09 |
|---|---|---|---|
| $P\{A\}$ | $\dfrac{1}{3}$ | $\dfrac{1}{3}$ | $\dfrac{1}{3}$ |

其样本函数如图 5.22 所示，那么 $X(t)=A\sin(\omega_0 t)$ 是严循环平稳过程。

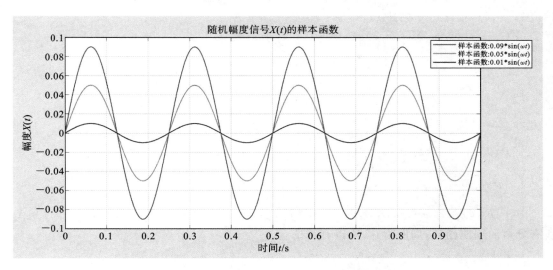

**图 5.22　严循环平稳过程的样本函数**

**定理 5.20**　若 $X(t)$ 是周期为 $T$ 的严格循环平稳过程,随机变量 $\theta$ 在 $[0,T]$ 上均匀分布, 且与 $X(t)$ 相互独立,则 $Y(t) = X(t-\theta)$ 是严平稳的,且其任意 $n$ 维分布表示为

$$F_Y(y_1,y_2,\cdots,y_n;t_1,t_2,\cdots,t_n) = \frac{1}{T}\int_0^T F_X(y_1,y_2,\cdots,y_n;t_1-\theta,t_2-\theta,\cdots,t_n-\theta)\mathrm{d}\theta$$

**证**　$F_Y(y_1,y_2,\cdots,y_n;t_1,t_2,\cdots,t_n)$

$$= P\{Y(t_1)\leqslant y_1,Y(t_2)\leqslant y_2,\cdots,Y(t_n)\leqslant y_n\}$$

$$= \int_{-\infty}^{+\infty} P\{Y(t_1)\leqslant y_1,Y(t_2)\leqslant y_2,\cdots,Y(t_n)\leqslant y_n;\theta\}\mathrm{d}\theta$$

$$= \int_{-\infty}^{+\infty} P\{Y(t_1)\leqslant y_1,Y(t_2)\leqslant y_2,\cdots,Y(t_n)\leqslant y_n\mid\theta\}f_\theta(\theta)\mathrm{d}\theta$$

$$= \int_{-\infty}^{+\infty} P\{X(t_1-\theta)\leqslant y_1,X(t_2-\theta)\leqslant y_2,\cdots,X(t_n-\theta)\leqslant y_n\mid\theta\}f_\theta(\theta)\mathrm{d}\theta$$

$$= \int_0^T P\{X(t_1-\theta)\leqslant y_1,X(t_2-\theta)\leqslant y_2,\cdots,X(t_n-\theta)\leqslant y_n\mid\theta\}\frac{1}{T}\mathrm{d}\theta$$

由于随机变量 $\theta$ 与 $X(t)$ 相互独立,那么

$$P\{X(t_1-\theta)\leqslant y_1,X(t_2-\theta)\leqslant y_2,\cdots,X(t_n-\theta)\leqslant y_n\mid\theta\}$$

$$= P\{X(t_1-\theta)\leqslant y_1,X(t_2-\theta)\leqslant y_2,\cdots,X(t_n-\theta)\leqslant y_n\}$$

从而有结论

$$F_Y(y_1,y_2,\cdots,y_n;t_1,t_2,\cdots,t_n)$$

$$= \int_0^T P\{X(t_1-\theta)\leqslant y_1,X(t_2-\theta)\leqslant y_2,\cdots,X(t_n-\theta)\leqslant y_n\mid\theta\}\frac{1}{T}\mathrm{d}\theta$$

$$= \frac{1}{T}\int_0^T F_X(y_1,y_2,\cdots,y_n;t_1-\theta,t_2-\theta,\cdots,t_n-\theta)\mathrm{d}\theta$$

　　如果令观察时刻 $(t_1,t_2,\cdots,t_n)$ 得到的观察矢量表示为 $[Y(t_1),Y(t_2),\cdots,Y(t_n)]$。现将观察时刻平移 $\tau$ 值,得到新的观察时刻 $(t_1+\tau,t_2+\tau,\cdots,t_n+\tau)$,对应的,观察矢量表示为 $[Y(t_1+\tau),Y(t_2+\tau),\cdots,Y(t_n+\tau)]$,其联合概率表示为

$$F_Y(y_1,y_2,\cdots,y_n;t_1+\tau,t_2+\tau,\cdots,t_n+\tau)$$
$$=P\{Y(t_1+\tau)\leqslant y_1,Y(t_2+\tau)\leqslant y_2,\cdots,Y(t_n+\tau)\leqslant y_n\}$$
$$=\int_0^T P\{X(t_1+\tau-\theta)\leqslant y_1,X(t_2+\tau-\theta)\leqslant y_2,\cdots,X(t_n+\tau-\theta)\leqslant y_n|\theta\}\frac{1}{T}\mathrm{d}\theta$$
$$=\int_0^T P\{X(t_1+\tau-\theta)\leqslant y_1,X(t_2+\tau-\theta)\leqslant y_2,\cdots,X(t_n+\tau-\theta)\leqslant y_n|\theta\}\frac{1}{T}\mathrm{d}\theta(\theta与X(t)相$$

互独立)
$$=\frac{1}{T}\int_0^T P\{X(t_1+\tau-\theta)\leqslant y_1,X(t_2+\tau-\theta)\leqslant y_2,\cdots,X(t_n+\tau-\theta)\leqslant y_n\}\mathrm{d}\theta(令 u=\tau-\theta)$$
$$=\frac{1}{T}\int_\tau^{\tau-T} P\{X(t_1+u)\leqslant y_1,X(t_2+u)\leqslant y_2,\cdots,X(t_n+u)\leqslant y_n\}\mathrm{d}u$$

由于 $F_X(x_1,x_2,\cdots,x_n;t_1,t_2,\cdots,t_n)=P\{X(t_1)\leqslant x_1,X(t_2)\leqslant x_2,\cdots,X(t_n)\leqslant x_n\}$ 是关于所有分量的周期函数,周期为 $T$,所以有结论

$$F_Y(y_1,y_2,\cdots,y_n;t_1+\tau,t_2+\tau,\cdots,t_n+\tau)$$
$$=\frac{1}{T}\int_\tau^{\tau-T} P\{X(t_1+u)\leqslant y_1,X(t_2+u)\leqslant y_2,\cdots,X(t_n+u)\leqslant y_n\}\mathrm{d}u$$
$$=\frac{1}{T}\int_0^T P\{X(t_1+u)\leqslant y_1,X(t_2+u)\leqslant y_2,\cdots,X(t_n+u)\leqslant y_n\}\mathrm{d}u$$
$$=\frac{1}{T}\int_0^T F_X(y_1,y_2,\cdots,y_n;t_1+u,t_2+u,\cdots,t_n+u)\mathrm{d}u(令\vartheta=-u)$$
$$=\frac{1}{T}\int_0^T F_X(y_1,y_2,\cdots,y_n;t_1-\vartheta,t_2-\vartheta,\cdots,t_n-\vartheta)\mathrm{d}\vartheta$$
$$=F_Y(y_1,y_2,\cdots,y_n;t_1,t_2,\cdots,t_n)$$

即 $Y(t)=X(t-\theta)$ 是严平稳过程。

**定义 5.22（广义循环平稳过程）** 若随机过程 $X(t)$ 的均值与自相关函数具有如下周期性,即
$$\begin{cases}E[X(t)]=E[X(t+kT)]（即 m_X(t)=m_X(t+kT)）\\R_X(t_1,t_2)=E[X(t_1)X(t_2)]=E[X(t_1+kT)X(t_2+kT)]=R_X(t_1+kT,t_2+kT)\end{cases}$$
其中,$k$ 为任意整数,$T$ 为正常数,那么 $X(t)$ 称为广义循环平稳过程,又称宽循环平稳过程。

**定理 5.21** 若 $X(t)$ 是周期为 $T$ 的广义循环平稳过程,随机变量 $\theta$ 在 $[0,T]$ 上均匀分布,且与 $X(t)$ 相互独立,则 $Y(t)=X(t-\theta)$ 是广义平稳过程,且
$$\forall t,\quad m_Y=E[Y(t)]=\frac{1}{T}\int_0^T m_X(t)\mathrm{d}t$$
其中,$m_X(t)=E[X(t)]$。
$$\forall t,\tau,R_Y(t,t+\tau)=E[Y(t)Y(t+\tau)]=\frac{1}{T}\int_0^T E[X(t)X(t+\tau)]\mathrm{d}t=R_Y(\tau)$$

**证** $\forall t,m_Y=E[Y(t)]=E[X(t-\theta)]=E\{E[X(t-\theta)|\theta]\}$
$$=\int_{-\infty}^{+\infty}E[X(t-\theta)]f_\theta(\theta)\mathrm{d}\theta$$
$$=\int_0^T E[X(t-\theta)]\frac{1}{T}\mathrm{d}\theta\quad（令 u=t-\theta）$$
$$=-\int_t^{t-T}E[X(u)]\frac{1}{T}\mathrm{d}u（X(t)广义循环平稳,E[X(t)]=E[X(t+kT)]）$$

$$= -\frac{1}{T}\int_0^{-T} E[X(u)]\mathrm{d}u = \frac{1}{T}\int_0^T E[X(u)]\mathrm{d}u$$

$$= \frac{1}{T}\int_0^T m_X(t)\mathrm{d}t$$

其中，$m_X(t) = E[X(t)]$。

同理，

$$\forall t,\tau,\ R_Y(t,t+\tau) = E[Y(t)Y(t+\tau)] = E[X(t-\theta)X(t+\tau-\theta)]$$

$$= E\{E[X(t-\theta)X(t+\tau-\theta)]|\theta\}$$

$$= \int_{-\infty}^{+\infty} E[X(t-\theta)X(t+\tau-\theta)]f_\theta(\theta)\mathrm{d}\theta$$

$$= \int_0^T E[X(t-\theta)X(t+\tau-\theta)]\frac{1}{T}\mathrm{d}\theta \quad (\text{令 } u=t-\theta)$$

$$= -\int_t^{t-T} E[X(u)X(u+\tau)]\frac{1}{T}\mathrm{d}u \quad (X(t) \text{ 广义循环平稳}, E[X(t)X(t+\tau)] = E[X(t+kT)X(t+\tau+kT)])$$

$$= \frac{1}{T}\int_0^T E[X(u)X(u+\tau)]\mathrm{d}u = R_Y(\tau)$$

平稳过程与循环平稳过程之间的关系如图 5.23 所示。

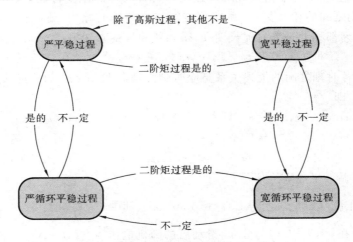

**图 5.23　平稳过程与循环平稳过程之间的关系**

(1) 严平稳过程可以看作是严循环平稳过程，而其循环周期可以是任意值；

(2) 严循环平稳过程可以通过其在循环周期内均匀滑动，变为严平稳过程；

(3) 宽循环平稳过程可以通过其在循环周期内均匀滑动，变为宽平稳过程。

**【例 5.29】**　取值 $\{+1,-1\}$ 的二元（二进制）传输信号 $W(t)$，如图 5.24 所示，第 $n$ 时隙上，

$$W(t) = \begin{cases} +1, & P(W(t)=+1)=p \\ -1, & P(W(t)=-1)=q=1-p \end{cases}, \quad nT \leqslant t < (n+1)T$$

其中，$T$ 为传输时隙长度，而且不同时隙上的信号取值彼此统计独立并具有同样的概率特性。

证明：$W(t)$ 是严循环平稳随机信号。

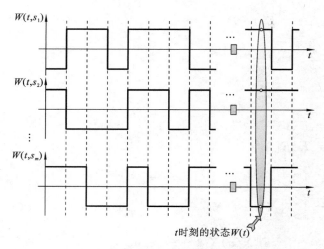

$t$时刻的状态$W(t)$

**图 5.24　传输信号 $W(t)$ 的样本函数族**

**证**　对于任意 $n$ 维概率分布函数,若取观察时刻组 $t_1,t_2,\cdots,t_n\in(-\infty,+\infty)$,有

$$F(x_1,x_2,\cdots,x_n;t_1,t_2,\cdots,t_n)=P\{W(t_1)\leqslant x_1,W(t_2)\leqslant x_2,\cdots,W(t_n)\leqslant x_n\}$$

由于不同时隙上的信号取值彼此统计独立并具有同样的概率特性,该联合事件的概率主要取决于观察时刻之间的相互关系:哪些落在同一个传输时隙内;哪些落在不同的传输时隙上。但是,如果时刻都移动一个时隙长度 $T$,得到新的观察时刻组:

$$t_1+T,t_2+T,\cdots,t_n+T\in(-\infty,+\infty)$$

在新的时刻组里,各时刻之间的上述关系与原时刻组里各时刻之间的相应关系保持不变。于是,事件概率不变,即

$$
\begin{aligned}
F(x_1,x_2,\cdots,x_n;t_1,t_2,\cdots,t_n)&=P\{W(t_1)\leqslant x_1,W(t_2)\leqslant x_2,\cdots,W(t_n)\leqslant x_n\}\\
&=P\{W(t_1+T)\leqslant x_1,W(t_2+T)\leqslant x_2,\cdots,W(t_n+T)\leqslant x_n\}\\
&=F(x_1,x_2,\cdots,x_n;t_1+T,t_2+T,\cdots,t_n+T)
\end{aligned}
$$

因此,$W(t)$ 是严格循环平稳随机信号。

**【例 5.30】**　正弦随机电压信号 $U(t)=A\sin(\omega t)$,其中 $\omega=\dfrac{2\pi}{T}$,且 $A$ 与 $T$ 是确定量。经过随机时间滑动 $\theta$,$\theta$ 在 $[0,T]$ 上均匀分布,滑动后的随机电压为 $V(t)=A\sin(\omega(t-\theta))$,试问:

(1) $V(t)$ 是否是严格平稳的?

(2) 计算 $V(t)$ 的均值与相关函数。

**解**　(1) 因正弦信号 $U(t)$ 是周期为 $T$ 的确定信号,$U(t)$ 可以作为是严格周期平稳的。

$V(t)$ 经过随机滑动 $\theta$ 后,得到的随机信号 $V(t)$ 是严格平稳的。

(2) 对于 $U(t)$,有

$$m_U(t)=E[A\sin(\omega t)]=A\sin(\omega t)$$

$$
\begin{aligned}
R_U(t+\tau,t)&=E[A\sin(\omega(t+\tau))\cdot A\sin(\omega t)]\\
&=A^2\sin(\omega(t+\tau))\sin(\omega t)
\end{aligned}
$$

$V(t)$ 也一定是广义周期平稳的,且

$$m_V(t)=E[V(t)]=\frac{1}{T}\int_0^T m_U(t)\,\mathrm{d}t=\frac{1}{T}\int_0^T A\sin(\omega t)\,\mathrm{d}t=0$$

$$R_V(\tau) = \frac{1}{T}\int_0^T R_U(t+\tau,t)\,\mathrm{d}t = \frac{A^2}{2T}\int_0^T \left[\cos(\omega\tau) - \cos(\omega(2t+\tau))\right]\mathrm{d}t$$

$$= \frac{1}{2}A^2\cos(\omega\tau)$$

**【例 5.31】** 考虑(半随机)二进制随机信号,如图 5.25 所示,在通信中,我们称 $T$ 长的时段为一个时隙。如果 $\{X(n)\}$ 是二进制数据序列,那么二进制传输信号传输的是 $\pm1$ 的电平,按 $T$ 宽的时隙,逐一传输二进制数据流 $X(t)$。

$$\{X(t) = 2X(n) - 1, (n-1)T \leqslant t \leqslant nT, t \geqslant 0\}$$

其中,$\{X(n)\}$ 是伯努利序列。

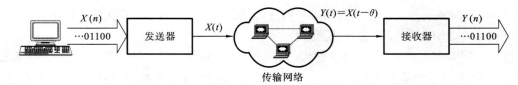

(a) 输入序列 $X(t)$、传输网络和输出序列 $Y(t)=X(t-\theta)$

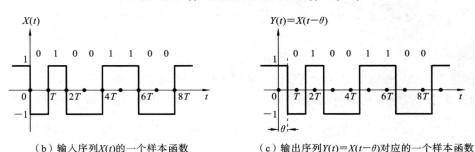

(b) 输入序列 $X(t)$ 的一个样本函数　　　　　(c) 输出序列 $Y(t)=X(t-\theta)$ 对应的一个样本函数

**图 5.25　二进制随机信号在通信网中的传输**

随机二进制传输信号定义为:$Y(t)=X(t-\theta)$,$\theta$ 是 $[0,T]$ 上均匀分布的随机变量,且 $\theta$ 与 $X(t)$ 相互独立。

(1) 试分析信号 $Y(t)=X(t-\theta)$ 的平稳性。

(2) 试分析信号 $Y(t)=X(t-\theta)$ 的循环平稳性。

**解**　(1) 首先考虑 $X(t)$ 信号,$\{X(t)=2X(n)-1,(n-1)T \leqslant t \leqslant nT, t \geqslant 0\}$,其中,$\{X(n)\}$ 是伯努利序列。

① 均值:

$$\forall t > 0, \quad E[X(t)] = \sum_{x_i=-1,1} x_i P[X(t) = x_i] = p - q$$

② 自相关函数:

$$R_X(t_1,t_2) = E[X(t_1)X(t_2)] = E[X(t_1)]E[X(t_2)]$$

令 $n_1 = \left\lfloor \dfrac{t_1}{T} \right\rfloor$,$n_2 = \left\lfloor \dfrac{t_2}{T} \right\rfloor$,若 $t_1$ 与 $t_2$ 位于同一时隙,则

$$R_X(t_1,t_2) = E[X(t_1)X(t_2)] = p + q = 1$$

若 $t_1$ 与 $t_2$ 位于不同时隙,则

$$R_X(t_1,t_2) = E[X(t_1)X(t_2)] = (2p-1)^2$$

合并后表示为

$$R_X(t_1,t_2)=\begin{cases}1, & t_1=t_2\\(2p-1)^2, & t_1\neq t_2\end{cases}$$

因此,$X(t)$ 既是宽平稳随机过程,也是宽循环平稳过程。而 $Y(t)=X(t-\theta)$ 相当于 $X(t)$ 的一个随机滑动,因此,$Y(t)=X(t-\theta)$ 也是宽平稳随机过程,且

$$E[Y(t)]=\frac{1}{T}\int_0^T m_X(t)\mathrm{d}t=p-q,\quad m_X(t)=E[X(t)]$$

$$R_Y(t,t+\tau)=E[Y(t)Y(t+\tau)]=\frac{1}{T}\int_0^T R_X(t,t+\tau)\mathrm{d}t=(2p-1)^2$$

(2) 由于宽平稳过程一定是宽循环平稳过程,因此,$Y(t)=X(t-\theta)$ 也是宽循环平稳过程。下面可以证明 $X(t)$ 是严循环平稳过程。

由于不同时隙上的取值彼此独立且有相同分布,该联合事件的概率取决于观察时刻之间的相对关系:取任意观察时刻组 $t_1,t_2,\cdots,t_n\in(-\infty,+\infty)$,以及周期 $T,t_1+T,t_2+T,\cdots,t_n+T\in(-\infty,+\infty)$,有

$$\begin{aligned}F(x_1,x_2,\cdots,x_n;t_1,t_2,\cdots,t_n)&=P[X(t_1)\leqslant x_1,X(t_2)\leqslant x_2,\cdots,X(t_n)\leqslant x_n]\\&=P[X(t_1+T)\leqslant x_1,X(t_2+T)\leqslant x_2,\cdots,X(t_n+T)\leqslant x_n]\\&=F(x_1,x_2,\cdots,x_n;t_1+T,t_2+T,\cdots,t_n+T)\end{aligned}$$

根据定理 5.20,相应地 $Y(t)=X(t-\theta)$ 是严平稳过程,也是严循环平稳过程。

**【例 5.32】** 讨论乘法调制信号:$Y(t)=X(t)\cos(\omega_0 t)$,其中 $X(t)$ 是实平稳过程,$\omega_0$ 是确定量,$Z(t)=Y(t-\theta)$,$\theta$ 是在区域 $\left[0,\dfrac{2\pi}{\omega_0}\right]$ 上均匀分布的随机变量,且与 $X(t)$ 相互独立。

(1) 试讨论 $Y(t)$ 的循环平稳性;

(2) 试讨论 $Z(t)$ 的平稳性。

**解** (1) $Y(t)$ 的均值与相关函数:

$$m_Y(t)=E[Y(t)]=E[X(t)]\cos(\omega_0 t)=m_X\cos(\omega_0 t)$$

$$\begin{aligned}R_Y(t,t+\tau)&=E[Y(t)Y(t+\tau)]=E[X(t)\cos(\omega_0 t)X(t+\tau)\cos(\omega_0 t+\omega_0\tau)]\\&=E[X(t)X(t+\tau)]\cos(\omega_0 t)\cos(\omega_0 t+\omega_0\tau)\\&=R_X(\tau)\cos(\omega_0 t)\cos(\omega_0 t+\omega_0\tau)\\&=\frac{1}{2}R_X(\tau)[\cos(2\omega_0 t+\omega_0\tau)+\cos(\omega_0\tau)]\end{aligned}$$

$m_Y(t)$ 是周期为 $\dfrac{2\pi}{\omega_0}$ 的周期函数,$R_Y(t,t+\tau)$ 是周期为 $\dfrac{\pi}{\omega_0}$ 的周期函数,因此,$Y(t)$ 是周期为 $\dfrac{2\pi}{\omega_0}$ 的宽循环平稳过程。

(2) $$Z(t)=Y(t-\theta)=X(t-\theta)\cos[\omega_0(t-\theta)]$$

由定理 5.21 可知 $Z(t)$ 是宽平稳过程,且

$$m_Z=\frac{\omega_0}{2\pi}\int_0^{2\pi/\omega_0}m_X\cos(\omega_0 t)\mathrm{d}t=0$$

$$R_Z(\tau)=\frac{\omega_0}{2\pi}\int_0^{2\pi/\omega_0}\frac{1}{2}R_X(\tau)[\cos(2\omega_0 t+\omega_0\tau)+\cos(\omega_0\tau)]\mathrm{d}t=\frac{1}{2}R_X(\tau)\cos(\omega_0\tau)$$

# 5.7　平稳过程的谱分析

　　在电路与系统的分析中,常常利用傅里叶变换来分析时域与频域的关系。但是,以往所讨论的问题是研究确定性信号的频域特性,接下来要讨论采用傅里叶变换如何分析随机信号及其频域特征。

## 5.7.1　平稳过程的功率谱密度函数

　　随机过程的频谱特性是用它的功率谱密度函数来表述的。我们知道,随机过程中的任一实现(样本函数)是一个确定的功率型信号。而对于任意的确定功率信号 $f(t)$,它的功率谱密度函数为

$$P_f(\omega) = \lim_{T \to \infty} \frac{|F_T(\omega)|^2}{T}$$

式中:$F_T(\omega)$ 是 $f(t)$ 的截断函数 $f_T(t)$(见图 5.26)所对应的频谱函数。我们可以把 $f(t)$ 看成是平稳随机过程 $X(t)$ 中的任一实现(即样本函数),由于 $X(t)$ 是无穷多个样本的集合,哪一个样本出现是不能预知的,因此,某一样本函数的功率谱密度不能作为过程的功率谱密度。过程 $X(t)$ 的功率谱密度应看作是所有样本函数的功率谱的统计平均,即

$$P_X(\omega) = E[P_f(\omega)]$$

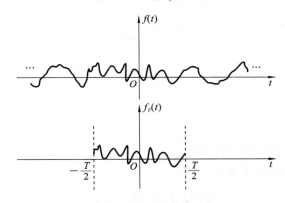

**图 5.26　原函数 $f(t)$ 与截断函数 $f_T(t)$**

**1. 确定性信号的功率谱密度**

　　对于确定性信号 $x(t)(-\infty < t < +\infty)$,是关于时间的函数,假设 $x(t)$ 满足狄利克雷条件,绝对可积,$\int_{-\infty}^{+\infty} |x(t)| dt < \infty$,那么 $x(t)$ 的傅里叶变换存在,频谱函数表示为

$$F_x(j\omega) = \int_{-\infty}^{+\infty} x(t) e^{-j\omega t} dt, \quad -\infty < \omega < +\infty$$

对应的傅里叶逆变换表示为

$$x(t) = \frac{1}{2\pi} \int_{-\infty}^{+\infty} F_x(j\omega) e^{j\omega t} d\omega, \quad -\infty < t < +\infty$$

说明信号可以表示为谐分量 $\frac{1}{2\pi}F_x(\mathrm{j}\omega)\mathrm{e}^{\mathrm{j}\omega t}$ 的无限叠加,其中 $\omega=2\pi f$ 为角频率,$f$ 为线频率。

$F_x(\mathrm{j}\omega)$ 一般为复函数,称为信号 $x(t)$ 的频谱函数,其共轭函数为

$$\overline{F_x(\mathrm{j}\omega)}=F_x(-\mathrm{j}\omega)$$

根据 Parseval 能量定律,信号 $x(t)$ 的总能量可以表示为

$$\int_{-\infty}^{+\infty}x^2(t)\mathrm{d}t=\frac{1}{2\pi}\int_{-\infty}^{+\infty}|F_x(\mathrm{j}\omega)|^2\mathrm{d}\omega$$

等式右边的被积函数 $|F_x(\mathrm{j}\omega)|^2$ 可以理解为在频域中处于频点 $\omega$ 处的能谱密度。在工程技术中,通常信号总能量 $\int_{-\infty}^{+\infty}x^2(t)\mathrm{d}t=\infty$,而平均功率有限,$\lim_{T\to+\infty}\frac{1}{2T}\int_{-T}^{+T}x^2(t)\mathrm{d}t<\infty$,由此根据傅里叶变换给出平均功率的谱表达式。

作原信号 $x(t)$ 的截断函数:

$$x_T(t)=\begin{cases}x(t),&|t|\leqslant T\\0,&|t|>T\end{cases}$$

它在区间 $(-\infty,+\infty)$ 上绝对可积,令 $x_T(t)$ 的傅里叶变换表示为

$$F_x(\mathrm{j}\omega,T)=\int_{-\infty}^{+\infty}x_T(t)\mathrm{e}^{-\mathrm{j}\omega t}\mathrm{d}t,\quad-\infty<\omega<+\infty$$

根据 Parseval 能量定律,信号 $x_T(t)$ 的总能量可以表示为

$$\int_{-\infty}^{+\infty}x_T^2(t)\mathrm{d}t=\frac{1}{2\pi}\int_{-\infty}^{+\infty}|F_x(\mathrm{j}\omega,T)|^2\mathrm{d}\omega$$

等式两边除以 $2T$,再令 $T\to\infty$,得到 $x(t)$ 在 $(-\infty,+\infty)$ 上的平均功率

$$\lim_{T\to\infty}\frac{1}{2T}\int_{-T}^{T}x^2(t)\mathrm{d}t=\lim_{T\to\infty}\frac{1}{4\pi T}\int_{-\infty}^{+\infty}|F_x(\mathrm{j}\omega,T)|^2\mathrm{d}\omega$$

$$=\frac{1}{2\pi}\int_{-\infty}^{+\infty}\left[\lim_{T\to+\infty}\frac{1}{2T}|F_x(\mathrm{j}\omega,T)|^2\right]\mathrm{d}\omega$$

其中,令

$$S_x(\omega)=\lim_{T\to+\infty}\frac{1}{2T}|F_x(\omega,T)|^2$$

称为信号 $x(t)$ 在频率 $\omega$ 处的功率谱密度。

**2. 平稳随机过程的功率谱密度**

假设 $\{X(t),-\infty<t<+\infty\}$ 是平稳过程,前面章节中讨论的 $x(t)$ 可以看作是它的样本函数,同理针对平稳过程 $X(t)$ 做讨论,只要将 $x(t)$ 换成 $X(t)$,那么有结论:

$$F_X(\mathrm{j}\omega,T)=\int_{-T}^{T}X(t)\mathrm{e}^{-\mathrm{j}\omega t}\mathrm{d}t$$

$$\frac{1}{2T}\int_{-T}^{T}X^2(t)\mathrm{d}t=\frac{1}{2\pi}\int_{-\infty}^{+\infty}\frac{1}{2T}|F_X(\mathrm{j}\omega,T)|^2\mathrm{d}\omega$$

上面等式左边表示平稳过程 $X(t)$ 的平均功率,拓展到整个时间轴,有

$$\psi_X^2=\lim_{T\to+\infty}E\left[\frac{1}{2T}\int_{-T}^{T}X^2(t)\mathrm{d}t\right]=\lim_{T\to+\infty}\frac{1}{2T}\int_{-T}^{T}E[X^2(t)]\mathrm{d}t=R_X(0)$$

即平稳过程的平均功率 $\psi_X^2$ 等于该过程的均方值 $E[X^2(t)]=R_X(0)$。

等式右边的被积分式子表示为

$$S_X(\omega) = \lim_{T \to +\infty} \frac{1}{2T} E[|F_X(\omega, T)|^2]$$

$S_X(\omega)$ 称为平稳过程在频率点 $\omega$ 处的功率谱密度函数。物理意义：如果在某个频率 $\omega$ 处 $S_X(\omega)$ 的值比较大，则信号 $X(t)$ 中含有较大的 $\omega$ 频率分量；如果在某个频率 $\omega$ 处 $S_X(\omega)=0$，则信号中不含有该 $\omega$ 频率分量。平稳随机信号的平均功率可以表示为

$$\psi_X^2 = R_X(0) = \frac{1}{2\pi} \int_{-\infty}^{+\infty} S_X(\omega)\,\mathrm{d}\omega$$

功率谱密度是从频域描述随机过程很重要的数字特征，表示单位频带内信号的频率分量消耗在单位电阻上的平均功率的统计平均值，不足之处是不包含相位信息。

**3. 谱密度的性质**

平稳过程的谱密度函数 $S_X(\omega)$ 有以下重要性质：

（1）$S_X(\omega)$ 是关于 $\omega$ 的实值、非负、偶函数。

由于 $|F_X(\mathrm{j}\omega, T)|^2 = F_X(\mathrm{j}\omega, T)\overline{F_X(\mathrm{j}\omega, T)} = F_X(\mathrm{j}\omega, T)F_X(-\mathrm{j}\omega, T)$ 是关于 $\omega$ 的实值、非负、偶函数，所以其均值的极限 $S_X(\omega) = \lim\limits_{T \to +\infty} \frac{1}{2T} E[|F_X(\mathrm{j}\omega, T)|^2]$ 也必是关于 $\omega$ 的实值、非负、偶函数。

（2）$S_X(\omega)$ 和自相关函数 $R_X(\tau)$ 是傅里叶变换对，即

$$S_X(\omega) = \int_{-\infty}^{+\infty} R_X(\tau)\mathrm{e}^{-\mathrm{j}\omega\tau}\,\mathrm{d}\tau$$

$$R_X(\tau) = \frac{1}{2\pi} \int_{-\infty}^{+\infty} S_X(\omega)\mathrm{e}^{\mathrm{j}\omega\tau}\,\mathrm{d}\omega$$

它们统称为维纳-辛钦公式。

$$\begin{aligned}
\text{证}\quad S_X(\omega) &= \lim_{T \to +\infty} \frac{1}{2T} E[|F_X(\mathrm{j}\omega, T)|^2] \\
&= \lim_{T \to +\infty} \frac{1}{2T} E\left[\int_{-T}^{T} X(t_1)\mathrm{e}^{\mathrm{j}\omega t_1}\,\mathrm{d}t_1 \int_{-T}^{T} X(t_2)\mathrm{e}^{-\mathrm{j}\omega t_2}\,\mathrm{d}t_2\right\} \\
&= \lim_{T \to +\infty} \frac{1}{2T} \int_{-T}^{T}\int_{-T}^{T} E[X(t_1)X(t_2)]\mathrm{e}^{\mathrm{j}\omega(t_2-t_1)}\,\mathrm{d}t_1\,\mathrm{d}t_2 \\
&\xlongequal[\tau_2 = t_2 - t_1]{\tau_1 = t_1 + t_2} \lim_{T \to +\infty} \int_{-2T}^{2T} \left(1 - \frac{|\tau|}{2T}\right) R_X(\tau)\mathrm{e}^{\mathrm{j}\omega\tau}\,\mathrm{d}\tau \\
&\xlongequal{\text{当}\int_{-\infty}^{+\infty}|R_X(\tau)|\,\mathrm{d}\tau < +\infty\text{ 时}} \int_{-\infty}^{+\infty} R_X(\tau)\mathrm{e}^{-\mathrm{j}\omega\tau}\,\mathrm{d}\tau
\end{aligned}$$

$S_X(\omega)$ 与 $R_X(\tau)$ 的相互关系反映了时域特性与频域特性之间的联系，是分析随机信号的一个最重要、最基本的公式：可以相互利用，使求解计算大大简化。

（3）如果 $S_X(\omega)$ 能够表示成 $\omega$ 的有理式，则

$$S_X(\omega) = \frac{a_{2n}\omega^{2n} + a_{2n-2}\omega^{2n-2} + \cdots + a_2\omega^2 + a_0}{\omega^{2m} + b_{2m-2}\omega^{2m-2} + \cdots + b_2\omega^2 + b_0}$$

其中，$a_{2n} > 0$，$m > n$，且分母无实根。

有理谱密度是实际应用中最常见的一类功率谱密度，自然界和工程实际应用中的有色噪声常常可用有理函数形式的功率谱密度来逼近。这时，$S_X(\omega)$ 可以表示为两个多项式之比。

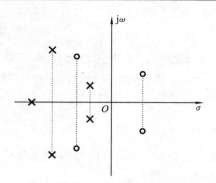

**图 5.27　谱密度函数的零点、极点分布**

表示成有理式的 $S_X(\omega)$ 还具有以下特点：

① $\overline{S_X(\omega)}=S_X(\omega)$，$\overline{S_X(\omega)}$ 为 $S_X(\omega)$ 的共轭函数；

② $S_X(s)$ 的零极点共轭成对，如图 5.27 所示，其中，$s=\sigma+j\omega$；

③ $S_X(\omega)$ 的谱分解 $S_X(\omega)=S_X^+(\omega)S_X^-(\omega)$，其中

$$S_X^+(\omega)=c_0\frac{(j\omega+\alpha_1)\cdots(j\omega+\alpha_m)}{(j\omega+\beta_1)\cdots(j\omega+\beta_n)}$$

$$S_X^-(\omega)=c_0\frac{(-j\omega+\alpha_1)\cdots(-j\omega+\alpha_m)}{(-j\omega+\beta_1)\cdots(-j\omega+\beta_n)}$$

（4）表 5.1 列出了一些典型的傅里叶变换对。

**表 5-1　典型的傅里叶变换**

| 序号 | $R_X(\tau)$ | $S_X(\omega)$ |
|---|---|---|
| 1 | $R_X(\tau)=\sigma^2 e^{-\alpha\lvert\tau\rvert}$　　　　　　（图）$R_x(\tau)$ | $S_X(\omega)=\sigma^2\dfrac{2\alpha}{\omega^2+\alpha^2}$　　　　　　（图）$S_x(\omega)$ |
| 2 | $R_N(\tau)=\begin{cases}1-\dfrac{\lvert\tau\rvert}{T}, & \lvert\tau\rvert\leqslant T\\[2mm]0, & \lvert\tau\rvert>T\end{cases}$　　　　　　（图）$R_x(\tau)$ | $S_X(\omega)=\dfrac{4\sin^2(\omega T/2)}{T\omega^2}$　　　　　　（图）$S_x(\omega)$ |
| 3 | $R_X(\tau)=\sigma^2 e^{-\alpha\lvert\tau\rvert}\cos(\omega_0\tau)$　　　　　　（图）$R_x(\tau)$ | $S_X(\omega)=\sigma^2\left[\dfrac{\alpha}{\alpha^2+(\omega+\omega_0)^2}+\dfrac{\alpha}{\alpha^2+(\omega-\omega_0)^2}\right]$　　　　　　（图）$S_x(\omega)$ |
| 4 | $R_X(\tau)=\dfrac{\sin(\omega_0\tau)}{\pi\tau}$　　　　　　（图）$R_x(\tau)$ | $S_X(\omega)=\begin{cases}1, & \lvert\omega\rvert\leqslant\omega_0\\0, & \lvert\omega\rvert>\omega_0\end{cases}$　　　　　　（图）$S_x(\omega)$ |

| 序号 | $R_X(\tau)$ | $S_X(\omega)$ |
|---|---|---|
| 5 | $R_X(\tau) = N_0$ <br><br> | $S_X(\omega) = N_0 2\pi\delta(\omega)$ <br><br> |
| 6 | $R_X(\tau) = N_0 \cdot \delta(\tau)$ <br><br> | $S_X(\omega) = N_0 \cdot \delta(\omega)$ <br><br> |
| 7 | $R_X(\tau) = \cos(\omega_0\tau)$ <br><br> | $S_X(\omega) = \pi\left[\delta(\omega+\omega_0) + \delta(\omega-\omega_0)\right]$ <br><br> |

（5）同理,平稳随机序列的功率谱密度函数 $S_X(z)$ 和自相关函数 $R_X(m)$ 也是傅里叶变换对。

设 $X(n)$ 为广义平稳离散时间随机过程,或简称为平稳随机序列,具有零均值,其自相关函数为

$$R_X(m) = E[X(nT)X(nT+mT)]$$

简写为：$R_X(m) = E[X(n)X(n+m)]$,其中,$T$ 为采样间隔。若满足条件 $\sum\limits_{m=-\infty}^{+\infty} |R_X(m)| < \infty$,那么对该平稳随机序列的 $R_X(m)$ 作 $z$ 变换,即

$$S_X(z) = \sum_{m=-\infty}^{+\infty} R_X(m)z^{-m}, \quad a < |z| < \frac{1}{a}$$

收敛域是一个包含单位圆的环形区域：

$$R_X(m) = \frac{1}{2\pi\mathrm{j}}\oint_C S_X(z)z^{m-1}\mathrm{d}z$$

其中,$C$ 是收敛域内包含平面原点逆时针的闭合围线。

由于自相关函数 $R_X(m)$ 是偶函数，因此有以下结论：

$$R_X(m) = R_X(-m) \Leftrightarrow S_X(z) = S_X(z^{-1})$$

由于 $S_X(z)$ 的收敛域包含单位圆，因此可以令 $z = e^{j\omega}$，有

$$S_X(e^{j\omega}) = S_X(\omega) = \sum_{m=-\infty}^{+\infty} R_X(m) e^{-jm\omega}$$

$S_X(\omega)$ 是频率为 $\omega$ 的周期性连续函数，其周期为 $\frac{2\pi}{T}$。相应地，相关函数表示为

$$R_X(m) = \frac{1}{2\pi} \int_{-\pi}^{+\pi} S_X(\omega) e^{jm\omega} d\omega$$

信号 $X(n)$ 的平均功率为

$$R_X(0) = E[X^2(n)] = \frac{1}{2\pi} \int_{-\pi}^{+\pi} S_X(\omega) d\omega$$

平稳随机序列功率谱密度函数有以下性质。

① 功率谱密度函数是实偶函数，以下结论成立：

$$S_X(\omega) = S_X(-\omega), \quad \overline{S_X(\omega)} = S_X(-\omega), \quad S_X(z) = S_X(z^{-1})$$

② 功率谱密度函数是非负函数，即 $S_X(\omega) \geq 0$；

③ 如果随机序列的功率谱密度函数具有有理谱的形式，那么

$$S_X(z) = \frac{a_{2n} z^{2n} + a_{2n-2} z^{2n-2} + \cdots + a_2 z^2 + a_0}{z^{2m} + b_{2m-2} z^{2m-2} + \cdots + b_2 z^2 + b_0}$$

可以进一步进行谱分解

$$S_X(z) = S_X^+(z) \cdot S_X^-(z)$$

其中，$S_X^+(z)$ 表示为功率谱密度函数中所有零极点在单位圆内的那一部分；$S_X^-(z)$ 表示为功率谱密度函数中所有零极点在单位圆外的那一部分。

（6）若平稳随机过程均值非零，则功率谱密度函数在原点有单位冲激函数 $\delta(\omega)$；若含有周期分量（周期为 $T$），则在相应的频率 $\left(\omega_0 = \frac{2\pi}{T}\right)$ 处有 $\delta(\omega \pm \omega_0)$ 函数。

（7）相关性与功率谱的关系为：相关性越弱，功率谱越宽平；相关性越强，功率谱越陡窄。

【例 5.33】 设平稳高斯过程 $\{X(t), t \in T\}$ 的均值 $m_X(t) = 0$，且功率谱密度函数 $S_X(\omega) = \frac{2}{\omega^2 + 1}$，

试求：（1）相关函数 $R_X(\tau)$；（2）一维概率密度函数。

**解** （1）对于平稳过程，自相关函数 $R_X(\tau)$ 与功率谱密度函数 $S_X(\omega)$ 是傅里叶变换对，即

$$R_X(\tau) = \frac{1}{2\pi} \int_{-\infty}^{+\infty} S_X(\omega) e^{j\omega\tau} d\omega = e^{-|\tau|}$$

（2）由题意，可知

$$m_X(t) = 0$$

$$D[X(t)] = E[|X(t)|^2] - |E[X(t)]|^2 = R_X(\tau=0) - |m_X(t)|^2 = 1$$

由于 $\{X(t)\}$ 是高斯过程，因此其一维分布是正态分布，即 $\forall t, X(t) \sim N(\mu, \sigma^2)$。

其中，$\mu = E[X(t)] = 0$，$\sigma^2 = D[X(t)] = 1$，一维概率密度函数表示为

$$f_{X(t)}(x) = \frac{1}{\sqrt{2\pi}\sigma} \exp\left[-\frac{(x-\mu)^2}{2\sigma^2}\right] = \frac{1}{\sqrt{2\pi}} \exp\left(-\frac{x^2}{2}\right)$$

【**例 5.34**】　随机电报过程是广义平稳过程,其自相关函数为 $R_X(\tau) = Ae^{-\beta|\tau|}$,其中 $A > 0, \beta > 0$,且都是常数,求过程的功率谱密度函数。

**解**　利用 $S_X(\omega) = \int_{-\infty}^{+\infty} R_X(\tau) e^{-j\omega\tau} d\tau$ 可得

$$S_X(\omega) = \frac{2A\beta}{\beta^2 + \omega^2}$$

【**例 5.35**】　$X(t)$ 为随机相位过程,$X(t) = A\cos(\omega_0 t + \Phi)$,$A$、$\omega_0$ 为实数,$\Phi$ 为随机相位,在 $[0, 2\pi]$ 内服从均匀分布。求 $X(t)$ 的功率谱密度函数。

**解**　$X(t)$ 的自相关函数为 $R_X(\tau) = \frac{A^2}{2}\cos(\omega_0\tau)$,有

$$
\begin{aligned}
S_X(\omega) &= \int_{-\infty}^{+\infty} R_X(\tau) e^{-j\omega\tau} d\tau = \frac{A^2}{2} \int_{-\infty}^{+\infty} \cos(\omega_0\tau) e^{-j\omega\tau} d\tau \\
&= \frac{A^2}{4} \left[ \int_{-\infty}^{+\infty} (e^{j\omega_0\tau} + e^{-j\omega_0\tau}) e^{-j\omega\tau} d\tau \right] \\
&= \frac{A^2}{4} \left[ \int_{-\infty}^{+\infty} [e^{-j(\omega-\omega_0)\tau} + e^{-j(\omega_0+\omega)\tau}] d\tau \right] \\
&= \frac{A^2}{2} \pi [\delta(\omega - \omega_0) + \delta(\omega + \omega_0)]
\end{aligned}
$$

【**例 5.36**】　设平稳过程 $X(t)$ 的功率谱密度函数 $S_X(\omega) = \frac{2\omega^2 + 1}{\omega^4 + 5\omega^2 + 4}$,试求其相关函数 $R_X(\tau)$ 及平均功率 $\psi_X^2$。

**解**　$R_X(\tau) \xrightleftharpoons{\text{傅里叶变换}} S_X(\omega)$

$$
\begin{aligned}
R_X(\tau) &= \frac{1}{2\pi} \int_{-\infty}^{+\infty} S_X(\omega) e^{j\omega\tau} d\omega = \frac{1}{2\pi} \int_{-\infty}^{+\infty} \frac{2\omega^2 + 1}{\omega^4 + 5\omega^2 + 4} e^{j\omega\tau} d\omega \\
&= \frac{1}{2\pi} \int_{-\infty}^{+\infty} \left( \frac{2k_1}{\omega^2 + 1} + \frac{4k_2}{\omega^2 + 4} \right) e^{j\omega\tau} d\omega = k_1 e^{-|\tau|} + k_2 e^{-2|\tau|}
\end{aligned}
$$

其中,$k_1 = -\frac{1}{6}$,$k_2 = \frac{7}{12}$。

$$\psi_X^2 = \frac{1}{2\pi} \int_{-\infty}^{+\infty} S_X(\omega) d\omega = R_X(\tau = 0) = k_1 + k_2 = \frac{5}{12}$$

【**例 5.37**】　设 $\{a_i, i = 0, \pm1, \pm2, \cdots\}$ 是均值为零,彼此无关的随机变量序列,即 $\forall i, j$,$E(A_i) = E(A_j) = 0$,$E(A_i A_j) = \begin{cases} \sigma_i^2, & i = j \\ 0, & i \neq j \end{cases}$。令 $X(t) = \sum_i A_i e^{j\omega_i t}$,求 $X(t)$ 的自相关函数和功率谱密度函数。

**解**　$X(t)$ 的自相关函数和功率谱密度函数分别为

$$R_X(\tau) = E[X(t+\tau) \overline{X(t)}] = \sum_i \sigma_i^2 e^{j\omega_i\tau}$$

$S_X(\omega) = 2\pi \sum_i \sigma_i^2 \delta(\omega - \omega_i)$,如图 5.28 所示。

【**例 5.38**】　设有平稳序列 $\{W(n), n = 0, \pm1, \pm2, \cdots\}$,$\forall n, m$,$E[W(n)] = 0$,$R_W(n, n+m) = E[W(n)W(n+m)] = R_W(m) = \sigma^2 \delta(m)$,令 $X(n) = W(n) + W(n-1)$。

(1) 讨论序列 $\{X(n), n = 0, \pm1, \pm2, \cdots\}$ 的平稳性;

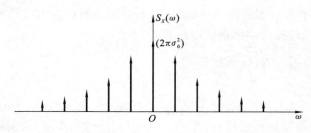

**图 5.28　离散随机信号的功率谱密度函数**

（2）计算随机序列 $X(n)$ 的功率谱密度函数。

**解**　（1）　　　　$\forall n, E[X(n)] = E[W(n)] + E[W(n-1)] = 0$

$$R_X(n, n+m) = E[X(n)X(n+m)] = E\{[W(n)+W(n-1)][W(n+m)+W(n+m-1)]\}$$
$$= \sigma^2[2\delta(m) + \delta(m+1) + \delta(m-1)] = R_X(m)$$

因此，$X(n)$ 是平稳随机序列。

（2）序列 $X(n)$ 的功率谱密度函数为

$$S_X(z) = \sum_{m=-\infty}^{\infty} R_X(m) z^{-m} = \sigma^2(2 + z + z^{-1})$$

令 $z = \mathrm{e}^{\mathrm{j}\omega}$，得到功率谱密度函数为

$$S_X(\omega) = S_X(z)\big|_{z=\mathrm{e}^{\mathrm{j}\omega}} = \sigma^2(2 + \mathrm{e}^{\mathrm{j}\omega} + \mathrm{e}^{-\mathrm{j}\omega}) = 2\sigma^2(1 + \cos\omega)$$

**【例 5.39】**　考虑通信中的多普勒效应：一个位于 $X$ 轴 $P$ 点的谐振子，以 $V$ 的速度沿 $X$ 方向运动，$V$ 是随机变量，密度函数为 $f_V(v)$。$P$ 点谐振子发出的信号等于 $Y(t) = \mathrm{e}^{\mathrm{j}\omega_0 t}$，由位于原点 $O$ 的观察者接收到的信号等于 $S(t) = a\mathrm{e}^{\mathrm{j}\omega_0(t-r/c)}$，其中 $a(0 < a < 1)$ 为衰减系数，如图 5.29 所示。试分析接收信号 $S(t)$ 的功率谱密度函数。

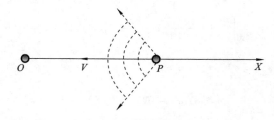

**图 5.29　通信中的多普勒效应**

**解**　其中 $OP = r = r_0 + vt$，因而接收信号又可以表示为 $S(t) = a\mathrm{e}^{\mathrm{j}(\omega t - \varphi)}$，其中 $\omega = \omega_0(1 - v/c)$，$\varphi = r_0\omega_0/c$，从而 $f_\omega(\omega) = \dfrac{c}{\omega_0} \cdot f_v\left[\left(1 - \dfrac{\omega}{\omega_0}\right)c\right]$，那么接收信号的自相关函数为

$$R_S(t+\tau, t) = E[S(t+\tau)\overline{S(t)}] = E[a\mathrm{e}^{\mathrm{j}(\omega(t+\tau)-\varphi)} \cdot a\mathrm{e}^{-\mathrm{j}(\omega t - \varphi)}] = a^2 E(\mathrm{e}^{\mathrm{j}\omega\tau})$$

即 $R_S(\tau) = a^2 \displaystyle\int_{-\infty}^{\infty} \mathrm{e}^{\mathrm{j}\omega\tau} f_\omega(\omega) \mathrm{d}\omega$，相应地接收信号的功率谱密度函数为 $G_S(\omega) = 2\pi a^2 f_\omega(\omega)$，代入 $f_\omega(\omega) = \dfrac{c}{\omega_0} f_v\left[\left(1 - \dfrac{\omega}{\omega_0}\right)c\right]$，得接收信号的功率谱密度函数为

$$G_s(\omega) = \frac{2\pi a^2 c}{\omega_0} f_v\left[\left(1 - \frac{\omega}{\omega_0}\right)c\right]$$

（1）当运动速度 $v=0$ 时，接收信号的功率谱密度函数为

$$G_s(\omega)=2\pi a^2 \delta(\omega-\omega_0)$$

（2）当运动速度 $v$ 为随机变量时，接收信号的功率谱密度函数为

$$G_s(\omega)=\frac{2\pi a^2 c}{\omega_0}f_v\left[\left(1-\frac{\omega}{\omega_0}\right)c\right]$$

信号源功率谱密度函数及接收端信号功率谱密度函数如图 5.30 所示。

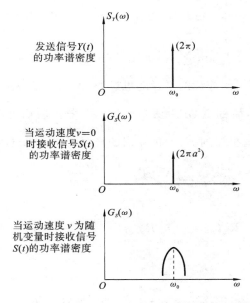

发送信号 $Y(t)$ 的功率谱密度

当运动速度 $v=0$ 时接收信号 $S(t)$ 的功率谱密度

当运动速度 $v$ 为随机变量时接收信号 $S(t)$ 的功率谱密度

图 5.30　原始信号与接收信号的功率谱密度函数

## 5.7.2　随机信号的采样定理

**定理 5.22（确定性信号的采样）**

设 $x(t)$ 为一确知、连续、限带、实信号，其频带范围为（$-\omega_0,\omega_0$），当采样周期 $T$ 满足 $T\leqslant\frac{1}{2f_0}$，$\omega_0=2\pi f_0$ 时，可将 $x(t)$ 展开为

$$x(t)=\sum_{n=-\infty}^{\infty}x(nT)\frac{\sin(\omega_c t-n\pi)}{\omega_c t-n\pi}$$

其中，$T$ 为采样周期，$\omega_c=\frac{\pi}{T}$，$x(nT)$ 为在 $t=nT$ 时对 $x(t)$ 的采样序列，简称 $x(n)=x(nT)$，如图 5.31 所示。

**定理 5.23（平稳随机信号的采样）**　若 $X(t)$ 为平稳随机过程，具有零均值，其功率谱密度函数为

$$S_X(\omega)=\begin{cases}S_X(\omega), & |\omega|\leqslant\omega_0 \\ 0, & 其他\end{cases}$$

则当满足条件采样间隔 $T\leqslant\frac{1}{2f_0}$（$\omega_0=2\pi f_0$）时，可将 $X(t)$ 按它的振幅采样展开为

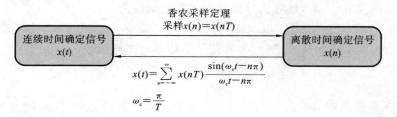

$$x(t) = \sum_{n=-\infty}^{\infty} x(nT) \frac{\sin(\omega_c t - n\pi)}{\omega_c t - n\pi}$$

$$\omega_c = \frac{\pi}{T}$$

图 5.31　确定信号的采样定律

$$X(t) = \underset{N \to \infty}{\text{l. i. m}} \sum_{n=-N}^{N} X(nT) \frac{\sin(\omega_c t - n\pi)}{\omega_c t - n\pi}, \quad \omega_c = \frac{\pi}{T}$$

**证**　令 $X(t)$ 表示为原时间连续的平稳随机过程，$X(nT)$ 表示对于 $X(t)$ 在时刻 $t = nT$ 进行采样后得到的随机序列，简称 $X(n) = X(nT)$，其中采样周期为 $T$，采样频率为 $\omega_s = \frac{2\pi}{T} \geqslant 2\omega_0$。又令 $\hat{X}(t)$ 表示根据随机序列 $X(n)$ 恢复出的连续时间随机过程，且

$$\hat{X}(t) = \underset{N \to \infty}{\text{l. i. m}} \sum_{n=-N}^{N} X(nT) \frac{\sin(\omega_c t - n\pi)}{\omega_c t - n\pi}, \quad \omega_c = \frac{\pi}{T}$$

首先，

$$R_X(\tau) = \sum_{n=-\infty}^{\infty} R_X(nT) \frac{\sin(\omega_c \tau - n\pi)}{\omega_c \tau - n\pi}$$

$$R_X(\tau - a) = \sum_{n=-\infty}^{\infty} R_X(nT - a) \frac{\sin(\omega_c \tau - n\pi)}{\omega_c \tau - n\pi}$$

$$R_X(\tau') = \sum_{n=-\infty}^{\infty} R_X(nT - a) \frac{\sin(\omega_c (\tau' + a) - n\pi)}{\omega_c (\tau' + a) - n\pi}$$

从而有以下结论：

$$\lim_{N \to \infty} E\{ [X(t) - \hat{X}(t)] \hat{X}(t) \} = 0$$

$$\lim_{N \to \infty} E\{ [X(t) - \hat{X}(t)] X(t) \} = 0$$

故有结论：

$$\lim_{N \to \infty} E\{ [X(t) - \hat{X}(t)]^2 \} = 0 \tag{5.5}$$

$$X(t) = \underset{N \to \infty}{\text{l. i. m}} \sum_{n=-N}^{N} X(nT) \frac{\sin(\omega_c t - n\pi)}{\omega_c t - n\pi}$$

$$E\{ [X(t) - \hat{X}(t)]^2 \} = E\left\{ \left[ X(t) - \sum_{n=-N}^{N} X(nT) \frac{\sin(\omega_c t - n\pi)}{\omega_c t - n\pi} \right]^2 \right\}$$

$$= E[X(t)X(t)] - 2\sum_{n=-N}^{N} E[X(t)X(nT)] \frac{\sin(\omega_c t - n\pi)}{\omega_c t - n\pi}$$

$$+ \sum_{i=-N}^{N} \sum_{j=-N}^{N} E[X(iT)X(jT)] \frac{\sin(\omega_c t - i\pi)}{\omega_c t - i\pi} \frac{\sin(\omega_c t - j\pi)}{\omega_c t - j\pi}$$

$$= R_X(0) - 2\sum_{n=-N}^{N} R_X(t - nT) \frac{\sin(\omega_c t - n\pi)}{\omega_c t - n\pi}$$

$$+ \sum_{i=-N}^{N} \sum_{j=-N}^{N} R_X[(i-j)T] \frac{\sin(\omega_c t - i\pi)}{\omega_c t - i\pi} \frac{\sin(\omega_c t - j\pi)}{\omega_c t - j\pi}$$

由于 $\lim\limits_{n\to\infty}\sum\limits_{n=-N}^{N}R_X(t-nT)\dfrac{\sin(\omega_c t-n\pi)}{\omega_c t-n\pi}=R_X(0)$，而且

$$\lim_{N\to\infty}\sum_{i=-N}^{N}\sum_{j=-N}^{N}R_X\big[(i-j)T\big]\frac{\sin(\omega_c t-i\pi)}{\omega_c t-i\pi}\frac{\sin(\omega_c t-j\pi)}{\omega_c t-j\pi}$$

$$=\lim_{N\to\infty}\sum_{i=-N}^{N}R_X(t-iT)\cdot\frac{\sin(\omega_c t-i\pi)}{\omega_c t-i\pi}$$

$$=R_X(0)$$

所以有结论：

$$\lim_{N\to\infty}E\{\big[X(t)-\hat{X}(t)\big]^2\}=\lim_{N\to\infty}E\Big\{\Big[X(t)-\sum_{n=-N}^{N}X(nT)\frac{\sin(\omega_c t-n\pi)}{\omega_c t-n\pi}\Big]^2\Big\}=0$$

$$X(t)=\underset{N\to\infty}{\mathrm{l.i.m}}\sum_{n=-N}^{N}X(nT)\frac{\sin(\omega_c t-n\pi)}{\omega_c t-n\pi},\text{如图 5.32 所示。}$$

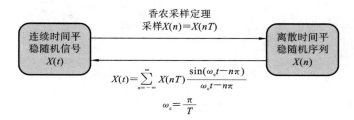

**图 5.32　随机信号的采样定律**

### 定理 5.24（功率谱密度函数的采样）

若平稳连续时间实随机过程 $X(t)$，其自相关函数和功率谱密度函数分别记为 $R_{CX}(\tau)$ 和 $S_{CX}(\omega)$，对 $X(t)$ 采样后所得离散时间随机过程 $X(n)=X(nT)$，$X(n)$ 的自相关函数和功率谱密度函数分别记为 $R_{DX}(m)$ 和 $S_{DX}(\omega)$，则有

$$R_{DX}(m)=R_{CX}(mT)$$

且

$$S_{DX}(\omega)=\frac{1}{T}\sum_{n=-\infty}^{\infty}S_{CX}\Big(\omega+\frac{2n\pi}{T}\Big)$$

其中，$T$ 为采样间隔，$\omega_s=\dfrac{2\pi}{T}\geqslant 2\omega_0$ 为采样频率，满足奈奎斯特采样定理。

**证**　根据定义

$$R_{DX}(m)=E[X(n)X(n+m)]=E[X(nT)X((n+m)T)]=R_{CX}(mT)$$

由 $R_{DX}(m)=R_{CX}(mT)$ 可见，对 $R_{CX}(\tau)$ 进行等间隔的采样可得 $R_{DX}(m)$，即

$$R_{DX}(m)=R_{CX}(mT)=R_{CX}(\tau)P_\delta(\tau)$$

其中，$P_\delta(\tau)=\sum\limits_{n=-\infty}^{\infty}\delta(\tau+nT)$。

对上式两边同时作傅立叶变换，得

$$S_{DX}(\omega)=\frac{1}{2\pi}S_{CX}(\omega)\frac{2\pi}{T}\sum_{k=-\infty}^{\infty}\delta\Big(\omega+\frac{2k\pi}{T}\Big)=\frac{1}{T}\sum_{k=-\infty}^{\infty}S_{CX}\Big(\omega+\frac{2\pi k}{T}\Big)$$

平稳随机信号的采样定律如图 5.33 所示。

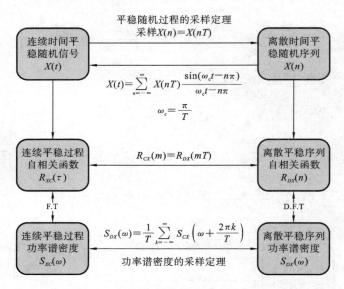

图 5.33　平稳随机信号的采样定律

**【例 5.40】** 设 $X(n)$ 为一个平稳随机序列,在许多信号处理系统中常做抽取和内插的处理,分析对它做抽取后,其平稳性和功率谱密度函数的变化情况。

**解**　抽取 $Y(n)=X(2n)$,扔掉奇数项,波形图如 5.34 所示。

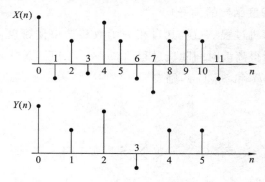

图 5.34　平稳随机序列的抽取

$$m_Y(n)=E[Y(n)]=E[X(2n)]=m_X(2n)=m_X$$
$$R_Y(n+m,n)=E[X(2n+2m)X(2n)]=R_X(2n+2m,\ 2n)=R_X(2m)$$

因此,$Y(n)=X(2n)$ 是平稳过程。其功率谱密度函数是自相关函数的傅里叶变换,即

$$S_Y(\omega)=\sum_{m=-\infty}^{\infty}R_Y(m)\mathrm{e}^{-\mathrm{j}m\omega}=\sum_{m=-\infty}^{\infty}R_X(2m)\mathrm{e}^{-\mathrm{j}m\omega}=\sum_{m=\mathrm{even}}R_X(m)\cdot\mathrm{e}^{-\mathrm{j}m\omega/2}$$

令 $A_{\mathrm{even}}=\sum_{m=2k}R_X(m)\mathrm{e}^{-\mathrm{j}m\omega/2}$,$A_{\mathrm{odd}}=\sum_{m=2k+1}R_X(m)\mathrm{e}^{-\mathrm{j}m\omega/2}$,那么原始信号 $X(n)$ 的功率谱密度函数可以进一步表示为

$$A_{\mathrm{even}}+A_{\mathrm{odd}}=S_X(\omega/2)$$
$$A_{\mathrm{even}}-A_{\mathrm{odd}}=S_X[(\omega-2\pi)/2]$$

因此,抽样序列 $Y(n)=X(2n)$ 的功率谱密度函数表示为

$$S_Y(\omega)=\frac{1}{2}\left[S_X\left(\frac{\omega}{2}\right)+S_X\left(\frac{\omega-2\pi}{2}\right)\right]$$

高频项功率谱出现混叠现象。

## 5.7.3　白噪声

信息在传输过程中,不可避免地要受到各种干扰,使信号产生误差。误差的来源主要有:信息传输处理时,信道或设备不理想造成的,或者信号传输处理过程中串入了其他信号。广义地说,称这些使信号产生失真的误差源为噪声。来自外部的噪声也称为干扰。在理论上,噪声是无法预测的。如果能够很好地掌握噪声的规律,就能降低噪声对有用信号的影响。

噪声的分类主要有以下几种情况:

(1) 从噪声与电子系统的关系来看,主要分为内部噪声与外部噪声。内部噪声是系统本身的元器件及电路产生的;外部噪声包括电子系统之外的所有噪声。

(2) 根据噪声的分布,主要分为高斯噪声与均匀噪声。高斯噪声表示具有高斯分布的噪声;均匀噪声表示具有均匀分布的噪声。

(3) 从功率谱的角度来看,主要分为白噪声与色噪声。如果一个随机过程的功率谱为常数,无论是什么分布,都称它为白噪声;功率谱中各种频率分量的大小不同的噪声称为色噪声。

白噪声(white noise)是指在较宽的频率范围内,各种带宽的频带所含的噪声能量相等的噪声,是一种功率谱密度函数为常数的随机信号。理想的白噪声具有无限带宽,因而其能量是无限大,但这在现实世界中是不可能存在的。实际上,我们常常将有限带宽的平整信号视为白噪声,因为这让我们在数学分析上更加方便。白噪声在数学处理上比较方便,因此它是系统分析的有力工具。一般地,只要一个噪声过程所具有的频谱宽度远远大于它所作用系统的带宽,并且在该带宽中其频谱密度基本上可以作为常数来考虑,就可以把它作为白噪声来处理。例如,热噪声和散弹噪声在很宽的频率范围内具有均匀的功率谱密度函数,通常可以认为它们是白噪声。

白噪声主要包含三类:无源器件如电阻、馈线等类导体中电子布朗运动引起的热噪声;有源器件如真空电子管和半导体器件中由于电子发射的不均匀性引起的散粒噪声;宇宙天体辐射波对接收机形成的宇宙噪声。其中前两类是主要的。

通信系统中的各类噪声,有些可以消除,有些可以避免,还有些可以减小。唯独以内部噪声为主的白噪声,无论在时域还是频域,总是普遍存在和不可避免的,因而成为通信中各类噪声的重点研究对象。

**1. 理想白噪声**

一个均值为零、功率谱密度函数在整个频率轴上为非零常数,即 $S_N(\omega)=\dfrac{N_0}{2}(-\infty<\omega<\infty)$ 的平稳过程 $N(t)$,称为白噪声过程,简称为白噪声。

利用傅里叶逆变换可求得白噪声的自相关函数为 $R_N(\tau)=\dfrac{N_0}{2}\delta(\tau)$,白噪声的相关系数为

$$r_N(\tau) = \frac{C_N(\tau)}{\sigma_N^2} = \frac{R_N(\tau) - m_N^2}{R_N(0) - m_N^2} = \frac{\dfrac{N_0}{2}\delta(\tau)}{\dfrac{N_0}{2}\delta(0)} = \begin{cases} 1, & \tau = 0 \\ 0, & \tau \neq 0 \end{cases}$$

白噪声的功率谱密度函数及其相关函数如图 5.35 所示。

若平稳过程 $N(t)$ 在有限频带上的功率谱密度函数为常数，在频带之外为零，则称 $N(t)$ 为理想带限白噪声。

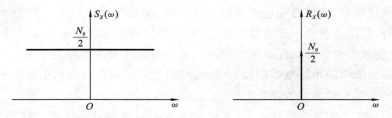

图 5.35　理想白噪声的功率谱密度函数与自相关函数

【例 5.41】　试求白噪声的自相关函数和功率谱密度函数以及平均功率。

**解**　白噪声是指具有均匀功率谱密度函数 $S_X(\omega) = \dfrac{N_0}{2}$ 的噪声，$N_0$ 为单边功率谱密度（单位为 W/Hz），白噪声的自相关函数可以从它的功率谱密度函数求得：

$$R(\tau) = \int_{-\infty}^{\infty} S_X(\omega) e^{j\omega\tau} d\omega = \frac{1}{2\pi} \int_{-\infty}^{\infty} \frac{N_0}{2} e^{j\omega\tau} d\omega = \frac{N_0}{2}\delta(\tau)$$

由上式可以看出，白噪声的任何两个相邻时间（即 $\tau \neq 0$ 时）的抽样值都是不相关的。

白噪声的平均功率为

$$R(0) = \frac{N_0}{2}\delta(0) = \infty$$

上式表明，白噪声的平均功率为无穷大。

**2. 低通白噪声**

若白噪声的功率谱密度函数在 $-f_H \leqslant f \leqslant f_H$ 内不为零，而在其外为零，且分布均匀，其表达式为

$$S_X(f) = \begin{cases} N_0/2, & -f_H < f < f_H \\ 0, & 其他 \end{cases}$$

称这类白噪声为低通白噪声。则其自相关函数为

$$R_X(\tau) = \int_{-f_H}^{f_H} \frac{N_0}{2} e^{j2\pi f\tau} df = N_0 f_H \frac{\sin(2\pi f_H \tau)}{2\pi f_H \tau}$$

可得低通白噪声的平均功率为

$$R_N(0) = N_0 f_H$$

低通白噪声的功率谱密度函数与自相关函数如图 5.36 所示，仿真图如图 5.37 所示。

**3. 带通白噪声**

如果 $N(t)$ 的功率谱密度函数集中在 $\pm\omega_0$ 为中心的频带内，则称 $N(t)$ 是带通限带白噪声，或称为带通白噪声，其功率谱密度函数为

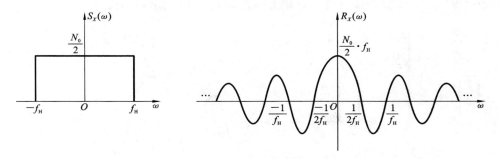

图 5.36　低通白噪声的功率谱密度函数与自相关函数

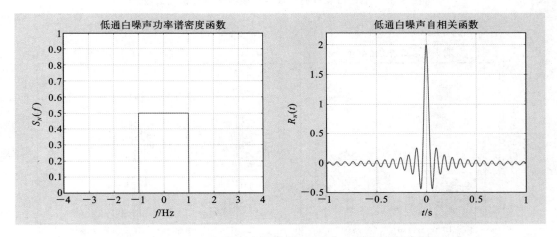

图 5.37　低通白噪声的功率谱密度函数与自相关函数仿真图

$$S_N(\omega) = \begin{cases} \dfrac{P\pi}{\Delta\omega}, & \omega_0 - \dfrac{\Delta\omega}{2} < |\omega| < \omega_0 + \dfrac{\Delta\omega}{2} \\ 0, & \text{其他} \end{cases}$$

它的自相关函数为

$$R_N(\tau) = P \dfrac{\sin\left(\dfrac{\Delta\omega\tau}{2}\right)}{\dfrac{\Delta\omega\tau}{2}} \cos(\omega_0\tau)$$

带通白噪声的平均功率为

$$R_N(0) = P$$

其功率谱密度函数为

$$S_N(f) = \begin{cases} A, & -\Delta f < f \pm f_0 < \Delta f \\ 0, & \text{其他} \end{cases}$$

它的自相关函数为

$$R_N(\tau) = \int_{-\infty}^{\infty} S_N(f) e^{j2\pi f\tau} \, df = 2 \int_0^{\infty} S_N(f) \cdot \cos(2\pi f\tau) \, df$$

$$= 2 \int_{f_1}^{f_2} A\cos(2\pi f\tau) \, df = 4A\Delta f \dfrac{\sin(2\pi\Delta f\tau)}{2\pi\Delta f\tau} \cos(2\pi f_0\tau)$$

窄带白噪声的功率谱密度函数与自相关函数如图 5.38 所示,仿真图如图 5.39 所示。

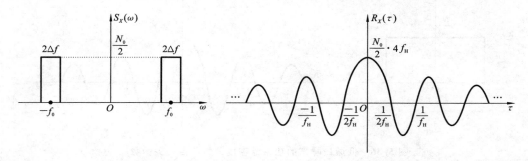

**图 5.38  窄带白噪声的功率谱密度函数与自相关函数**

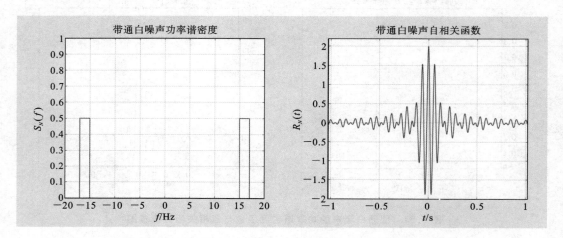

**图 5.39  窄带白噪声的功率谱密度函数与自相关函数仿真图**

**4. 色噪声**

按功率谱密度函数形式来区别随机过程,把除了白噪声以外的所有噪声都称为有色噪声,或简称为色噪声。

## 5.7.4  联合平稳随机过程的互谱密度

**1. 考虑两个随机过程 $X(t)$、$Y(t)$ 的截断函数**

设 $x(t)$、$y(t)$ 分别为 $X(t)$ 与 $Y(t)$ 的样本函数,令

$$x_T(t) = \begin{cases} x(t), & \text{当} |t| \leqslant T \\ 0, & \text{当} |t| > T \end{cases}, \quad y_T(t) = \begin{cases} y(t), & \text{当} |t| \leqslant T \\ 0, & \text{当} |t| > T \end{cases}$$

$x_T(t)$、$y_T(t)$ 分别称为 $x(t)$ 与 $y(t)$ 的截断函数。

**2. 截断函数的傅里叶变换**

$x_T(t)$、$y_T(t)$ 的傅里叶变换分别为

$$X_T(\omega) = \int_{-\infty}^{+\infty} x_T(t) e^{-j\omega t} dt = \int_{-T}^{T} x(t) e^{-j\omega t} dt$$

$$Y_T(\omega) = \int_{-\infty}^{+\infty} y_T(t) e^{-j\omega t} dt = \int_{-T}^{T} y(t) e^{-j\omega t} dt$$

傅里叶逆变换分别为

$$x_T(t) = \frac{1}{2\pi} \int_{-\infty}^{+\infty} X_T(\omega) e^{j\omega t} d\omega$$

$$y_T(t) = \frac{1}{2\pi} \int_{-\infty}^{+\infty} Y_T(\omega) e^{j\omega t} d\omega$$

**3. 样本函数互功率**

样本函数 $x(t)$ 与 $y(t)$ 的互功率定义为

$$W_{xy} = \lim_{T \to \infty} \frac{1}{2T} \int_{-T}^{T} x(t) y(t) dt$$

**4. 帕塞瓦尔定理**

根据帕塞瓦尔定理,有

$$\int_{-\infty}^{\infty} x_T(t) y_T(t) dt = \frac{1}{2\pi} \int_{-\infty}^{\infty} \overline{X_T(\omega)} Y_T(\omega) d\omega$$

又

$$\int_{-T}^{T} x(t) y(t) dt = \int_{-\infty}^{\infty} x_T(t) y_T(t) dt$$

所以

$$\int_{-T}^{T} x(t) y(t) dt = \frac{1}{2\pi} \int_{-\infty}^{\infty} \overline{X_T(\omega)} Y_T(\omega) d\omega$$

**5. 两个随机过程的互功率**

由于 $x(t)$ 与 $y(t)$ 具有随机性,$x_T(t)$、$y_T(t)$ 也具有随机性,从而 $X_T(\omega)$、$Y_T(\omega)$ 具有随机性。为消除随机性,计算概率平均为

$$W_{XY} = E\left[\lim_{T \to \infty} \frac{1}{2T} \int_{-T}^{T} x(t) y(t) dt\right] = \lim_{T \to \infty} \frac{1}{2T} \int_{-T}^{T} E[x(t) y(t)] dt$$

$$= \lim_{T \to \infty} \frac{1}{2T} \int_{-T}^{T} E[X(t) Y(t)] dt$$

称其为随机过程的互功率。

**6. 互功率谱密度函数**

由帕塞瓦尔定理,有

$$\int_{-T}^{T} x(t) y(t) dt = \frac{1}{2\pi} \int_{-\infty}^{\infty} \overline{X_T(\omega)} Y_T(\omega) d\omega$$

$$W_{XY} = \lim_{T \to \infty} E\left[\frac{1}{2T} \int_{-T}^{T} x(t) y(t) dt\right] = \frac{1}{2\pi} \int_{-\infty}^{\infty} \left\{ \lim_{T \to \infty} \frac{E[\overline{X_T(\omega)} Y_T(\omega)]}{2T} \right\} d\omega$$

令 $S_{XY}(\omega) = \lim\limits_{T \to \infty} \dfrac{E[\overline{X_T(\omega)} Y_T(\omega)]}{2T}$,称 $S_{XY}(\omega)$ 为互功率谱密度函数。

物理意义:如果在某个频率点 $\omega$ 上 $S_{XY}(\omega)$ 的值很大,表明随机过程 $X(t)$ 和 $Y(t)$ 的相应频率分量在该频率点 $\omega$ 关联度很高;如果 $S_{XY}(\omega) = 0$,表明其相应频率分量是正交的。

**7. 平稳随机过程互相关函数与互功率谱密度函数的关系**

**定理 5.25** 互相关函数与互功率谱密度函数为一傅里叶变换对，即

$$S_{XY}(\omega) = \int_{-\infty}^{+\infty} R_{XY}(\tau) e^{-j\omega\tau} d\tau, \quad R_{XY}(\tau) = \frac{1}{2\pi} \int_{-\infty}^{+\infty} S_{XY}(\omega) e^{j\omega\tau} d\omega$$

同理：

$$S_{YX}(\omega) = \int_{-\infty}^{+\infty} R_{YX}(\tau) e^{-j\omega\tau} d\tau, \quad R_{YX}(\tau) = \frac{1}{2\pi} \int_{-\infty}^{+\infty} S_{YX}(\omega) e^{j\omega\tau} d\omega$$

互功率谱密度函数有以下性质：

(1) $S_{XY}(\omega) = S_{YX}(-\omega) = \overline{S_{YX}(\omega)}$；

(2) 若 $X(t)$ 与 $Y(t)$ 正交，则 $S_{XY}(\omega) = S_{YX}(\omega) = 0$；

(3) 若 $X(t)$ 与 $Y(t)$ 不相关，则 $S_{XY}(\omega) = S_{YX}(\omega) = 2\pi m_X m_Y \delta(\omega)$。

# 5.8  平稳过程通过线性系统的分析

## 5.8.1  线性系统的基本理论

**1. 系统的分类**

系统可分为线性系统与非线性系统。

(1) 线性系统：线性放大器、线性滤波器；

(2) 非线性系统：限幅器、平方律检波器。

对于线性系统，已知系统特性和输入信号的统计特性，可以求出系统输出信号的统计特性。下面分析的限定系统是单输入/单输出（响应）的、连续或离散时不变的、线性的和物理可实现的稳定系统。连续与离散系统的表述如下。

连续时间系统：系统的输入和输出都是连续时间信号；

离散时间系统：系统的输入和输出都是离散时间信号。

线性时不变系统的定义如下：

a. 线性：

$$L[ax_1(t) + bx_2(t)] = aL[x_1(t)] + bL[x_2(t)]$$

b. 时不变：

$$y(t - t_0) = L[x(t - t_0)]$$

其中，$X(t)$ 是系统的输入，$Y(t)$ 是系统的输出，$a$、$b$、$t_0$ 为常数，如图 5.40 所示。

**2. 连续时不变线性系统的分析方法**

(1) 时域分析：

$$y(t) = \int_{-\infty}^{\infty} x(t - \tau) h(\tau) d\tau = \int_{-\infty}^{\infty} x(\tau) h(t - \tau) d\tau = x(t) * h(t)$$

(2) 频域分析：

$$Y(j\omega) = H(j\omega) X(j\omega)$$

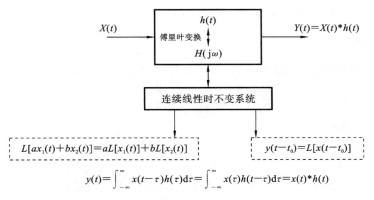

$$y(t) = \int_{-\infty}^{\infty} x(t-\tau)h(\tau)\mathrm{d}\tau = \int_{-\infty}^{\infty} x(\tau)h(t-\tau)\mathrm{d}\tau = x(t)*h(t)$$

**图 5.40　线性时不变系统**

（3）物理可实现的稳定系统。

当 $t<0$ 时，$h(t)=0$，那么该系统称为因果系统。所有实际的物理可实现系统都是因果的。

**3. 离散时不变线性系统的分析方法**

（1）时域分析：

$$y(n) = \sum_{k=-\infty}^{\infty} x(n-k)h(k) = \sum_{k=-\infty}^{\infty} x(k)h(n-k) = x(n)*h(n)$$

（2）频域分析：

$$Y(\mathrm{e}^{\mathrm{j}\omega}) = X(\mathrm{e}^{\mathrm{j}\omega}) \cdot H(\mathrm{e}^{\mathrm{j}\omega})$$

（3）物理可实现的稳定系统。

当 $n<0$ 时，$h(n)=0$，那么该系统称为因果系统。物理可实现稳定系统的极点都位于 $Z$ 平面的单位圆内。

## 5.8.2　随机信号通过连续时间系统的分析

在给定系统的条件下，输出信号的某个统计特性只取决于输入信号的相应的统计特性。根据输入随机信号的均值、相关函数和功率谱密度函数，再加上已知线性系统单位冲激响应或传递函数，就可以求出输出随机信号相应的均值、相关函数和功率谱密度函数。常用的分析方法包括：卷积积分法和频域法。

**1. 时域分析**

1）输出表达式

假设该系统为因果系统，初始状态为零，输入为随机信号 $X(t)$ 的某个实验结果的一个样本函数 $x(t)$，则输出为

$$y(t) = \int_{0}^{\infty} h(\tau)x(t-\tau)\mathrm{d}\tau$$

对于随机信号 $X(t)$ 任意一个样本函数均成立。那么对于所有的试验结果，系统输出为一簇样本函数，这族样本函数构成随机过程

$$Y(t) = \int_0^\infty h(\tau) X(t - \tau) \mathrm{d}\tau = h(t) * X(t)$$

2）输出的均值

若 $X(t)$ 是平稳随机信号，那么 $m_X(t) = C$（$C$ 为常数），$m_Y = m_X \int_0^\infty h(\tau) \mathrm{d}\tau$。

**证** $\quad m_Y(t) = E[Y(t)] = E\left[\int_0^\infty h(\tau) X(t - \tau) \mathrm{d}\tau\right] = \int_0^\infty h(\tau) E[X(t - \tau)] \mathrm{d}\tau$

$$= \int_0^\infty h(\tau) m_X(t - \tau) \mathrm{d}\tau = m_X(t) * h(t)$$

3）系统输入与输出之间的互相关函数

由于系统的输出是系统输入的作用结果，因此，系统输入与输出之间是相关的，系统输入与输出的相关函数为

$$R_{XY}(t_1, t_2) = R_X(t_1, t_2) * h(t_2), \quad R_{YX}(t_1, t_2) = R_X(t_1, t_2) * h(t_1)$$

**证** 由于系统的输出是系统输入的作用结果，因此，系统输入与输出之间是相关的，系统输入与输出的相关函数为

$$R_{XY}(t_1, t_2) = E[X(t_1) Y(t_2)] = E\left[X(t_1) \int_0^\infty h(u) X(t_2 - u) \mathrm{d}u\right]$$

$$= \int_0^\infty h(u) E[X(t_1) X(t_2 - u)] \mathrm{d}u = \int_0^\infty h(u) R_X(t_1, t_2 - u) \mathrm{d}u$$

$$= R_X(t_1, t_2) * h(t_2)$$

同理，

$$R_{YX}(t_1, t_2) = R_X(t_1, t_2) * h(t_1)$$

若输入为平稳随机过程，则

$$R_{XY}(\tau) = \int_0^\infty h(u) R_X(\tau - u) \mathrm{d}u = R_X(\tau) * h(\tau)$$

$$R_{YX}(\tau) = \int_0^\infty h(u) R_X(-\tau - u) \mathrm{d}u = R_X(\tau) * h(-\tau)$$

4）系统输出的自相关函数

已知系统输入随机信号的自相关函数，可以求出系统输出端的自相关函数，即

$$R_Y(t_1, t_2) = E[Y(t_1) Y(t_2)] = h(t_1) * h(t_2) * R_X(t_1, t_2)$$

**证** 已知系统输入随机信号的自相关函数，可以求出系统输出端的自相关函数，即

$$R_Y(t_1, t_2) = E[Y(t_1) Y(t_2)] = h(t_1) * h(t_2) * R_X(t_1, t_2)$$

$$R_Y(t_1, t_2) = E[Y(t_1) Y(t_2)] = E\left[\int_0^\infty h(u) X(t_1 - u) \mathrm{d}u \cdot \int_0^\infty h(v) X(t_2 - v) \mathrm{d}v\right]$$

$$= \int_0^\infty \int_0^\infty h(u) h(v) E[X(t_1 - u) X(t_2 - v)] \mathrm{d}u \mathrm{d}v$$

$$= \int_0^\infty \int_0^\infty h(u) h(v) R_X(t_1 - u, t_2 - v) \mathrm{d}u \mathrm{d}v$$

$$= h(t_1) * h(t_2) * R_X(t_1, t_2)$$

即

$$R_Y(t_1, t_2) = h(t_1) * R_{XY}(t_1, t_2) = h(t_2) * R_{YX}(t_1, t_2)$$

故有

$$R_Y(\tau) = \int_0^\infty \int_0^\infty h(u)h(v)R_X(\tau + u - v)\mathrm{d}u\mathrm{d}v = R_X(\tau) * h(\tau) * h(-\tau)$$
$$= R_{XY}(\tau) * h(-\tau) = R_{YX}(\tau) * h(\tau)$$

5）系统输出的高阶距

系统输出的 $n$ 阶矩的一般表达式为

$$E[Y(t_1)Y(t_2)\cdots Y(t_n)] = E[X(t_1)X(t_2)\cdots X(t_n)] * h(t_1) * h(t_2) * \cdots * h(t_n)$$

6）系统输出的平稳性和遍历性

假设系统处于稳定状态，即 $t=0$ 时系统输出响应已处于稳态，那么有以下结论。

（1）若输入 $X(t)$ 是宽平稳的，则系统输出 $Y(t)$ 也是宽平稳的，且输入与输出联合宽平稳。

**证**　若输入 $X(t)$ 为宽平稳随机过程，则有

$$m_X(t) = m_X = 常数$$
$$R_X(t_1, t_2) = R_X(\tau), \quad \tau = t_2 - t_1$$
$$R_X(0) = E[X^2(t)] < \infty$$
$$m_Y = m_X \int_0^\infty h(\tau)\mathrm{d}\tau$$

$$R_Y(t_1, t_2) = \int_0^\infty \int_0^\infty h(u)h(v)R_X(\tau + u - v)\mathrm{d}u\mathrm{d}v = R_X(\tau) * h(\tau) * h(-\tau) = R_Y(\tau)$$

$$E[Y^2(t)] = |E[Y^2(t)]| = \left| \int_0^\infty \int_0^\infty h(u)h(v)R_X(u - v)\mathrm{d}u\mathrm{d}v \right|$$

$$\leqslant \int_0^\infty \int_0^\infty |h(u)| \, |h(v)| \, |R_X(u - v)|\mathrm{d}u\mathrm{d}v$$

$$\leqslant R_X(0) \int_0^\infty \int_0^\infty |h(u)| \, |h(v)| \mathrm{d}u\mathrm{d}v$$

$$= R_X(0) \int_0^\infty |h(v)| \mathrm{d}v \int_0^\infty |h(u)| \mathrm{d}u \quad \left( \int_0^\infty |h(t)| \mathrm{d}t < \infty \right)$$

所以 $E[Y^2(t)] < \infty$。

（2）若输入 $X(t)$ 是严平稳的，则输出 $Y(t)$ 也是严平稳的。

**证**　因为 $Y(t) = \int_0^\infty h(\tau)X(t - \tau)\mathrm{d}\tau$，对于时不变系统，若时移常数为 $T$，有

$$Y(t + T) = \int_0^\infty h(\tau)X(t + T - \tau)\mathrm{d}\tau$$

输出 $Y(t+T)$ 和 $Y(t)$ 分别是输入 $X(t+T)$、$X(t)$ 与 $h(t)$ 的卷积，即可以表示成级数和的形式。由于随机信号 $X(t)$ 是严平稳的，所以 $X(t)$ 与 $X(t+T)$ 具有相同的 $n$ 维概率密度函数，这样 $Y(t)$ 与 $Y(t+T)$ 也应该具有相同的 $n$ 维概率密度函数，即是严平稳的。

（3）若输入 $X(t)$ 是宽遍历性的，则输出 $Y(t)$ 也是宽遍历性的，且 $X(t)$、$Y(t)$ 联合遍历。

**证**　由 $X(t)$ 的宽遍历的定义得

$$\langle X(t) \rangle = m_X, \quad \langle X(t) \cdot X(t + \tau) \rangle = R_X(\tau)$$

则输出 $Y(t)$ 的时间平均为

$$\langle Y(t) \rangle = \lim_{T \to \infty} \frac{1}{2T} \int_{-T}^{T} Y(t)\mathrm{d}t = \lim_{T \to \infty} \frac{1}{2T} \int_{-T}^{T} \left[ \int_0^\infty h(u)X(t - u)\mathrm{d}u \right]\mathrm{d}t$$

$$= \int_0^\infty \left[ \lim_{T \to \infty} \frac{1}{2T} \int_{-T}^{T} X(t - u)\mathrm{d}t \right] h(u)\mathrm{d}u$$

$$= \int_0^\infty m_X h(u) \mathrm{d}u = m_Y$$

$$\langle Y(t)Y(t+\tau)\rangle = \lim_{T\to\infty} \frac{1}{2T} \int_{-T}^{T} Y(t)Y(t+\tau)\mathrm{d}t$$

$$= \int_0^\infty \int_0^\infty \left[ \lim_{T\to\infty} \frac{1}{2T} \int_{-T}^{T} X(t-u)X(t+\tau-v)\mathrm{d}t \right] h(u)h(v)\mathrm{d}u\mathrm{d}v$$

$$= \int_0^\infty \int_0^\infty R_X(\tau+u-v)h(u)h(v)\mathrm{d}u\mathrm{d}v = R_Y(\tau)$$

$$\langle X(t)Y(t+\tau)\rangle = \lim_{T\to\infty} \frac{1}{2T} \int_{-T}^{T} X(t)Y(t+\tau)\mathrm{d}t$$

$$= \lim_{T\to\infty} \frac{1}{2T} \int_{-T}^{T} \left[ \int_0^\infty h(u)X(t+\tau-u)X(t)\mathrm{d}u \right] \mathrm{d}t$$

$$= \int_0^\infty \left[ \lim_{T\to\infty} \frac{1}{2T} \int_{-T}^{T} X(t+\tau-u)X(t)\mathrm{d}t \right] h(u)\mathrm{d}u$$

$$= \int_0^\infty R_X(\tau-u)h(u)\mathrm{d}u = R_{XY}(\tau)$$

**2. 频域分析**

1）输出的均值

$$m_Y = m_X \int_0^\infty h(\tau)\mathrm{d}\tau = m_X H(\mathrm{j}\omega) \mid_{\omega=0} = m_X H(0)$$

2）系统输出的功率谱密度函数

由 $R_Y(\tau) = R_X(\tau) * h(\tau) * h(-\tau)$ 两边取傅里叶变换得

$$S_Y(\omega) = S_X(\omega)H(\mathrm{j}\omega)H(-\mathrm{j}\omega) = S_X(\omega) \mid H(\mathrm{j}\omega) \mid^2$$

3）系统输入与输出间的互功率谱密度函数

$$S_{XY}(\omega) = S_X(\omega)H(\mathrm{j}\omega), \quad S_{YX}(\omega) = S_X(\omega)H(-\mathrm{j}\omega)$$

$$S_Y(\omega) = S_{XY}(\omega)H(-\mathrm{j}\omega) = S_{YX}(\omega)H(\mathrm{j}\omega)$$

4）拉普拉斯变换与傅里叶变换关系

$$F(s) = \int_{-\infty}^\infty f(t)\mathrm{e}^{-st}\mathrm{d}t = \int_{-\infty}^\infty [f(t)\mathrm{e}^{-\sigma t}]\mathrm{e}^{-\mathrm{j}\omega t}\mathrm{d}t, \quad s = \sigma + \mathrm{j}\omega$$

当 $f(t)$ 不可积时，$f(t)\mathrm{e}^{-\sigma t}$ 可积。因此，对于随机信号，通常情况下其拉普拉斯变换存在。

**【例 5.42】** 如图 5.41 所示的低通 RC 电路，已知输入信号 $X(t)$ 是相关函数为 $\frac{N_0}{2}\delta(\tau)$ 的白噪声，求：

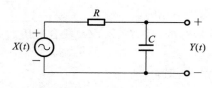

图 5.41　低通 RC 电路

（1）输出信号 $Y(t)$ 的均值 $m_Y(t)$、自相关函数 $R_Y(t, t+\tau)$ 及平均功率；

（2）输入与输出间互相关函数 $R_{XY}(\tau)$。

**解**　（1）由题意可知，该系统的频域响应函数为

$$H(\mathrm{j}\omega) = \frac{\beta}{\mathrm{j}\omega + \beta}, \quad \beta = \frac{1}{RC}$$

该系统单位冲激响应函数为

$$h(t) = \frac{1}{2\pi} \int_{-\infty}^{+\infty} H(\mathrm{j}\omega)\mathrm{e}^{\mathrm{j}\omega t}\mathrm{d}\omega = \beta\mathrm{e}^{-\beta t}U(t)$$

$X(t)$的功率谱密度函数为

$$S_X(\omega) = \int_{-\infty}^{+\infty} R_X(\tau) e^{-j\omega\tau} d\tau = \frac{N_0}{2}$$

所以 $Y(t)$的功率谱密度函数为

$$S_Y(\omega) = S_X(\omega) |H(j\omega)|^2 = \frac{N_0}{2} \frac{\beta^2}{\omega^2 + \beta^2}$$

$Y(t)$的自相关函数为

$$R_Y(\tau) = \frac{1}{2\pi} \int_{-\infty}^{+\infty} S_Y(\omega) e^{j\omega\tau} d\omega = \frac{N_0\beta}{4} e^{-\beta|\tau|}$$

$Y(t)$的均值函数为

$$m_Y(t) = m_X(t) \int_{-\infty}^{+\infty} h(t) dt = 0$$

$Y(t)$的平均功率为

$$\psi_Y^2 = \frac{1}{2\pi} \int_{-\infty}^{+\infty} S_Y(\omega) d\omega = R_Y(\tau = 0) = \frac{N_0\beta}{4}$$

其中,$h(t)$为系统的单位冲激响应函数。

(2) 输入与输出间互相关函数为

$$R_{XY}(\tau) = \int_0^{\infty} h(u) R_X(\tau - u) du = R_X(\tau) * h(\tau) = \frac{N_0}{2} \delta(\tau) * h(\tau)$$
$$= \frac{N_0}{2} h(\tau) = \frac{N_0}{2} \beta e^{-\beta t} U(t)$$

## 5.8.3   随机信号通过离散时间系统的分析

1) 输出表达式

$$Y(n) = \sum_{k=0}^{\infty} h(k) X(n-k)$$

系统的输出等于输入信号与单位冲激响应的卷积和。可以证明,在假定系统是稳定的、输入有界的条件下,上式在均方收敛的意义下是存在的。

2) 输出的均值

$$m_Y(n) = E[Y(n)] = \sum_{k=0}^{\infty} h(k) E[X(n-k)]$$

若 $X(n)$为平稳随机过程,则

$$m_Y = m_X \sum_{k=0}^{\infty} h(k)$$

3) 系统输入与输出间的互相关函数

$$R_{XY}(n, n+m) = E[X(n) Y(n+m)] = E\left[X(n) \sum_{k=0}^{\infty} h(k) X(n+m-k)\right]$$
$$= \sum_{k=0}^{\infty} h(k) E[X(n) X(n+m-k)]$$
$$= \sum_{k=0}^{\infty} h(k) R_X(n, n+m-k)$$

所以

$$R_{XY}(m) = \sum_{k=0}^{\infty} h(k)R_X(m-k) = h(m) * R_X(m)$$

同理

$$R_{YX}(n, n+m) = \sum_{k=0}^{\infty} h(k)R_X(n-k, n+m)$$

即

$$R_{YX}(m) = \sum_{k=0}^{\infty} h(k)R_X(m+k) = h(-m) * R_X(m)$$

**4) 系统输出的自相关函数**

$$R_Y(n, n+m) = E[Y(n)Y(n+m)]$$

$$= E\left\{\left[\sum_{K=0}^{\infty} h(k)X(n-k)\right]\left[\sum_{j=0}^{\infty} h(j)X(n+m-j)\right]\right\}$$

$$= \sum_{k=0}^{\infty} \sum_{j=0}^{\infty} h(k)h(j)E[X(n-k)X(n+m-j)]$$

$$= \sum_{k=0}^{\infty} \sum_{j=0}^{\infty} h(k)h(j)R_X(n-k, n+m-j)$$

所以

$$R_Y(m) = \sum_{k=0}^{\infty} \sum_{j=0}^{\infty} h(k)h(j)R_X(m+k-j)$$

$$= R_X(m) * h(m) * h(-m)$$

$$= R_{XY}(m) * h(-m)$$

$$= R_{YX}(m) * h(m)$$

$$E[Y^2(n)] = \sum_{k=0}^{\infty} \sum_{j=0}^{\infty} h(k)h(j)R_X(k-j)$$

**5) 功率谱密度函数表达式**

若系统输入随机信号是宽平稳的,则系统的输出也是宽平稳的,那么有

$$m_Y = m_X \left[\sum_{k=0}^{\infty} h(k)z^{-k}\right]_{z=1} = H(1)m_X$$

$$S_{XY}(z) = H(z)S_X(z), \quad S_{YX}(z) = H(z^{-1})S_X(z)$$

$$S_Y(z) = H(z)H(z^{-1})S_X(z) = H(z^{-1})S_{XY}(z) = H(z)S_{YX}(z)$$

令 $z = e^{j\omega}$,那么

$$S_{XY}(\omega) = H(e^{j\omega})S_X(\omega), \quad S_{YX}(\omega) = H(e^{-j\omega})S_X(\omega)$$

$$S_Y(\omega) = H(e^{j\omega})H(e^{-j\omega})S_X(\omega) = |H(e^{j\omega})|^2 S_X(\omega)$$

系统输出的自相关函数为

$$R_Y(m) = \frac{1}{2\pi j}\oint_l S_Y(z)z^{m-1}\,\mathrm{d}z$$

$$R_Y(m) = \frac{1}{2\pi}\int_{-\pi}^{\pi} |H(e^{j\omega})|^2 S_X(\omega)e^{jm\omega}\,\mathrm{d}\omega$$

6）输出平均功率的计算

$$E[Y^2(n)] = \frac{1}{2\pi j} \oint_l H(z)H(z^{-1})S_X(z)z^{-1}\mathrm{d}z$$

$$E[Y^2(n)] = \frac{1}{2\pi} \int_{-\pi}^{\pi} |H(e^{j\omega})|^2 S_X(\omega)\mathrm{d}\omega$$

式中：$l$ 代表 $z$ 复平面上的单位圆。

**【例 5.43】**　设 $X(n)$ 为均值为零、方差为 $\sigma^2$ 的离散白噪声，通过一个单位脉冲响应为 $h(n)$ 的线性时不变离散时间线性系统，$Y(n)$ 为其输出，试计算输出信号 $Y(n)$ 的平均功率 $\sigma_Y^2$。

**解**　根据离散白噪声性质，有

$$R_X(m) = E[X(n+m)X(n)] = \sigma^2\delta(m) = \begin{cases} \sigma^2, & m=0 \\ 0, & m\neq0 \end{cases}$$

$$Y(n) = X(n)*h(n) = \sum_{m=0}^{\infty} X(n-m)h(m)$$

$$\sigma_Y^2 = E[Y^2(n)] = E\left\{\left[\sum_{m_1=0}^{\infty} X(n-m_1)h(m_1)\right]\left[\sum_{m_2=0}^{\infty} X(n-m_2)h(m_2)\right]\right\}$$

$$= \sum_{m_1=0}^{\infty}\sum_{m_2=0}^{\infty} E[X(n-m_1)X(n-m_2)]h(m_1)h(m_2)$$

$$= \sum_{m_1=0}^{\infty}\left[\sum_{m_2=0}^{\infty}\sigma^2\delta(m_2-m_1)h(m_2)\right]h(m_1) = \sigma^2\sum_{m_1=0}^{\infty}h(m_1)h(m_1) = \sigma^2\sum_{n=0}^{\infty}h^2(n)$$

注：对于求和区间内的每个 $m_1$，在 $m_2$ 的区间内存在唯一的 $m_2=m_1$，使得 $\delta(m_2-m_1)\neq0$。

**【例 5.44】**　设离散系统的单位脉冲响应为 $h(n)=na^{-n}U(n)$（$a>1$），输入为自相关函数为 $R_X(m)=\sigma_X^2\delta(m)$ 的白噪声，求系统输出 $Y(n)$ 的自相关函数 $R_Y(m)$ 和功率谱密度函数 $S_Y(\omega)$。

**解**　根据离散时间随机过程通过离散时间线性系统理论，有

$$R_Y(m) = \sum_{m_1=0}^{\infty}\sum_{m_2=0}^{\infty} R_X(m-m_1+m_2)h(m_1)h(m_2)$$

$$= \sum_{m_1=0}^{\infty}\left[\sum_{m_2=0}^{\infty}\sigma_X^2\delta(m-m_1+m_2)m_2a^{-m_2}\right]m_1a^{-m_1}$$

注：对比因果连续系统的输出过程与输入过程相关函数的关系

$$R_Y(\tau) = \int_0^{\infty}\int_0^{\infty} R_X(\tau-\tau_1+\tau_2)h(\tau_1)h(\tau_2)$$

不妨设 $m\geqslant0$，则只有当 $m_1\geqslant m$ 时，求和区间内存在脉冲点 $m_2=m_1-m$，因此，

$$R_Y(m) = \sum_{m_1=m}^{\infty}\sigma_X^2(m_1-m)m_1a^{-(m_1-m)}a^{-m_1} = \sigma_X^2 a^m\left(\sum_{m_1=m}^{\infty}m_1^2a^{-2m_1} - m\sum_{m_1=m}^{\infty}m_1a^{-2m_1}\right)$$

$$= \sigma_X^2 a^m\left[\frac{m^2q^m-(2m^2-2m-1)q^{m+1}+(m^2-2m+1)q^{m+2}}{(1-q)^3} - \frac{m^2q^m-m(m-1)q^{m+1}}{(1-q)^2}\right]$$

$$= \sigma_X^2 a^m\frac{(m+1)q^{m+1}-(m-1)q^{m+2}}{(1-q)^3}$$

$$= \sigma_X^2 a^{-m}\frac{a^4(m+1)-a^2(m-1)}{(a^2-1)^3}$$

考虑到相关函数的偶函数特性，得

$$R_Y(m) = \sigma_X^2 a^{-|m|} \frac{a^4(|m|+1) - a^2(|m|-1)}{(a^2-1)^3}$$

下面求功率谱密度函数。

系统转移函数为

$$H(j\omega) = \sum_{n=0}^{\infty} h(n) e^{-j\omega n} = \sum_{n=0}^{\infty} n a^{-n} e^{-j\omega n} = \sum_{n=0}^{\infty} n p^n e^{-j\omega n} \ (\text{令 } p = a^{-1})$$

$$= p \frac{d}{dp} \Big[ \sum_{n=0}^{\infty} p^n e^{-j\omega n} \Big] = p \frac{d}{dp} \Big( \frac{1}{1 - p e^{-j\omega}} \Big) = \frac{p e^{-j\omega}}{(1 - p e^{-j\omega})^2} = \frac{a e^{-j\omega}}{(a - e^{-j\omega})^2}$$

因此，输出功率谱密度函数为

$$S_Y(\omega) = |H(j\omega)|^2 S_X(\omega) = \sigma_X^2 \left| \frac{a e^{-j\omega}}{(a - e^{-j\omega})^2} \right|^2$$

$$= \frac{\sigma_X^2 a^2}{(|a - \cos\omega + j\sin\omega|^2)^2} = \frac{\sigma_X^2 a^2}{(1 + a^2 - 2a\cos\omega)^2}$$

## 5.8.4　白噪声通过线性系统分析

### 1. 3 dB 带宽和等效噪声带宽

设连续线性系统的传递函数为 $H(j\omega)$，其输入白噪声功率谱密度函数为 $S_X(\omega) = \dfrac{N_0}{2}$，那么系统输出的功率谱密度函数为

$$S_Y(\omega) = |H(j\omega)|^2 \frac{N_0}{2}$$

或单边物理谱密度函数为

$$S_Y(\omega) = |H(j\omega)|^2 N_0 \ (\omega > 0)$$

上式表明，若输入端是具有均匀谱的白噪声，则输出端随机信号的功率谱密度函数主要由系统的幅频特性决定，不再保持常数。无线电系统都具有一定的选择性，这也是系统只允许与其频率特性一致的频率分量通过的原因。输出平均功率为

$$E[Y^2(t)] = \frac{N_0}{2\pi} \int_0^{\infty} |H(j\omega)|^2 d\omega$$

线性系统的 3 dB 带宽如图 5.42 所示。

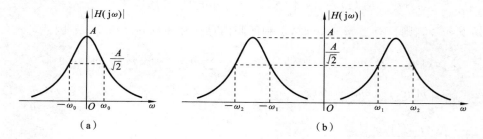

图 5.42　线性系统 3 dB 带宽

当系统比较复杂时，计算系统输出噪声的统计特性是困难的。在实际中为了计算方便，常

常用一个幅频响应为矩形的理想系统等效代替实际系统,在等效时要用到一个非常重要的概念:等效噪声带宽,它被定义为理想系统的带宽。等效噪声带宽如图5.43所示。

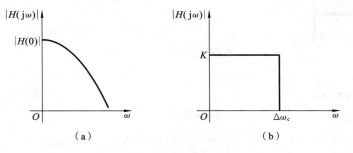

图 5.43　等效噪声带宽

等效的原则:理想系统(见图5.43(b))与实际系统(见图5.43(a))在同一白噪声激励下,两个系统的输出平均功率相等。理想系统的增益等于实际系统的最大增益。

【例 5.45】　假设白噪声电压为$X(t)$,其功率谱密度函数为$S_X(\omega)=\dfrac{N_0}{2}$,将它加到如图5.41所示的RC电路的输入端,求:

(1) 该电路的输出电压$Y(t)$的自相关函数与平均功率;

(2) 该系统的等效噪声带宽。

**解**　(1) 因为输入$X(t)$为平稳随机信号,故输出$Y(t)$也是平稳随机信号。

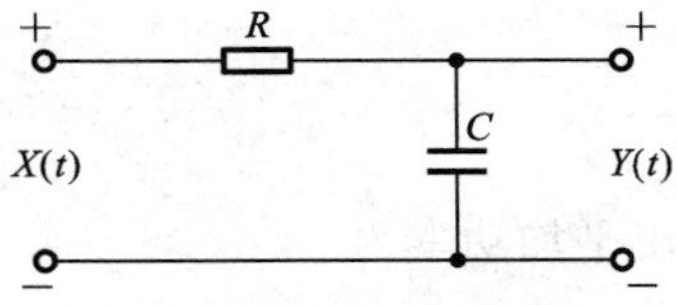

由图5.44可得出系统转移函数为

$$H(j\omega)=\frac{1/(j\omega C)}{R+1/(j\omega C)}=\frac{1}{1+j\omega RC} \Rightarrow |H(j\omega)|^2=\frac{1}{1+\omega^2 R^2 C^2}$$

图 5.44　积分电路

输入信号噪声的功率谱密度函数为

$$S_X(\omega)=N_0/2$$

输出$Y(t)$的功率谱密度函数和自相关函数为

$$S_Y(\omega)=S_X(\omega)|H(j\omega)|^2=\frac{N_0}{2}\frac{1}{1+\omega^2 R^2 C^2}=\frac{N_0}{4}\frac{1}{RC}\frac{2/(RC)}{\omega^2+1/(R^2 C^2)}$$

$$R_Y(\tau)=\frac{N_0}{4RC}\mathrm{e}^{-|\tau|/(RC)}$$

输出$Y(t)$的平均功率为

$$\psi_Y^2=R_Y(0)=\frac{N_0}{4RC}$$

(2) 系统转移函数和单位冲激响应函数为

$$H(j\omega)=\frac{1/(j\omega C)}{R+1/(j\omega C)}=\frac{1}{1+j\omega RC} \Leftrightarrow h(t)=\begin{cases}\dfrac{1}{RC}\mathrm{e}^{-\frac{t}{RC}}, & t\geqslant 0 \\ 0, & t<0\end{cases}$$

系统转移函数的模的平方及其傅里叶逆变换为

$$|H(j\omega)|^2=\frac{1}{1+\omega^2(RC)^2} \Leftrightarrow r_h(t)=\frac{1}{2RC}\mathrm{e}^{-\frac{|t|}{RC}}$$

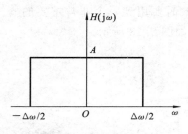

图 5.45　低通线性系统

因而 $\omega=0$，$|H(j0)|^2=1$，于是系统的等效噪声带宽为

$$B_N=\frac{r_h(0)}{2\,|H(j0)|^2}=\frac{1}{4RC}$$

### 2. 白噪声通过理想低通线性系统

系统函数为

$$|H(j\omega)|=\begin{cases}A,&|\omega|\leqslant\Delta\omega/2\\0,&\text{其他}\end{cases}$$

低通线性系统如图 5.45 所示。

设白噪声的功率谱密度函数 $S_X(\omega)=\dfrac{N_0}{2}$，输出的功率谱密度函数为

$$S_Y(\omega)=|H(j\omega)|^2S_X(\omega)=\begin{cases}\dfrac{N_0A^2}{2},&-\Delta\omega/2\leqslant\omega\leqslant\Delta\omega/2\\0,&\text{其他}\end{cases}$$

输出的自相关函数为

$$R_Y(\tau)=\frac{1}{2\pi}\int_{-\infty}^{+\infty}S_Y(\omega)\mathrm{e}^{j\omega\tau}\mathrm{d}\omega=\frac{1}{2\pi}\int_{-\Delta\omega/2}^{\Delta\omega/2}\frac{N_0A^2}{2}\cos(\omega\tau)\mathrm{d}\omega$$

$$=\frac{N_0A^2}{2\pi\tau}\sin\frac{\Delta\omega\tau}{2}=\frac{N_0A^2\Delta\omega}{4\pi}\frac{\sin\dfrac{\Delta\omega\tau}{2}}{\dfrac{\Delta\omega\tau}{2}}$$

输出平均功率为

$$E[Y^2(t)]=\frac{N_0A^2\Delta\omega}{4\pi}$$

输出相关系数为

$$r_Y(\tau)=\frac{C_Y(\tau)}{C_Y(0)}=\frac{R_Y(\tau)}{R_Y(0)}=\frac{\sin\dfrac{\Delta\omega\tau}{2}}{\dfrac{\Delta\omega\tau}{2}}$$

输出相关时间为

$$\tau_0=\int_0^\infty r_Y(\tau)\mathrm{d}\tau=\int_0^\infty\left(\frac{\sin\dfrac{\Delta\omega\tau}{2}}{\dfrac{\Delta\omega\tau}{2}}\right)\mathrm{d}\tau=\frac{\pi}{\Delta\omega}=\frac{1}{2\Delta f},\quad\Delta f=\frac{\Delta\omega}{2\pi}$$

其中，$\displaystyle\int_0^\infty\frac{\sin(ax)}{x}\mathrm{d}x=\frac{\pi}{2}$，$a>0$。

该式表明：输出随机信号的相关时间与系统的带宽成反比。也就是说，系统带宽越宽，相关时间越小，输出随机信号随时间变化（起伏）越剧烈；反之，系统带宽越窄，则越大，输出随机信号随时间变化就越缓慢。

### 3. 白噪声通过理想带通线性系统

系统函数为

$$|H(j\omega)|=\begin{cases}A,&|\omega\pm\omega_0|\leqslant\Delta\omega/2\\0,&\text{其他}\end{cases},\quad\Delta\omega\ll\omega_0$$

带通线性系统如图 5.46 所示。

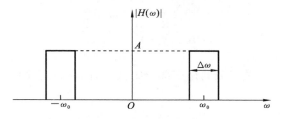

图 5.46 带通线性系统

系统的中心频率远大于系统的带宽,则称这样的系统为窄带系统。

若输入白噪声的功率谱密度函数 $S_X(\omega) = \dfrac{N_0}{2}$,则输出的功率谱密度函数为

$$S_Y(\omega) = |H(j\omega)|^2 S_X(\omega) = \begin{cases} \dfrac{N_0 A^2}{2}, & |\omega - \omega_0| \leqslant \Delta\omega/2 \\ 0, & \text{其他} \end{cases}$$

输出相关函数为

$$R_Y(\tau) = \frac{1}{2\pi} \int_{-\infty}^{+\infty} S_Y(\omega) e^{j\omega\tau} d\omega = \frac{1}{2\pi} \int_{\omega_0 - \Delta\omega/2}^{\omega_0 + \Delta\omega/2} \frac{A^2 N_0}{2} \cos(\omega\tau) d\omega$$

$$= \frac{A^2 N_0 \Delta\omega}{4\pi} \frac{\sin(\Delta\omega\tau/2)}{\Delta\omega\tau/2} \cos(\omega_0\tau) = a(\tau)\cos(\omega_0\tau)$$

其中,$a(\tau) = \dfrac{A^2 N_0 \Delta\omega}{4\pi} \dfrac{\sin(\Delta\omega\tau/2)}{\Delta\omega\tau/2}$。

输出自相关函数 $R_Y(\tau)$ 等于 $a(\tau)$ 与 $\cos(\omega_0\tau)$ 的乘积,其中 $a(\tau)$ 只包含 $\Delta\omega(\tau)$ 的成分。当 $\Delta\omega \ll \omega_0$ 时,$a(\tau)$ 与 $\cos(\omega_0\tau)$ 相比,$a(\tau)$ 是 $\tau$ 的慢变化函数,而 $\cos(\omega_0\tau)$ 是 $\tau$ 的快变化函数,可见 $a(\tau)$ 是 $R_Y(\tau)$ 的慢变化部分并且是 $R_Y(\tau)$ 的包络,而 $\cos(\omega_0\tau)$ 是 $R_Y(\tau)$ 的快变化部分。

理想带通系统输出的相关函数等于其相应的低通系统输出的相关函数与 $\cos(\omega_0\tau)$ 的乘积,如图 5.47 所示。

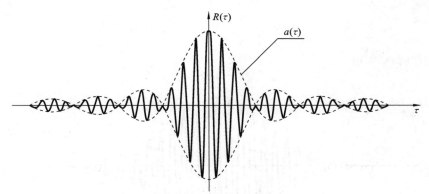

图 5.47 理想带通系统输出的相关函数

带通系统输出的平均功率为

$$E[Y^2(t)] = \frac{N_0 A^2 \Delta\omega}{2\pi}$$

输出的相关系数为

$$r_Y(\tau) = \frac{C_Y(\tau)}{C_Y(0)} = \frac{R_Y(\tau)}{R_Y(0)} = \frac{\sin\dfrac{\Delta\omega\tau}{2}}{\dfrac{\Delta\omega\tau}{2}}\cos(\omega_0\tau)$$

带通系统的相关时间是由相关系数的慢变部分定义的,因此带通系统的相关时间与低通系统的相关时间一致:

$$\tau_0 = \int_0^\infty \frac{\sin\dfrac{\Delta\omega\tau}{2}}{\dfrac{\Delta\omega\tau}{2}}\mathrm{d}\tau = \frac{\pi}{\Delta\omega} = \frac{1}{2\Delta f}, \quad \Delta f = \frac{\Delta\omega}{2\pi}$$

**4. 白噪声通过理想高斯线性系统**

高斯带通系统的频率响应为

$$|H(\mathrm{j}\omega)| = A\exp\left[-\frac{(\omega-\omega_0)^2}{2\beta^2}\right]$$

设输入白噪声的功率谱密度函数为

$$S_X(\omega) = \frac{N_0}{2}$$

系统输出功率谱密度函数为

$$S_Y(\omega) = |H(\mathrm{j}\omega)|^2 S_X(\omega) = \frac{N_0}{2}A^2\exp\left[-\frac{(\omega-\omega_0)^2}{\beta^2}\right]$$

输出相关函数为

$$\begin{aligned}
R_Y(\tau) &= \frac{1}{2\pi}\int_{-\infty}^\infty \frac{N_0}{2}A^2\exp\left[-\frac{(\omega-\omega_0)^2}{\beta^2}\right]\mathrm{e}^{\mathrm{j}\omega\tau}\mathrm{d}\omega \\
&= \frac{N_0 A^2}{4\pi}\int_{-\infty}^\infty \exp\left(-\frac{\omega^2}{\beta^2}\right)\mathrm{e}^{-\mathrm{j}(\omega-\omega_0)\tau}\mathrm{d}\omega \\
&= \frac{N_0 A^2}{4\pi}\mathrm{e}^{\mathrm{j}\omega_0\tau}\int_{-\infty}^\infty \exp\left(-\frac{\omega^2}{\beta^2}\right)\mathrm{e}^{-\mathrm{j}\omega\tau}\mathrm{d}\omega \\
&= A^2 N_0 \frac{\beta}{4\sqrt{\pi}}\mathrm{e}^{-\frac{\beta^2\tau^2}{4}}\mathrm{e}^{\mathrm{j}\omega_0\tau} = a(\tau)\mathrm{e}^{\mathrm{j}\omega_0\tau}
\end{aligned}$$

波形如图 5.48 所示。

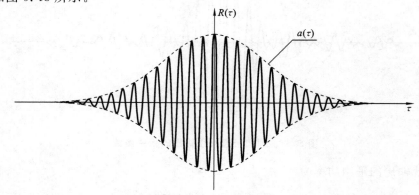

**图 5.48　白噪声通过理想高斯线性系统后输出的自相关函数**

输出平均功率为

$$R(0) = A^2 N_0 \frac{\beta}{4\sqrt{\pi}}$$

相关系数为

$$r_Y(\tau) = e^{-\frac{\beta^2 \tau^2}{4}} e^{j\omega_0 \tau}$$

等效噪声带宽为

$$\Delta\omega_e = \frac{\int_0^\infty |H(\omega)|^2 d\omega}{|H(\omega_0)|^2} = \int_0^\infty e^{-\frac{(\omega-\omega_0)^2}{\beta^2}} d\omega = \sqrt{\pi}\beta$$

相关时间为

$$\tau_0 = \int_0^\infty e^{-\frac{\beta^2 \tau^2}{4}} d\tau = \frac{\sqrt{\pi}}{\beta}$$

### 5.8.5　线性系统输出的概率分布

求解线性系统输出端随机信号的概率分布是很困难的事情。对于以下两种情况，我们认为输出服从高斯分布。

（1）输入随机信号为高斯过程。

线性系统输入为高斯过程，则该系统输出仍为高斯过程。

（2）系统输入为非高斯过程，其带宽远大于线性系统的通频带的情况。

若系统输入端的平稳随机过程为非高斯分布，只要输入过程的等效噪声带宽远大于系统的通频带时，则系统输出端便能得到接近于高斯分布的随机过程。

为什么上述两种情况下成立？原因在于以下两种情况。

（1）线性系统输入为高斯过程，则该系统输出仍为高斯过程，即

$$Y(t) = \int_0^\infty h(\tau)X(t-\tau)d\tau = \int_{-\infty}^t h(t-\tau)X(\tau)d\tau$$

表示成级数为

$$Y(t) = \lim_{\substack{\Delta\tau \to 0 \\ n \to \infty}} \sum_{i=1}^n h(t-\tau_i)X(\tau_i)d\tau_i \tag{5.6}$$

若将 $X(t)$ 和 $Y(t)$ 两个随机过程都用相应的多维随机变量来代替，则随机过程的线性变换实际上可以看成是由一组线性方程组表示的多维随机变量的线性变换。这样，根据第 6 章的有关结论可知：当 $X(t)$ 为高斯过程时，多维高斯变量经线性变换后，得到的多维随机变量仍是高斯型的，因此 $Y(t)$ 是高斯过程。

（2）若系统输入端的平稳随机过程为非高斯分布，只要输入过程的等效噪声带宽远大于系统的通频带时，则系统输出端便能得到接近于高斯分布的随机过程。

基本思想：在式（5.6）中，$X(\tau_i)$ 为随机变量，它是非高斯的。根据中心极限定理，大量统计独立的随机变量之和的分布接近于高斯分布，因此，$Y(t)$ 接近于高斯分布。

因此，所要求的条件是：① 随机变量必须相互独立；② 独立随机变量求和的数目要足够多。

如何才能达到以上条件呢？

对于条件①，要求满足输入随机过程采样值之间相互独立的条件，可以从以下方面来考虑：

a. $X(\tau_i)$ 之间是互不相关的充要条件是 $\Delta\tau_i \geqslant \tau_0$；

b. $X(\tau_i)$ 之间是统计独立的充要条件是 $\Delta\tau_i > \tau_0$；

对于条件②，随机变量求和的数目足够多的条件如何才能满足呢？可以从以下方面来考虑。

设线性系统的单位冲激响应 $h(t)$ 的建立时间为 $t_y$，则输出可近似写成

$$Y(t) \approx \sum_{i=1}^{n} X(\tau_i) h(t-\tau_i) \Delta\tau_i$$

其中，$n = t_y / \Delta\tau_i$，$t_y \to \infty$，即 $n \to \infty$。

显然，随机变量求和的数目足够多的条件是 $t_y \gg \Delta\tau_i$。

以上两个条件的物理解释如下：

线性动态系统具有惰性，不能立即对输入信号作出响应，它需要有一定的建立时间 $t_y$。当 $t_y$ 足够小时，系统的单位冲激响应 $h(t)$ 近似于 $\delta(t)$，这时系统对输入响应极快，使输入过程通过系统后失真很小，于是输出过程的分布将与原输入过程的分布相接近，这样当输入为非高斯过程时，在输出就不可能得到高斯分布的随机过程。当 $t_y$ 足够大时，即 $\tau_0 \ll \Delta\tau_i \ll t_y$，输出随机过程 $Y(t)$ 在任意时刻 $t$ 上，皆为大量独立随机变量之和。因此，线性系统在非高斯随机信号激励下，其输出随机信号的分布趋于高斯分布，而与输入随机信号是否服从高斯分布无关。

综上所述，因为输入过程的相关时间与其等效噪声带宽成反比，即 $\tau_0 \propto 1/\Delta f_X$，且系统建立时间与其 3 dB 带宽成反比，即 $t_y \propto 1/\Delta f$，如果线性系统的输入过程的等效噪声带宽远大于系统的通频带（即 $\Delta f_X \gg \Delta f$）时，从而有结论 $\tau_0 \ll t_y$，所以系统输出过程的概率接近于高斯分布。

**【例 5.46】** 设有一个广义平稳信号 $S(t)$，通过线性时不变系统后的信号为 $X(t)$，$S(t)$ 的带宽远大于系统带宽，$X(t)$ 自相关函数如图 5.49 所示。

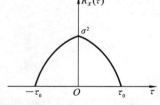

**图 5.49　$X(t)$ 自相关函数**

（1）输出信号 $X(t)$ 是广义平稳的吗？ 如果是，求输出该信号的均值和方差；

（2）对 $X(t)$ 进行采样，如果要求相邻采样点统计独立，给出可能的采样间隔集合；

（3）给出最小采样间隔下 $N$ 个连续采样点的联合密度函数。

**解**　（1）根据广义平稳随机信号通过线性时不变系统后，输出仍然是广义平稳随机信号的原理，得出输出信号 $X(t)$ 是广义平稳的。其均值和方差分别为

$$R_X(\infty) = m_X^2 \Rightarrow m = 0$$

$$\sigma_X^2 = R_X(0) - m_X^2 = \sigma^2$$

（2）宽带信号通过窄带系统后，其输出信号服从高斯分布。同时，不相关的高斯随机变量是统计独立的。当采样间隔大于 $\tau_0$ 时，相邻的两个随机变量是统计独立的，因此，其可能的采样间隔集合为：$\{T_s \mid T_s \geqslant \tau_0\}$。

（3）最小采样时间间隔为 $T_s = \tau_0$，$N$ 个点相互统计独立，因此其联合密度函数为

$$f_X(x_1, x_2, \cdots, x_N; t_1, t_2, \cdots, t_N) = \prod_{i=1}^{N} f_X(x_i; t_i) = \frac{1}{(2\pi)^{\frac{N}{2}}} \exp\left(-\frac{x_1^2 + x_2^2 + \cdots + x_N^2}{2}\right)$$

# 习　题　5

习题 5 解析

**5.1**　设 $Z(t) = X\sin t + Y\sin t$，其中 $X$、$Y$ 是独立同分布的随机变量，其分布列为

| $X$ | $-6$ | $2$ |
|---|---|---|
| $P\{X\}$ | $1/4$ | $3/4$ |

证明：$Z(t) = X\sin t + Y\sin t$ 是宽平稳过程但不是严平稳过程。

**5.2**　设有随机过程 $X(t) = A\cos(\pi t)$，其中 $A$ 是均值为零、方差为 $\sigma^2$ 的正态随机变量，求：

(1) $X(1)$ 和 $X\left(\frac{1}{4}\right)$ 的概率密度；

(2) $X(t)$ 是否为平稳过程。

**5.3**　设有随机过程 $X(t) = A\cos(\omega t + \Theta)$，其中 $A$ 是服从瑞利分布的随机变量，其概率密度函数为

$$f(x) = \begin{cases} \dfrac{x}{\sigma^2} \exp\left(-\dfrac{x^2}{2\sigma^2}\right), & x > 0 \\ 0, & x \leqslant 0 \end{cases}$$

$\Theta$ 是在 $(0, 2\pi)$ 上服从均匀分布且与 $A$ 相互独立的随机变量，$\omega$ 为常数，问 $X(t)$ 是否为平稳过程。

**5.4**　设 $\{N(t), t \geqslant 0\}$ 是参数为 $\lambda$ 的泊松过程，求：(1) 联合概率 $P\{N(t_1) = k_1, N(t_2) = k_2\}$；(2) 计算 $\{N(t), t \geqslant 0\}$ 的均值和相关函数；(3) 判断 $\{N(t), t \geqslant 0\}$ 是否平稳。

**5.5**　设有一个一般概念的随机电报信号 $\{X(t), t \in T\}$，它的定义如下：① $X(0)$ 是正态分布的随机变量 $N(0, \sigma^2)$；② 时间 $\tau$ 内出现的电报脉冲的个数服从泊松分布，即

$$P\{k, \tau\} = \frac{(\lambda\tau)^k}{k!} e^{-\lambda\tau}, \quad k = 0, 1, 2, 3, \cdots$$

③ 不同时间的电报脉冲幅度服从正态分布 $N(0, \sigma^2)$，这个脉冲幅度值延伸到下一个电报脉冲出现时保持不变，在不同电报脉冲内的幅度取值是相互独立的，同一个电报脉冲内幅度是不变的；④ 不同时间间隔内出现电报脉冲的个数是相互统计独立的。它的样本函数如图 5.50 所示。

试求：(1) 它的二维概率密度函数；(2) 该过程是否平稳？

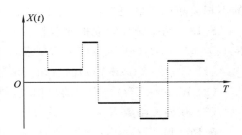

**图 5.50**　图题 5.5

**5.6**　设 $\{\xi(n), n = 0, 1, 2, \cdots\}$ 是时间离散的马尔可夫链，$\forall n, \xi(n) \in I = \{0, 1\}$，它的一步

转移概率矩阵为 $\boldsymbol{P} = \begin{bmatrix} q_1 & p_1 \\ p_2 & q_2 \end{bmatrix}$，其中 $p_1 + q_1 = 1$，$p_2 + q_2 = 1$，且 $P\{\xi(0) = 0\} = \dfrac{p_1}{p_1 + p_2}$，$P\{\xi(0) = 1)\} = \dfrac{p_2}{p_1 + p_2}$。

试证明该过程为严平稳过程。

**5.7** 设有随机过程 $\xi(t) = \sum\limits_{k=1}^{n} A_k \mathrm{e}^{\mathrm{j}\omega_k t}$，其中 $A_k (k = 1, 2, 3, \cdots, n)$ 是 $n$ 个随机变量，$\omega_k (k = 1, 2, 3, \cdots, n)$ 是 $n$ 个实数。试问 $\{A_k, k = 1, 2, 3, \cdots, n\}$ 之间应该满足什么条件才能使 $\xi(t)$ 是一个复平稳过程？

**5.8** 设 $X(t)$ 为平稳过程，其自相关函数 $R_X(\tau)$ 是以 $T_0$ 为周期的函数，证明：$X(t)$ 是周期为 $T_0$ 的平稳过程。

**5.9** 对于广义平稳随机过程 $X(t)$，已知均值 $m_X = 0$，方差 $\sigma_X^2 = 4$，问下述函数可否作为自相关函数，为什么？

(1) $R_X(\tau) = 4\delta(\tau)$；　　　　　　　(2) $R_X(\tau) = 2 + 4\cos(4\tau)$；

(3) $R_X(\tau) = 3(2 + 3\tau^2)^{-1}$；　　　　(4) $R_X(\tau) = -4\mathrm{e}^{-|\tau|}$；

(5) $R_X(\tau) = 4\left(\dfrac{\sin\tau}{\tau}\right)^2$。

**5.10** 设随机过程 $X(t) = \mathrm{e}^{-xt} (0 < t < \infty)$，其中 $x$ 在 $(0, 2\pi]$ 上均匀分布。

(1) 求均值 $m_X(t)$ 和自相关函数 $R_X(t, t+\tau)$；(2) 判断是否广义平稳。

**5.11** 设有随机信号 $X(t)$ 和 $Y(t)$ 都不是广义平稳的，且 $X(t) = A(t)\cos(\omega t)$，$Y(t) = B(t)\cos(\omega t)$，其中 $A(t)$ 和 $B(t)$ 是相互独立的广义平稳信号，它们均为零均值且有相同的相关函数。判断 $Z(t) = X(t) + Y(t)$ 的广义平稳性。

**5.12** 设一个积分平均电路的输入与输出之间满足关系式：$Y(t) = \dfrac{1}{T}\displaystyle\int_{t-T}^{t} X(u)\mathrm{d}u$，其中 $T$ 为积分时间常数，若输入信号 $X(t)$ 是均值为零的平稳过程，且功率谱密度函数为 $S_X(\omega)$，试判断 $Y(t)$ 的平稳性，并进一步求 $Y(t)$ 的功率谱密度函数。

**5.13** 随机信号 $X(t) = 10\sin(\omega_0 t + \Theta)$，$\omega_0$ 为确定常数，$\Theta$ 为在 $[-\pi, \pi]$ 上均匀分布的随机变量。若 $X(t)$ 通过平方律器件，得到 $Y(t) = X^2(t)$，试计算 $Y(t)$ 的均值和相关函数，并判断 $Y(t)$ 的平稳性。

**5.14** 给定随机过程 $X(t) = A\cos(\omega_0 t) + B\sin(\omega_0 t)$，其中 $\omega_0$ 是常数，$A$ 和 $B$ 是两个任意的不相关随机变量，它们均值为零，方差同为 $\sigma^2$。证明：$X(t)$ 是广义平稳而不是严格平稳的。

**5.15** 两个统计独立的平稳随机过程 $X(t)$ 和 $Y(t)$，其均值都为 $0$，自相关函数分别为 $R_X(\tau) = \mathrm{e}^{-|\tau|}$，$R_Y(\tau) = \cos(2\pi\tau)$，试求：

(1) $Z(t) = X(t) + Y(t)$ 的自相关函数；

(2) $W(t) = X(t) - Y(t)$ 的自相关函数；

(3) 互相关函数 $R_{ZW}(\tau)$。

**5.16** 设 $Y(t) = X(-1)^{N(t)}$，$t \geqslant 0$，其中 $\{N(t), t \geqslant 0\}$ 是强度为 $\lambda > 0$ 的泊松过程，随机变量 $X$ 与此泊松过程 $\{N(t); t \geqslant 0\}$ 相互独立，且有如下分布：

$$P\{X = -a\} = P\{X = a\} = 1/4, \quad P\{X = 0\} = 1/2, \quad a > 0$$

随机过程 $Y(t)$，$t \geqslant 0$ 是否为平稳过程？请说明理由。

**5.17**　对于两个零均值广义平稳随机过程 $X(t)$ 和 $Y(t)$，已知 $\sigma_X^2 = 5, \sigma_Y^2 = 10$，问下述函数可否作为自相关函数，为什么？

(1) $R_X(\tau) = 5u(\tau)\exp(-3\tau)$；　　　　　　　(2) $R_X(\tau) = 5\sin(5\tau)$；

(3) $R_Y(\tau) = 9(1+2\tau^2)^{-1}$；　　　　　　　(4) $R_Y(\tau) = -\cos(6\tau)\exp(-|\tau|)$；

(5) $R_X(\tau) = 5\left[\dfrac{\sin(3\tau)}{3\tau}\right]^2$；　　　　　　　(6) $R_Y(\tau) = 6+4\left[\dfrac{\sin(10\tau)}{10\tau}\right]$；

(7) $R_X(\tau) = 5\exp(-|\tau|)$；　　　　　　　(8) $R_Y(\tau) = 6+4\exp(-3\tau^2)$。

**5.18**　已知随机过程 $X(t)$ 和 $Y(t)$ 独立且各自平稳，自相关函数为 $R_X(\tau) = 2\mathrm{e}^{-|\tau|}\cos(\omega_0\tau)$、$R_Y(\tau) = 9+\exp(-3\tau^2)$。令随机过程 $Z(t) = AX(t)Y(t)$，其中 $A$ 是均值为 2，方差为 9 的随机变量，且与 $X(t)$ 和 $Y(t)$ 相互独立。求过程 $Z(t)$ 的均值、方差和自相关函数。

**5.19**　设 $\{\xi(t), -\infty < t < +\infty\}$ 是平稳过程，令 $\eta(t) = \xi(t)\cos(\omega_0 t + \Theta)(-\infty < t < +\infty)$，其中 $\omega_0$ 是常数，$\Theta$ 为均匀分布在 $[0,2\pi]$ 上的随机变量，且 $\{\xi(t), -\infty < t < +\infty\}$ 与 $\Theta$ 相互独立，$R_\xi(\tau)$ 和 $S_\xi(\omega)$ 分别是 $\{\xi(t), -\infty < t < +\infty\}$ 的相关函数与功率谱密度函数，试证：

(1) $\{\eta(t), -\infty < t < +\infty\}$ 是平稳过程，且相关函数为

$$R_\eta(\tau) = \frac{1}{2}R_\xi(\tau)\cos(\omega_0\tau)$$

(2) $\{\eta(t), -\infty < t < +\infty\}$ 的功率谱密度函数为

$$S_\eta(\omega) = \frac{1}{4}\left[S_\xi(\omega-\omega_0) + S_\xi(\omega+\omega_0)\right]$$

**5.20**　随机过程 $\xi(t) = A\cos(\omega t + \Phi)(-\infty < t < +\infty)$，其中 $A$、$\omega$、$\Phi$ 是相互统计独立的随机变量，且 $E(A) = 2, D(A) = 4$，$\omega$ 是在 $[-5,5]$ 上均匀分布的随机变量，$\Phi$ 是在 $[-\pi,\pi]$ 上均匀分布的随机变量。试分析 $\xi(t)$ 的平稳性和各态历经性。

**5.21**　已知随机过程 $\xi(t)$ 的相关函数为：$R_\xi(\tau) = \mathrm{e}^{-\alpha\tau^2}$，问该随机过程 $\xi(t)$ 是否均方连续？是否均方可微？

**5.22**　$W(t)$ 为独立二进制传输信号，时隙长度为 $T$。在时隙内的任一点 $P\{W(t) = +1\} = 0.2$ 和 $P\{W(t) = -1\} = 0.8$，试求：

(1) $W(t)$ 的一维概率密度函数；(2) $W(t)$ 的二维概率密度函数；(3) 分析 $W(t)$ 的平稳性。

**5.23**　已知平稳过程 $\{X(t), -\infty < t < +\infty\}$ 的均值函数为 $m(t) = 0$，相关函数为 $R(\tau) = \mathrm{e}^{-|\tau|}$，试分析该过程"均值"的各态历经性。

**5.24**　设有随机过程 $\{X(t) = A\sin(\pi t + \varphi), -\infty < t < +\infty\}$，其中 $A, \varphi$ 是相互独立的随机变量，$A \sim N(0,1)$，$\varphi \sim U(0,2\pi)$，试分析 $\{X(t), -\infty < t < +\infty\}$ 的平稳性和各态历经性。

**5.25**　下述函数哪些是实随机信号功率谱密度函数的正确表达式？为什么？

(1) $\left(\dfrac{\sin\omega}{\omega}\right)^2$；　　　　(2) $\dfrac{\omega^2}{\omega^6+3\omega^2+3}$；　　　　(3) $\dfrac{\omega^2}{\omega^4-1} - \delta(\omega)$；

(4) $\dfrac{\omega^4}{\mathrm{j}\omega^6+\omega^2+1}$；　　　　(5) $\dfrac{|\omega|}{\omega^4+2\omega^2+1}$；　　　　(6) $\mathrm{e}^{-(\omega-1)^2}$。

**5.26**　设两个随机过程 $X(t)$ 和 $Y(t)$ 联合平稳，其互相关函数为

$$R_{XY}(\tau) = \begin{cases} \mathrm{e}^{-\tau}, & \tau \geqslant 0 \\ 0, & \tau < 0 \end{cases}$$

求 $X(t)$ 和 $Y(t)$ 的互功率谱密度函数 $S_{XY}(\omega)$ 与 $S_{YX}(\omega)$。

**5.27**　设平稳随机序列 $\{X(n),n=0,\pm1,\pm2,\cdots\}$ 的自相关函数为 $R_X(k)=a^{|k|}(|a|<1)$，求序列 $\{X(n),n=0,\pm1,\pm2,\cdots\}$ 自相关函数的 $z$ 变换 $S_X(z)$ 和功率谱密度函数 $S_X(\omega)$。

**5.28**　随机过程 $X(t)=A\sin t+B\cos t$，其中 $A$ 和 $B$ 为零均值随机变量，且相互独立。证明：$X(t)$ 是均值各态历经的，而均方值无各态历经性。

**5.29**　设有相位调制的正弦波过程 $\xi(t)=A\cos(\omega t+\pi\eta(t))$，其中 $\omega>0$ 常数，$\{\eta(t),t\geqslant0\}$ 是泊松过程，$A$ 是对称伯努利随机变量，即 $P\{A=1\}=P\{A=-1\}=\dfrac{1}{2}$，$A$ 和 $\eta(t)$ 是相互统计独立的，试求其样本函数，样本函数是否连续？ 求 $\xi(t)$ 的自相关函数 $R_\xi(t_1,t_2)$，问该过程是否均方连续？

**5.30**　设有实宽平稳随机过程 $\xi(t)$，其相关函数为 $R_\xi(\tau)$，试证：
$$P\{|\xi(t+\tau)-\xi(t)|\geqslant\varepsilon\}\leqslant\frac{2}{\varepsilon^2}[R_\xi(0)-R_\xi(\tau)]$$

**5.31**　已知随机过程 $\xi(t)$ 的相关函数为
$$R_\xi(\tau)=\mathrm{e}^{-\alpha\tau^2}$$
问该随机过程 $\xi(t)$ 是否均方连续？ 是否均方可微？

**5.32**　设 $\{N(t);t\geqslant0\}$ 是一强度为 $\lambda$ 的泊松过程，记 $X(t)=\dfrac{\mathrm{d}N(t)}{\mathrm{d}t}$，试求随机过程 $X(t)$ 的均值和相关函数。

**5.33**　设有实平稳随机过程 $X(t)$，它的均值为零，相关函数为 $R_X(\tau)$，若 $Y(t)=\displaystyle\int_0^t X(s)\mathrm{d}s$，求 $Y(t)$ 的自协方差函数和方差函数。

**5.34**　广义平稳随机过程 $X(t)$ 在四个不同时刻的四维随机变量 $\boldsymbol{X}=[X(t_1),X(t_2),X(t_3),X(t_4)]^{\mathrm{T}}$ 的自相关矩阵为
$$\boldsymbol{R}_X=E[\boldsymbol{X}\boldsymbol{X}^{\mathrm{T}}]=\begin{bmatrix}2 & 1.3 & 0.4 & a\\ b & 2 & 1.2 & 0.8\\ 0.4 & 1.2 & c & 1.1\\ 0.9 & d & e & 2\end{bmatrix}$$
求矩阵中未知元素 $a$、$b$、$c$、$d$ 的值。

**5.35**　设有随机过程 $\xi(t)=Xt^2+Y(-\infty<t<+\infty)$，$X$ 与 $Y$ 是相互独立的正态随机变量，期望均为 0，方差分别为 $\sigma_X^2$ 和 $\sigma_Y^2$。证明：过程 $\xi(t)$ 均方可导，并求 $\xi(t)$ 导过程的相关函数。

**5.36**　设有微分方程 $3\dfrac{\mathrm{d}X(t)}{\mathrm{d}t}+2X(t)=W_0(t)$，初值 $X(0)=X_0$ 为常数，$W_0(t)$ 是标准维纳过程，求随机过程 $X(t)$ 在 $t$ 时刻的一维概率密度。

**5.37**　设 $\{B_t\}$ 为零初值的标准布朗运动过程，问此过程的均方导数过程是否存在？ 并说明理由。

**5.38**　随机信号 $X(t)=X_0+\sin(\pi t+\theta)$，其中 $\theta$ 是 $[0,2\pi]$ 上均匀分布的随机变量，$X_0$ 是随机变量，它和 $\theta$ 统计独立。

（1）计算 $X(t)$ 的均值、自相关函数，判断 $X(t)$ 的平稳性；

（2）当 $X_0$ 满足什么条件时，$X(t)$ 具备各态历经的？

**5.39**  设正弦随机信号 $X(t)=A\cos(\omega t)$，其中 $A\sim U(-1,1)$。令 $Y(t)=X(t-\Theta)$，且 $A$ 和 $\Theta$ 统计独立，试问：

（1）$X(t)$ 是否严格循环平稳？（2）$X(t)$ 是否广义循环平稳？（3）当 $\Theta$ 满足什么分布时，$Y(t)$ 是广义平稳信号？

**5.40**  设有随机过程 $X(t)=At+B(-\infty<t<\infty)$，$A$ 与 $B$ 是相互独立的随机变量，期望均为 0，方差分别为 $\sigma_A^2$ 和 $\sigma_B^2$。证明：过程 $X(t)$ 均方可导，并求 $X'(t)=\dfrac{\mathrm{d}X(t)}{\mathrm{d}t}$ 过程的相关函数。

**5.41**  设 $\{X(t),t\in T\}$ 是实平稳过程，$R_X(\tau)=25+4/(1+6\tau^2)$，计算均值和方差。

**5.42**  已知零均值平稳随机过程 $\{X(t), -\infty<t<\infty\}$ 的功率谱密度函数为

$$S(\omega)=\frac{\omega^2+4}{\omega^4+10\omega^2+9}$$

试求其自相关函数、方差和平均功率。

**5.43**  离散白噪声 $\{X(n),n=0,\pm1,\pm2,\cdots\}$，其中，$X(n)$ 是两两不相关的随机变量，且 $E[X(n)]=0,D[X(n)]=2$。试求 $X(n)$ 的功率谱密度函数。

**5.44**  若平稳随机过程 $X(t)$ 的自相关函数为

$$R_X(\tau)=\begin{cases}1-\dfrac{|\tau|}{T}, & |\tau|\leqslant T\\[2mm] 0, & |\tau|>T\end{cases}$$

若将 $X(t)$ 加到如图 5.41 所示的 RC 电路上，试求：

（1）输出信号 $Y(t)$ 的功率谱密度函数；

（2）$Q(t)=Y(t)-X(t)$ 的功率谱密度函数。

**5.45**  若信号 $X(t)=X_0+\cos(\omega_0 t+\Theta)$ 输入到如图 5.41 所示的 RC 电路上，其中 $X_0$ 为 $[0,1]$ 上均匀分布的随机变量，$\Theta$ 为 $[0,2\pi]$ 上均匀分布的随机变量，并且 $X_0$ 与 $\Theta$ 彼此独立，$Y(t)$ 为电路的输出。

（1）求 $Y(t)$ 的均值函数；（2）求 $Y(t)$ 的功率谱密度函数和自相关函数；（3）求 $Y(t)$ 的平均功率。

**5.46**  如图 5.51 所示系统，若 $X(t)$ 为平稳随机过程，证明：$Y(t)$ 的功率谱密度函数为

$$S_Y(\omega)=2S_X(\omega)[1+\cos(\omega T)]$$

**5.47**  功率谱密度函数为 $S_X(f)$ 的平稳过程 $X(t)$ 通过图 5.52 所示的系统。试求输出随机过程 $Y(t)$ 的功率谱密度函数，并判断其是否平稳。

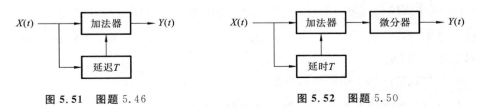

**图 5.51  图题 5.46**    **图 5.52  图题 5.50**

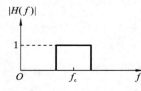

图 5.53　图题 5.48

**5.48**　理想带通滤波器的中心频率为 $f_c$,带宽为 $B$,幅度为 1,如图 5.53 所示。输入此滤波器的高斯白噪声的均值为 0,单边功率谱密度为 $n_0$。试求滤波器输出噪声的自相关函数、平均功率和一维概率密度函数。

**5.49**　若自相关函数为 $R_X(\tau) = 5\delta(\tau)$ 的平稳白噪声 $X(t)$ 作用于冲激响应为 $h(t) = e^{-t}u(t)$ 的系统,得到输出信号 $Y(t)$。

(1) 求 $X(t)$ 和 $Y(t)$ 的互功率谱密度函数 $S_{YX}(\omega)$ 和 $S_{XY}(\omega)$。

(2) 求 $Y(t)$ 的矩形等效带宽。

**5.50**　均值为 0、方差为 $\sigma^2$ 的离散白噪声 $X(n)$ 通过单位脉冲响应分别为 $h_1(n) = a^n u(n)$ 以及 $h_2(n) = b^n u(n)$ 的级联系统($|a| < 1$,$|b| < 1$),输出为 $W(n)$,求输出 $W(n)$ 的平均功率 $\sigma_W^2$。

**5.51**　设随机过程 $X(t) = \text{sgn}(A)\cos(\omega_0 t + \Theta)$,其中 $\omega_0$ 为常数,$A$ 与 $\Theta$ 相互独立,$A$ 满足零均值、方差为 1 的高斯分布,$\text{sgn}(\ )$ 为符号函数,$\Theta$ 是 $[0, 2\pi)$ 上均匀分布的随机变量,试讨论 $X(t)$ 的广义各态历经性。

**5.52**　设正弦随机信号 $X(t) = A\cos(\pi t)$,其中 $A \sim N(0, \sigma_A^2)$。令 $Y(t) = X(t - \Theta)$,且 $A$ 和 $\Theta$ 统计独立,求解

(1) $X(t)$ 是否严格循环平稳?(2) $X(t)$ 是否广义循环平稳?

(3) 当 $\Theta$ 满足什么分布时,$Y(t)$ 是广义平稳信号?

**5.53**　已知平稳随机信号的相关函数如下所示,分别求它们的矩形等效带宽。

(1) $R_X(\tau) = \begin{cases} \sigma_X^2(1 - \beta|\tau|), & |\tau| \leqslant \dfrac{1}{\beta} \\ 0, & |\tau| > \dfrac{1}{\beta} \end{cases}$；　(2) $R_X(\tau) = \sigma_X^2 e^{-\beta|\tau|}$。

**5.54**　若随机信号 $X(t) = a\cos(\omega_0 t + \Theta) + N(t)$,其中 $a$ 和 $\omega_0$ 是常数,随机变量 $\Theta \sim U[0, 2\pi]$。高斯白噪声 $N(t)$ 满足:$N(t) \sim N(0, 1)$,且与 $\Theta$ 独立。试求:

(1) 随机信号 $X(t)$ 的均值函数;

(2) 随机信号 $X(t)$ 的相关函数 $R(t_1, t_2)$;

(3) 随机信号 $X(t)$ 是否广义平稳?

(4) 随机信号 $X(t)$ 的功率谱密度函数。

**5.55**　若某个噪声电压 $X(t)$ 是一个广义各态历经过程,它的一个样本函数为 $X(t) = 2\cos\left(t + \dfrac{\pi}{4}\right)$,求该噪声的均值和平均功率。

**5.56**　已知随机过程 $X(t) = V\cos(3t)$,其中 $V$ 是均值和方差皆为 1 的随机变量。令随机过程 $Y(t) = \dfrac{1}{t}\displaystyle\int_0^t X(\lambda)d\lambda$。求 $Y(t)$ 的均值、自相关函数、协方差函数和方差。

**5.57**　设正弦随机信号 $X(t) = A\cos(\omega t)$,$A \sim N(0, \sigma^2)$,$\omega$ 是常数,令 $Y(t) = X(t - \Theta)$,且 $A$ 和 $\Theta$ 统计独立,讨论:

(1) $X(t)$ 是否是广义平稳随机信号?

(2) 当 $\Theta \sim U\left[0, \dfrac{\pi}{\omega}\right]$ 时,$Y(t)$ 是否是广义平稳随机信号?

**5.58**  若平稳随机信号$(t)$的自相关函数$R_X(\tau) = A^2 + Be^{-|\tau|}$，其中 $A$ 和 $B$ 都是正常数。又若某系统冲激响应为 $h(t) = te^{-\alpha t}U(t)$。当 $X(t)$ 作为该系统的输入时，求该系统输出的均值。

**5.59**  假设某积分电路的输入 $X(t)$ 与输出 $Y(t)$ 之间满足关系：$Y(t) = \int_{t-1}^{t} X(\tau)\mathrm{d}\tau$。

（1）求该积分电路的冲激响应 $h(t)$；

（2）若输入信号 $X(t)$ 是均值为零，自相关函数为 $R_X(\tau) = 2\cos(\omega\tau)$ 的平稳过程，求输出 $Y(t)$ 的功率谱密度函数。

# 第6章 高斯过程

在许多实际问题中会遇到大量随机变量求和的问题,根据中心极限定律,大量独立同分布的随机变量之和服从正态分布。例如,电子技术中的热噪声是大量电子的热运动所引起的,服从正态分布;另外分子的布朗运动,根据爱因斯坦 1905 年提出的理论,微粒的这种运动是由于受到大量的随机的、相互独立的分子碰撞的结果,因此分子的位移也服从正态分布。

在第 1 章关于随机过程的基本概念描述中,一个随机过程可以用 $n$ 维随机变量来描述,如果对于该随机过程用任意 $n$ 个时间观察点,得到的 $n$ 维随机变量的联合分布是正态分布,那么该过程就是正态过程(高斯过程)。其应用非常广泛,如无线电设备中的热噪声(前置放大器)、通信信道中噪声信号、大气湍流、宇宙噪声、维纳过程(布朗运动)以及股票的价格波动等,都可以用高斯过程描述。

## 6.1  多元正态分布

本节介绍多元正态分布的定义及其性质,这是接下来学习高斯过程的重要基础。

### 6.1.1  $n$ 元正态分布的定义

**定义 6.1**  设 $\vec{X} = [X_1, X_2, \cdots, X_n]^T$ 是 $n$ 元随机向量,其均值为 $\vec{\mu} = [\mu_1, \mu_2, \cdots, \mu_n]^T$,其中 $\mu_i = E[X_i](i = 1, 2, \cdots, n)$,令

$$C_{ik} = \text{Cov}(X_i, X_k) = E[(X_i - \mu_i)(X_k - \mu_k)], \quad i, k = 1, 2, \cdots, n$$

表示 $X_i$ 和 $X_j$ 的协方差,则可得 $\vec{X}$ 的协方差矩阵为:$C = [C_{ik}]_{n \times n}$,注意矩阵 $C$ 为一非负定对称矩阵。

$$C = \begin{bmatrix} C_{11} & C_{12} & \cdots & C_{1n} \\ C_{21} & C_{22} & \cdots & C_{2n} \\ \vdots & \vdots & & \vdots \\ C_{n1} & C_{n2} & \cdots & C_{nn} \end{bmatrix}$$

我们有如下的定义:

(1) 如果 $C$ 是一正定矩阵,则 $n$ 元随机向量 $\vec{X} = [X_1, X_2, \cdots, X_n]^T$ 服从正态分布时的概率分布密度为

$$f_{\vec{X}}(x_1, x_2, \cdots, x_n) = f_{\vec{X}}(\vec{x}) = \frac{1}{(2\pi)^{n/2} |C|^{1/2}} \exp\left[ -\frac{1}{2} (\vec{x} - \vec{\mu})^T \cdot C^{-1} \cdot (\vec{x} - \vec{\mu}) \right] \quad (6.1)$$

其特征函数为

$$\Phi_{\vec{X}}(u_1, u_2, \cdots, u_n) = \Phi_{\vec{X}}(\vec{U}^T) = \exp\left( j\vec{U}^T \vec{\mu} - \frac{1}{2} \vec{U}^T C \vec{U} \right) \quad (6.2)$$

其中，$\vec{x}=[x_1,x_2,\cdots,x_n]^T\in\mathbf{R}^n$；$\vec{U}=[u_1,u_2,\cdots,u_n]^T\in\mathbf{R}^n$。$n$ 元随机向量服从正态分布，记为：$\vec{X}\sim N(\vec{\mu},\boldsymbol{C})$。

（2）如果 $\boldsymbol{C}$ 不是一正定矩阵，则由式(6.2)可以定义一特征函数，由此特征函数对应的分布函数定义为 $n$ 元正态分布，仍记为 $\vec{X}\sim N(\vec{\mu},\boldsymbol{C})$。

【例 6.1】　一维高斯（正态）分布 $X\sim N(\mu,\sigma^2)$，概率密度函数为 $f(x)=\dfrac{1}{\sqrt{2\pi}\sigma}\exp\left[-\dfrac{1}{2}\dfrac{(x-\mu)^2}{\sigma^2}\right]$，如图 6.1 所示，Matlab 的仿真图如图 6.2 所示。特征函数为 $\varphi(v)=\displaystyle\int_{-\infty}^{\infty}\mathrm{e}^{\mathrm{j}vx}p(x)\mathrm{d}x=\exp\left(\mathrm{j}\mu v-\dfrac{1}{2}\sigma^2v^2\right)$。

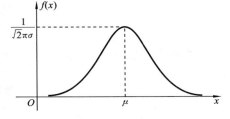

图 6.1　一维正态分布的密度函数

概率密度函数与特征函数的关系如下：

$$f(x)=\frac{1}{2\pi}\int_{-\infty}^{\infty}\mathrm{e}^{-\mathrm{j}vx}\varphi(v)\mathrm{d}v$$

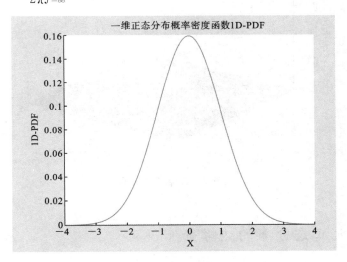

图 6.2　一维正态分布仿真图

【例 6.2】　二维正态分布 $[X_1,X_2]\sim N\left(\begin{bmatrix}\mu_1,\mu_2\end{bmatrix},\begin{bmatrix}\sigma_1^2 & r\cdot\sigma_1\cdot\sigma_2\\ r\cdot\sigma_1\cdot\sigma_2 & \sigma_2^2\end{bmatrix}\right)$ 的概率密度函数表示为

$$f(x_1,x_2)=\frac{1}{2\pi\sigma_1\sigma_2\sqrt{1-r^2}}\exp\left\{-\frac{1}{2(1-r^2)}\left[\frac{(x_1-\mu_1)^2}{\sigma_1^2}-2r\frac{(x_1-\mu_1)}{\sigma_1}\frac{(x_2-\mu_2)}{\sigma_2}+\frac{(x_2-\mu_2)^2}{\sigma_2^2}\right]\right\}$$

特征函数表示为

$$\varphi(v_1,v_2)=\exp\left[\mathrm{j}(\mu_1v_1+\mu_2v_2)-\frac{1}{2}(\sigma_1^2v_1^2+2r\sigma_1\sigma_2v_1v_2+\sigma_2^2v_2^2)\right]$$

令 $y_1=\dfrac{x_1-\mu_1}{\sigma_1}$，$y_2=\dfrac{x_2-\mu_2}{\sigma_2}$，标准化可得概率密度函数和特征函数如下：

$$f(y_1,y_2)=\frac{1}{2\pi\sqrt{1-r^2}}\exp\left[-\frac{1}{2(1-r^2)}(y_1^2-2ry_1y_2+y_2^2)\right]$$

$$\varphi(u_1, u_2) = \exp\left[-\frac{1}{2}(u_1^2 + 2ru_1u_2 + u_2^2)\right]$$

特别地，当 $r=0$ 时（$x_1$ 和 $x_2$ 线性无关，$y_1$ 和 $y_2$ 线性无关），有

$$f(y_1, y_2) = \frac{1}{2\pi}\exp\left[-\frac{1}{2}(y_1^2 + y_2^2)\right]$$

$$\varphi(u_1, u_2) = \exp\left[-\frac{1}{2}(u_1^2 + u_2^2)\right]$$

二维密度函数 $f(y_1, y_2)$ 如图 6.3 所示。

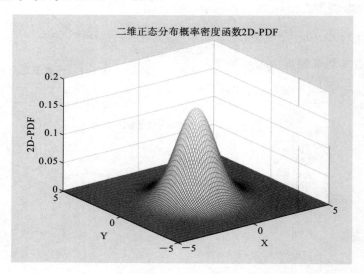

**图 6.3　二维正态分布**

## 6.1.2　$n$ 元正态分布的边缘分布

**定理 6.1**　设 $\vec{X} = [X_1, X_2, \cdots, X_n]^T$ 为服从 $n$ 元正态分布的随机向量，即 $\vec{X} \sim N(\vec{\mu}, \boldsymbol{C})$，则 $\vec{X}$ 的任意一个子向量 $[X_{k_1}, X_{k_2}, \cdots, X_{k_m}]$（$m \leqslant n$）仍服从正态分布。令 $n$ 元正态分布的随机向量 $\vec{X} = [X_1, X_2, \cdots, X_n]^T$ 的特征函数可以写为

$$\varphi_{\vec{X}}(\boldsymbol{v}) = \exp\left\{\mathrm{j}\vec{\mu}^T\boldsymbol{v} - \frac{1}{2}\boldsymbol{v}^T\boldsymbol{C}\boldsymbol{v}\right\}$$

其中，$\boldsymbol{v} = [v_1 \quad v_2 \quad \cdots \quad v_n]^T \in \mathbf{R}^n$，子向量为 $\vec{X}_k = [X_{k1}, X_{k2}, \cdots, X_{km}]^T$，$m \leqslant n$，其特征函数表示为

$$\varphi_{\vec{X}_k}(v_{k1}, v_{k2}, \cdots, v_{km}) = \exp\left\{\mathrm{j}\vec{\mu}_k^T\boldsymbol{v}_k - \frac{1}{2}\boldsymbol{v}_k^T\boldsymbol{C}_k\boldsymbol{v}_k\right\}$$

其中，$\vec{\mu}_k^T$、$\boldsymbol{C}_k$ 分别表示子矢量 $[X_{k1}, X_{k2}, \cdots, X_{km}]^T$ 的期望向量和协方差矩阵，$\boldsymbol{v}_k = [v_{k_1} \quad v_{k_2} \quad \cdots \quad v_{k_m}]^T \in \mathbf{R}^m$，密度函数表示为

$$f_{\vec{X}_k}(x_{k1}, x_{k2}, \cdots, x_{km}) = \frac{1}{(2\pi)^m}\int_{\mathbf{R}^m} \exp(-\mathrm{j}\boldsymbol{v}_k^T\boldsymbol{x}_k)\boldsymbol{\phi}(\boldsymbol{v}_k)\mathrm{d}\boldsymbol{v}_k$$

$$= \frac{1}{(2\pi)^{m/2}|\boldsymbol{C}_k|^{1/2}}\exp\left[-\frac{1}{2}(\boldsymbol{x}_k - \vec{\mu}_k)^T\boldsymbol{C}_k^{-1}(\boldsymbol{x}_k - \vec{\mu}_k)\right]$$

其中，$\boldsymbol{x}_k = \begin{bmatrix} x_{k_1} & x_{k_2} & \cdots & x_{k_m} \end{bmatrix}^{\mathrm{T}} \in \mathbf{R}^m$。

### 6.1.3　$n$ 元正态分布的独立性

**定理 6.2**　$n$ 元正态分布的随机变量 $\vec{X} = [X_1, X_2, \cdots, X_n]^{\mathrm{T}}$ 中各个分量 $X_1, X_2, \cdots, X_n$ 相互独立的充分必要条件是它们两两不相关。

$n$ 维高斯随机变量 $X_1, X_2, \cdots, X_n$ 互不相关，则协方差矩阵为对角矩阵，于是

$$\begin{cases} |\boldsymbol{C}|^{\frac{1}{2}} = \prod_{i=1}^n \sigma_i \\ \exp\left[-\frac{1}{2}(\boldsymbol{x}-\boldsymbol{\mu})^{\mathrm{T}}\boldsymbol{C}^{-1}(\boldsymbol{x}-\boldsymbol{\mu})\right] = \prod_{i=1}^n \exp\left[-\frac{1}{2}\frac{(x_i-\mu_i)^2}{\sigma_i^2}\right] \\ f_{\vec{X}}(x) = \prod_{i=1}^n f_{X_i}(x_i) \end{cases}$$

其中，$\boldsymbol{\mu} = [u_1, u_2, \cdots u_n]^{\mathrm{T}}$，$\boldsymbol{\mu}$ 为 $\vec{X}$ 的期望向量；$\boldsymbol{x} = [x_1, x_2, \cdots, x_n]^{\mathrm{T}} \in \mathbf{R}^n$，$\boldsymbol{C}$ 为 $\vec{X}$ 的协方差矩阵。$\boldsymbol{\mu}_i = E(X_i)$；$\sigma_i^2 = D(X_i)$，$f_{\vec{X}}(x)$ 为随机变量 $\vec{X}$ 的联合概率密度函数，$f_{x_i}(x_i)$ 为 $x_i$ 的概率密度函数。

上述表明：不相关⇔独立，具有等价性。

对于 $n$ 元正态分布的随机变量 $\vec{X} = [X_1, X_2, \cdots, X_n]^{\mathrm{T}}$，其各个分量之间的关系（相关性、独立性、正交性）如图 6.4 所示。

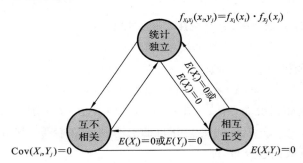

**图 6.4　正态随机变量三种关系转换图**

**定理 6.3**　设 $\vec{X} = [X_1, X_2, \cdots, X_n]^{\mathrm{T}}$ 为正态分布的随机向量，且可以分解为两个子向量，即 $\vec{X}^{\mathrm{T}} = [\vec{X}_A, \vec{X}_B]^{\mathrm{T}}$，协方差矩阵为

$$\boldsymbol{C} = \begin{bmatrix} \boldsymbol{C}_{AA} & \boldsymbol{C}_{AB} \\ \boldsymbol{C}_{BA} & \boldsymbol{C}_{BB} \end{bmatrix}$$

其中，$\boldsymbol{C}_{AA}$、$\boldsymbol{C}_{BB}$ 分别是子向量 $\vec{X}_A$、$\vec{X}_B$ 的协方差矩阵，$\boldsymbol{C}_{AB}$ 是由 $\vec{X}_A$ 及 $\vec{X}_B$ 的相应分量的互协方差构成的矩阵，且 $\boldsymbol{C}_{AB} = \boldsymbol{C}_{BA}^{\mathrm{T}}$，则 $\vec{X}_A$ 与 $\vec{X}_B$ 相互独立的充分必要条件是 $\boldsymbol{C}_{AB} = \boldsymbol{C}_{BA} = \boldsymbol{0}$。

**证**　先证必要性。

两个随机向量 $\vec{X}_A$、$\vec{X}_B$ 独立，则第一个的分量 $\vec{X}_A$ 与所有第二个随机变量 $\vec{X}_B$ 的分量独立，也即

$$\boldsymbol{C}_{AB} = \boldsymbol{C}_{BA} = \boldsymbol{0}$$

再证充分性。

$$C = \begin{bmatrix} C_{AA} & 0 \\ 0 & C_{BB} \end{bmatrix}$$

令

$$v = [v_1, v_2]^T = [v_1^T, v_2^T]$$

$$v^T C v = [v_1^T, v_2^T] \begin{bmatrix} C_{AA} & 0 \\ 0 & C_{BB} \end{bmatrix} \begin{bmatrix} v_1 \\ v_2 \end{bmatrix} = v_1^T \cdot C_{AA} v_1 + v_2^T \cdot C_{BB} \cdot v_2$$

$$\mu = [\mu_1, \mu_2]^T, \quad \mu^T \cdot v = [\mu_1^T, \mu_2^T] \begin{bmatrix} v_1 \\ v_2 \end{bmatrix} = \mu_1^T \cdot v_1 + \mu_2^T \cdot v_2$$

$$\phi_X(v) = \exp\left(j\mu^T \cdot v - \frac{1}{2} v^T \cdot C \cdot v\right)$$

$$= \exp\left[j(\mu_1^T \cdot v_1 + \mu_2^T \cdot v_2) - \frac{1}{2}(v_1^T \cdot C_{AA} \cdot v_1 + v_2^T \cdot C_{BB} \cdot v_2)\right]$$

$$= \phi_{X_A}(v_1)\phi_{X_B}(v_2)$$

### 6.1.4　正态随机变量的线性变换

接下来讨论正态随机变量线性变换后的统计特性。

(1) 设 $n$ 元正态分布的随机变量为 $\vec{X} = [X_1, X_2, \cdots, X_n]^T \sim N(\vec{\mu}, C)$，其中期望向量 $\vec{\mu} = [\mu_1, \mu_2, \cdots, \mu_n]^T = [E(X_1), E(X_2), \cdots, E(X_n)]^T$，协方差矩阵为 $C$。令线性组合 $Y = \sum_{k=1}^{n} a_k \cdot X_k = \vec{a}^T \cdot \vec{X}$，其中 $\vec{a} = [a_1, a_2, \cdots, a_n]^T \in \mathbf{R}^n$，则有期望 $E(Y) = \vec{a}^T \cdot \vec{\mu}$，方差 $D(Y) = \vec{a}^T \cdot C \cdot \vec{a}$。

(2) 令 $B = [b_{jk}]_{m \times n}$ 是给定的线性变换矩阵，对于 $\vec{X} = [X_1, X_2, \cdots, X_n]^T$ 做线性变换，$\vec{Y} = B \cdot \vec{X}$ 得到一个 $m$ 元随机向量 $\vec{Y} = [Y_1, Y_2, \cdots, Y_m]^T$，则有

$$E(\vec{Y}) = B \cdot \vec{\mu}; \quad D(\vec{Y}) = B \cdot C \cdot B^T$$

且 $\vec{Y} = B \cdot \vec{X}$ 服从 $m$ 元正态分布，即 $\vec{Y} = B \cdot \vec{X} \sim N(B \cdot \vec{\mu}, B \cdot C \cdot B^T)$。

(3) $\vec{X} = [X_1, X_2, \cdots, X_n]^T$ 服从正态分布的充分必要条件是，其 $n$ 个分量 $[X_1, X_2, \cdots, X_n]$ 的任意线性组合服从正态分布，即

$$\vec{X} = [X_1, X_2, \cdots, X_n]^T \sim N(\vec{\mu}, C)$$
$$\forall \vec{a} = [a_1, a_2, \cdots, a_n]^T \in \mathbf{R}^n, \quad 且 \quad \vec{a} \neq \mathbf{0}$$

$$Y = \sum_{k=1}^{n} a_k \cdot X_k = \vec{a}^T \cdot \vec{X} \sim N\left(\sum_{k=1}^{n} a_k \cdot \mu_k, \sum_{k=1}^{n}\sum_{i=1}^{n} a_k \cdot a_i \cdot C_{ki}\right) = N(\vec{a}^T \cdot \vec{\mu}, \vec{a}^T \cdot C \cdot \vec{a})$$

(4) 若 $\vec{X} = [X_1, X_2, \cdots, X_n]^T \sim N(\vec{\mu}, C)$，则存在一正交矩阵 $U$，使得 $\vec{\eta} = U^T \cdot \vec{X}$ 是一独立正态分布的随机向量，它的均值为 $U^T \cdot \vec{\mu}$，方差为矩阵 $U^T \cdot C \cdot U$，它是矩阵 $C$ 的特征值矩阵。

(5) 线性变换。

若 $Y$ 是 $X$ 的线性变换，$Y = L \cdot X \Rightarrow X = \Gamma \cdot Y$（$L$ 为 $m \times n$ 矩阵），其中 $\Gamma = L^{-1}$，那么 $Y$ 的概率密度函数可以由 $X$ 的概率密度函数表示，即

$$f_X(x) = \frac{1}{(2\pi)^{n/2} \cdot |C|^{1/2}} \cdot \exp\left[-\frac{1}{2}(x - \mu)^T \cdot C^{-1} \cdot (x - \mu)\right]$$

$$f_Y(\boldsymbol{y}) = f_X(\boldsymbol{\Gamma y}) \cdot |J| \quad \left(\text{其中} |J| = \left|\frac{\partial \boldsymbol{\Gamma y}}{\partial \boldsymbol{y}}\right| = |\boldsymbol{\Gamma}| = \frac{1}{|\boldsymbol{L}|}\right)$$

$$= \frac{1}{(2\pi)^{n/2} \cdot (|\boldsymbol{L}|^2 \cdot |\boldsymbol{C}|)^{1/2}} \cdot \exp\left[-\frac{1}{2}(\boldsymbol{\Gamma y} - \boldsymbol{\Gamma} \cdot \boldsymbol{\mu}_Y)^{\mathrm{T}} \boldsymbol{C}^{-1}(\boldsymbol{\Gamma y} - \boldsymbol{\Gamma} \cdot \boldsymbol{\mu}_Y)\right]$$

$$= \frac{1}{(2\pi)^{n/2}(|\boldsymbol{L}|^2 \cdot |\boldsymbol{C}|)^{1/2}} \cdot \exp\left[-\frac{1}{2}(\boldsymbol{y} - \boldsymbol{\mu}_Y)^{\mathrm{T}} \cdot (\boldsymbol{L} \cdot \boldsymbol{C} \cdot \boldsymbol{L}^{\mathrm{T}})^{-1} \cdot (\boldsymbol{y} - \boldsymbol{\mu}_Y)\right]$$

$$= \frac{1}{(2\pi)^{n/2} \cdot |\boldsymbol{C}_Y|^{1/2}} \cdot \exp\left[-\frac{1}{2}(\boldsymbol{y} - \boldsymbol{\mu}_Y)^{\mathrm{T}} \cdot \boldsymbol{C}_Y^{-1} \cdot (\boldsymbol{y} - \boldsymbol{\mu}_Y)\right]$$

其中，$\mu$ 为 $\vec{X}$ 的期望，$C$ 为 $\vec{X}$ 的协方差矩阵，$\boldsymbol{\mu}_Y = \boldsymbol{L} \cdot \boldsymbol{\mu}$ 为 $\vec{Y}$ 的期望向量，$\boldsymbol{C}_Y = \boldsymbol{L} \cdot \boldsymbol{C} \cdot \boldsymbol{L}^{\mathrm{T}}$ 为 $\vec{Y}$ 的协方差矩阵，$\boldsymbol{x} = [x_1, x_2, \cdots, x_n]^{\mathrm{T}} \in \mathbf{R}^n$，$\boldsymbol{y} = [y_1, y_2, \cdots y_m] \in \mathbf{R}$。

（6）$n$ 维高斯随机矢量各阶矩可以由特征函数导出。

一阶矩：$E(X_k) = \dfrac{1}{\mathrm{j}} \dfrac{\partial \phi_{\vec{X}}(v_1, \cdots, v_n)}{\partial v_k}\bigg|_{v=0} = \mu_k$；

二阶矩：$\begin{cases} E(X_k \cdot X_i) = C_{ki} + \mu_k \cdot \mu_i \\ E[(X_k - \mu_k) \cdot (X_i - \mu_i)] = C_{ki} \end{cases}$。

【例 6.3】 设 $[X, Y]$ 是服从均值为零的二维正态分布随机变量，其联合概率密度为

$$f(x, y) = \frac{1}{2\pi\sigma_1\sigma_2\sqrt{1-r^2}} \exp\left[-\frac{1}{2(1-r^2)}\left(\frac{x^2}{\sigma_1^2} - \frac{2rxy}{\sigma_1\sigma_2} + \frac{y^2}{\sigma_2^2}\right)\right]$$

试证明：

（1）$E(XY) = r\sigma_1\sigma_2$，$E(X^2Y^2) = \sigma_1^2\sigma_2^2 + 2r^2\sigma_1^2\sigma_2^2$；

（2）$E(|XY|) = \dfrac{2\sigma_1\sigma_2}{\pi}(\varphi\sin\varphi + \cos\varphi)$，其中，$\sin\varphi = r$，$-\dfrac{\pi}{2} < \varphi < \dfrac{\pi}{2}$。

证　（1）由联合分布可以求得边缘分布和条件分布为

$$f_X(x) = \frac{1}{\sqrt{2\pi}\sigma_1} \exp\left(-\frac{x^2}{2\sigma_1^2}\right)$$

$$f_{Y|X}(y|x) = \frac{f(x, y)}{f_X(x)} = \frac{1}{\sqrt{2\pi}\sqrt{1-r^2}\sigma_2} \exp\left[-\frac{1}{2(1-r^2)\sigma_2^2}\left(y - \frac{r\sigma_2 x}{\sigma_1}\right)^2\right]$$

由此可得

$$E(Y|X) = \frac{r\sigma_2}{\sigma_1}X, \quad E(Y^2|X) = (1-r^2)\sigma_2^2 + \frac{r^2\sigma_2^2}{\sigma_1^2}X^2$$

因此，有

$$E(XY) = E[E(XY|X)] = E[X \cdot E(Y|X)] = \frac{r\sigma_2}{\sigma_1}E(X^2) = r\sigma_1\sigma_2$$

$$E(X^2Y^2) = E[E(X^2Y^2|X)] = E[X^2 E(Y^2|X)]$$

$$= (1-r^2)\sigma_2^2 E(X^2) + \frac{r^2\sigma_2^2}{\sigma_1^2}E(X^4) = (1-r^2)\sigma_2^2\sigma_1^2 + \frac{r^2\sigma_2^2}{\sigma_1^2}3\sigma_1^4$$

$$= \sigma_2^2\sigma_1^2 + 2r^2\sigma_2^2\sigma_1^2 = E(X^2)E(Y^2) + 2[E(XY)]^2$$

（2）$E(|X \cdot Y|) = \iint |xy| f(x, y) \mathrm{d}x\mathrm{d}y = \iint_{xy>0} xy f(x, y)\mathrm{d}x\mathrm{d}y - \iint_{xy<0} xy f(x, y)\mathrm{d}x\mathrm{d}y$

$$= E(XY) - 2\iint_{xy<0} xy f(x, y)\mathrm{d}x\mathrm{d}y$$

$$= r\sigma_1\sigma_2 - 2\left[\int_0^\infty \int_{-\infty}^0 xy f(x, y)\mathrm{d}x\mathrm{d}y + \int_{-\infty}^0 \int_0^\infty xy f(x, y)\mathrm{d}x\mathrm{d}y\right]$$

做变量代换，令 $u = \dfrac{x}{\sigma_1}, v = \dfrac{y}{\sigma_2}$，则有

$$E(\,|XY|\,) = r\sigma_1\sigma_2 - \frac{2\sigma_1\sigma_2}{\pi} \frac{1}{\sqrt{1-r^2}} \int_0^\infty \int_{-\infty}^0 uv\exp\Big[-\frac{1}{2(1-r^2)}(u^2 - 2ruv + v^2)\Big]\mathrm{d}u\mathrm{d}v$$

$$= r\sigma_1\sigma_2 - \frac{2\sigma_1\sigma_2}{\pi} \frac{1}{\sqrt{1-r^2}} \int_0^\infty \int_{-\infty}^0 uv\exp\Big\{-\frac{1}{2}\Big[\Big(\frac{u-rv}{\sqrt{1-r^2}}\Big)^2 + v^2\Big]\Big\}\mathrm{d}u\mathrm{d}v$$

令 $R\cos\theta = \dfrac{u-rv}{\sqrt{1-r^2}}, R\sin\theta = v$，则有 $u = \sqrt{1-r^2}R\cos\theta + rR\sin\theta, v = R\sin\theta$，且

$$\frac{\partial(u,v)}{\partial(R,\theta)} = R\sqrt{1-r^2} \Rightarrow \mathrm{d}u\mathrm{d}v = R\sqrt{1-r^2}\,\mathrm{d}R\mathrm{d}\theta$$

因此，有

$$E(\,|XY|\,) = r\sigma_1\sigma_2 - \frac{2\sigma_1\sigma_2}{\pi} \int_0^\infty \int_{-\arccos r}^0 R\sin\theta\big(\sqrt{1-r^2}R\cos\theta + rR\sin\theta\big)\exp\Big(-\frac{R^2}{2}\Big)R\mathrm{d}R\mathrm{d}\theta$$

$$= r\sigma_1\sigma_2 - \frac{4\sigma_1\sigma_2}{\pi} \int_{-\arccos r}^0 \sin\theta\big(\sqrt{1-r^2}\cos\theta + r\sin\theta\big)\mathrm{d}\theta$$

$$= r\sigma_1\sigma_2 - \frac{4\sigma_1\sigma_2}{\pi} \Big(\frac{1}{2}\sqrt{1-r^2}\sin^2\theta + \frac{1}{2}r\theta - \frac{1}{4}r\sin2\theta\Big)\Big|_{-\arccos r}^0$$

$$= \frac{2\sigma_1\sigma_2}{\pi}(\varphi\sin\varphi + \cos\varphi)$$

其中，$\sin\varphi = r, -\dfrac{\pi}{2} < \varphi < \dfrac{\pi}{2}$。

# 6.2　高斯随机过程

介绍完正态分布的随机变量，接下来介绍高斯过程的定义及统计特征。

## 6.2.1　高斯随机过程的定义

**定义 6.2**　如果随机过程 $\{X(t), t \in T\}$ 的任意有限维分布均为正态分布，则称此随机过程为高斯过程或正态过程。正态过程是二阶矩过程。

根据定义 6.2，高斯过程 $\{X(t), t \in T\}$ 的任意有限维分布均为正态分布，因此，6.1 节对于正态分布的性质和结论都可以用来描述高斯过程，其概率密度和特征函数仅依赖于作为时间函数的均值函数 $E[X(t)]$ 和自相关函数 $R_X(t,s) = E[X(t) \cdot X(s)]$。

任取 $n$ 个观察时间点 $t_1, t_2, \cdots, t_n \in T$，得到 $n$ 维随机向量 $\overrightarrow{X_t} = [X_{t_1}, X_{t_2}, \cdots, X_{t_n}]^\mathrm{T}$，由正态过程的定义，这是一个 $n$ 维的正态分布，联合概率密度函数表示为

$$f_{X_t}(x_{t_1}, x_{t_2}, \cdots, x_{t_n}) = \frac{1}{(2\pi)^{n/2}|\boldsymbol{C}_{X_t}|^{1/2}}\exp\Big\{-\frac{1}{2}(\overrightarrow{x_t} - \overrightarrow{\mu_t})^\mathrm{T} \cdot \boldsymbol{C}_{X_t}^{-1} \cdot (\overrightarrow{x_t} - \overrightarrow{\mu_t})\Big\}$$

其中，$\overrightarrow{x_t} = [x_{t_1}, x_{t_2}, \cdots, x_{t_n}]^\mathrm{T} \in \mathbf{R}^n$ 是 $n$ 维向量，期望向量为 $\overrightarrow{\mu_t} = [\mu_{t_1}, \mu_{t_2}, \cdots, \mu_{t_n}]^\mathrm{T}, \mu_{t_k} = E[X(t_k)]$，协方差及矩阵为

$$C(t_k, t_i) = E\{[X(t_k) - \mu_{t_k}][X(t_i) - \mu_{t_i}]\} = R_X(t_k, t_i) - \mu_{t_k}\mu_{t_i}$$

$$C_{X_t} = \begin{bmatrix} C(t_1,t_1) & C(t_1,t_2) & \cdots & C(t_1,t_n) \\ C(t_2,t_1) & C(t_2,t_2) & \cdots & C(t_2,t_n) \\ \vdots & \vdots & & \vdots \\ C(t_n,t_1) & C(t_n,t_2) & \cdots & C(t_n,t_n) \end{bmatrix}_{n \times n}$$

如果 $\{X(t),t \in T\}$ 为实的宽平稳过程,那么均值函数 $\mu_{t_k}=E[X(t_k)]=\mu_0$ 为常数,与 $t_k$ 无关;自相关函数 $R_X(t_k,t_i)=R_X(t_k-t_i)$、协方差函数 $C_X(t_k,t_i)=R_X(t_k-t_i)-\mu_0^2$ 仅依赖于 $t_k-t_i$,而与 $t_i$、$t_k$ 的值无关。有限维分布的特征函数为

$$\varphi_{X_t}(u_1,u_2,\cdots,u_n;t_1,t_2,\cdots,t_n)=\exp\left[\mathrm{j}\Big(\sum_{k=1}^{n}u_k\Big)\mu_0-\frac{1}{2}\sum_{k=1}^{n}\sum_{i=1}^{n}C_X(t_k-t_i)u_ku_i\right]$$

其中,$[u_1,u_2,\cdots,u_n] \in \mathbf{R}^n$。

如果 $n$ 个时间节点 $t_1,t_2,\cdots,t_n \in T$ 做平移 $h$,得到新的 $n$ 个时间节点 $t_1+h,t_2+h,\cdots,t_n+h \in T$,相应地 $n$ 维随机向量 $\overrightarrow{X_{t+h}}=[X_{t_1+h},X_{t_2+h},\cdots,X_{t_n+h}]^{\mathrm{T}}$,期望向量 $\overrightarrow{\mu_{t+h}}=[\mu_{t_1+h},\mu_{t_2+h},\cdots,\mu_{t_n+h}]^{\mathrm{T}}=[\mu_0,\mu_0,\cdots,\mu_0]^{\mathrm{T}}$,$\mu_{t_k}=E[X(t_k)]=\mu_0$ 为常数。协方差具有如下关系:

$$\begin{aligned} C(t_k+h,t_i+h) &= E\{[X(t_k+h)-\mu_{t_k+h}][X(t_i+h)-\mu_{t_i+h}]\} \\ &= R_X(t_k+h,t_i+h)-\mu_{t_k+h}\mu_{t_i+h}=R_X(t_k-t_i)-\mu_0^2 \\ &= C(t_k,t_i) \end{aligned}$$

相应地,协方差矩阵为

$$\begin{aligned} C_{X_{t+h}} &= \begin{bmatrix} C(t_1+h,t_1+h) & C(t_1+h,t_2+h) & \cdots & C(t_1+h,t_n+h) \\ C(t_2+h,t_1+h) & C(t_2+h,t_2+h) & \cdots & C(t_2+h,t_n+h) \\ \vdots & \vdots & & \vdots \\ C(t_n+h,t_1+h) & C(t_n+h,t_2+h) & \cdots & C(t_n+h,t_n+h) \end{bmatrix}_{n \times n} \\ &= \begin{bmatrix} C(t_1,t_1) & C(t_1,t_2) & \cdots & C(t_1,t_n) \\ C(t_2,t_1) & C(t_2,t_2) & \cdots & C(t_2,t_n) \\ \vdots & \vdots & & \vdots \\ C(t_n,t_1) & C(t_n,t_2) & \cdots & C(t_n,t_n) \end{bmatrix}_{n \times n} = C_{X_t} \end{aligned}$$

因此,$n$ 维随机向量 $\overrightarrow{X_{t+h}}=[X_{t_1+h},X_{t_2+h},\cdots,X_{t_n+h}]^{\mathrm{T}}$ 的概率密度为

$$\begin{aligned} f_{X_{t+h}}(x_{t_1+h},x_{t_2+h},\cdots,x_{t_n+h}) &= \frac{1}{(2\pi)^{n/2} \cdot |C_{X_{t+h}}|^{1/2}}\exp\left[-\frac{1}{2}(\overrightarrow{x_{t+h}}-\overrightarrow{\mu_{t+h}})^{\mathrm{T}}C_{X_{t+h}}^{-1}(\overrightarrow{x_{t+h}}-\overrightarrow{\mu_{t+h}})\right] \\ &= \frac{1}{(2\pi)^{n/2} \cdot |C_{X_t}|^{1/2}}\exp\left[-\frac{1}{2}(\overrightarrow{x_{t+h}}-\overrightarrow{\mu_t})^{\mathrm{T}}C_{X_t}^{-1}(\overrightarrow{x_{t+h}}-\overrightarrow{\mu_t})\right] \\ &= f_{X_t}(x_{t_1},x_{t_2},\cdots,x_{t_n}) \end{aligned}$$

因此,宽平稳高斯过程也是严平稳高斯过程。

## 6.2.2 高斯过程的随机分析

关于高斯过程还有以下的结论。

**定理 6.4** 设 $\{\overrightarrow{X(n)};n=1,2,\cdots\}$ 为 $k$ 维实正态随机向量序列,其中 $\overrightarrow{X(n)}=[X_1^{(n)},X_2^{(n)},\cdots,X_k^{(n)}]^{\mathrm{T}}$,且 $\overrightarrow{X(n)}$ 均方收敛于 $\overrightarrow{X}=[X_1,X_2,\cdots,X_k]^{\mathrm{T}}$,即

$$\lim_{n \to \infty}E[|X_i(n)-X_i|^2]=0, \quad 1 \leqslant i \leqslant k$$

则 $\vec{X} = [X_1, X_2, \cdots, X_k]^T$ 也是正态分布的随机向量。

**证** 令 $\overrightarrow{X(n)}$ 的均值向量和协方差矩阵为

$$\overrightarrow{\mu_{X(n)}} = E[\overrightarrow{X(n)}] = [\mu_1^{(n)}, \mu_2^{(n)}, \cdots, \mu_k^{(n)}]^T, \quad \mu_i^{(n)} = E[X_i^{(n)}], \quad 1 \leqslant i \leqslant k$$

$$C_{\overrightarrow{X(n)}} = E[(\overrightarrow{X(n)} - \overrightarrow{\mu_{X(n)}})(\overrightarrow{X(n)} - \overrightarrow{\mu_{X(n)}})^T]$$

令 $\vec{X}$ 的均值向量和协方差矩阵分别为

$$\overrightarrow{\mu_X} = E(\vec{X}) = [\mu_1, \mu_2, \cdots, \mu_k]^T, \quad \mu_i = E(X_i), \quad 1 \leqslant i \leqslant k$$

$$C_{\vec{X}} = E[(\vec{X} - \overrightarrow{\mu_X})(\vec{X} - \overrightarrow{\mu_X})^T]$$

由于 $\overrightarrow{X(n)}$ 均方收敛于 $\vec{X}$,因此,

$$\lim_{n \to \infty} \mu_i^{(n)} = \lim_{n \to \infty} E[X_i^{(n)}] = E[\lim_{n \to \infty} X_i^{(n)}] = E[X_i] = \mu_i, \quad 1 \leqslant i \leqslant k$$

同理,

$$\lim_{n \to \infty} [C_{\overrightarrow{X(n)}}]_{ij} = [C_{\vec{X}}]_{ij}, \quad 1 \leqslant i, j \leqslant k$$

令 $\phi_{X_n}(u_1, u_2, \cdots, u_k)$ 表示 $\overrightarrow{X(n)}$ 的特征函数,$\phi_X(u_1, u_2, \cdots, u_k)$ 表示 $\vec{X}$ 的特征函数,$\overrightarrow{X(n)}$ 和 $\vec{X}$ 都是 $k$ 维正态分布的随机变量,因此,

$$\phi_{X_n}(u_1, u_2, \cdots, u_k) = \exp\left(j\boldsymbol{U}^T \overrightarrow{\mu_{X(n)}} - \frac{1}{2} \boldsymbol{U}^T C_{\overrightarrow{X(n)}} \cdot \boldsymbol{U}\right)$$

其中,$\boldsymbol{U} = [u_1, u_2, \cdots, u_k]^T \in \mathbf{R}^k$,且

$$\lim_{n \to \infty} \phi_{X_n}(u_1, u_2, \cdots, u_k) = \lim_{n \to \infty} \exp\left(j\boldsymbol{U}^T \overrightarrow{\mu_{X(n)}} - \frac{1}{2} \boldsymbol{U}^T C_{\overrightarrow{X(n)}} \boldsymbol{U}\right)$$

$$= \exp\left(j\boldsymbol{U}^T \cdot \overrightarrow{\mu_X} - \frac{1}{2} \boldsymbol{U}^T C_{\vec{X}} \boldsymbol{U}\right)$$

$$= \phi_X(u_1, u_2, \cdots, u_k)$$

即 $\overrightarrow{X(n)}$ 的特征函数 $\phi_{X_n}(u_1, u_2, \cdots, u_k)$ 收敛于 $\vec{X}$ 的特征函数 $\phi_X(u_1, u_2, \cdots, u_k)$,

$$\lim_{n \to \infty} \phi_{X_n}(u_1, u_2, \cdots, u_k) = \phi_X(u_1, u_2, \cdots, u_k)$$

所以

$$\phi_X(u_1, u_2, \cdots, u_k) = \exp\left(j\boldsymbol{U}^T \overrightarrow{\mu_X} - \frac{1}{2} \boldsymbol{U}^T C_{\vec{X}} \boldsymbol{U}\right)$$

即 $\vec{X} = [X_1, X_2, \cdots, X_k]^T$ 服从正态分布,得证。

**定理 6.5** 若正态过程 $\{X(t), t \in T\}$ 在 $T$ 上是均方可导的,则其导数过程 $\{X'(t), t \in T\}$ 也是正态过程。

**证** 任取 $n$ 个观察时间点 $t_1, t_2, \cdots, t_n \in T$ 及 $h$,得到 $n$ 个平移观察时间点 $t_1 + h, t_2 + h, \cdots, t_n + h \in T$,正态分布经过线性变换仍然是正态分布,故

$$\left[\frac{X(t_1 + h) - X(t_1)}{h}, \quad \frac{X(t_2 + h) - X(t_2)}{h}, \quad \cdots, \quad \frac{X(t_n + h) - X(t_n)}{h}\right]$$

所构成的 $n$ 维随机向量服从 $n$ 维正态分布。由于 $X(t)$ 在 $T$ 上均方可导,所以对于每个 $t_i$ 及 $h$ 来说 $\frac{X(t_i + h) - X(t_i)}{h}$ 均方收敛于 $X'(t_i)$。因此,$\overrightarrow{X'} = [X'_1, X'_2, \cdots, X'_n]^T$ 是 $n$ 维正态分布,即导数过程 $\{X'(t), t \in T\}$ 是正态过程。

**定理 6.6** 若正态过程 $\{X(t), t \in T\}$ 在 $T$ 上是均方可积的,则

$$Y(t) = \int_a^t X(u) \mathrm{d}u, \quad a, t \in T, \quad \eta(t) = \int_a^b X(u) h(t - u) \mathrm{d}u, \quad a, b \in T$$

也是正态过程,其中 $h(t)$ 表示线性时不变系统的单位冲激响应函数。

**证**　依据积分定义,有

$$Y(t) = \int_a^t X(u)\mathrm{d}u = \lim_{n\to\infty}\Big[\sum_{i=0}^{n-1} X(u_i)\Delta u\Big] = \mathrm{l.\,i.\,m}Y_t^{(n)}$$

其中,$u_i = a + \mathrm{i}\Delta u$,$\Delta u = \dfrac{t-a}{n}$,$a,t \in T$。因此,

$$Y(t_i) = \int_a^{t_i} X(u)\mathrm{d}u = \lim_{n\to\infty}\Big[\sum_{i=0}^{n_i-1} X(u_i)\cdot\Delta u\Big] = \mathrm{l.\,i.\,m}Y_{t_1}^{(n_i)}$$

由于 $X(t)$ 是正态过程,其线性组合是正态分布,即 $[Y_{t_1}^{(n_1)}, Y_{t_2}^{(n_2)}, \cdots, Y_{t_k}^{(n_k)}]$ 服从 $k$ 维正态分布,且均方收敛于 $[Y_{t_1}, Y_{t_2}, \cdots, Y_{t_k}]$,所以 $[Y_{t_1}, Y_{t_2}, \cdots, Y_{t_k}]$ 服从 $k$ 维正态分布,$Y(t)$ 是正态过程。

同理,可以证明 $\eta(t) = \int_a^b X(u)h(t-u)\mathrm{d}u$ $(a,b \in T)$ 也是正态过程。这表明正态过程通过线性系统后输出的也是正态过程。

**【例 6.4】**　设线性系统的单位冲激响应函数为 $h(t)$,输入为高斯过程 $X(t)$,输出为 $Y(t)$,试证明:$X(t)$ 和 $Y(t)$ 是联合高斯过程。

**证**　由于 $Y(t) = \int_{-\infty}^{+\infty} X(u)h(t-u)\mathrm{d}u$ 也是高斯过程,令 $Z = \int_{-\infty}^{+\infty} X(t)g(t)\mathrm{d}t$,其中 $g(t)$ 为任意函数,那么 $Z$ 也是正态分布的线性组合,故 $Z$ 是服从正态分布的随机变量。令

$$g(t) = g_1(t) + \int_{-\infty}^{+\infty} g_2(u)h(u-t)\mathrm{d}u$$

那么

$$\begin{aligned}
Z &= \int_{-\infty}^{+\infty} g(t)X(t)\mathrm{d}t = \int_{-\infty}^{+\infty} g_1(t)X(t)\mathrm{d}t + \int_{-\infty}^{+\infty}\int_{-\infty}^{+\infty} g_2(u)h(u-t)\mathrm{d}u X(t)\mathrm{d}t \\
&= \int_{-\infty}^{+\infty} g_1(t)X(t)\mathrm{d}t + \int_{-\infty}^{+\infty}\Big[\int_{-\infty}^{+\infty} h(u-t)X(t)\mathrm{d}t\Big]g_2(u)\mathrm{d}u \\
&= \int_{-\infty}^{+\infty} g_1(u)X(u)\mathrm{d}u + \int_{-\infty}^{+\infty} g_2(u)Y(u)\mathrm{d}u \\
&= \int_{-\infty}^{+\infty}\Big\{(g_1(u),g_2(u))\begin{pmatrix} X(u) \\ Y(u) \end{pmatrix}\Big\}\mathrm{d}u
\end{aligned}$$

由于 $g(t)$、$g_1(t)$、$g_2(t)$ 为任意的实函数,而 $Z$ 为一正态分布随机变量,因此 $X(t)$、$Y(t)$ 为联合正态随机过程。

## 6.2.3　高斯过程的性质

(1) 高斯随机过程完全由它的均值和协方差函数决定。

从 $n$ 维密度函数和特征函数可以看出。

(2) 高斯过程的广义平稳性意味着严格平稳性,广义平稳⇔严平稳,且

① 特征函数:

$$\phi_{X_n}(x_1, x_2, \cdots, x_n; t_1, t_2, \cdots, t_{n-1}) = \exp\Big[\mathrm{j}\mu\sum_{i=1}^n v_i - \frac{1}{2}\sum_{i=1}^n\sum_{k=1}^n C_X(t_k - t_i)v_i v_k\Big]$$

② 均值函数:$\forall t, E[X(t)] = \mu$;

③ 协方差函数：$C_X(t_k,t_i)=E\{[X(t_k)-E[X(t_k)]][X(t_i)-E[X(t_i)]]\}=C_X(t_k-t_i)$。

（3）复高斯随机过程。

如果所给定的随机过程$\{Z(t),t\in T\}$是复高斯随机过程，则在 $n$ 个时刻对应的 $n$ 个复随机变量 $Z(t_i)=X(t_i)+jY(t_i)$ 构成 $2n$ 维联合高斯分布。

（4）高斯随机过程在不同时刻 $t_i$、$t_k$ 的状态 $X(t_i)$、$X(t_k)$ 不相关和相互独立等价。

（5）高斯随机过程通过线性系统的输出还是高斯的。

【例 6.5】 设 $X(t)$ 是定义在 $[a,b]$ 上的高斯随机过程，$g_1(t)$、$g_2(t)$ 是两个任意的非零实函数，令 $Y_1=\int_a^b g_1(t)X(t)\mathrm{d}t$，$Y_2=\int_a^b g_2(t)X(t)\mathrm{d}t$。试证明：$Y_1$、$Y_2$ 是联合高斯的。

**证** 由于 $Y_1$、$Y_2$ 都是高斯随机变量，则

$$Z=K_1Y_1+K_2Y_2(\forall K_1,K_2\in\mathbf{R})$$
$$=K_1\int_a^b g_1(t)X(t)\mathrm{d}t+K_2\int_a^b g_2(t)X(t)\mathrm{d}t$$
$$=\int_a^b[K_1g_1(t)+K_2g_2(t)]X(t)\mathrm{d}t\quad(\text{令 }g(t)=K_1g_1(t)+K_2g_2(t))$$
$$=\int_a^b g(t)X(t)\mathrm{d}t$$

$Z$ 服从正态分布，得证。

# 6.3　高斯过程的模拟、采样、生成

高斯过程是自然界中普遍存在且重要的一种随机过程，在人工智能、机器学习等领域应用比较广泛。本节在于充分理解高斯过程，特别是要体验到高斯过程的一个样本不再是一个普通的点，而是一个函数。本节完成了常见的高斯过程的一维和二维样本的显示，常见的高斯过程有线性高斯过程、布朗运动、指数高斯过程、奥恩斯坦-乌伦贝克过程、对称高斯过程和周期性高斯过程。

高斯过程具有高斯函数的概率分布，给定 $T$ 集合中的任意个自变量 $t_1,t_2,\cdots,t_k$，满足 $z(t_1),z(t_2),\cdots,z(t_k)$ 是高斯随机变量，且 $z(t_1),z(t_2),\cdots,z(t_k)$ 是多维高斯函数（可以有任意多个），记为 $Z$，此时称随机变量集合 $\{z(t_1),z(t_2),\cdots,z(t_k)\}$ 为 $T$ 集合上的高斯过程。

如果 $T$ 集合中的元素个数是有限的，则 $Z$ 是否为高斯过程可以通过穷举判断其是否为多维高斯函数来判断。如果 $T$ 集合中元素的个数是无限的，则 $Z$ 不能通过穷举获得，但是如果 $Z$ 中变量和某个高斯变量有直接联系的话，则 $Z$ 也有可能是 $T$ 上的一个高斯过程。

下面来看看高斯过程的存在性定理以及如何构造高斯过程。

**定理 6.7** 对于任意集合 $T$，定义在其上的均值函数 $\mu:T\rightarrow\mathbf{R}$，以及自相关函数 $K:T\times T\rightarrow\mathbf{R}$，那么存在高斯过程 $Z_t\sim N(\mu(t),K)$，其中 $\mu(t)=E(Z_t)$，$K(s,t)=\mathrm{Cov}(Z_s,Z_t)$，$\forall s,t\in T$。

定理 6.7 说明，对任意集合 $T$ 中的单个元素都存在某个均值函数，以及对任意集合 $T$ 中的 2 个元素都存在某个核函数（即协方差函数），则在 $T$ 上一定存在一个高斯过程 $Z_t$，其元素具有类似 $T$ 形式的均值和方差。所以在给定集合 $T$ 后，只需要给出一个一元的均值函数和一

个二元的核函数表达式,就可以构造出一个高斯过程。根据自相关函数的不同形式,高斯过程可以分为线性高斯过程、布朗运动、平方指数高斯过程、奥恩斯坦-乌伦贝克过程、周期性高斯过程以及对称高斯过程。

它们的均值函数和协方差函数分别定义如下。

**1. 线性高斯过程**

索引集是 $d$ 维集合 $\boldsymbol{T}=\mathbf{R}^d$,均值 $\mu(t)=0$,自相关函数 $K(t,s)=t^{\mathrm{T}} \cdot s, \forall t,s \in \boldsymbol{T}$,其一维、二维样本函数如图 6.5 所示。

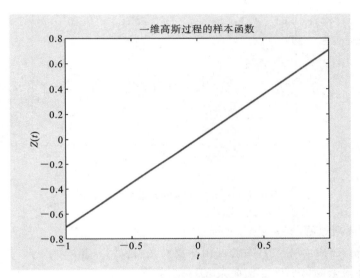

（a）一维线性高斯过程的样本函数

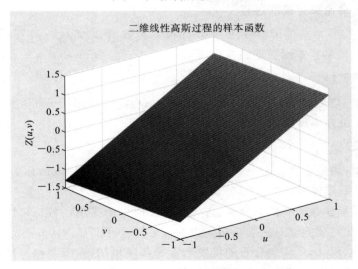

（b）二维线性高斯过程的样本函数

**图 6.5　一维、二维线性高斯过程的样本函数**

### 2. 布朗运动

索引集 $T=[0,\infty)$，均值函数 $\mu(t)=0$，自相关函数 $K(t,s)=\min(t,s)$，$\forall\,t,s\in T$，其一维样本函数如图 6.6 所示。

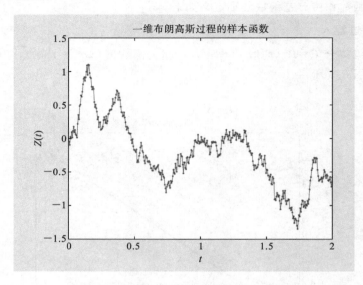

图 6.6　一维布朗高斯过程的样本函数

### 3. 平方指数高斯过程

索引集 $T=\mathbf{R}^d$，均值函数 $\mu(t)=0$，自相关函数 $K(t,s)=\exp[-\alpha\|t-s\|^2](\alpha>0)$，$\forall\,t,s\in T$，其一维、二维样本函数如图 6.7 所示。

### 4. 奥恩斯坦-乌伦贝克高斯过程

索引集 $T=[0,\infty)$，均值函数 $\mu(t)=0$，自相关函数 $K(t,s)=\exp[-\alpha|t-s|]\,(\alpha>0)$，$\forall\,t,s\in T$，其一维、二维样本函数如图 6.8 所示。

### 5. 周期性高斯过程

索引集 $T=\mathbf{R}^d$，均值函数 $\mu(t)=0$，自相关函数 $K(t,s)=\exp\{-\alpha\sin[\beta\pi(t-s)]^2\}(\alpha,\beta>0)$，$\forall\,t,s\in T$，其一维样本函数如图 6.9 所示。

### 6. 对称高斯过程

索引集 $T=\mathbf{R}^d$，均值函数 $\mu(t)=0$，自相关函数 $K(t,s)=\exp[-\alpha\min(|t-s|,|t+s|)^2](\alpha>0)$，$\forall\,t,s\in T$，其一维样本函数如图 6.10 所示。

通常情况对高斯函数采样的思路为：首先知道任何一个高斯函数都可以写成标准高斯函数的线性组合，因此只要能够对标准高斯函数进行采样就可以了。其方法为：计算出了标准高斯函数的分布函数，用 $[0,1]$ 均匀分布随机发生器选择随机的值 $Y$，当作标准高斯函数的函数值，然后找到分布函数下对应的值 $X$ 就可以了，该点即为所需要的样本。假设已知高斯过程的均值函数 $\mu(t)$ 和相关函数 $R(t_1,t_2)$，欲生成 $N$ 个符合此高斯过程的采样 $\{X_n,n=1,2,\cdots,N\}$，主要步骤如下：

第 1 步　生成 $N$ 个时间采样点 $t=\{t_1,t_2,\cdots,t_N\}$；

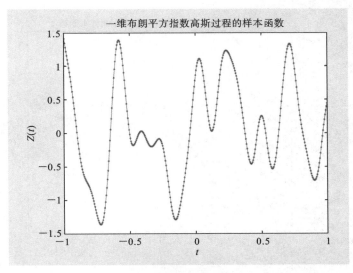

（a）一维平方指数高斯过程的样本函数

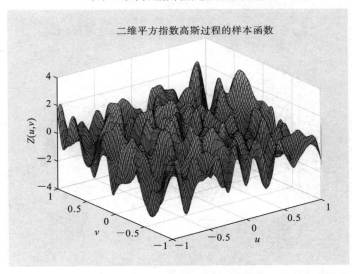

（b）二维平方指数高斯过程的样本函数

**图 6.7　一维、二维平方指数高斯过程的样本函数**

第 2 步　计算 $N$ 个采样点之间的相关函数及协方差矩阵 $C=(c_{ij})$，$c_{ij}=r_{ij}=R(t_i,t_j)$；

第 3 步　对矩阵 $C$ 进行 SVD 分解，由于协方差矩阵对称，有 $C=USU^{\mathrm{T}}$，其中 $S$ 为对角矩阵；

第 4 步　生成 $N$ 个独立同分布的高斯随机变量 $Y=[y_1,y_2,\cdots,y_N]$，均值为 0，方差为 1；

第 5 步　计算 $X=U\sqrt{S}Y$，即为该随机过程在 $N$ 个时刻的采样。

**证**　假设时间节点 $i$ 处的随机变量 $z_i=U_i\sqrt{S}Y$，其中 $U_i$ 为矩阵 $U$ 的第 $i$ 行，$S$ 为对角阵，满足关系式 $C=USU^{\mathrm{T}}$。

时间节点 $i$ 和 $j$ 处随机变量的相关函数为

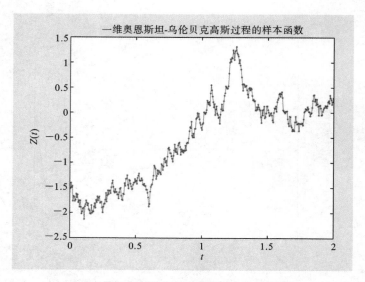

（a）一维奥恩斯坦–乌伦贝克高斯过程的样本函数

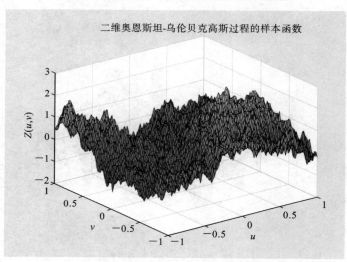

（b）二维奥恩斯坦–乌伦贝克高斯过程的样本函数

**图 6.8　一维、二维奥恩斯坦－乌伦贝克高斯过程的样本函数**

$$R(z_i,z_j)=E(z_iz_j)=E\big[(U_i\sqrt{SY})(U_j\sqrt{SY})\big]=E\Big(\sum_{k_1}U_{ik_1}\sqrt{S_{k_1}}Y_{k_1}\sum_{k_2}U_{jk_2}\sqrt{S_{k_2}}Y_{k_2}\Big)$$

由于 $Y$ 在每一时刻上相互独立,上式中两个求和相乘中,只有 $k_1=k_2$ 的项期望非零,因此,

$$R(z_i,z_j)=c_{ij}$$

　　给定正态随机矢量 $\boldsymbol{X}\sim N(\boldsymbol{\mu},\boldsymbol{C})$,其中 $\boldsymbol{\mu}$ 是期望向量,$\boldsymbol{C}$ 是协方差矩阵。对于正态随机矢量的模拟,可以首先模拟产生一个零均值、单位方差且各个分量相互独立的正态随机矢量 $\boldsymbol{U}$,然后做如下变换:

$$\boldsymbol{X}=\boldsymbol{A}\boldsymbol{U}+\boldsymbol{\mu}$$

其中,$\boldsymbol{C}=\boldsymbol{A}\boldsymbol{A}^{\mathrm{T}}$,$\boldsymbol{A}$ 是下三角矩阵,表示为

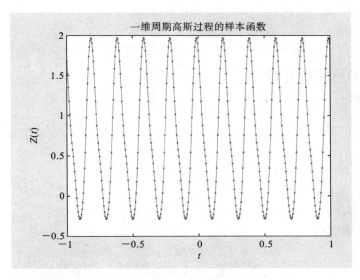

**图 6.9  一维周期性高斯过程的样本函数**

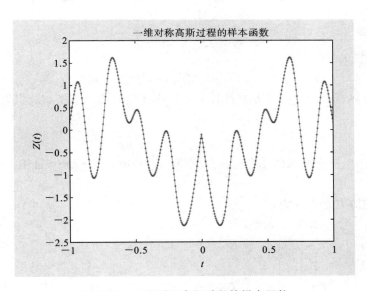

**图 6.10  一维对称高斯过程的样本函数**

$$\boldsymbol{A} = \begin{bmatrix} a_{11} & 0 & 0 & \cdots & 0 \\ a_{21} & a_{22} & 0 & \cdots & 0 \\ a_{31} & a_{32} & a_{33} & \cdots & 0 \\ \vdots & \vdots & \vdots & & \vdots \\ a_{N1} & a_{N2} & a_{N3} & \cdots & a_{NN} \end{bmatrix}$$

元素 $a_{ij}$ 可按列一次计算出

$$a_{11} = \sqrt{c_{11}}, \quad a_{i1} = \frac{c_{i1}}{a_{11}}$$

算出第 $1,2,\cdots,j-1$ 列元素后，第 $j$ 列的主对角元素为

$$a_{jj} = \sqrt{c_{jj} - \sum_{k=1}^{j-1} a_{jk}^2}$$

当 $j < N$ 时，主对角线以下的元素为

$$a_{ij} = a_{jj}^{-1}\left(c_{jj} - \sum_{k=1}^{j-1} a_{ik}a_{jk}\right), \quad i = j+1,\cdots,N$$

**【例 6.6】** 产生零均值的二维正态随机向量，协方差矩阵为

$$C = \sigma^2 \begin{bmatrix} 1 & \rho \\ \rho & 1 \end{bmatrix}$$

写出二维正态随机向量的表达式。

**解**
$$\mu = [\mu_1, \mu_2] = [0,0]$$

协方差矩阵分解为

$$C = \sigma^2 \begin{bmatrix} 1 & \rho \\ \rho & 1 \end{bmatrix} = \sigma \begin{bmatrix} a & 0 \\ c & b \end{bmatrix}\begin{bmatrix} a & c \\ 0 & b \end{bmatrix}\sigma = \sigma^2 \begin{bmatrix} a^2 & ac \\ ac & c^2+b^2 \end{bmatrix}$$

解得 $a = 1, b = \sqrt{1-\rho^2}, c = \rho$，矩阵

$$A = \sigma \begin{bmatrix} 1 & 0 \\ \rho & \sqrt{1-\rho^2} \end{bmatrix}$$

所以二维正态随机矢量

$$X = [x_1, x_2] = A[u_1, u_2] + [\mu_1, \mu_2]$$

其中，$U = [u_1, u_2]$ 是零均值、单位方差且各个分量相互独立的二维正态随机矢量，所以

$$x_1 = \sigma u_1$$

$$x_2 = \sigma u_1 + \sigma \sqrt{1-\rho^2} u_2$$

**【例 6.7】** 产生符合要求的正态随机序列 $X(n)$，均值 $m_X(n) = 0$，自相关函数 $R_X(m) = \sigma^2 \cdot \exp(-|m|)$。

**解**　$X(n)$ 的协方差矩阵为

$$C = \begin{bmatrix} c_{11} & c_{12} & \cdots & c_{1N} \\ c_{21} & c_{22} & \cdots & c_{2N} \\ \vdots & \vdots & & \vdots \\ c_{N1} & c_{N2} & \cdots & c_{NN} \end{bmatrix} = \begin{bmatrix} R_{11} & R_{12} & \cdots & R_{1N} \\ R_{21} & R_{22} & \cdots & R_{2N} \\ \vdots & \vdots & & \vdots \\ R_{N1} & R_{N2} & \cdots & R_{NN} \end{bmatrix} = \sigma^2 \begin{bmatrix} 1 & e^{-1} & \cdots & e^{-|N-1|} \\ e^{-1} & 1 & \cdots & e^{-|N-2|} \\ \vdots & \vdots & & \vdots \\ e^{-|N-1|} & e^{-|N-2|} & \cdots & 1 \end{bmatrix}$$

$$= AA^{\mathrm{T}}$$

其中，

$$A = \begin{bmatrix} 1 & 0 & 0 & \cdots & 0 \\ e^{-1} & \sqrt{1-e^{-2}} & 0 & \cdots & 0 \\ e^{-2} & e^{-1}\sqrt{1-e^{-2}} & \sqrt{1-e^{-2}} & \cdots & 0 \\ \vdots & \vdots & \vdots & & \vdots \\ e^{-|N-1|} & e^{-|N-2|}\sqrt{1-e^{-2}} & e^{-|N-3|}\sqrt{1-e^{-2}} & \cdots & \sqrt{1-e^{-2}} \end{bmatrix}$$

$$X = [x_1, \quad x_2, \quad \cdots \quad x_N] = A[u_1, \quad u_2, \quad \cdots \quad u_N] + [\mu_1, \quad \mu_2, \quad \cdots \quad \mu_N]$$

$U = [u_1, \quad u_2, \quad \cdots \quad u_N]$ 是零均值、单位方差且各个分量相互独立的二维正态随机矢量，

$[\mu_1,\ \ \mu_2,\ \ \cdots\ \ \mu_N]=[0,\ \ 0,\ \ \cdots,\ \ 0]$，所以

$$x_1=\sigma u_1$$
$$x_2=\sigma \mathrm{e}^{-1}u_1+\sigma u_2$$
$$x_3=\sigma \mathrm{e}^{-2}u_1+\sigma \mathrm{e}^{-1}u_2+\sigma u_3$$
$$\vdots$$
$$x_N=\sigma \mathrm{e}^{-|N-1|}u_1+\sigma \mathrm{e}^{-|N-2|}u_2+\cdots+\sigma u_N$$

更一般地，有递推关系：

$$x_i=\mathrm{e}^{-1}x_{i-1}+\sigma u_i$$

下面是 Matlab 代码实现。

```matlab
%二维正态随机向量的产生
%zhengtaisuijixiangliangde changsheng
clearall;
e=2.732;
sigma=1;
N=100000;
u=randn(N,1);
%x(1)=sigma*u(1)/sqrt(1-a^2);
x(1)=sigma*u(1);
for i=2:N
    x(i)=(1/e)*x(i-1)+sigma*u(i);
end
figure(1);
subplot(311);
plot(x);
title('正态随机序列 X(n)');
%legend('样本函数:0.09*sin(wt)','样本函数:0.05*sin(wt)','样本函数:0.01*sin(wt)');
xlabel('时间 n');
ylabel(' X(n)');

subplot(312);
R=xcorr(x,'coeff');
plot(R);
title('正态随机序列 X(n)的自相关函数 R(m)');
%legend('样本函数:0.09*sin(wt)','样本函数:0.05*sin(wt)','样本函数:0.01*sin(wt)');
xlabel('时间差 m');
ylabel(' R(m)');

subplot(313)
F=fft(R,N);
plot(fftshift(abs(F)));
title('正态随机序列 X(n)的功率谱密度 S(w)');
%legend('样本函数:0.09*sin(wt)','样本函数:0.05*sin(wt)','样本函数:0.01*sin(wt)');
xlabel('频率 w');
```

```
ylabel('S(w)');

figure(2);
hist(x,100);%X(n)的直方图
%histogram(x)
title('正态随机序列 X(n)的直方图');
%legend('样本函数:0.09*sin(wt)','样本函数:0.05*sin(wt)','样本函数:0.01*sin(wt)');
xlabel('X(n)的取值');
ylabel('X(n)取值的数量累积');
```

运行结果如图 6.11 所示。

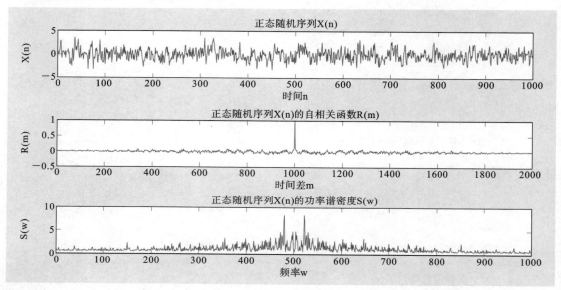

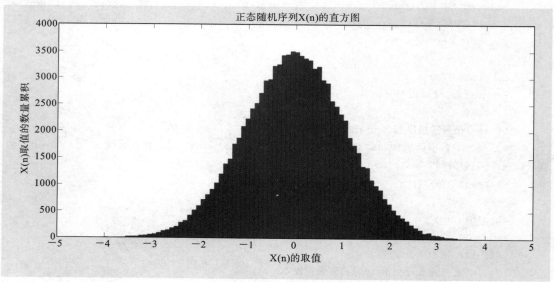

**图 6.11　高斯样本函数的生成及统计特性**

# 6.4　布朗运动与维纳过程

维纳(N. Wiener)过程是布朗运动的数学模型,在随机过程理论及其应用中起着重要的作用。1827 年,英国植物学家 R. Brown 在显微镜下,观测漂浮在平静的液面上的微小粒子,发现它们不断进行着杂乱无章的运动,这种现象后来称为布朗运动。1923 年,美国数学家维纳开始把布朗运动作为随机过程来研究。

### 6.4.1　布朗运动的描述与维纳过程的定义

用 $W(t)$ 表示运动中一微粒(质点)从时刻 $t=0$ 到时刻 $t>0$ 的位移的横坐标(同样也可以讨论纵坐标),且设 $W(0)=0$。根据爱因斯坦(Enistein)1905 年提出的理论,微粒的这种运动是由于受到大量的随机的、相互独立的分子碰撞的结果。于是,粒子在时段 $(s,t)$(与相继两次碰撞的时间间隔相比是很大的量)上的位移可看作是许多微小位移的代数和。

令 $\Delta=(t-s)/n, t>s$,由于

$$\begin{aligned} W(t)-W(s) &= [W(t)-W(t-\Delta)]+[W(t-\Delta)-W(t-2\Delta)]+\cdots \\ &\quad +[W(t-(n-1)\Delta)-W(s)] \\ &= \sum_1^n Y_i \end{aligned}$$

当 $n\to\infty$ 时,即 $\Delta\to 0$ 时,$Y_i=W[t-(i-1)\Delta]-W(t-i\Delta)\xrightarrow{a\cdot e}0$,由中心极限定理,大量独立的、均匀微小的随机变量之和近似服从正态分布,从而 $W(t)-W(s)$ 服从正态分布。而且,由于粒子的运动完全是由液体分子的不规则碰撞所引起的,因而在不相重叠的时间间隔内,碰撞的次数、大小和方向可假定是相互独立的。其次,液面处于平衡状态,所以粒子在一时段上位移的概率分布,可以认为只依赖于这时段的长度,而与观测的起始时刻无关,即 $W(t)$ 具有平稳增量特性。

综上所述,便得到维纳过程的数学模型与定义。

**定义 6.3**　给定二阶矩过程 $\{W(t),t\geq 0\}$,若满足:

(1) $W(0)=0$;

(2) 是独立增量过程;

(3) $\forall t>s\geq 0$,增量服从正态分布,即

$$W(t)-W(s)\sim N(0,\sigma^2(t-s))$$

则称此过程是**维纳过程**,又称布朗运动过程。

由条件(3)可以得出维纳过程增量的分布只依赖于时间差,故维纳过程是齐次的独立增量过程,并且也服从正态过程。事实上,对任意 $n(n\geq 1)$ 个时刻 $0<t_1<t_2<\cdots<t_n$(记 $t_0=0$),把 $W(t_k)$ 写成

$$W(t_k)=\sum_{i=1}^k [W(t_i)-W(t_{i-1})],\quad k=1,2,\cdots,n$$

由维纳过程的定义可知,它们都是独立的正态随机变量的和,由 $n$ 维正态变量的性质可得

出$[W(t_1),W(t_2),\cdots,W(t_n)]$是$n$维正态变量,即$\{W(t),t\geqslant 0\}$是正态过程。所以其分布依赖于它的期望函数和自协方差函数。

由条件(1)和条件(3)可知,$W(t)\sim N(0,\sigma^2 t)$,故维纳过程的期望与方差函数分别为

$$E[W(t)]=0, \quad D_W(t)=\sigma^2 t$$

上式中$\sigma^2$称为维纳过程的参数,通过做实验得出数据值可估计出其大小。自协方差函数为

$$C_W(s,t)=R_W(s,t)=\sigma^2\min\{s,t\} \quad s,t\geqslant 0$$

除了布朗运动外,电子元器件在恒温下的热噪声也可归结为维纳过程。

下面是布朗运动计算机模拟与维纳过程的样本函数。

用$W(t)$表示运动中一微粒从时刻$t=0$到时刻$t>0$的位移的纵坐标,且$W(0)=0$,此时,$W(t)$描述了一维布朗运动。样本函数如图 6.12 所示。

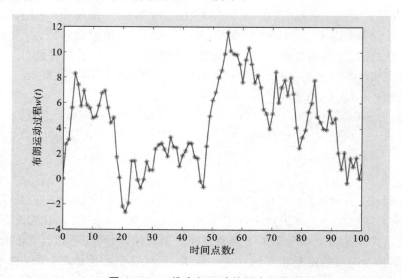

**图 6.12  一维布朗运动的样本函数**

(1) 粒子在时段$(s,t]$上的位移可以看作是许多微小位移的代数和。根据中心极限定律假设,位移$W(t)-W(s)$服从正态分布。

(2) 由于粒子的运动完全是由液体分子的不规则碰撞而引起的,因此,在不相重叠的时间间隔内,碰撞的次数、大小和方向可假定是相互独立的,位移$W(t)$具有独立的增量性质。

(3) 假设液面处于平衡状态,这时粒子在一时段上位移的概率分布可以认为只依赖于这时段的长度,而与观察的起始时刻无关,位移$W(t)$具有平稳的增量性质。

二维布朗运动$(W_X(t),W_Y(t))$的样本函数如图 6.13 所示,$W_X(t)$、$W_Y(t)$分别描述粒子在$X$、$Y$方向的位移增量。

三维布朗运动$[W_X(t),W_Y(t),W_Z(t)]$的样本函数如图 6.14 所示,$W_X(t)$、$W_Y(t)$、$W_Z(t)$分别描述粒子在$X$、$Y$、$Z$方向的位移增量。

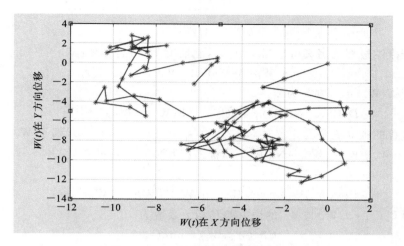

**图 6.13　二维布朗运动的样本函数**

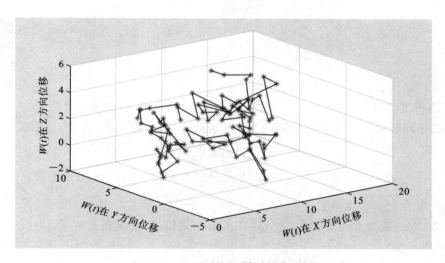

**图 6.14　三维布朗运动的样本函数**

## 6.4.2　维纳过程的特点和性质

维纳过程具有以下特点：

（1）它是一个马尔可夫过程，故未来推测所需的数据信息就是该过程的当前数据值；

（2）维纳过程具有独立增量特性，即该过程在任意一个时间区间上变化的概率分布，与其在其他时间区间上变化的概率无关；

（3）它是一个（非平稳）高斯过程，在任何有限时间上，维纳过程的变化服从正态分布，其方差随时间区间长度的增长而呈线性增加。

维纳过程具有以下性质。

对 $\forall\, t \in \mathbf{R}_+$，一维维纳过程在 $t$ 时刻是一个随机变量，其概率密度函数为

$$f_{w_t}(x)=\frac{1}{\sqrt{2\pi t}}\mathrm{e}^{-x^2/2t}$$

这是因为根据维纳过程的定义得出当 $s=0$ 时,能推出 $W(t)$ 的分布:

$$W_t=W_t-W_0\sim N(0,t)$$

它的数学期望 $E(W_t)=0$,方差为

$$D(W_t)=E(W_t^2)-E^2(W_t)=E(W_t^2)-0=E(W_t^2)=t$$

在维纳过程的独立增量的定义中,令 $t_2=t,s_2=t_1=s<t,s_1=0$,那么 $W_s=W_{t_1}-W_{s_1}\sim N(0,s)$ 和 $W_t-W_s=W_{t_2}-W_{s_2}\sim N(0,t-s)$ 都是相互独立的随机变量,并且 $W_s$ 与 $W_t$ 的协方差为

$$\mathrm{Cov}(W_s,W_t)=E\{[W_s-E(W_s)][W_t-E(W_t)]\}=s$$

故在两不同时刻 $0\leqslant s,t,W_t$ 与 $W_s$ 的协方差和相关系数为

$$\mathrm{Cov}(W_s,W_t)=\min(s,t)$$

$$\mathrm{corr}(W_s,W_t)=\frac{\mathrm{Cov}(W_s,W_t)}{\sqrt{D(W_s)}\cdot\sqrt{D(W_t)}}=\frac{\min(s,t)}{\sqrt{st}}$$

# 习 题 6

习题 6 解析

**6.1** 随机过程 $X(t)=A\sin(\omega t)-B\cos(\omega t)$,其中,$A$ 和 $B$ 都是均值为 0、方差为 $\sigma^2$ 的彼此独立的正态随机变量,试求:随机过程 $X(t)$ 的均值、方差、自相关函数和一维概率密度函数。

**6.2** 若零均值正态随机变量 $X$ 和 $Y$ 方差分别为 $\sigma_X^2=1,\sigma_Y^2=9$,相关系数 $\rho=-\frac{1}{3}$,试写出 $X$ 和 $Y$ 的联合概率密度函数。

**6.3** 令 $X(t)$ 是均值为零、方差为 $\sigma_X^2=1$ 的高斯随机过程,随机过程 $Y(t)=aX(t)+b$,其中 $a$、$b$ 是常数。

(1) 判断 $Y(t)$ 是否是高斯随机过程?请给出理由。

(2) 写出 $Y(t)$ 的一维特征函数和一维概率密度函数。

**6.4** 若平稳高斯过程 $X(t)$ 的自相关函数为 $R_X(\tau)=9\exp(-|\tau|)$,

(1) 计算 $X(t)$ 的均值 $m_X(t)$ 和方差 $\sigma_X^2=D_X(t)$,并写出其一维概率密度函数和特征函数;

(2) 计算概率 $P\{-3\leqslant X(t)\leqslant 3\}$;

(3) 写出随机向量 $\vec{X}=[X(t),\quad X(t+1),\quad X(t+2)]^{\mathrm{T}}$ 的期望向量 $E(X)=\{E[X(t)],E[X(t+1)],E[X(t+2)]\}^{\mathrm{T}}$ 和协方差矩阵 $C_X$,并进一步写出该向量的概率密度函数和特征函数表达式。

**6.5** 设 $X_t=X+2Yt(t\geqslant 0)$,其中 $X$ 与 $Y$ 独立,都服从 $N(0,\sigma^2)$。

(1) 此过程是否是正态过程?说明理由。

(2) 求此过程的相关函数,并说明过程是否平稳。

**6.6** 设随机过程 $\{W_t,t\geqslant 0\}$ 为零初值 $(W_0=0)$ 的有平稳增量和独立增量的过程,且对每个 $t>0$,$W_t\sim N(\mu,\sigma^2 t)$,其中 $\mu,\sigma^2$ 为常数,问过程 $\{W_t,t\geqslant 0\}$ 是否为正态过程,为什么?

**6.7**　设有二维随机矢量 $\vec{\xi}=(\xi_1 \quad \xi_2)$，概率密度为

$$f_{\xi_1\xi_2}(x_1,x_2)$$

$$=\frac{1}{2\pi\sigma_1\sigma_2\sqrt{1-r^2}}\exp\left\{-\frac{1}{2(1-r^2)}\left[\frac{(x_1-\mu_1)^2}{\sigma_1^2}-2r\frac{(x_1-\mu_1)(x_2-\mu_2)}{\sigma_1\sigma_2}+\frac{(x_2-\mu_2)^2}{\sigma_2^2}\right]\right\}$$

在椭圆 $\dfrac{(x_1-\mu_1)^2}{\sigma_1^2}-2r\dfrac{(x_1-\mu_1)(x_2-\mu_2)}{\sigma_1\sigma_2}+\dfrac{(x_2-\mu_2)^2}{\sigma_2^2}=\lambda^2$（$\lambda$ 为常数）上，其概率密度为常数，称该椭圆为等概率椭圆。求 $\vec{\xi}=(\xi_1 \quad \xi_2)$ 落在等概率椭圆内的概率。

**6.8**　设有 $n$ 维随机矢量 $\vec{\xi}=(\xi_1,\xi_2,\cdots,\xi_n)$ 服从正态分布，各分量的均值为 $E(\xi_i)=\alpha$（$i=1,2,\cdots,n$），其协方差矩阵为

$$\boldsymbol{C}=\begin{bmatrix}\sigma^2 & \alpha\sigma^2 & 0 & 0 & \cdots & 0 \\ 0 & \sigma^2 & \alpha\sigma^2 & 0 & \cdots & 0 \\ 0 & 0 & \sigma^2 & \alpha\sigma^2 & \cdots & 0 \\ 0 & 0 & 0 & \sigma^2 & \alpha\sigma^2 & 0 \\ 0 & 0 & 0 & 0 & \ddots & \vdots \\ 0 & 0 & 0 & 0 & \cdots & \sigma^2\end{bmatrix}$$

试求其特征函数。

**6.9**　设三维随机矢量 $\vec{\xi}=(\xi_1,\xi_2,\xi_3)^{\mathrm{T}}$ 的概率密度函数为

$$f_{\vec{\xi}}(x_1,x_2,x_3)=C\exp\left[-\frac{1}{2}(2x_1^2-x_1x_2+x_2^2-2x_1x_3+4x_3^2)\right]$$

（1）试证明经过下述线性变换，得到随机矢量

$$\vec{\eta}=(\eta_1,\eta_2,\eta_3)^{\mathrm{T}}=\boldsymbol{A}\vec{\xi}=\begin{bmatrix}1 & -\dfrac{1}{4} & -\dfrac{1}{2} \\ 0 & 1 & -\dfrac{2}{7} \\ 0 & 0 & 1\end{bmatrix}(\xi_1 \quad \xi_2 \quad \xi_3)^{\mathrm{T}}$$

那么 $\eta_1$、$\eta_2$、$\eta_3$ 是相互统计独立的随机变量。

（2）求 $C$ 的值。

**6.10**　随机信号 $X(t)=A\cos(\omega t)$ 与 $Y(t)=(1-B)\cos(\omega t)$，其中 $A$ 与 $B$ 同为均值2、方差 $\sigma^2$ 的正态随机变量，$A$、$B$ 统计独立，$\omega$ 为非零常数。

（1）讨论两个随机信号 $X(t)$ 和 $Y(t)$ 的正交性、互不相关性、统计独立性；

（2）求联合概率 $f_{XY}\left(x,y;\dfrac{2\pi}{\omega},\dfrac{2\pi}{\omega}\right)$。

**6.11**　设平稳正态随机过程 $X(t)$ 的均值为零，自相关函数为 $R_X(\tau)=\dfrac{\sin(\pi\tau)}{\pi\tau}$，求 $t_1=0$，$t_2=1/2$，$t_3=1$ 时的三维概率密度函数。

**6.12**　零均值高斯信号 $X(t)$ 的自相关函数为 $R_X(t_1,t_2)=0.5\mathrm{e}^{-|t_1-t_2|}$，求 $X(t)$ 的一维概率密度。

**6.13**　设正态随机过程具有均值为零，相关函数为 $R_X(\tau)=6\mathrm{e}^{-\frac{|\tau|}{2}}$，求给定 $t$ 时的随机变量 $X(t),X(t+1),X(t+2),X(t+3)$ 的协方差矩阵。

**6.14**　设 $\{X(t),-\infty<t<+\infty\}$ 和 $\{Y(t),-\infty<t<+\infty\}$ 都是高斯过程且相互独立，令

$Z(t)=X(t)+Y(t)$ $(-\infty<t<+\infty)$。试证明：$\{Z(t),-\infty<t<+\infty\}$ 是高斯过程。

**6.15**　设有随机过程 $\xi(t)=Xt^2+Y$ $(-\infty<t<\infty)$，$X$ 与 $Y$ 是相互独立的正态随机变量，期望均为 $0$，方差分别为 $\sigma_X^2$ 和 $\sigma_Y^2$。证明：过程 $\xi(t)$ 均方可导，并求 $\xi(t)$ 导过程的相关函数。

**6.16**　设有微分方程 $3\dfrac{\mathrm{d}X(t)}{\mathrm{d}t}+2X(t)=W_0(t)$，初值 $X(0)=X_0$ 为常数，$W_0(t)$ 是标准维纳过程，求随机过程 $X(t)$ 在 $t$ 时刻的一维概率密度。

**6.17**　设 $B(t)$ $(t\geqslant0)$ 为零均值的标准布朗运动，$a$ 和 $b$ 为两个待定的正常数 $(a\neq1)$，问在什么情况下 $\{aB(bt)\}$ 仍为标准的布朗运动？说明理由。

**6.18**　$\{B_t;t\geqslant0\}$ 是初值为零的标准布朗运动过程，试求它的概率转移密度函数 $p(s,t,x,y)=f_{B_t\mid B_s}(y\mid x)$。

**6.19**　一数学期望为零的平稳高斯白噪声 $N(t)$，功率谱密度为 $N_0/2$，经过如图 6.15 所示的系统，输出为 $Y(t)$，求输出过程 $Y(t)$ 的相关函数。

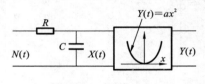

图 **6.15**　图题 6.19

# 第 7 章　窄带随机过程

在通信、雷达、广播电视等信息传输系统中遇到的许多重要的确定信号以及电子系统（如中频放大器）都满足窄带假设条件：$\Delta\omega \ll \omega_0$，即中心频率 $\omega_0$ 远大于带宽 $\Delta\omega$，分别称为窄带信号和窄带系统。

什么叫窄带？当信号的带宽 $\Delta\omega$ 远小于载波频率 $\omega_c$ 或中心频率 $\omega_0$ 时，则该信号称为窄带信号，如通信系统中的调幅信号和调频信号。正弦信号或余弦信号为单频信号（谱线），是最窄的一种窄带信号，实际上它的带宽等于零，而扩频信号则为宽带信号。这些概念对于理解窄带随机过程是很重要的。

白噪声是一种典型的随机过程，它的功率谱密度函数在整个频率范围内为常数，故称之为"白"。当它通过一个窄带滤波器后，就形成一种窄带噪声，它是一种典型的窄带随机过程，如图 7.1 所示。图 7.1 中 $n_i(t)$ 为输入白噪声，$n_o(t)$ 为输出窄带噪声，根据前面随机信号通过线性系统的结论，其输出窄带噪声的功率谱密度函数及窄带随机过程的时域波形如图 7.2、图 7.3 所示。

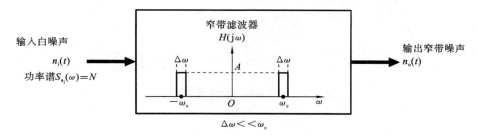

图 7.1　白噪声通过窄带滤波器

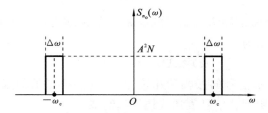

图 7.2　窄带噪声的功率谱密度函数

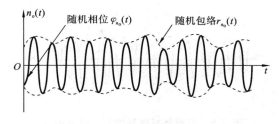

图 7.3　窄带随机过程的时域波形

# 7.1　窄带随机过程的基本概念

## 7.1.1　窄带随机过程的定义

一个实平稳随机过程 $X(t)$,若它的功率谱密度函数为

$$S_X(\omega) = \begin{cases} S_X(\omega), & \omega_0 - \frac{1}{2}\Delta\omega \leqslant |\omega| \leqslant \omega_0 + \frac{1}{2}\Delta\omega \\ 0, & \text{其他} \end{cases} \tag{7.1}$$

其中,带宽为 $\Delta\omega$,中心频率为 $\omega_0$,满足 $\Delta\omega \ll \omega_0$,则称此随机过程为窄带平稳随机过程。实际通信系统中所遇到的信号和系统多为窄带的。窄带随机过程的功率谱密度函数如图 7.4 所示。

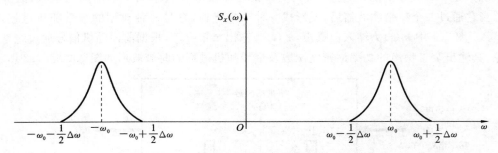

**图 7.4　窄带过程的功率谱密度函数**

## 7.1.2　窄带过程的表示

高频窄带信号是指信号的频谱限制在载波频率 $\pm\omega_0$ 附近的一个频带范围内,且此范围远远小于载波频率,可以表示为

$$x(t) = A(t)\cos[\omega_0 t + \varphi(t)] \tag{7.2}$$

式中:$A(t)$ 和 $\varphi(t)$ 分别表示信号的振幅和相位分量,它们都是低频限带信号,与载波相比,变化要缓慢得多,如图 7.5 所示。信号表达式还可以写成

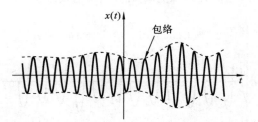

**图 7.5　窄带随机过程的某个样本函数**

$$x(t) = A(t)\cos[\omega_0 t + \varphi(t)]$$
$$= A(t)\cos(\omega_0 t)\cos[\varphi(t)] - A(t)\sin(\omega_0 t)\sin[\varphi(t)]$$
$$= A_c(t)\cos(\omega_0 t) - A_s(t)\sin(\omega_0 t) \tag{7.3}$$

其中，$A_c(t) = A(t)\cos[\varphi(t)]$，$A_s(t) = A(t)\sin[\varphi(t)]$，分别称为原信号 $x(t)$ 的同相分量与正交分量，两者相互正交，也都是低频限带信号，且满足以下关系：

$$A(t) = \sqrt{A_c^2(t) + A_s^2(t)}, \quad \varphi(t) = \arctan\frac{A_s(t)}{A_c(t)} \tag{7.4}$$

# 7.2　希尔伯特(Hilbert)变换与解析信号

## 7.2.1　希尔伯特变换的定义及性质

**1. 希尔伯特变换的定义**

设有一个实值函数 $x(t)$，它的希尔伯特变换记作 $\hat{x}(t)$（或记作 $H[x(t)]$），有

$$H[x(t)] = \hat{x}(t) = \frac{1}{\pi}\int_{-\infty}^{\infty}\frac{x(\tau)}{t-\tau}\mathrm{d}\tau = x(t) * \frac{1}{\pi t} \tag{7.5}$$

$\tau = t + \tau'$，经积分变量替换后，得

$$\hat{x}(t) = -\frac{1}{\pi}\int_{-\infty}^{\infty}\frac{x(t+\tau)}{\tau}\mathrm{d}\tau = \frac{1}{\pi}\int_{-\infty}^{\infty}\frac{x(t-\tau)}{\tau}\mathrm{d}\tau \tag{7.6}$$

与信号分析其他变换不同，希尔伯特变换不是把信号从时间域变换到另一个域，而是把信号从时间域仍变换到时间域。希尔伯特变换有以下特点：

（1）希尔伯特变换的单位冲激响应 $h_H(t)$ 及其频域传递函数 $H_H(j\omega)$ 表示为

$$h_H(t) = \frac{1}{\pi t} \xleftarrow{\text{傅里叶变换对}} H_H(j\omega) = -j\,\mathrm{sgn}(\omega) = \begin{cases} -j, & \omega \geqslant 0 \\ j, & \omega < 0 \end{cases} \tag{7.7}$$

**证**　由对称性性质，若

$$f(t) \leftrightarrow F(j\omega)$$

则

$$F(jt) \leftrightarrow 2\pi f(-\omega)$$

因为

$$\mathrm{sgn}(t) \leftrightarrow \frac{2}{j\omega}$$

所以

$$\frac{2}{jt} \leftrightarrow 2\pi\,\mathrm{sgn}(-\omega) = -2\pi\,\mathrm{sgn}(\omega)$$

整理得

$$h_H(t) = \frac{1}{\pi t} \leftrightarrow H_H(j\omega) = -j\,\mathrm{sgn}(\omega)$$

（2）希尔伯特逆变换：

$$x(t) = H^{-1}[\hat{x}(t)] = -\frac{1}{\pi}\int_{-\infty}^{\infty}\frac{\hat{x}(t-\tau)}{\tau}\mathrm{d}\tau = \frac{1}{\pi}\int_{-\infty}^{\infty}\frac{\hat{x}(t+\tau)}{\tau}\mathrm{d}\tau$$

$$= -\frac{1}{\pi t} * \hat{x}(t) \tag{7.8}$$

称 $h_{\mathrm{H1}}(t) = -\dfrac{1}{\pi t}$ 为希尔伯特逆变换的单位冲激响应。

**证**　若输入信号为

$$\hat{x}(t) = x(t) * h(t)$$

通过一个滤波器：$h_{\mathrm{H1}}(t) = -\dfrac{1}{\pi t}$，输出为

$$x(t) = \hat{x}(t) * h_{\mathrm{H1}}(t) = x(t) * h_{\mathrm{H}}(t) * h_{\mathrm{H1}}(t)$$

显然有

$$H_{\mathrm{H}}(\mathrm{j}\omega)H_{\mathrm{H1}}(\mathrm{j}\omega) = 1$$

所以

$$H_{\mathrm{H1}}(\mathrm{j}\omega) = \frac{1}{H_{\mathrm{H}}(\mathrm{j}\omega)} = \frac{1}{-\mathrm{j}\mathrm{sgn}(\omega)} = \mathrm{j}\mathrm{sgn}(\omega)$$

逆变换

$$h_{\mathrm{H1}}(t) = -\frac{1}{\pi t}$$

证毕。

（3）综合（1）、（2），希尔伯特变换的系统框图如图 7.6 所示。

希尔伯特逆变换的系统框图如图 7.7 所示。

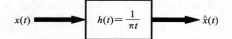
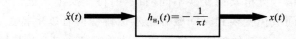

图 7.6　希尔伯特变换的系统框图　　　　　图 7.7　希尔伯特逆变换的系统框图

（4）希尔伯特变换的系统频域函数（见图 7.8）：

$$H(\mathrm{j}\omega) = \int_{-\infty}^{+\infty}h(t)\cdot\mathrm{e}^{-\mathrm{j}\omega t}\mathrm{d}t = -\mathrm{j}\mathrm{sgn}(\omega) = \begin{cases} -\mathrm{j}, & \omega \geqslant 0 \\ \mathrm{j}, & \omega < 0 \end{cases} \tag{7.9}$$

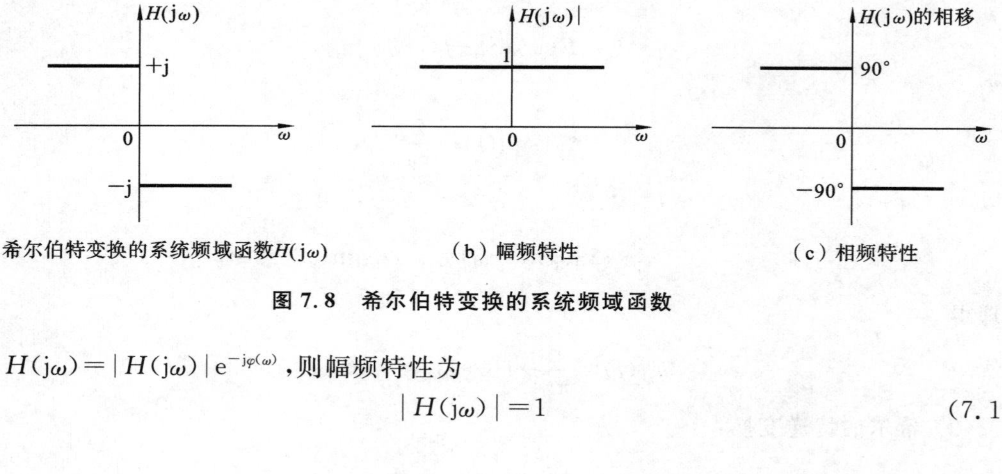

（a）希尔伯特变换的系统频域函数 $H(\mathrm{j}\omega)$　　　（b）幅频特性　　　　　（c）相频特性

图 7.8　希尔伯特变换的系统频域函数

令 $H(\mathrm{j}\omega) = |H(\mathrm{j}\omega)|\mathrm{e}^{-\mathrm{j}\varphi(\omega)}$，则幅频特性为

$$|H(\mathrm{j}\omega)| = 1 \tag{7.10}$$

相频特性为

$$\varphi(\omega) = \begin{cases} -\pi/2, & \omega \geqslant 0 \\ \pi/2, & \omega < 0 \end{cases} \tag{7.11}$$

希尔伯特变换相当于一个正交滤波器。

$$\hat{x}(t) = x(t) * h(t), \quad h(t) = 1/\pi t$$

其中,滤波器的频响函数为

$$H(j\omega) = \begin{cases} -j, & \omega \geqslant 0 \\ +j, & \omega < 0 \end{cases}$$

### 2. 希尔伯特变换的性质

(1) 希尔伯特变换与逆变换的关系为 $H^{-1}[x(t)] = -H[x(t)]$,且 $H[H[x(t)]] = -x(t)$。

(2) 若 $f(t)$ 是窄带信号(设带宽为 $\Delta\omega$,中心频率为 $\omega_0$,且满足 $\Delta\omega \ll \omega_0$),其傅里叶变换的频谱函数为 $F(j\omega) = \int_{-\infty}^{+\infty} f(t)e^{-j\omega t}\,dt$,那么有以下结论:

$$H[f(t)\sin(\omega_0 t)] = -f(t)\cos(\omega_0 t), \quad H[f(t)\cos(\omega_0 t)] = f(t)\sin(\omega_0 t)$$

**证** 设信号 $f(t)\cos(\omega_0 t)$ 的傅里叶变换为

$$f(t)\cos(\omega_0 t) \xrightarrow{\text{傅里叶变换}} \frac{1}{2\pi}F(j\omega) * \pi[\delta(\omega+\omega_0)+\delta(\omega-\omega_0)]$$

$$= \frac{1}{2}[F(j(\omega+\omega_0))+F(j(\omega-\omega_0))]$$

信号 $f(t)\sin(\omega_0 t)$ 的傅里叶变换为

$$f(t)\sin(\omega_0 t) \xrightarrow{\text{傅里叶变换}} \frac{1}{2\pi}F(j\omega) * j\pi[\delta(\omega+\omega_0)-\delta(\omega-\omega_0)]$$

$$= \frac{j}{2}[F(j(\omega+\omega_0))-F(j(\omega-\omega_0))]$$

那么 $f(t)\cos(\omega_0 t)$ 的希尔伯特变换 $H[f(t)\cos(\omega_0 t)] = [f(t)\cos(\omega_0 t)] * \dfrac{1}{\pi t}$ 的傅里叶变换为

$$[f(t)\cos(\omega_0 t)] * \frac{1}{\pi t} \xrightarrow{\text{傅里叶变换}} \frac{1}{2}[F(j(\omega+\omega_0))+F(j(\omega-\omega_0))] \cdot [-j\,\text{sgn}(\omega)]$$

$$= \frac{j}{2}[F(j(\omega+\omega_0))-F(j(\omega-\omega_0))] \quad (\omega_0 \gg \Delta\omega)$$

$$= \frac{1}{2\pi}F(j\omega) * j\pi[\delta(\omega+\omega_0)-\delta(\omega-\omega_0)]$$

所以 $H[f(t)\cos(\omega_0 t)] = f(t)\sin(\omega_0 t)$,同理可证 $H[f(t)\sin(\omega_0 t)] = -f(t)\cos(\omega_0 t)$。

(3) 若 $x(t)$ 是奇函数,那么 $\hat{x}(t) = H[x(t)]$ 是偶函数;若 $x(t)$ 是偶函数,那么 $\hat{x}(t) = H[x(t)]$ 是奇函数。

**证** 若 $x(t)$ 是奇函数,则

$$H[x(t)] = x(t) * \frac{1}{\pi t}$$

$$H[x(-t)] = x(-t) * \frac{1}{\pi(-t)} = -x(-t) * \frac{1}{\pi t}$$

因为
$$x(-t) = -x(t)$$

所以
$$H[x(-t)] = -x(-t) * \frac{1}{\pi t} = x(t) * \frac{1}{\pi t} = H[x(t)]$$

又因为
$$x(-t) = x(t)$$

所以
$$H[x(-t)] = -x(-t) * \frac{1}{\pi t} = -x(t) * \frac{1}{\pi t} = -H[x(t)]$$

若 $x(t)$ 是偶函数,同理可证。

(4) 若 $X(t)$ 是平稳过程,那么其希尔伯特变换 $\hat{X}(t) = H[X(t)]$ 也是平稳过程,且
$$R_{\hat{X}}(\tau) = R_X(\tau), \quad R_{X\hat{X}}(\tau) = \hat{R}_X(\tau), \quad R_{\hat{X}X}(\tau) = -\hat{R}_X(\tau)$$
其中,$R_X(\tau)$、$R_{\hat{X}}(\tau)$ 分别为随机过程 $X(t)$、$\hat{X}(t)$ 的自相关函数,$R_{X\hat{X}}(\tau)$、$R_{\hat{X}X}(\tau)$ 为两个随机过程的互相关函数,$\hat{R}_X(\tau)$ 为 $R_X(\tau)$ 的希尔伯特变换。

证　　$R_{\hat{X}}(t, t+\tau) = E[\hat{X}(t)\hat{X}(t+\tau)]$

$$= E\left[\frac{1}{\pi}\int_{-\infty}^{+\infty}\frac{X(t-u)}{u}\mathrm{d}u \cdot \frac{1}{\pi}\int_{-\infty}^{+\infty}\frac{X(t+\tau-v)}{v}\mathrm{d}v\right]$$

$$= E\left[\frac{1}{\pi}\cdot\frac{1}{\pi}\int_{-\infty}^{+\infty}\int_{-\infty}^{+\infty}\frac{X(t-u)}{u}\frac{X(t+\tau-v)}{v}\mathrm{d}u\mathrm{d}v\right]$$

$$= \frac{1}{\pi}\cdot\frac{1}{\pi}\int_{-\infty}^{+\infty}\int_{-\infty}^{+\infty}\frac{E[X(t-u)X(t+\tau-v)]}{uv}\mathrm{d}u\mathrm{d}v$$

$$= \frac{1}{\pi}\cdot\frac{1}{\pi}\int_{-\infty}^{+\infty}\int_{-\infty}^{+\infty}\frac{R_X(\tau-v+u)}{uv}\mathrm{d}u\mathrm{d}v$$

$$= \frac{1}{\pi}\int_{-\infty}^{+\infty}\frac{1}{u}\left[\frac{1}{\pi}\int_{-\infty}^{+\infty}\frac{R_X(\tau-v+u)}{v}\mathrm{d}v\right]\mathrm{d}u$$

$$= R_X(\tau) * \frac{1}{\pi\tau} * \frac{1}{-\pi\tau} = R_X(\tau)$$

$$= H^{-1}[H[R_X(\tau)]] = R_X(\tau)$$

(5) 希尔伯特变换是正交变换,若 $X(t)$ 是平稳过程,则 $X(t)$ 与 $\hat{X}(t)$ 相互正交且平均功率相等,即 $R_X(0) = R_{\hat{X}}(0)$,$R_{\hat{X}X}(0) = E[\hat{X}(t)X(t)] = 0$。

证　根据性质(4)可知 $R_X(\tau) = R_{\hat{X}}(\tau)$,令 $\tau = 0$,得 $R_X(0) = R_{\hat{X}}(0)$。

下面证 $R_{\hat{X}X}(0) = E[\hat{X}(t)X(t)] = 0$。

由于 $X(t)$ 是平稳过程,故 $R_X(\tau)$ 是偶函数,根据性质(3)和(4)可知 $R_{\hat{X}X}(\tau) = \hat{R}_X(\tau)$ 是奇函数,故 $R_{\hat{X}X}(0) = E[\hat{X}(t)X(t)] = 0$。

(6) 几个常用函数的希尔伯特变换
$$H[\sin(\omega t)] = -\cos(\omega t), \quad H[\cos(\omega t)] = \sin(\omega t)$$
$$H[\mathrm{e}^{\mathrm{j}\omega t}] = \mathrm{e}^{\mathrm{j}(\omega t - \frac{\pi}{2})}, \quad H[\mathrm{e}^{-\mathrm{j}\omega t}] = \mathrm{e}^{-\mathrm{j}(\omega t - \frac{\pi}{2})}$$

【例 7.1】　给定一正弦信号 $x(t) = \sin(2\pi f_0 t)$,画出其 Hilbert 信号。

解　$H[\sin(2\pi f_0 t)] = -\cos(2x f_0 t)$,原始信号及其 Hilbert 信号波形如图 7.9 所示。

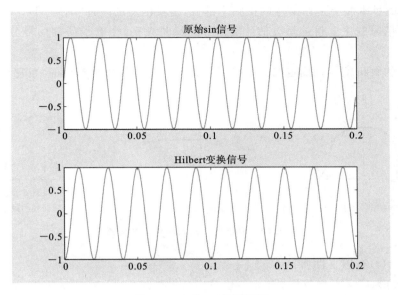

**图 7.9**　Hilbert 信号波形

## 7.2.2　窄带随机信号的解析信号

用信号的希尔伯特变换可以构造解析信号。由实信号 $x(t)$ 作为复信号 $z(t)$ 的实部，$x(t)$ 的希尔伯特变换 $\hat{x}(t)$ 作为复信号 $z(t)$ 的虚部，即

$$z(t) = x(t) + j\hat{x}(t) \tag{7.12}$$

这样构成的复信号 $z(t)$ 称为解析信号。

假设 $x(t)$ 是任意的宽平稳、数学期望为零的实窄带随机过程（中心频率为 $\omega_0$，带宽为 $\Delta\omega$，且 $\Delta\omega \ll \omega_0$）。已知窄带过程的包络和相位相对于 $\omega_0$ 都是慢变化过程，则很明显 $A_c(t)$、$A_s(t)$ 相对于 $\omega_0$ 为慢变部分。

已知 $x(t) = A_c(t)\cos(\omega_0 t) - A_s(t)\sin(\omega_0 t)$，根据希尔伯特变换性质有 $\hat{x}(t) = H[x(t)] = A_c(t)\sin(\omega_0 t) + A_s(t)\cos(\omega_0 t)$，由上两式可得

$$\begin{aligned}
A_c(t) &= x(t)\cos(\omega_0 t) + \hat{x}(t)\sin(\omega_0 t) \\
A_s(t) &= -x(t)\sin(\omega_0 t) + \hat{x}(t)\cos(\omega_0 t)
\end{aligned} \tag{7.13}$$

可见，$A_c(t)$、$A_s(t)$ 可以看作是 $x(t)$ 和 $\hat{x}(t)$ 经过线性变换后的结果。

设 $x(t)$ 频谱为 $X(j\omega)$，那么 $\hat{x}(t)$ 的频谱为 $\hat{X}(j\omega) = -j\,\mathrm{sgn}(\omega)X(j\omega)$，则可得复信号 $z(t)$ 的频谱为

$$Z(j\omega) = X(j\omega) + \mathrm{sgn}(\omega)X(j\omega) = \begin{cases} 2X(j\omega), & \omega \geq 0 \\ 0, & \omega < 0 \end{cases} \tag{7.14}$$

如图 7.10 所示，解析信号 $z(t)$ 的特点如下：

（1）解析信号 $z(t)$ 的实部包含了实信号 $x(t)$ 的全部信息，虚部则与实部有着确定的（正交）关系。

（2）解析信号仅有单边谱，即只在正频域有值，且为实信号频谱正频率分量的 2 倍。

（3）解析信号本质上是原信号的正频率部分，是实信号的一种"简练"形式。

构造解析信号的主要目的是去估计实信号的瞬时频率，在电子侦察信号分析中有非常重要的作用。

确定信号的解析信号是确定的。平稳随机信号的解析信号是随机的，且它们联合平稳。

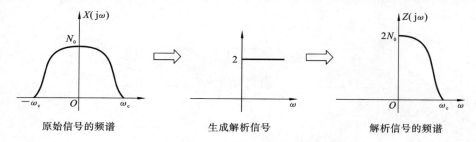

**图 7.10　原始信号与解析信号的频谱**

解析信号 $z(t)$ 有以下性质：

（1）若 $z(t)$ 为广义平稳过程，则 $\hat{x}(t)$ 也是广义平稳过程，且 $z(t)$、$\hat{x}(t)$ 联合平稳。

（2）实部 $z(t)$ 与虚部 $\hat{x}(t)$ 的自相关函数及功率谱密度函数相同，即

$$R_{\hat{x}}(\tau)=R_z(\tau),\quad S_{\hat{x}}(\omega)=S_z(\omega) \tag{7.15}$$

（3）实部与虚部的互相关函数表示为

$$R_{z\hat{x}}(\tau)=\hat{R}_z(\tau),\quad R_{\hat{x}z}(\tau)=-\hat{R}_z(\tau) \tag{7.16}$$

可得 $R_{z\hat{x}}(\tau)=-R_{\hat{x}z}(\tau)$。

（4）实部与虚部的互相关函数 $R_{\hat{x}z}(-\tau)=-R_{\hat{x}z}(\tau)$ 为奇函数。

（5）实部与虚部之间的互相关函数为

$$R_{\hat{x}z}(0)=0$$

这表明在任意时刻，实部 $z(t)$ 与虚部 $\hat{x}(t)$ 满足正交条件。

（6）解析信号的自相关函数表示为

$$R_z(\tau)=2R_z(\tau)+j2\hat{R}_z(\tau) \tag{7.17}$$

（7）解析信号实部与虚部之间的互功率谱密度函数表示为

$$S_{z\hat{x}}(\omega)=\begin{cases}-jS_z(\omega),&\omega\geqslant0\\ jS_z(\omega),&\omega<0\end{cases} \tag{7.18}$$

（8）解析信号的功率谱密度函数表示为

$$S_z(\omega)=\begin{cases}4S_z(\omega),&\omega\geqslant0\\ 0,&\omega<0\end{cases} \tag{7.19}$$

相应地，由 $x(t)$ 和 $\hat{x}(t)$ 线性组合产生的同相分量与正交分量 $A_c(t)$、$A_s(t)$ 有以下重要结论：

（1）若 $x(t)$ 是均值为零的平稳过程，则 $A_c(t)$、$A_s(t)$ 也是均值为零的平稳过程。

（2）$A_c(t)$、$A_s(t)$ 的自相关函数相同，且 $A_c(t)$、$A_s(t)$ 与 $x(t)$ 具有相同的平均功率，即它们的方差相同（$\sigma_{A_c}^2=\sigma_{A_s}^2=\sigma_X^2$）。

（3）同相分量与正交分量 $A_c(t)$、$A_s(t)$ 的功率谱密度函数 $S_{A_c}(\omega)$、$S_{A_s}(\omega)$ 集中在 $|\omega|<\dfrac{\Delta\omega}{2}$，所以 $A_c(t)$、$A_s(t)$ 是低频过程，故

$$S_{A_c}(\omega) = S_{A_s}(\omega) = \begin{cases} S_x(\omega+\omega_0) + S_x(\omega-\omega_0), & |\omega| \leqslant \dfrac{\Delta\omega}{2} \\ 0, & |\omega| > \dfrac{\Delta\omega}{2} \end{cases} \tag{7.20}$$

（4）若窄带过程 $x(t)$ 的单边功率谱密度函数是关于 $\omega_0$ 对称的,则有

$$R_x(\tau) = R_{A_c}(\tau)\cos(\omega_0\tau) = R_{A_s}(\tau)\cos(\omega_0\tau) \tag{7.21}$$

（5）$A_c(t)$、$A_s(t)$ 是联合平稳的,且互相关函数 $R_{A_cA_s}(\tau)$ 为奇函数,$R_{A_cA_s}(\tau) = -R_{A_cA_s}(-\tau) = -R_{A_sA_c}(\tau)$。此外,在同一时刻,$A_c(t)$、$A_s(t)$ 之间是正交的。

（6）若窄带过程 $x(t)$ 的单边功率谱密度函数是关于 $\omega_0$ 对称的,那么 $A_c(t)$,$A_s(t)$ 的互相关函数和互功率谱密度函数恒为零,两个低频过程正交,即

$$\begin{gathered} R_{A_cA_s}(\tau) = R_{A_sA_c}(\tau) = 0 \\ S_{A_cA_s}(\omega) = S_{A_sA_c}(\omega) = 0 \end{gathered} \tag{7.22}$$

【例 7.2】　给定一余弦信号 $x(t) = \cos(2\pi f_0 t + \pi/2)$,画出其原始信号频谱,以及其解析信号的频谱。

**解**　原始信号的波形及频谱图如图 7.11 所示。

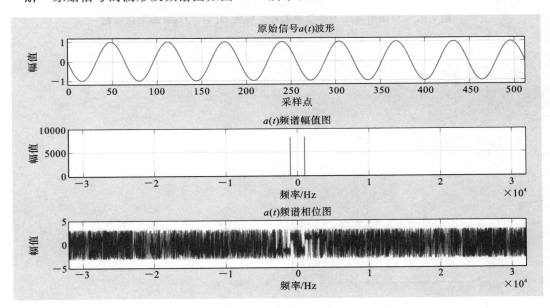

**图 7.11　原始信号 $a(t)$ 的波形及频谱图**

原始信号做希尔伯特变换后的波形及频谱图如图 7.12 所示。

由原始信号生成的解析信号表示如图 7.13 所示。

由原始信号生成的解析信号频谱图如图 7.14 所示。

Matlab 仿真代码如下。

```
%解析信号的产生
clc;  clearall;
f0=1000;                    %设定信号频率
fs=64* f0;                  %设定采样频率
```

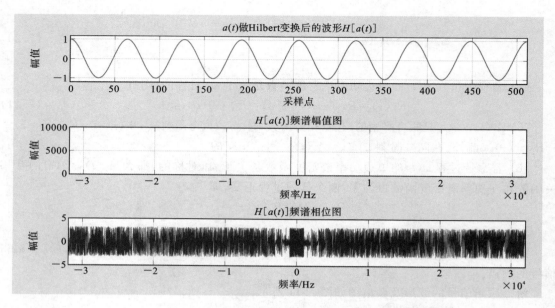

图 7.12　原始信号 $a(t)$ 做希尔伯特变换后 $H[a(t)]$ 的波形及频谱图

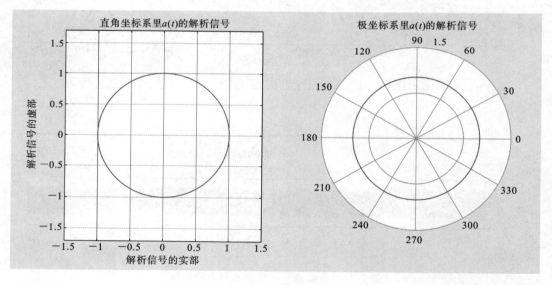

图 7.13　由 $a(t)$ 生成的解析信号表示图

```
N=1024*16;                %设置样本点数
n=0:N-1;                  %取的样本点数
t=n/fs;
Ts=1/fs;                  %设置采样序列时间间隔
B=0.5*(fs);               %频带范围
df=fs/N;                  %频率间隔
f=-B:df:B-df;             %设置频率序列
a=cos(2*pi*f0*t+pi/2);    %产生原始信号 a(t)序列
```

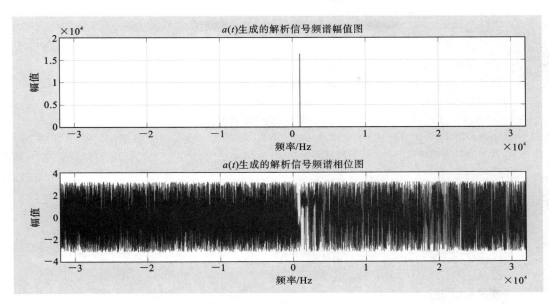

**图 7.14　由 $a(t)$ 生成的解析信号频谱图**

```
figure(1);
%以 t 为横坐标画出 a(t)的时域图形
subplot(3,1,1);                    plot(n,a);
axis([0 N/(2^5) - 1.2 1.2]);       %设置采样点及显示范围
xlabel('采样点');
ylabel('幅值');
title('原始信号 a(t)波形');
gridon;
% 接下来对 a(t)进行频谱分析
Fa=fft(a);                         %对 a(t)做傅里叶 FFT 变换,得到 2N-1 个频率值
magn=abs(Fa);  %求 a(t)频谱幅值
a_angle=angle(Fa);                 %求 a(t)频谱相位
labelang= (-length(a)/2:length(a)/2-1)* fs/(1* (length(a)));   %求横坐标刻度
subplot(3,1,2);
% 画出 a(t)频谱幅值图
plot(labelang,fftshift(magn));
xlabel('频率/Hz');
ylabel('幅值');
title('a(t)频谱幅值图');
gridon;
subplot(3,1,3);
%画出 a(t)频谱相位图
plot(labelang,fftshift(a_angle));
xlabel('频率/Hz');
ylabel('幅值');
```

```matlab
title('a(t)频谱相位图');
gridon;

%信号变换
%结论:cos信号 Hilbert 变换后为 sin 信号
yh=hilbert(a);                      %matlab 函数得到信号是合成的复信号
yi=imag(yh);                        %虚部为书中定义的 Hilbert 变换
figure(2);
%以 t 为横坐标画出 H[a(t)]的时域图形
subplot(3,1,1);
plot(n,yi);
axis([0 N/(2^5)-1.2 1.2]);
xlabel('采样点');
ylabel('幅值');
title('a(t)做 Hilbert 变换后的波形 H[a(t)]');
gridon;
%对 H[a(t)]进行频谱分析
Fa=fft(yi,N);                       %对 H[a(t)]做傅里叶 FFT 变换,得到 2N-1 个频率值
magn=abs(Fa);                       %求 H[a(t)]频谱幅值
a_angle=angle(Fa);                  %求 H[a(t)]频谱相位
labelang=(-length(yi)/2:length(yi)/2-1)*fs/(length(yi));   % 求横坐标值
subplot(3,1,2);
%画出 H[a(t)]频谱幅值图
plot(labelang,fftshift(magn));
xlabel('频率/Hz');
ylabel('幅值');
title('H[a(t)]频谱幅值图');
gridon;
subplot(3,1,3);
%画出 H[a(t)]频谱相位图
plot(labelang,fftshift(a_angle));
xlabel('频率/Hz');
ylabel('幅值');
title('H[a(t)]频谱相位图');
gridon;

figure(3);                          %画出解析信号
%以 t 为横坐标画出 a(t)的解析信号图形
subplot(1,2,1);  plot(yh);
xlabel('解析信号的实部');
ylabel('解析信号的虚部');
title('直角坐标系里 a(t)的解析信号');
gridon;

subplot(1,2,2);                     polar(angle(yh),abs(yh));
```

```
%xlabel('解析信号的实部');
%ylabel('解析信号的虚部');
title('极坐标系里 a(t)的解析信号');
gridon;

figure(4);                              %对 a(t)的解析信号进行频谱分析
Fa=fft(yh,N);                           %对 a(t)的解析信号做傅里叶 FFT 变换,得到 2N-1 个频率值
magn=abs(Fa);                           %求 a(t)的解析信号的频谱函数幅值
a_angle=angle(Fa);                      %求 a(t)的解析信号的频谱函数相位
labelang=(-length(yh)/2:length(yh)/2-1)*fs/(length(yh));  %求横坐标值
subplot(2,1,1);
%画出 a(t)的解析信号的频谱函数幅值图
plot(labelang,fftshift(magn));
xlabel('频率/Hz');
ylabel('幅值');
title('a(t)生成的解析信号频谱幅值图');
gridon;
subplot(2,1,2);
%画出 a(t)的解析信号的频谱函数相位图
plot(labelang,fftshift(a_angle));
xlabel('频率/Hz');
ylabel('幅值');
title('a(t)生成的解析信号频谱相位图');
gridon;
```

**【例 7.3】** 已知窄带过程 $v_1(t)$ 和 $v_2(t)$ 的中心频率同为 $\omega_0$,它们的复包络分别为
$$a_1(t)=i_1(t)+jq_1(t), \quad a_2(t)=i_2(t)+jq_2(t)$$
求 $v(t)=v_1(t)+v_2(t)$ 的复包络 $a(t)$。

**解** 分别写出 $v_1(t)$ 和 $v_2(t)$ 的莱斯表示,有
$$v_1(t)=i_1(t)\cos(\omega_0 t)-q_1(t)\sin(\omega_0 t)$$
$$v_2(t)=i_2(t)\cos(\omega_0 t)-q_2(t)\sin(\omega_0 t)$$
$$v(t)=v_1(t)+v_2(t)=i_1(t)\cos(\omega_0 t)-q_1(t)\sin(\omega_0 t)+i_2(t)\cos(\omega_0 t)-q_2(t)\sin(\omega_0 t)$$
$$=[i_1(t)+i_2(t)]\cos(\omega_0 t)-[q_1(t)+q_2(t)]\sin(\omega_0 t)$$
那么令 $v(t)$ 的同相分量与正交分量分别为 $i(t)$、$q(t)$,有
$$i(t)=i_1(t)+i_2(t), \quad q(t)=q_1(t)+q_2(t)$$
即 $a(t)=a_1(t)+a_2(t)$。

**【例 7.4】** 零均值窄带随机过程 $v(t)$ 的功率谱密度函数如图 7.15 所示,假定它的中心频率为 $f_c=1000$ Hz,两个低频分量记为 $x(t)$ 和 $y(t)$,它们分别是 $v(t)$ 的同相分量与正交分量。试求:

(1) 用 $x(t)$ 和 $y(t)$ 表示 $v(t)$;

(2) 写出 $x(t)$ 和 $y(t)$ 的自相关函数与互相关函数。

**解** (1) 由 $\omega_c=2\pi f_c=2000\pi$ (rad),带宽 $\Delta\omega=12\pi$ (rad),可得
$$v(t)=x(t)\cos(\omega_c t)-y(t)\sin(\omega_c t)=x(t)\cos(2000\pi t)-y(t)\sin(2000\pi t)$$

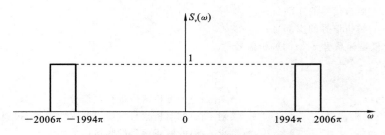

**图 7.15　窄带随机过程 $v(t)$ 的功率谱密度函数**

（2）由窄带随机过程各种功率谱密度函数之间的关系，可得

$$S_x(\omega) = S_y(\omega) = \begin{cases} S_v(\omega+\omega_c) + S_v(\omega-\omega_c), & |\omega| \leqslant \dfrac{\Delta\omega}{2} \\ 0, & \text{其他} \end{cases}$$

$$S_{yx}(\omega) = -S_{xy}(\omega) = \begin{cases} j[S_v(\omega-\omega_c) - S_v(\omega+\omega_c)], & |\omega| \leqslant \dfrac{\Delta\omega}{2} \\ 0, & \text{其他} \end{cases}$$

进一步得到

$$S_x(\omega) = S_y(\omega) = \begin{cases} 2, & |\omega| \leqslant 6\pi \\ 0, & \text{其他} \end{cases}$$

$$S_{yx}(\omega) = -S_{xy}(\omega) = 0$$

因此，

$$R_x(\tau) = \frac{1}{2\pi}\int_{-\infty}^{+\infty} S_x(\omega) e^{j\omega\tau} d\omega = 2\,\frac{\sin(6\pi\tau)}{\pi\tau}$$

$$R_y(\tau) = \frac{1}{2\pi}\int_{-\infty}^{+\infty} S_y(\omega) e^{j\omega\tau} d\omega = 2\,\frac{\sin(6\pi\tau)}{\pi\tau}$$

$$R_{xy}(\tau) = \frac{1}{2\pi}\int_{-\infty}^{+\infty} S_{xy}(\omega) e^{j\omega\tau} d\omega = 0$$

$$R_{yx}(\tau) = \frac{1}{2\pi}\int_{-\infty}^{+\infty} S_{yx}(\omega) e^{j\omega\tau} d\omega = 0$$

# 7.3　窄带高斯过程

　　如果窄带过程的带宽与中心频率相比非常小，即 $\Delta\omega \ll \omega_0$，那么称它为窄带过程。实际应用中，处理的信号大部分就是窄带过程，而且还常常具有高斯特性，即窄带高斯过程。这样我们既可以利用窄带过程的知识，也可以利用高斯过程的知识来分析它们的统计特性。

　　在许多实际电子系统或电路中，经常会遇到这样的情况，用一个宽带随机过程激励一个高频窄带线性系统（或简称窄带滤波器），如图 7.16 所示。

## 7.3.1　概率分布

　　窄带高斯过程 $x(t)$ 的典型波形和功率谱密度函数如图 7.4 所示，其数学表达式为

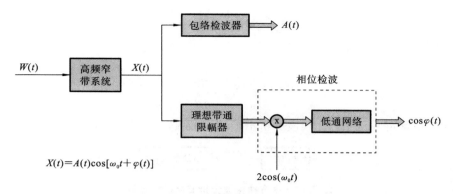

**图 7.16　窄带高斯过程的包络和相位**

$$x(t) = i(t)\cos(\omega_0 t) - q(t)\sin(\omega_0 t) = r(t)\cos[\omega_0 t + \theta(t)] \tag{7.23}$$

其中，$i(t)$、$q(t)$ 分别为同相分量与正交分量，$r(t)$、$\theta(t)$ 分别为包络和相位，它们是缓慢变化的。

　　在无线电技术、通信与雷达、军事电子战等应用中，许多射频信号和噪声是窄带高斯过程。处理这些信号和噪声时，常用的处理技术包括正交解调、包络检波、相位检测以及平方率检波，分析过程中往往需要用到各种概率分布。

　　假定窄带高斯过程 $x(t)$ 是广义平稳的，它的均值为零，方差为 $\sigma_x^2$。$\hat{x}(t)$ 是 $x(t)$ 的希尔伯特变换，因此，$\hat{x}(t)$ 也是高斯的，且与 $x(t)$ 是联合高斯。它们之间存在以下关系：

$$\begin{bmatrix} i(t) \\ q(t) \end{bmatrix} = \begin{bmatrix} \cos(\omega_0 t) & \sin(\omega_0 t) \\ -\sin(\omega_0 t) & \cos(\omega_0 t) \end{bmatrix} \begin{bmatrix} x(t) \\ \hat{x}(t) \end{bmatrix} \tag{7.24}$$

因此，$i(t)$ 与 $q(t)$ 是 $x(t)$ 与 $\hat{x}(t)$ 的线性变换，是联合高斯的。此外，由于 $i(t)$ 与 $q(t)$ 是正交的、零均值的，并且与 $x(t)$ 有相同的方差，即 $\sigma_i^2 = \sigma_q^2 = \sigma_x^2$。

　　如果平稳窄带高斯过程 $x(t)$ 的均值为零，方差为 $\sigma_x^2$，那么它的同相分量 $i(t)$ 与正交分量 $q(t)$ 在同一时刻彼此独立，并服从高斯分布 $N(0, \sigma_x^2)$，其密度函数为

$$f_i(i;t) = \frac{1}{\sqrt{2\pi}\sigma_x}\exp\left(-\frac{i^2}{2\sigma_x^2}\right) \tag{7.25}$$

$$f_q(q;t) = \frac{1}{\sqrt{2\pi}\sigma_x}\exp\left(-\frac{q^2}{2\sigma_x^2}\right) \tag{7.26}$$

其联合密度函数为

$$f_{iq}(i,q;t,t) = f_i(i;t) \cdot f_q(q;t) = \frac{1}{2\pi\sigma_x^2}\exp\left(-\frac{i^2+q^2}{2\sigma_x^2}\right) \tag{7.27}$$

## 7.3.2　包络和相位的一维概率分布及其应用

　　本节将进一步讨论高斯窄带过程 $x(t)$ 关于包络与相位的分布。由于有关系式：$i(t) + jq(t) = r(t)e^{j\theta(t)}$，$i(t)$ 与 $q(t)$ 相互独立且均服从高斯分布 $N(0, \sigma_x^2)$，我们得到下面性质：

　　（1）如果平稳高斯窄带随机过程 $x(t)$ 的均值为零，方差为 $\sigma_x^2$，那么它的包络 $r(t)$ 和相位 $\theta(t)$ 在同一时刻上相互独立，且分别服从瑞利分布和均匀分布，写为

$$f_r(r;t)=\begin{cases}\dfrac{r}{\sigma_x^2}\exp\left(-\dfrac{r^2}{2\sigma_x^2}\right), & r\geqslant 0\\[2mm]0, & r<0\end{cases}\tag{7.28}$$

$$f_\theta(\theta;t)=\begin{cases}\dfrac{1}{2\pi}, & \theta\in[0,2\pi]\\[2mm]0, & \theta\notin[0,2\pi]\end{cases}\tag{7.29}$$

实际应用中常可采用平方律检波分析窄带随机过程,如图 7.17 所示。

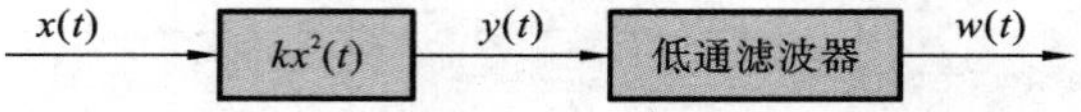

**图 7.17　平方律检波分析窄带随机过程**

接下来讨论输出 $w(t)$ 的统计特性。

(2) 若平稳高斯窄带随机过程 $x(t)$ 的均值为零,方差为 $\sigma_x^2$,那么其包络平方 $w(t)=kx^2(t)$,服从参数为 $\dfrac{1}{2k\sigma_x^2}$ 的指数分布,密度函数为

$$f_w(w;t)=\begin{cases}\dfrac{1}{2k\sigma_x^2}\exp\left(-\dfrac{w}{2k\sigma_x^2}\right), & w\geqslant 0\\[2mm]0, & w<0\end{cases}\tag{7.30}$$

**证**　由图 7.17 可知,

$$y(t)=k\{r(t)\cos[\omega_0 t+\theta(t)]\}^2=\dfrac{k}{2}r^2(t)\{1+\cos[2\omega_0 t+2\theta(t)]\}$$

假设滤波器的增益为 2,使得 $w(t)=kr^2(t)$,那么 $w(t)$ 的概率密度函数可以表示为

$$f_w(w;t)=\begin{cases}\dfrac{f_r[\sqrt{w/k}]}{2\sqrt{w/k}}=\dfrac{1}{2k\sigma_x^2}\exp\left(-\dfrac{w}{2k\sigma_x^2}\right), & w\geqslant 0\\[2mm]0, & w<0\end{cases}$$

由于广义平稳的高斯随机过程也是严平稳的,因此,上述概率分布中都与 $t$ 无关。

此外,在实际应用中,需要对包络平方信号 $w(t)$ 进行多点独立采样并进行累加,得到累加量为

$$z=\sum_{i=1}^n w(t_i)=k\sum_{i=1}^n r^2(t_i)=k\sum_{i=1}^n[i^2(t_i)+q^2(t_i)]$$

由于 $i(t_i)$ 与 $q(t_i)$ 相互独立,因此,累加量 $z$ 等价于 $2n$ 个独立的零均值、同分布的高斯随机变量之和,它服从 $\chi^2$ 分布。

**【例 7.5】**　零均值窄带高斯白噪声 $n(t)$ 的带宽为 $B=\dfrac{W}{2\pi}$,功率谱密度为 $\dfrac{N_0}{2}$,假定中心频率位于频带中心。试写出它的一维密度函数,以及同相与正交分量的联合密度函数。

**解**　零均值窄带高斯白噪声 $n(t)$ 的正交表达式为

$$n(t)=i_n(t)\cos(\omega_0 t)-q_n\sin(\omega_0 t)$$

基于功率谱密度函数计算功率得到:$P_n=N_0 B=R_n(0)=\sigma_n^2$。有上述性质可得,$n(t)$ 的一维密度函数为

$$f_n(n;t)=\dfrac{1}{\sqrt{2\pi N_0 B}}\exp\left(-\dfrac{n^2}{2N_0 B}\right)=\dfrac{1}{\sqrt{N_0 W}}\exp\left(-\dfrac{\pi n^2}{N_0 W}\right)$$

由式(7.27)，$i_n(t)$ 与 $q_n(t)$ 相互独立，所以

$$f_{i_n q_n}(i,q;t_1,t_2)=f_{i_n}(i;t_1)f_{q_n}(q;t_2)=\frac{1}{N_0 W}\exp\left[-\frac{\pi(i^2+q^2)}{N_0 W}\right]$$

**【例 7.6】** 零均值平稳高斯窄带过程 $v(t)$ 如例 7.4，试求同相与正交分量的联合概率密度 $f_{xy}(x,y;t,t)$ 与 $f_{xy}(x,y;t,t+1)$。

**解**　首先根据例 7.4 的结果，$\sigma_x^2=\sigma_y^2=R_x(0)=R_y(0)$，由以上性质有

$$f_{xy}(x,y;t,t)=\frac{1}{2\pi\sigma_x^2}\exp\left(-\frac{x^2+y^2}{2\sigma_x^2}\right)$$

而对于 $f_{xy}(x,y;t,t+1)$，两个时刻不同，必须计算互相关函数

$$R_{xy}(\tau=1)=0$$

因此，这两个时刻上同相与正交分量仍然独立，于是

$$f_{xy}(x,y;t,t+1)=f_{xy}(x,y;t,t)=\frac{1}{2\pi\sigma_x^2}\exp\left(-\frac{x^2+y^2}{2\sigma_x^2}\right)$$

### 7.3.3　包络和相位的二维概率分布

求窄带随机信号包络和相位的二维概率密度的步骤：先求出正交同相分量的四维概率密度 $f_{A_c A_s}(a_{c1},a_{s1},a_{c2},a_{s2})$，然后转换为包络相位的联合概率密度函数 $f_{A\varphi}(a_1,\varphi_1,a_2,\varphi_2)$，最后再推导出包络密度函数 $f_A(a_1,a_2)$ 和相位密度函数 $f_\varphi(\varphi_1,\varphi_2)$。

$$X(t)=i(t)\cos(\omega_0 t)-q(t)\sin(\omega_0 t)=A_c(t)\cos(\omega_0 t)-A_s(t)\sin(\omega_0 t)$$
$$=A(t)\cos(\omega_0 t+\varphi(t))$$

其中，$i(t)=A_c(t)$ 为 $X(t)$ 的同相分量，$q(t)=A_s(t)$ 为 $X(t)$ 的正交分量，$A(t)$ 为 $X(t)$ 的包络，$\varphi(t)$ 为 $X(t)$ 的相位，$\omega_0$ 为高频载波。

**第 1 步**　先求正交分量与同相分量的四维概率密度 $f_{A_c A_s}(a_{c1},a_{s1},a_{c2},a_{s2})$。

假定窄带随机过程 $X(t)$ 为平稳高斯过程，且功率谱密度函数 $S_X(\omega)$ 关于载波频率 $\omega_0$ 偶对称，那么同相分量 $A_c(t)$、正交分量 $A_s(t)$ 的互相关函数为零，且相互独立，有结论

$$f_{A_c A_s}(a_{c1},a_{s1},a_{c2},a_{s2})=f_{A_c}(a_{c1},a_{c2})\cdot f_{A_s}(a_{s1},a_{s2}) \tag{7.31}$$

二维高斯变量 $(A_{c1},A_{c2})$ 的协方差矩阵为

$$\boldsymbol{C}=\begin{bmatrix} C_{A_{c1}A_{c1}} & C_{A_{c1}A_{c2}} \\ C_{A_{c2}A_{c1}} & C_{A_{c2}A_{c2}} \end{bmatrix}=\begin{bmatrix} C_{A_c}(0) & C_{A_c}(\tau) \\ C_{A_c}(-\tau) & C_{A_c}(0) \end{bmatrix}=\begin{bmatrix} \sigma^2 & R_{A_c}(\tau) \\ R_{A_c}(\tau) & \sigma^2 \end{bmatrix} \tag{7.32}$$

平稳高斯过程 $A_c(t)$ 的协方差函数等于自相关函数，即

$$C_{A_c}(\tau)=R_{A_c}(\tau),\quad C_{A_c}(0)=\sigma^2$$

由于二维高斯变量 $(X,Y)$ 的联合概率密度形式为

$$f_{XY}(x,y)=\frac{1}{2\pi\sqrt{\sigma_X^2\sigma_Y^2-C_{XY}^2}}\exp\left[-\frac{\sigma_Y^2(x-m_x)^2-2C_{XY}(x-m_x)(y-m_Y)+\sigma_X^2(y-m_Y)^2}{2(\sigma_X^2\sigma_Y^2-C_{XY}^2)}\right]$$

相应地，二维高斯变量 $(A_{c1},A_{c2})$ 的联合概率密度表示为

$$f_{A_c}(a_{c1},a_{c2})=\frac{1}{2\pi\sqrt{\sigma^4-R_{A_c}^2(\tau)}}\exp\left[-\frac{\sigma^2 a_{c1}^2-2R_{A_c}(\tau)a_{c1}a_{c2}+\sigma^2 a_{c2}^2}{2[\sigma^4-R_{A_c}^2(\tau)]}\right] \tag{7.33}$$

同理，二维高斯变量 $(A_{s1},A_{s2})$ 的联合概率密度表示为

$$f_{A_s}(a_{s1}, a_{s2}) = \frac{1}{2\pi\sqrt{\sigma^4 - R_{A_s}^2(\tau)}} \exp\left\{ -\frac{\sigma^2 a_{s1}^2 - 2R_{A_s}(\tau)a_{s1}a_{s2} + \sigma^2 a_{s2}^2}{2[\sigma^4 - R_{A_s}^2(\tau)]} \right\} \tag{7.34}$$

因此,四维高斯变量$(A_{c1}, A_{c2}, A_{s2}, A_{s2})$的联合概率密度表示为

$$f_{A_c A_s}(a_{c1}, a_{s1}, a_{c2}, a_{s2})$$
$$= f_{A_c}(a_{c1}, a_{c2}) f_{A_s}(a_{s1}, a_{s2})$$
$$= \frac{1}{(2\pi)^2[\sigma^4 - R_{A_s}^2(\tau)]} \exp\left\{ -\frac{\sigma^2(a_{c1}^2 + a_{c2}^2 + a_{s2}^2 + a_{s2}^2) - 2R_{A_c}(\tau)(a_{c1}a_{c2} + a_{s1}a_{s2})}{2[\sigma^4 - R_{A_s}^2(\tau)]} \right\} \tag{7.35}$$

其中,$R_{A_c}(\tau) = R_{A_s}(\tau)$。

**第 2 步** 求包络与相位的四维联合密度函数$f_{A\varphi}(a_1, \varphi_1, a_2, \varphi_2)$。

同相正交向量$(A_{c1}, A_{c2}, A_{s1}, A_{s2})$和包络相位向量$(A_1, \varphi_2, A_2, \varphi_2)$的关系为

$$\begin{cases} A_{c1} = h_1(a_1, \varphi_1) = A_1\cos\varphi_1 \\ A_{s1} = h_2(a_1, \varphi_1) = A_1\sin\varphi_1 \\ A_{c2} = h_3(a_2, \varphi_2) = A_2\cos\varphi_2 \\ A_{s2} = h_4(a_2, \varphi_2) = A_2\sin\varphi_2 \end{cases}$$

变量代换的雅克比行列式为

$$|J| = \begin{vmatrix} \cos\varphi_1 & -a_1\sin\varphi_1 & 0 & 0 \\ \sin\varphi_1 & a_1\cos\varphi_1 & 0 & 0 \\ 0 & 0 & \cos\varphi_2 & -a_2\sin\varphi_2 \\ 0 & 0 & \sin\varphi_2 & a_2\cos\varphi_2 \end{vmatrix} = a_1 a_2 \geqslant 0$$

因此,四维包络相位随机变量$(a_1, \varphi_2, a_2, \varphi_2)$的联合概率密度函数可以由四维同相正交向量$(A_{c1}, A_{c2}, A_{s1}, A_{s2})$的联合密度函数表示为

$$f_{A\varphi}(a_1, \varphi_1, a_2, \varphi_2)$$
$$= |J| \cdot f_{A_c A_s}(a_{c1}, a_{s1}, a_{c2}, a_{s2})$$
$$= \begin{cases} \frac{a_1 a_2}{(2\pi)^2[\sigma^4 - R_{A_s}^2(\tau)]} \exp\left[ -\frac{\sigma^2(a_1^2 + a_2^2) - 2R_{A_c}(\tau)a_1 a_2\cos(\varphi_2 - \varphi_1)}{2[\sigma^4 - R_{A_s}^2(\tau)]} \right], & a_1, a_2 \geqslant 0, 0 \leqslant \varphi_1, \varphi_2 \leqslant 2\pi \\ 0, & \text{其他} \end{cases}$$
$$\tag{7.36}$$

**第 3 步** 最后求包络$A(t)$和相位$\varphi(t)$各自的二维联合概率密度$f_A(a_1, a_2)$和$f_\varphi(\varphi_1, \varphi_2)$。

$$f_A(a_1, a_2) = \int_0^{2\pi}\int_0^{2\pi} f_{A\varphi}(a_1, \varphi_1, a_2, \varphi_2)\mathrm{d}\varphi_1\mathrm{d}\varphi_2$$
$$= \begin{cases} \frac{a_1 a_2}{[\sigma^4 - R_{A_s}^2(\tau)]} I_0\frac{a_1 a_2 R_{A_c}(\tau)}{\sigma^4 - R_{A_s}^2(\tau)} \exp\left\{ -\frac{\sigma^2(a_1^2 + a_2^2)}{2[\sigma^4 - R_{A_s}^2(\tau)]} \right\}, & a_1, a_2 \geqslant 0 \\ 0, & \text{其他} \end{cases} \tag{7.37}$$

其中,$I_0(x) = \frac{1}{2\pi}\int_0^{2\pi}\exp[x\cos\varphi]\mathrm{d}\varphi$,是第一类零阶修正贝塞尔(Bessel)函数(见图 7.18)。

$$f_\varphi(\varphi_1, \varphi_2) = \int_0^{+\infty}\int_0^{+\infty} f_{A\phi}(a_1, \varphi_1, a_2, \varphi_2)\mathrm{d}a_1\mathrm{d}a_2$$
$$= \begin{cases} \frac{\sigma^4 - R_{A_s}^2(\tau)}{4\pi\sigma^2}\left[ \frac{(1-\beta)^{\frac{1}{2}} + \beta(\pi - \arccos\beta)}{(1-\beta^2)^{\frac{3}{2}}} \right], & 0 \leqslant \varphi_1, \varphi_2 \leqslant 2\pi \\ 0, & \text{其他} \end{cases} \tag{7.38}$$

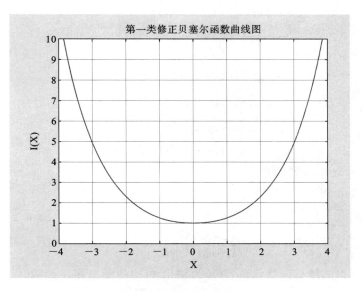

图 7.18　第一类零阶修正贝塞尔(Bessel)函数曲线图

其中,参数

$$\beta = \frac{R_{A_c}(\tau)}{\sigma^2}\cos(\varphi_2 - \varphi_1)$$

若令 $\varphi_1 = \varphi_2$,那么

$$f_{A\varphi}(a_1, \varphi_1, a_2, \varphi_2) \neq f_A(a_1, a_2)f_\varphi(\varphi_1, \varphi_2)$$

说明,窄带随机过程的包络 $A(t)$ 和相位 $\varphi(t)$ 彼此不是独立的(二维分布)。

# 7.4　窄带高斯噪声中的高频信号

应用中经常遇到的窄带信号是高频正弦波与窄带高斯噪声的合成信号,为了分析这种信号,需要了解一些统计分布。在通信系统性能分析中,常有余弦信号加窄带高斯噪声的形式,如分析 2ASK、2FSK、2PSK 等信号的抗噪声性能,就是属于这种情况,如图 7.19 所示。

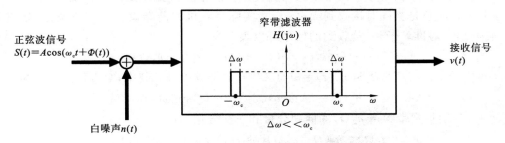

图 7.19　高频正弦信号加窄带高斯噪声

根据图 7.19,输出信号为

$$v(t) = [A\cos(\omega_c t + \Phi(t)) + n(t)] * h(t)$$
$$= A\cos(\omega_c t)\cos\Phi(t) - A\sin(\omega_c t)\sin\Phi(t) + n_c(t)\cos(\omega_c t) - n_s(t)\sin(\omega_c t)$$
$$= [A\cos\Phi(t) + n_c(t)]\cos(\omega_c t) - [A\sin\Phi(t) + n_s(t)]\sin(\omega_c t)$$
$$= v_c(t)\cos(\omega_c t) - v_s(t)\sin(\omega_c t) = \gamma(t)\cos[\omega_c t + \theta(t)]$$

式中：$h(t) = \dfrac{1}{2\pi}\displaystyle\int_{-\infty}^{+\infty} H(j\omega)e^{j\omega t}\,d\omega$ 为窄带滤波器的单位冲激响应函数，且

$$n_c(t) = n(t)\cos(\omega_c t) + \hat{n}(t)\sin(\omega_c t)$$
$$n_s(t) = -n(t)\sin(\omega_c t) + \hat{n}(t)\cos(\omega_c t)$$

$$\begin{cases} v_c(t) = A\cos\Phi(t) + n_c(t) \\[4pt] v_s(t) = A\sin\Phi(t) + n_s(t) \\[4pt] \gamma(t) = \sqrt{[v_c(t)]^2 + [v_s(t)]^2} = \sqrt{[A\sin\Phi(t) + n_s(t)]^2 + [A\cos\Phi(t) + n_c(t)]^2} \\[6pt] \theta(t) = \arctan\dfrac{v_s(t)}{v_c(t)} = \arctan\dfrac{A\sin\Phi(t) + n_s(t)}{A\cos\Phi(t) + n_c(t)} \end{cases}$$

$\gamma(t)$ 为输出 $v(t)$ 的随机包络函数，$\theta(t)$ 为输出 $v(t)$ 的随机相位函数。下面给出两个主要的结论。

（1）随机包络函数 $\gamma(t)$ 的包络在一般情况下服从广义瑞利分布（也称莱斯分布）。其中两个较为极端的情况是：当信号幅度 $A$ 很小（信噪比很小）时，其随机包络服从瑞利分布；当信号幅度 $A$ 很大（信噪比很大）时，其随机包络服从高斯正态分布。

（2）随机相位函数 $\theta(t)$ 的随机相位分布与信噪比有关。其中两个较为极端的情况是：当信号幅度 $A$ 很小（信噪比很小）时，它接近均匀分布；当信号幅度 $A$ 很大（信噪比很大）时，相位主要分布在 $\Phi(t)$ 的附近。

7.4.1 与 7.4.2 中将详细解释以上的结论。

## 7.4.1　合成信号及其分布

实际广泛使用的高频正弦信号为

$$s(t) = A\cos[\omega_c t + \Phi(t)] \tag{7.39}$$

式中：载波频率 $\omega_c$ 是确定量；相位 $\Phi(t)$ 可能是确定量，也可能是无法预知的随机漂移；振幅 $A$ 是常量或随机变量。所以 $s(t)$ 是窄带随机过程。下面考虑 $A$ 是确定量的情况。

接收 $s(t)$ 时总是会同时接收到噪声 $n(t)$，实际接收机的前端设有窄带滤波器，如图 7.19 所示，它与信号对准。于是，接收到的信号可以表示为

$$v(t) = [s(t) + n(t)] * h(t) = s(t) + n_\Delta(t) \tag{7.40}$$

它是高频信号 $s(t)$ 与窄带噪声 $n_\Delta(t) = n(t) * h(t)$ 的合成信号。其中，窄带噪声表示为

$$n_\Delta(t) = i_n(t)\cos(\omega_c t) - q_n(t)\sin(\omega_c t) \tag{7.41}$$

$i_n(t)$、$q_n(t)$ 分别是宽带噪声 $n_\Delta(t)$ 的同相分量和正交分量，且

$$i_n(t) = n_c(t) = n_\Delta(t)\cos(\omega_c t) + \hat{n}_\Delta(t)\sin(\omega_c t)$$
$$q_n(t) = n_s(t) = -n_\Delta(t)\sin(\omega_c t) + \hat{n}_\Delta(t)\cos(\omega_c t)$$

$n_\Delta(t)$ 是滤波器输出中的噪声部分，$\hat{n}_\Delta(t)$ 是其希尔伯特变换，由于外来噪声带宽远大于滤波器的带宽，因此，$n_\Delta(t)$ 常常是均值为零的平稳窄带高斯噪声，假设其方差为 $\sigma_n^2$。进一步有

$$v(t) = s(t) + n_\Delta(t) = A\cos[\omega_c t + \Phi(t)] + i_n(t)\cos(\omega_c t) - q_n(t)\sin(\omega_c t)$$
$$= [A\cos\Phi(t) + i_n(t)]\cos(\omega_0 t) - [A\sin\Phi(t) + q_n(t)]\sin(\omega_0 t)$$
$$= i_v(t)\cos(\omega_0 t) - q_v(t)\sin(\omega_0 t) \tag{7.42}$$

其中，$i_v(t) = A\cos\Phi(t) + i_n(t)$，$q_v(t) = A\sin\Phi(t) + q_n(t)$，它们分别是合成信号 $v(t)$ 的同相分量与正交分量。

下面讨论与合成信号 $v(t)$ 有关的一些统计分布。先固定 $\Phi(t) = \varphi$ 值，显然

$$E[i_v(t) \mid \varphi] = A\cos\varphi, \quad \sigma^2_{i_v \mid \varphi} = \sigma^2_{i_n} = \sigma^2_n$$
$$E[q_v(t) \mid \varphi] = A\sin\varphi, \quad \sigma^2_{q_v \mid \varphi} = \sigma^2_{q_n} = \sigma^2_n$$
$$E\{[i_v(t) - E(i_v(t))][q_v(t) - E(q_v(t))] \mid \varphi\} = C_{i_n q_n}(0) = 0$$

因此，合成信号 $v(t)$ 的同相与正交分量具有以下性质：

合成信号 $v(t)$ 的同相分量 $i_v(t)$ 与正交分量 $q_v(t)$ 在同一时刻上是相互独立的，并具有不同均值、相同方差的高斯分布，即

$$f_{i_v}(i;t \mid \varphi) = \frac{1}{\sqrt{2\pi}\sigma_n}\exp\left[-\frac{(i - A\cos\varphi)^2}{2\sigma^2_n}\right] \tag{7.43}$$

$$f_{q_v}(q;t \mid \varphi) = \frac{1}{\sqrt{2\pi}\sigma_n}\exp\left[-\frac{(q - A\sin\varphi)^2}{2\sigma^2_n}\right] \tag{7.44}$$

$$f_{i_v q_v}(i;q;t;t \mid \varphi) = f_{i_v}(i;t \mid \varphi)f_{q_v}(q;t \mid \varphi) = \frac{1}{2\pi\sigma^2_n}\exp\left[-\frac{(i - A\cos\varphi)^2 + (q - A\sin\varphi)^2}{2\sigma^2_n}\right]$$
$$\tag{7.45}$$

## 7.4.2　合成信号的包络与分布

合成信号的包络与相位分别为

$$r_v(t) = \sqrt{i^2_v(t) + q^2_v(t)}, \quad \theta_v(t) = \arctan\frac{q_v(t)}{i_v(t)} \tag{7.46}$$

那么联合分布函数为

$$f_{r_v \theta_v}(r;\theta;t;t \mid \varphi) = \frac{r}{2\pi\sigma^2_n}\exp\left[-\frac{r^2 + A^2}{2\sigma^2_n} + \frac{rA\cos(\theta - \varphi)}{\sigma^2_n}\right] \tag{7.47}$$

**1. 合成信号包络的分布**

为了得到包络的分布，可由式（7.47）计算边缘概率密度，$v(t)$ 的包络 $r_v(t)$ 服从莱斯分布，即

$$f_{r_v}(r,t \mid \varphi) = \frac{r}{\sigma^2_n}\exp\left(-\frac{r^2 + A^2}{2\sigma^2_n}\right)I_0\left(\frac{rA}{\sigma^2_n}\right), \quad r \geqslant 0 \tag{7.48}$$

式中：修正的零阶贝塞尔函数中含有相位 $\varphi$，即

$$I_0(x) = \frac{1}{2\pi}\int_0^{2\pi}\exp[x\cos(\theta - \varphi)]\mathrm{d}\theta$$

为简洁起见，引入归一化包络和归一化信号幅度，即

$$r_0(t) = \frac{r_v(t)}{\sigma_n}, \quad \alpha = \frac{A}{\sigma_n}$$

此时，

$$f_{r_0}(r_0,t\,|\,\varphi)=\sigma_n f_{r_v}(r_0\sigma_n,t\,|\,\varphi)=r_0\exp\left(-\frac{r_0^2+\alpha^2}{2}\right)I_0(\alpha r_0) \tag{7.49}$$

如图 7.20 所示,归一化信号幅度 $\alpha=\dfrac{A}{\sigma_n}$ 反映的是信噪比,下面分两种情况来讨论。

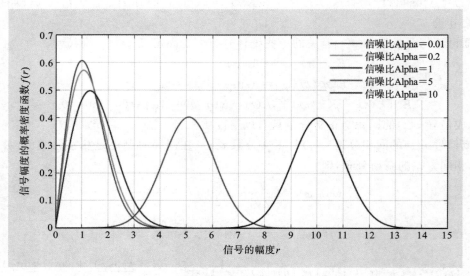

图 7.20　莱斯分布图

注意:图 7.20 中的 Alpha 为信噪比,即 $\alpha=\dfrac{A}{\sigma_n}$。

(1) 低信噪比时,即 $\alpha\ll1$,由于 $x\ll1$ 时,$I_0(x)\approx1+\dfrac{x^2}{4}$,因此,

$$f_{r_0}(r_0,t\,|\,\varphi)\approx r_0\exp\left(-\frac{r_0^2+\alpha^2}{2}\right)\left(1+\frac{\alpha^2 r_0^2}{4}\right) \tag{7.50}$$

它随信噪比减少而趋近于瑞利分布。当信噪比为零($\alpha=0$)时,它完全变为瑞利分布,如图 7.21 所示。

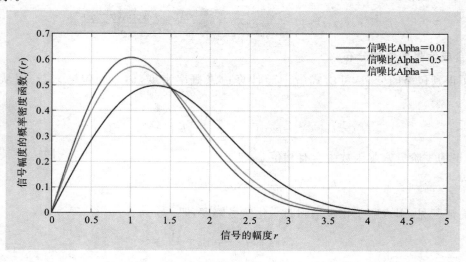

图 7.21　瑞利分布图

（2）高信噪比时，即 $\alpha \gg 1$，由于 $x \gg 1$ 时，$I_0(x) \approx \dfrac{e^x}{\sqrt{2\pi}}$，因此，

$$f_{r_0}(r_0, t \mid \varphi) \approx \frac{r_0}{\sqrt{2\pi \alpha r_0}} \exp\left(-\frac{r_0^2 + \alpha^2}{2} + \alpha r_0\right) = \sqrt{\frac{r_0}{2\pi\alpha}} \exp\left[-\frac{(r_0-\alpha)^2}{2}\right] \tag{7.51}$$

它在 $r_0 = \alpha$ 处出现峰值，此时 $r_v = A$。在信噪比很高时（几乎没有噪声），$r_v \approx A$（即 $r_0 = \alpha$），归一化信号幅度接近标准高斯分布，如图 7.22 中信噪比 Alpha＝5 或 10 的情况。

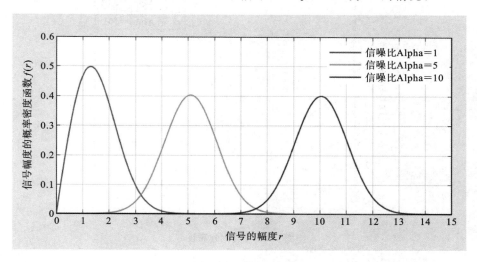

**图 7.22　高斯分布图**

### 2. 合成信号相位分布

为了获得相位的分布，可由式（7.47）计算边缘密度函数，即

$$\begin{aligned}
f_{\theta_v}(\theta_v; t \mid \varphi) &= \int_0^{+\infty} f_{r_v \theta_v}(r_v, \theta_v; t, t \mid \varphi)\, dr_v \\
&= \int_0^{+\infty} \frac{r_v}{2\pi\sigma_n^2} \exp\left[-\frac{r_v^2 + A^2}{2\sigma_n^2} + \frac{r_v A \cos(\theta_v - \varphi)}{\sigma_n^2}\right] dr_v \\
&= \frac{1}{2\pi} \exp\left[-\frac{A^2 \sin^2(\theta_v - \varphi)}{2\sigma_n^2}\right] \int_0^{+\infty} \frac{r_v}{\sigma_n^2} \exp\left\{-\frac{[r_v - A\cos(\theta_v - \varphi)]^2}{2\sigma_n^2}\right\} dr_v
\end{aligned} \tag{7.52}$$

化简并采用归一化信号幅度，最后得出合成信号 $v(t)$ 的相位 $\theta_v(t)$ 具有的概率分布为

$$f_{\theta_v}(\theta; t \mid \varphi) = \frac{1}{2\pi} \exp\left(-\frac{\alpha^2}{2}\right) + \frac{\alpha \cos(\theta - \varphi)}{\sqrt{2\pi}} \exp\left[-\frac{\alpha^2 \sin^2(\theta - \varphi)}{2}\right] \Phi\left[\frac{\alpha \cos(\theta - \varphi)}{\sigma_n}\right] \tag{7.53}$$

其中，$\Phi(x)$ 是标准正态分布函数。

接下来分两种情况来讨论。

（1）无信号时，即信噪比 $\alpha = 0$，相位分布退化为均匀分布。

$$f_{\theta_v}(\theta; t \mid \varphi) \approx \frac{1}{2\pi} \tag{7.54}$$

（2）高信噪比时，即 $\alpha \gg 1$，有 $\Phi\left[\dfrac{\alpha\cos(\theta - \varphi)}{\sigma_n}\right] \approx 1$，相位分布近似为

$$f_{\theta_v}(\theta;t\,|\,\varphi)\approx\frac{\alpha\cos(\theta-\varphi)}{\sqrt{2\pi}}\exp\left[-\frac{\alpha^2\sin^2(\theta-\varphi)}{2}\right] \tag{7.55}$$

显然，当信噪比很高时(几乎没有噪声)，相位基本上完全集中在信号相位 $\varphi$ 附近，$f_{\theta_v}(\theta;t\,|\,\varphi)$ 近似冲激函数 $\delta$，如图 7.23 所示。

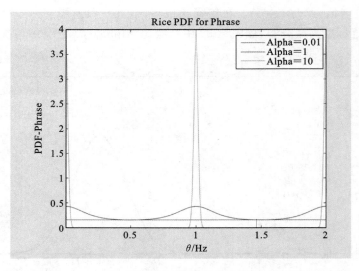

图 7.23　相位分布图

综上所述，关于正弦波加高斯噪声的复合信号有如下结论：

(1) 当信噪比 $\alpha=0$ 时，复合信号幅度的概率密度函数如图 7.24(a)中红色曲线(接近瑞利分布)所示；复合信号相位的概率密度函数如图 7.24(b)中红色曲线(接近均匀分布)所示。

(2) 当信噪比 $\alpha=1$ 时，复合信号幅度的概率密度函数如图 7.24(a)中绿色曲线所示；复合信号相位的概率密度函数如图 7.24(b)中绿色曲线所示。

(3) 当信噪比 $\alpha\gg1$ 时，复合信号幅度的概率密度函数如图 7.24(a)中蓝色曲线(接近高斯分布)所示；复合信号相位的概率密度函数如图 7.24(b)中蓝色曲线(接近冲激函数)所示。

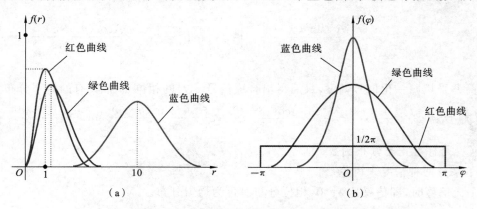

图 7.24　正弦波加窄带高斯过程的包络与相位分布

【例 7.7】　为了检测无线电信号 $s(t)=A\cos(\omega_0 t)$ 是否存在，可以构造如图 7.25 所示的接收机。接收信号 $v(t)=A\cos[\omega_0 t+\Phi(t)]+n(t)$。其中，$n(t)$ 是接收到的加性零均值高斯噪声,假定方差为 $\sigma_n^2$,$\Phi(t)$是随机相位,表明信号相位无法预知。如何从 $r_v(t)$来判断信号 $s(t)$是否存在?

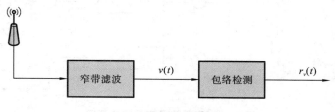

图 7.25　无线电信号接收机

**解**　如果 $s(t)$存在,那么 $r_v(t)$服从莱斯分布,即

$$f_{r_v}(r,t\mid\varphi)=\frac{r}{\sigma_n^2}\exp\left(-\frac{r^2+A^2}{2\sigma_n^2}\right)I_0\left(\frac{rA}{\sigma_n^2}\right),\quad r\geqslant 0$$

如果 $s(t)$不存在,那么 $r_v(t)$服从瑞利分布,即

$$f_{r_v}(r,t\mid\varphi)=\frac{r}{\sigma_n^2}\exp\left(-\frac{r^2}{2\sigma_n^2}\right)$$

将两条曲线同时绘制于图 7.26 中,我们注意到瑞利分布曲线的顶点靠近原点,而莱斯分布的顶峰相对远离原点,它们的交点位于 $r=V_T$ 处。虽然无法准确判断信号是否存在,但是:

（1）如果 $r_v(t)>V_T$,那么"$s(t)$存在"的可能性应该大于"$s(t)$不存在"的可能性;

（2）如果 $r_v(t)<V_T$,那么"$s(t)$存在"的可能性应该小于"$s(t)$不存在"的可能性。

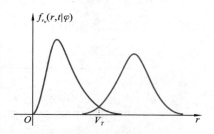

图 7.26　检测无线电信号 $s(t)=A\cos\omega_0 t$ 是否存在

# 7.5　窄带随机过程仿真与建模

本节通过举例说明如何使用 Matlab 模拟产生典型的窄带随机过程,以及处理窄带随机过程的方法。

**【例 7.8】**　用 Matlab 模拟产生窄带随机信号。

（1）用 Matlab 编程仿真窄带随机信号:$X(t)=a(t)\cos(2\pi f_c t+\phi)+n(t)$。其中包络 $a(t)=0.5+\cos(2\pi\times 1000t)$,它是低频信号,包含直流分量 0.5,以及频率分量 $f_2=1000$ Hz。载波频率为:$f_c=10$ kHz,幅值为 1 V,$\phi$ 是一个固定相位(假设为 0),$n(t)$ 为高斯白噪声,采样频率设为 $f_s=4f_c=40$ kHz。

（2）计算窄带随机信号 $X(t)$ 的功率谱密度函数、相关函数,用图示法来表示。

（3）窄带系统检测框图如图 7.27 所示。

（4）低通滤波器设计。

低通滤波器技术要求:通带截止频率 1 kHz,阻带截止频率 2 kHz。过渡带:1 kHz,阻带衰减:>35 dB,通带衰减:<1 dB,采样频率:≤44.1 kHz。

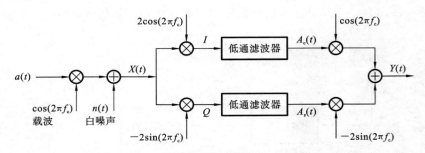

**图 7.27  窄带信号产生及检测图**

（5）计算 $I$ 点、$Q$ 点、$A_c(t)$、$A_s(t)$、$Y(t)$ 的功率谱密度函数、相关函数，用图示法来表示。

**解**  建模仿真过程及结果（程序见附件）。

（1）首先得到 $a(t)$ 的表达式：

```
a=0.5+1*cos(2*pi*f2*t);
```

信号 $a(t)$ 的波形及频谱如图 7.28 所示。

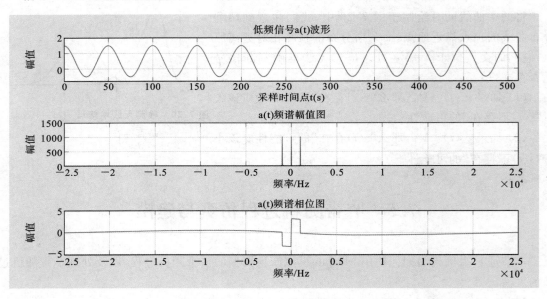

**图 7.28  信号 $a(t)$ 的波形及频谱**

得到 $X(t)$ 的表达式：

```
x=(0+a).*cos(2*pi*fc*t+1/6*pi)+noisy/10;
```

其中，noisy 为高斯白噪声，由 Matlab 的 wgn 函数生成。

图 7.29 所示的为窄带随机信号 $X(t)$ 的一个样本函数。

（2）计算窄带随机信号 $X(t)$ 的频谱，利用 Matlab 的 FFT 函数可以得到 $X(t)$ 的频谱，然后用 abs 和 angle 函数分别求得频谱的幅值和相位，如图 7.30 所示。

（4）用 Matlab 的 xcorr 函数计算 $X(t)$ 的自相关函数，时域波形如图 7.31 所示。

（5）对 $X(t)$ 自相关函数做傅里叶变换，通过函数 FFT 计算出 $X(t)$ 的功率谱密度函数，如图 7.32

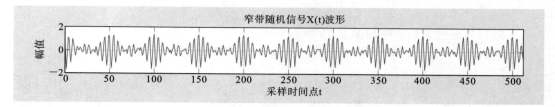

**图 7.29　窄带随机信号时域波形**

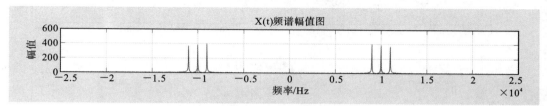

（a）频谱幅值图

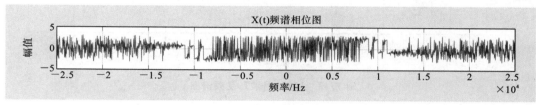

（b）频谱相位图

**图 7.30　窄带随机信号 $X(t)$ 的频谱图**

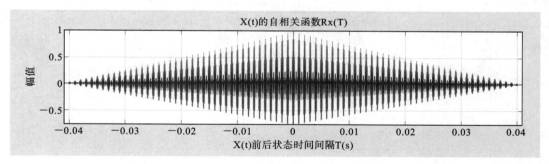

**图 7.31　$X(t)$ 自相关函数的时域波形**

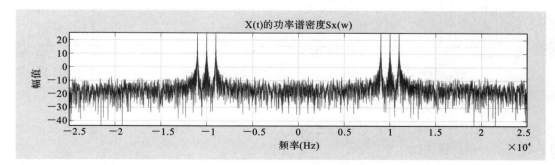

**图 7.32　$X(t)$ 的功率谱密度函数**

所示。

① $I$ 路信号波形及频谱图如图 7.33 所示。

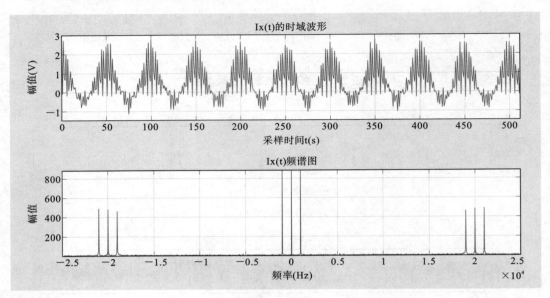

**图 7.33　$I$ 路信号波形及频谱图**

② $Q$ 路信号波形及频谱图如图 7.34 所示。

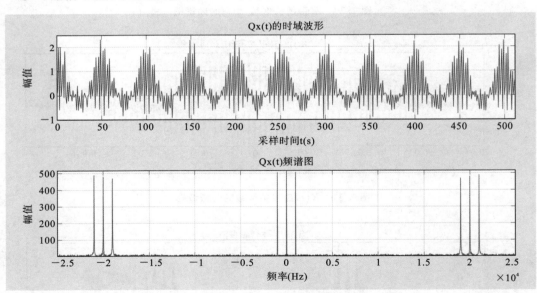

**图 7.34　$Q$ 路信号波形及频谱图**

③ 设计低通滤波器,采用巴特沃思滤波器,对产生的窄带随机信号 $X(t)$ 进行滤波。滤波器的幅度谱和相位谱如图 7.35 所示。

④ 求 $A_c(t)$ 的统计特性,$A_c(t)$ 为 $X(t)2\cos(\omega_c t)$ 通过低通滤波器的信号,$A_c(t)$ 的时域波形及频谱图如图 7.36 所示。

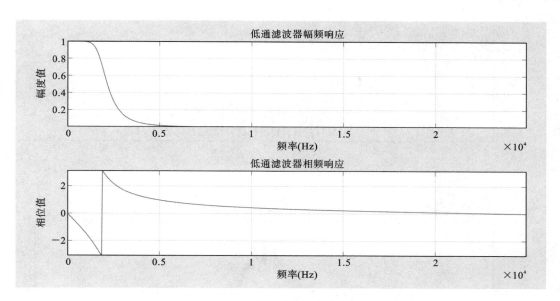

**图 7.35　低通滤波器的幅度谱和相位谱**

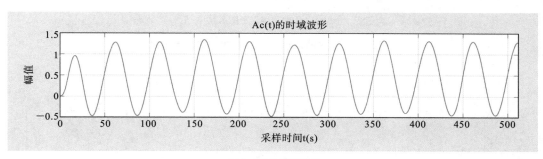

（a）$A_c(t)$ 的时域波形

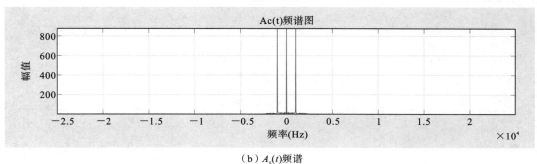

（b）$A_c(t)$ 频谱

**图 7.36　$A_c(t)$ 的时域波形和频谱图**

$A_c(t)$ 的自相关函数及功率谱密度函数如图 7.37 所示。

⑤ 求 $A_s(t)$ 的统计特性，$A_s(t)$ 为 $X(t)2\cos(\omega_c t)$ 通过低通滤波器的信号，$A_s(t)$ 的时域波形及频谱图如图 7.38 所示。

$A_s(t)$ 的自相关函数及功率谱密度函数如图 7.39 所示。

⑥ 分析输出 $Y(t)$ 的波形与频谱，$y(t) = A_c(t)\cos(2\pi f_c t) - A_s(t)\sin(2\pi f_c t)$，$Y(t)$ 的输出

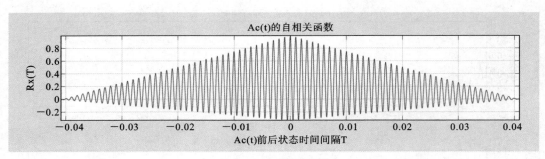

（a）$A_c(t)$的自相关函数

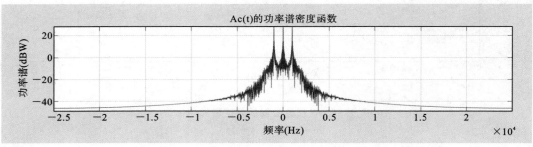

（b）$A_c(t)$的功率谱密度函数

**图 7.37　$A_c(t)$ 的自相关函数和功率谱密度函数**

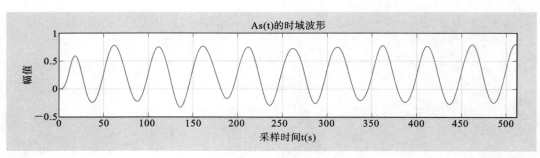

（a）$A_s(t)$的时域波形

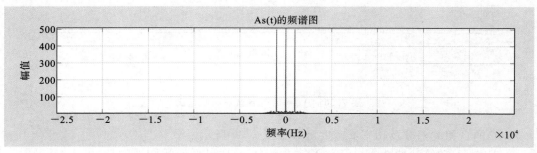

（b）$A_s(t)$的频谱

**图 7.38　$A_s(t)$ 的时域波形和频谱图**

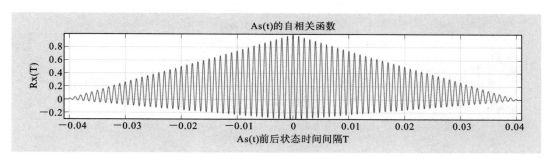

（a）$A_s(t)$的自相关函数

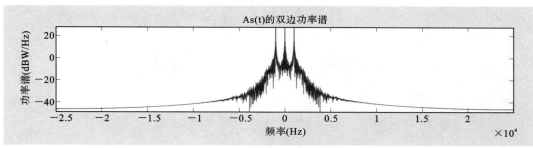

（b）$A_s(t)$的功率谱密度函数

**图 7.39　$A_s(t)$的自相关函数的时域波形图和功率谱密度函数**

图形如图 7.40 所示。

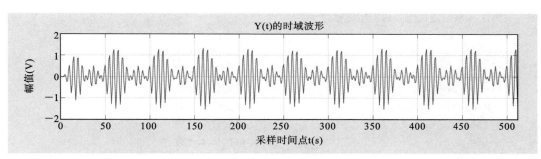

（a）$Y(t)$的时域波形图

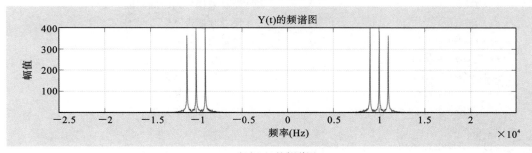

（b）$Y(t)$的频谱图

**图 7.40　$Y(t)$的时域波形图和频谱图**

$Y(t)$的自相关函数的时域波形图和功率谱密度函数如图 7.41 所示。

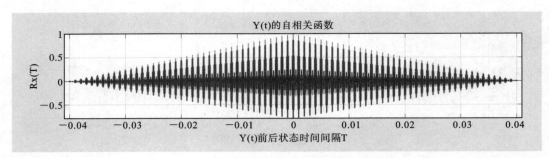

（a）$Y(t)$的自相关函数

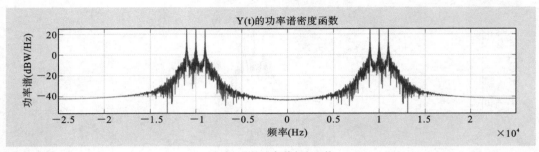

（b）$Y(t)$的功率谱密度函数

**图 7.41　$Y(t)$的自相关函数的时域波形图和功率谱密度函数**

```
附件:%窄带随机信号的产生与检测
clc;  clearall;
fc=10000;                              %设定载波频率
fs=8*fc;                               %设定采样频率
f1=500;f2=1000;                        %设定信号频率
f_Band=max(f1,f2);                     %设定信号带宽
N=2048;                                %设置样本点数
n=0:N-1;                               %取的样本点数
t=n/fs;
Ts=1/fs;                               %设置采样序列时间间隔
B=0.5*(fs);                            %设置频率带宽
df=fs/N;                               %设置频率间隔
f=- B:df:B-df;                         %设置频率范围
noisy=wgn(1,N,0);                      %产生高斯白噪声
a=0.5+1*cos(2*pi*f2*t);                %产生低频信号 a(t)序列
x=a.*cos(2*pi*fc*t+1/6*pi)+noisy/10;   %产生窄带随机信号 x(t)序列
figure(1);
%以 t 为横坐标画出 a(t)的时域图形
subplot(3,1,1);  plot(n,a);
axis([0 N/8*2 -0.8 2]);xlabel('采样时间点 t(s)');ylabel('幅值');
title('低频信号 a(t)波形');
gridon;
```

```
%对 a(t)进行频谱分析
Fa=fft(a,N);                          %对 a(t)做傅里叶 FFT 变换,得到 2N-1 个频率值
magn=abs(Fa);                         %求 a(t)幅值
a_angle=angle(Fa);                    %求 a(t)相位
labelang=(-length(a)/2:length(a)/2-1)*fs/(length(a));   %计算横坐标值
subplot(3,1,2);
plot(labelang,fftshift(magn));        %画出 a(t)频谱幅值图
xlabel('频率/Hz');ylabel('幅值');title('a(t)频谱幅值图');
gridon;
subplot(3,1,3);
plot(labelang,fftshift(a_angle));     %画出 a(t)频谱相位图
xlabel('频率/Hz');ylabel('幅值');title('a(t)频谱相位图');
gridon;
figure(2);
subplot(3,1,1);plot(n,x);             %以 t 为横坐标画出 x(t)的时域图形
axis([0 N/4 -2 2]);xlabel('采样时间点 t');ylabel('幅值');
title('窄带随机信号 X(t)波形');grid on;
%对 X(t)进行频谱分析
Fx=fft(x,N);                          %对 x(t)做傅里叶 FFT 变换,得到 2N-1 个频率值
magn=abs(Fx);                         %求 x(t)幅值
xangle=angle(Fx);                     %求 X(t)相位
labelang=(-length(x)/2:length(x)/2-1)*fs/(length(x));   %求横坐标值
subplot(3,1,2);
plot(labelang,fftshift(magn));        %画出频谱幅值图
xlabel('频率/Hz');ylabel('幅值');title('X(t)频谱幅值图');grid on;
subplot(3,1,3);
plot(labelang,fftshift(xangle));      %画出频谱相位图
xlabel('频率/Hz');ylabel('相位');title('X(t)频谱相位图');grid on;
figure(3);%分析 X(t)的自相关函数
[c,lags]=xcorr(x,'coeff');            %计算 X(t)自相关序列
subplot(2,1,1);  plot(lags/fs,c);     %在时域内画自相关函数
axistight; xlabel('X(t)前后状态时间间隔 T(s)');ylabel('幅值');
title('X(t)的自相关函数 Rx(T)');grid on;
%计算 X(t)的功率谱密度
long=length(c);
Sx=fft(c,long);
labelx=(-long/2:long/2-1)*fs/long;
plot_magn=10*log10(abs(Sx));
subplot(2,1,2);
plot(labelx,fftshift(plot_magn));     %画功率谱密度
axistight;xlabel('频率(Hz)');ylabel('幅值');
title('X(t)的功率谱密度 Sx(w)');grid on;
%窄带信号 X(t)的检测
z1=2.*cos(2*pi*fc*t);  z2=-2.*sin(2*pi*fc*t);
Ix=z1.*x;                             %生成 I 路信号,滤波后生成 Ac(t)
```

```matlab
Qx=z2.*x;                                %生成Q路信号,滤波后生成Ac(t)
figure(4);                               %画出I路信号
subplot(2,1,1); n=0:N-1; plot(n,Ix); axis([0 N/8*2 -1.5 3]);
xlabel('采样时间t(s)');ylabel('幅值(V)');title('Ix(t)的时域波形');grid on;
%画Ac(t)的频谱图
yc=fft(Ix,length(Ix));                   %对Ix(t)进行FFT变换
longc=length(yc);                        %求傅里叶变换后的序列长度
labelx=(-longc/2:longc/2-1)*fs/longc;
magnl=abs(yc);                           %求Ac(t)的幅值
subplot(2,1,2);
plot(labelx,fftshift(magnl));            %画Ac(t)的频谱图
axistight;  xlabel('频率(Hz)'); ylabel('幅值');
title('Ix(t)频谱图');  grid on;
%求Ac(t)的自相关函数
%[c1,lags1]=xcorr(Ix,'coeff');           %求出Ix(t)的自相关序列

figure(5);                               %画出Q路信号
subplot(2,1,1);  n=0:N-1;  plot(n,Qx);
axis([0 N/4 -1 2.5]);
xlabel('采样时间t(s)');
ylabel('幅值');title('Qx(t)的时域波形');grid on;
%画Ac(t)的频谱图
yc=fft(Qx,length(Qx));                   %对Qx(t)进行FFT变换
longc=length(yc);                        %求傅里叶变换后的序列长度
labelx=(-longc/2:longc/2-1)*fs/longc;
magnl=abs(yc);                           %求As(t)的幅值
subplot(2,1,2);
plot(labelx,fftshift(magnl));            %画As(t)的频谱图
axistight;  xlabel('频率(Hz)'); ylabel('幅值');
title('Qx(t)频谱图');  grid on;

%低通滤波器设计
f_p=1.1*f_Band;f_s=fs/10;R_p=1;R_s=35;
%设定滤波器参数;通、阻带截止频率,通、阻带衰减
Ws=2*f_s/fs;   Wp=2*f_p/fs;              %频率归一化
[n,Wn]=buttord(Wp,Ws,R_p,R_s);          %采用巴特沃思滤波器
[b,a]=butter(n,Wn);                      %求得滤波器传输函数的多项式系数
figure(6);
[H,W]=freqz(b,a);                        %计算滤波器传输函数的幅频特性
subplot(2,1,1);  plot(W*fs/(2*pi),abs(H));  %在0~2π区间内作幅度谱
title('低通滤波器幅频响应'); grid on;
xlabel('频率(Hz)');ylabel('幅度值');axis tight;
subplot(2,1,2);   plot(W*fs/(2*pi),angle(H));  %在0~2π区间内作相位谱
title('低通滤波器相频响应'); grid on;
xlabel('频率(Hz)');ylabel('相位值');axis tight;
```

```
%分析 I 路信号通过滤波器得到 Ac(t)信号统计特性
Ac=filter(b,a,Ix);                        %上支路 I 路信号通过滤波器得到 Ac(t)信号
figure(7);
subplot(2,1,1);  n=0:N-1;  plot(n,Ac);  %画 Ac(t)的时域波形
axis([0 N/8*2-0.5 1.5]);
xlabel('采样时间 t(s)');ylabel('幅值');title('Ac(t)的时域波形');grid on;
%画 Ac(t)的频谱图
yc=fft(Ac,length(Ac));                    %对 Ac(t)进行 FFT 变换
longc=length(yc);                         %求傅里叶变换后的序列长度
labelx=(-longc/2:longc/2-1)*fs/longc;
magnl=abs(yc);                            %计算 Ac(t)的频谱幅值
subplot(2,1,2);
plot(labelx,fftshift(magnl));             %画 Ac(t)的频谱幅值图
axistight;  xlabel('频率(Hz)'); ylabel('幅值');
title('Ac(t)频谱图');  grid on;
%分析 Ac(t)的自相关函数
[c1,lags1]=xcorr(Ac,'coeff');             %求出 Ac(t)的自相关序列
figure(8);  subplot(2,1,1);  plot(lags1/fs,c1);  %在时域内画 Ac(t)的自相关函数
xlabel('Ac(t)前后状态时间间隔 T');ylabel('Rx(T)');axis tight;
title('Ac(t)的自相关函数');
gridon;
%求 Ac(t)的双边功率谱
Sac=fft(c1,length(c1));                   %对 Ac(t)的自相关函数进行傅里叶变换
magnc=abs(Sac);                           %求 Ac(t)的双边功率谱幅值
long=length(Sac);                         %求傅里叶变换后的序列长度
labelc=(-long/2:long/2-1)*fs/long;
subplot(2,1,2);
%画 Ac(t)的自相关函数频谱,即为 Ac(t)的双边功率谱
plot(labelc,fftshift(10* log10(magnc)));
xlabel('频率(Hz)');ylabel('功率谱(dbW)');axis tight;
title('Ac(t)的功率谱密度函数');grid on;

%分析 As(t)的统计特性
As=filter(b,a,Qx);                        %对下支路 Q 路信号进行滤波得 As(t)信号
figure(9);
subplot(2,1,1);  n=0:N-1;plot(n,As);      %画出 As(t)的时域波形
axis([0 N/4-0.5 1.0]); xlabel('采样时间点 t(s)');ylabel('幅值');
title('As(t)的时域波形');grid on;
%对 As(t)进行 FFT 变换并做频谱图
ys=fft(As,length(As));                    %对 As(t)进行 FFT 变换
longs=length(ys);                         %求傅里叶变换后的序列长度
labelx=(-longs/2:longs/2-1)*fs/longs;
magn2=abs(ys);                            %求 As(t)的频谱幅值
subplot(2,1,2);
plot(labelx,fftshift(magn2));             %画出 As(t)的频谱幅值图
```

```
axistight;xlabel('频率(Hz)');ylabel('幅值');
title('As(t)的频谱图');grid on;
[c2,lags2]=xcorr(As,'coeff');                    %计算As(t)的自相关序列
figure(10);subplot(2,1,1);plot(lags2/fs,c2);%画出As(t)自相关函数的时域波形
xlabel('As(t)前后状态时间间隔T');ylabel('Rx(T)');axis tight;
title('As(t)的自相关函数');grid on;
%求As(t)的双边功率谱
Sas=fft(c2,length(c2));                          %对As(t)的自相关函数进行傅里叶变换
magnc=abs(Sac);                                  %求As(t)的双边功率谱幅值
long=length(Sas);                                %求傅里叶变换后的序列长度
labels=(-long/2:long/2-1)*fs/long;
subplot(2,1,2);
plot(labels,fftshift(10*log10(magnc)));          %画As(t)的自相关函数频谱
xlabel('频率(Hz)');ylabel('功率谱值(dbW/Hz)');axis tight;
title('As(t)的双边功率谱');
%计算输出y(t)的统计特性
y=Ac.*cos(2*pi*fc*t)-As.*sin(2*pi*fc*t);%获得输出信号Y(t)
figure(11);
subplot(2,1,1);n=0:N-1;plot(n,y);                %作输出信号Y(t)的时域波形
axis([0 N/8*2 -2 2]);xlabel('采样时间点t(s)');ylabel('幅值(V)');
title('Y(t)的时域波形');grid on;
yy=fft(y,length(y));                             %对Y(t)信号进行FFT变换
longy=length(yy);                               %Y(t)傅里叶变换后的序列长度
labelx=(-longy/2:longy/2-1)*fs/longy;
magn3=abs(yy);                                   %求Y(t)的频谱幅值
subplot(2,1,2);
plot(labelx,fftshift(magn3));                    %画出Y(t)的频谱幅值图
axistight;xlabel('频率(Hz)');ylabel('幅值');
title('Y(t)的频谱图');grid on;
%分析输出信号Y(t)的自相关函数及功率谱密度函数
[c3,lags3]=xcorr(y,'coeff');                      %计算Y(t)的自相关序列
figure(12);
subplot(2,1,1);   plot(lags3/fs,c3);             %画Y(t)自相关函数的时域波形
xlabel('Y(t)前后状态时间间隔T');ylabel('Rx(T)');axis tight;
title('Y(t)的的自相关函数');grid on;
%计算输出信号Y(t)的双边功率谱
Sy=fft(c3,length(c3));                            %对Y(t)的自相关函数进行傅里叶变换
magny=abs(Sy);                                   %求Y(t)双边功率谱幅值
long=length(Sy);
labely=(-long/2:long/2-1)*fs/long;
subplot(2,1,2);
plot(labely,fftshift(10*log10(magny)));   画Y(t)的功率谱密度
xlabel('频率(Hz)');ylabel('功率谱(dbW/Hz)');axis tight;
title('Y(t)的功率谱密度函数');grid on;
```

# 习　题　7

习题 7 解析

**7.1**　如图 7.42 所示,功率谱密度为 $N_0/2$ 的零均值平稳高斯白噪声 $X(t)$ 通过一个理想带通滤波器,此滤波器的增益为 1,中心频率为 $f_0$,带宽为 $2B$,如图 7.42 所示。

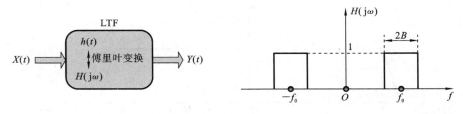

图 7.42　题 7.1 图

（1）画出 $Y(t)$ 的功率谱密度函数,以及其同相分量 $I(t)$ 及正交分量 $Q(t)$ 的功率谱密度函数,并计算 $I(t)$ 与 $Q(t)$ 的自相关函数和互相关系数。

（2）求 $I(t)$ 的二维概率密度函数:$f_i\left(i_1,i_2;t,t+\dfrac{1}{2B}\right)$。

（3）求 $I(t)$ 及 $Q(t)$ 的二维联合概率密度函数。

**7.2**　若零均值平稳窄高斯随机信号 $X(t)$ 的功率谱密度函数如图 7.43 所示。

（1）求 $X(t)$ 的同相与正交分量 $i(t)$、$q(t)$ 的功率谱密度函数;

（2）写出此随机信号 $X(t)$ 的一维概率密度函数;

（3）写出 $X(t)$ 的同相与正交分量 $i(t)$、$q(t)$ 的二维联合概率密度函数。

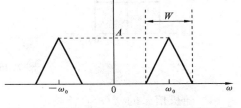

图 7.43　随机信号 $X(t)$ 的功率谱密度函数

**7.3**　已知零均值平稳高斯噪声 $X(t)=i(t)\cos(\omega_0 t)-q(t)\sin(\omega_0 t)$,$\omega_0=2010\pi$,其功率谱密度函数如图 7.44 所示,试求:

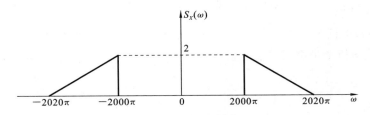

图 7.44　平稳高斯噪声的功率谱密度函数

（1）同相与正交分量 $i(t)$、$q(t)$ 的自相关函数;

（2）同相与正交分量相同时刻的联合密度函数;

（3）$X(t)$ 的解析信号 $Z(t) = X(t) + j\hat{X}(t)$ 的功率谱密度函数，并画图说明。

**7.4**　对于零均值窄带平稳高斯随机过程 $X(t) = i(t)\cos(\omega_0 t) - q(t)\sin(\omega_0 t)$，功率谱密度函数如图 7.45 所示。

（1）求 $X(t)$ 的一维概率密度；

（2）画出 $i(t)$ 的功率谱密度函数的图像；

（3）$i(t)$ 与 $q(t)$ 是否正交或不相关？（设 $f_0 = 100$ MHz）

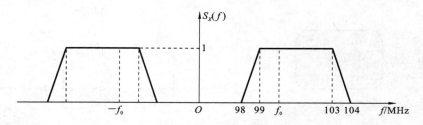

**图 7.45　功率谱密度函数图像 1**

**7.5**　证明：平稳随机过程 $X(t)$ 希尔伯特变换 $\hat{X}(t)$ 的自相关函数 $R_{\hat{X}}(\tau) = R_X(\tau)$。

**7.6**　广义平稳高斯随机信号 $X(t)$、$Y(t)$ 具有均值各态历经性，其功率谱密度函数如图 7.46 所示。试求：

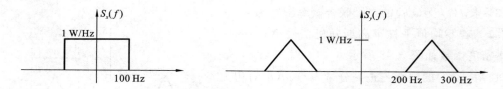

**图 7.46　功率谱密度函数**

（1）随机信号的 $X(t)$ 直流功率。

（2）互相关函数 $R_{XY}(\tau)$。

（3）概率密度函数 $f_{XY}(x, y, t_x, t_y)$。

**7.7**　广义平稳的高斯带通白噪声 $N(t) = X(t)\cos(\omega_0 t) - Y(t)\sin(\omega_0 t)$，其均值为零，中心频率为 $\omega_0$，带宽为 $B(\text{Hz})$，双边谱密度为 $N_0/2$。试求：

（1）$N(t)$ 的同相分量 $X(t)$ 的相关系数 $\rho_X(\tau)$；

（2）写出 $N(t)$ 的同相与正交分量的联合概率密度函数 $f_{XY}(x, y; t_1, t_2)$。

**7.8**　对于零均值窄带高斯平稳随机过程 $X(t) = i(t)\cos(\omega_0 t) - q(t)\sin(\omega_0 t)$，已知 $R_X(\tau) = a(\tau)\cos(\omega_0 \tau)$。

（1）证明：$R_i(\tau) = R_q(\tau) = a(\tau)$；

（2）试求联合概率密度函数 $f_{iq}(i, q; t, t)$。

**7.9**　如图 7.47 所示，输入信号为高斯白噪声 $X(t)$，功率谱密度为 1，现测得 $A(t)$ 的自相关函数为 $\sigma^2 e^{-\alpha \tau^2}\cos(\omega_0 \tau)$，其中包络为 $\sigma^2 e^{-\alpha \tau^2}$，含有高频分量 $\omega_0$。

（1）分别计算 LTI 系统 $H_1(j\omega)$ 的功率谱传输函数，以及 $B(t)$ 的自相关函数；

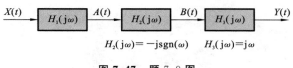

$$H_2(j\omega) = -j\mathrm{sgn}(\omega) \qquad H_3(j\omega) = j\omega$$

**图 7.47　题 7.9 图**

（2）计算 $Y(t)$ 的自相关函数、均值与方差；

（3）写出 $Y(t)$ 的一维及二维概率密度函数。

**7.10**　在 Matlab 上仿真随机信号 $s(t) = \cos(2000\pi t + \pi/4)$，画出原始信号、解析信号、复包络信号图，以及对应的幅度谱。

# 参 考 文 献

[1] 罗鹏飞、张文明. 随机信号分析与处理[M]. 北京:清华大学出版社,2014.

[2] 陆大絟. 随机过程及其应用[M]. 北京:清华大学出版社,2006.

[3] 刘次华. 随机过程[M]. 5 版. 武汉:华中科技大学出版社,2014.

[4] 孙应飞. 随机过程讲稿.

[5] 王永德. 随机信号分析基础[M]. 5 版. 北京:电子工业出版社,2020.

[6] 周荫清. 随机过程理论[M]. 5 版. 北京:北京航空航天大学出版社,2013.

[7] 朱华. 随机信号分析[M]. 北京:北京理工大学出版社,2013.

[8] 李晓峰,周宁,傅志中,等. 随机信号分析[M]. 5 版. 北京:电子工业出版社,2018.

[9] (美) Papoulis A,Pillai S U. 随机变量与随机过程(英文改编版. 原书第 4 版)[M]. 北京:
机械工业出版社,2013.

[10] (美) Ross M S. 随机过程(原书第 2 版)[M]. 龚光鲁,译. 北京:机械工业出版社,2013.